H Beta

Die Bewirtschaftung des Wassers und die Ernten daraus

H Beta

Die Bewirtschaftung des Wassers und die Ernten daraus

ISBN/EAN: 9783741168840

Hergestellt in Europa, USA, Kanada, Australien, Japan

Cover: Foto ©berggeist007 / pixelio.de

Manufactured and distributed by brebook publishing software (www.brebook.com)

H Beta

Die Bewirtschaftung des Wassers und die Ernten daraus

Die Bewirthschaftung des Wassers
und
die Ernten daraus.

Von

Dr. H. Beta.

Mit einem Vorworte
von
Dr. Brehm,
dem Verfasser des „Illustrirten Thierlebens", des „Lebens der Vögel" u. s. w. und wissenschaftlichen
Director des Berliner Aquariums.

Mit 40 Abbildungen in Holzschnitt.

Leipzig und Heidelberg.
C. J. Winter'sche Verlagshandlung.
1868.

Vorwort.

Der im frommen Glauben an eine ewig waltende, zu seinem Gunsten oder Ungunsten wirkende Vorsehung erzogene Mensch war oder ist entschuldigt, wenn er, wie das Kind auf die fürsorgende Mutter, bedingungslos auf die begabende Natur vertraut und sich mit dem begnügt, was sie ihm ohne eigenes Mühen zuwirft: der solchem Glauben Entwachsene sieht sich eine höhere Aufgabe gestellt. Auch ihm erscheint die Natur wie eine Mutter; er hat jedoch erkennen gelernt, daß er dieser Mutter unter die Arme greifen, seine eigene Thätigkeit mit der ihrigen verbinden muß, soll nicht sie für ihn und er mit ihr verarmen oder verkommen soll. Es ist Zeit geworden für Alle, der sträflichen Unthätigkeit und vertrauensseligen Träumerei zu entsagen, zu welchen kindliches Unverständniß und pfäffisches Gelulle geführt, dem Geiste der Naturwissenschaft entsprechend die Dinge anzusehen, wie sie sind und demgemäß unsere Maßregeln zu ergreifen. „Natürliche Anschauung der Dinge!", dieser Wahl- und Wahrspruch unseres Jahrhunderts muß die Richtschnur des Handelns und Wirkens jedes Einzelnen sein, will er sich für würdig erachten der großen Zeit, welcher er angehört, und Theil haben an dem Kampfe gegen Unkenntniß, Wahn und Verdummung, welcher heller als je entbrannt ist zwischen den Vorgeschrittenen und den Rückständigen, zwischen den Männern und den redseligen und dennoch unwürdigen Kindern der Zeit.

Solche Anschauungen sind es, welche im vorliegenden Buche ausgesprochen und begründet wurden. Der Verfasser bezweckt, alte und neue Wahrheiten einem weiteren Leserkreise vorzulegen und verständlich zu machen, auf die noch ungehobenen Schätze des Meeres, auf die noch nicht eingeheimsten Ernten des Wassers hinzuweisen, den Binnenländer aus seiner Gleichgültigkeit gegen Alles, was Fisch heißt oder dem Fische als verwandt angesehen wird, aufzurütteln und den deutschen Fischern und Fischereibesitzern zu sagen, was sie zu ihrem und ihres Volkes Nutzen sein könnten, wollten sie es vernünftiger treiben, als ihre Altvordern es gethan. Es liegen dem hier Gebotenen die reichen Erfahrungen eines mehr als zehnjährigen Lebens in London, der Fischstadt Europa's, sowie die besten Werke zu Grunde, und es wird das Gebotene in einer Weise gegeben, daß auch ein fischblutkalter Leser sich daran erwärmen kann und muß. Namen und Titel eines „streng wissenschaftlichen Werkes" will der Verfasser diesem Kinde seiner Muße nicht beigelegt wissen, weil es sich für ihn vor Allem darum handelte, anstatt an wenige Gelehrte, an die Gesammtheit unseres Volkes sich zu wenden und dieser zu bieten, was die Hüter „strenger Wissenschaftlichkeit" schon längst hätten bieten sollen und doch, von Wenigen abgesehen, zu bieten verabsäumt haben. In England, in Frankreich, in Amerika haben sich die Gelehrten schon seit Langem des Kastengeistes entschlagen und des Nimbus entnebelt, an denen so viele der unserigen noch immer festhalten; in Deutschland muß sich Derjenige, welcher zum Volke sprechen will, gewissermaßen zwischen dieses und den Lehrstuhl der Wissenschaft stellen, falls er hier gebilligt, dort verstanden sein will. Diesen Standpunkt nimmt auch Beta ein, und auf diesen Standpunkt möge Derjenige sich stellen, welcher sich berufen glaubt, über „Die Bewirthschaftung des Wassers und die Ernten daraus" zu Gericht zu sitzen.

Ich bin aufgefordert worden, dem vorliegenden Werke einige Worte vorauszusenden und mit Vergnügen dem Wunsche des Verfassers nachgekommen. Der Umstand, daß es, meines Wissens wenigstens, an einem ähnlichen deutschen volksthümlichen Buche fehlt, überhebt mich, nach dem bereits Gesagten, einer weiteren Empfehlung. Für meine Freunde in der deutschen Lesewelt will ich noch hinzufügen, daß mich das Buch angeheimelt hat in Form und Inhalt; den Lehrern und Gestaltern des kommenden Geschlechtes möchte ich besonders an das Herz legen, daß es ihnen nicht leicht werden dürfte, den so reichhaltigen Stoff gesichteter und anschaulicher zusammengestellt zu finden. Ihnen und Jenen wird es obliegen, dem Werke und seinen Endzwecken möglichst allseitigen Eingang zu verschaffen.

Berlin, im September 1868.

Brehm.

Inhalt.

Der Mensch und das Meer.
Ergiebigkeit des Meeres. — Brehm und Vogt über die Zustände der Fischerei. — Die Fischereibevölkerung. — Ausdehnung unserer Seeküsten und deren Bewirthschaftung. — Charakteristik der Fische und deren Eintheilung nach Cuvier. — Meeresleuchten. — Die schöpferischen Kräfte im Wasser . . . . 1—17

Verkehr und Verzehr aus dem Wasser.
Alter der Fischerei. — Ein Treibhaus für Seefische. — Ehemalige Bedeutung der holländischen Heringsfischerei. — Die schottische Fischereiflotte. — Die Fischerei in England. — Helgoland. — Amerikanische Fisch-Industrie und der Austernbetrieb daselbst. — Französische Fischerei. — Schweden und Norwegen. — Der Stockfischfang auf den Lofoddeninseln. — Dänemark und Island. — Schleswig und Holstein. — Spanien und Portugal. — Belgien. — Rußland. — Oesterreich. — Preußen. — Der Großfischmarkt Londons . . . . 17—40

Fischcultur.
Barbarei in der Wasserwirthschaft im Verhältniß zur Landwirthschaft. — Fischcultur in China und Handel mit Fischeiern. — Fischzucht unter den alten Römern. — Jakobi's Erfindung. — Professor Coste und die Brutanstalt zu Hüningen. — Behandlung des Fisches bei künstlicher Laichung. — Privatkunstinstitut für Fischzucht des Herrn v. Galbert zu Vaulx in Frankreich. — Lachs-Seminar zu Stormontfield in Schottland. — Martin's und Gillom's ähnliche Anstalt am Deeflusse und Ashworth's zu Galway in Irland. — Einbürgerung von Salmoniden in Australien. — Chinesische Fische für Deutschland . . . . 40—56

Salmoniden oder Lachsarten.
Charakteristik der Lachsarten. — Der Rheinlachs. — Der Hakenlachs. — Der Silberlachs. — Lachssteigern. — Der Laich und dessen Ausbrütung. — Huchen oder Donaulachs. — Seelachse, Lachs- oder Grund-Forellen. — Der Ritter. — Die Bachforelle. — Lachsfang in Wales. — Aeschen, Saughfische, Felchen, Palée's und Maränen . . . . 56—73

Weißfische oder Karpfen.
Verschiedener Umfang dieser Bezeichnung. — Charakteristik der Weißfische. — Der Karpfen. — Die Karausche. — Grundeln oder Schmerlen. — Der Gründling. — Barsche. — Zander oder Sander. — Der Kaulbarsch. — Trüschen. — Die Alose . . . . 73—81

Weißfische des Meeres (Schellfische).
Gadiden und Pleuronectiden. — Stockfisch- oder Kabliauarten. — Die Neufundlandbank und die Lofodden. — Weißlinge oder Merlans. — Der Haddock oder specielle Schellfisch. — Dorsche. — Die Stockfisch- oder Gadusfamilie. — Platt- oder kinnbärtige Fische. — Steinbutten, Meeräschen, Solen oder Zungen, Schollen oder Plateissen, Heuerlinge und Kleichen. Brillen, Perlen- oder Drachenflundern. Fluken, Butten, Sandflicken und Meerflundern. Familie der Plattfische . . . . . 81—90

Heringe (Sprotten, Anchovis und Sardellen).

Charakteristik des Herings. — Sprotten und Breitlinge. — Anchovis, deren Fang und Zubereitung. — Sardellen und Pilchards. — Echte, Matjes-, volle und ausgeschossene Heringe. — Charakteristik der schottischen Heringsfischerei. — Behandlung der Pilchards. — Heringsfischerei in der Ostsee ... 80—97

Makrelen.

Eigenthümlichkeiten derselben. Die gemeine Makrele, die punktirte, der Germon, die Pelamiden. Der Tunfisch. Tunfischerei in Italien . . 97—108

Hechte.

Die Esociden, deren Bau und deren Bedeutung in unseren Gewässern. Der Gar oder Hornfisch. Der saurische Hecht. Hechte des Meeres . . . 108—110

Angelfischerei.

Gesundheitlicher Werth derselben. Angelkunst und Angelgeräthe für die verschiedenen Arten von Fischen. Lachs- und Hechtangeln. — Die Angel im Meere. — Fischerstechen bei Sicilien. — Erfordernisse für das Angeln im Salzwasser. — Der Gaffel. — Krabben-, Hummern-, Muschel- und Garneelenfischerei . . . . 110—121

Austern.

Berühmte Austernesser. — Gesundheitliche Bedeutung des Austerngenusses. — Charakteristik der Auster, deren Laich. Künstliche Austernfarms. — Der Hutarster. — Künstliche Austernzucht der Insel de Ré. — Grüne Austern. — Parks und Claires. — Die Bucht von Arragon. — Die Whitstable-Compagnie und die „Natives". — Feinde der Austern. — Austernzucht an der Themsemündung und in Schottland, in Irland und Ostende. — Verschiedene Werthe der Austern. — Hayling. — Künstliche Austernzucht in der Nordsee. — Die Austernpächtergesellschaft von Flensburg. — Austern in der Elbe, Ems und Eider . . . . . . 121—151

Muräniden oder Aalfische.

Lebensweise und Nahrungswerth derselben. Scharf- und sumpfmäßige Aale. Der Conger. Horn- und Sandaale. Murken. — Neunaugen oder Lampreten. — Der Wels . . . . 151—154

Der Aalfang in Italien.

Die Lagunen an den Pomündungen. Comacchio und seine alte Industrie. Disciplin und Lebensweise. Verschiedene Behandlungsweise der Aale 155—161

Crustaceen oder Krebsarten.

Hummern, Krebse und Garneelen. — Wichtigkeit der Hummern als Handels- und Nahrungsartikel. — Taschkrabben und deren Bereiten. — Garneelen oder Shrimps, deren Fischerei und Verbrauch . . . . . . 161—166

Muschel-Zucht.

Perlenfischerei in Schottland. Werthvolle Perlen. — Muschelzucht in Frankreich. Bouchots und deren Behandlung. — Muscheln als Fischköder und als menschliche Nahrung. — Essbare Muscheln. — Teichmuschel für Deutschland. Conchylien . . . . 166—172

Sturionen oder Störe.

Werth und Arten derselben. — Der Hausen und die Hausenblase. — Der Scherg und der Sterlet. — Caviar. — Russische Fischerei am schwarzen Meere . . . . 172—175

Teichwirthschaft.

Anlage und Behandlung der Teiche. Zucht- und Streckteiche. Hauptteiche. — Besatzfische. — Fehmelteiche. — Karpfenzucht — Künstliche Laichung. — Hechte, Barsche und Sander für die Teichwirthschaft. — Aal- und Krebszucht. — Behandlung und Verwerthung von Sümpfen und Tümpeln. — Forellenteiche. — Grundriß einer Anstalt für Salmonenzucht. — Gesundheitlicher und landwirthschaftlicher Werth der Teichwirthschaft . . . . 175—192

Bewirthschaftung der Landseen.

Einbürgerung werthvoller Meeresfische in Landseen, deren Zucht und künstliche Vermehrung. — Verlängerung der Sachsern. — Association. — Anderweitige Benutzung von Teichen und Seen . . . . 192—196

Künstliche Laichung und Befruchtung.

Wirthschaftlicher Werth derselben. — Bau und Beschaffenheit der Fischeier. — Künstliche Befruchtung und Laichung. — Feinde der Eier. — Bedingungen der Entwickelung. Entwickelungsperioden . . . . 196—207

Künstliche Bebrütung.

Brutapparate. — Coste's Apparat. — Bedingungen des Gelingens . . . 207—212

Fischbrutpflege.

Wie sehen die ausgeschlüpften Jungen aus und wie behandelt man sie? — Gewicht und Wachsthum der jungen Fische. — Welche Fische soll man züchten? . . . . 212—216

Handel mit Fischeiern.

Die Anstalt in Hüningen. — Bericht des Domänenpächters Knoche. — Künstliche Brutanstalten in München und im sächsischen Erzgebirge. — Irrthum über den Werth der Lachse. Nothwendigkeit eines deutschen Hüningens . . . . 216—227

Aquariumscultur.

Das Zoophytenhaus im zoologischen Garten zu London. Einrichtung und hauptsächliche Bewohner desselben. — Entstehung der Aquariumscultur. — Das Hamburger Aquariumhaus. — Das Aquarium in Berlin, dessen Entstehung, bauliche, ästhetische und Größenverhältnisse. Erweiterung der Aquariumscultur darin zu einem Elenswinn . . . . 227—248

Der Ocean auf dem Tische.

Das Marine-Aquarium, dessen Zweck, Einrichtung und Behandlung. Pflanzliche und thierische Bewohner desselben. — Meereswunder. — Künstliches Seewasser und Zubereitung desselben . . . . 248—260

Die Aquariums-Marine.

Bevölkerung derselben. — Annaliden. Mollusken. Calmare. Bauchfüßler. Carinarien. Flügelfüßler. Kopflose Weichthiere. Moos- und Mandelthiere. — Seesterne. Holothurien oder Seegurken. — Scheiben-, Rippen- und Röhrenquallen. — Zoophyten, Polypen, Seeanemonen, Korallen, Actinien u. s. w. — Kleinstes Leben im Meere. Foraminiferen. Amöben. Diatomaceen. Unendliche Mannigfaltigkeit und Fruchtbarkeit im Wasser 260—272

Feld und Wald im Wasser.

Bedeutung, Nutzen und Schaden der Wasserpflanzen. Arten, welche bei der Fischzucht besondere Beachtung verdienen. Süß- und Salzwasserpflanzen. Nymphen und Najaden. Wasseralgen. Tange- oder Fucusarten. Blasentange. Eßbarer Blättertang. Sonstige eßbare Meeresgewächse. Irländisches Perlmoos. Indische Vogelnester und deren Vertreter in der Nordsee . . . . 272—283

Das Insecten-Vivarium.

Wunder des Kerfenlebens in, auf und über dem Wasser. Einrichtung und Behandlung des Insecten-Vivariums. Pflanzliches und thierisches Leben darin. Schwimmkäfer, Wassertreter, Fadenschwimmkäfer, Taumel- und Drehkäfer. Kolbenwasserkäfer. Insectenverwandlungen. Mücken und Schmetterlinge . . . . 283—299

Fischereigesetzgebung und Zoll.

Verwickelung und Verwirrung in der Fischereigesetzgebung. Unerläßliche Reform und Vereinfachung derselben als erste Bedingung für lohnende Bewirthschaftung des Wassers. Beeinträchtigung durch Zölle und Abgaben. Wirthschaftlichkeit zu Wasser und zu Lande . . . . . 299—300

Verzeichniß der Abbildungen.

	Seite
Grundplan der Brutanstalt zu Hüningen	45
Behandlung des Fisches bei künstlicher Laichung	47
Lachsseminar zu Stormontfield	52
Rheinlachs	59
Silberlachs	60
Der Ritter	65
Die Bachforelle	66
Die Aesche	71
Der Hauchfisch	72
Die Maräne	72
Der Karpfen	74
Die Karausche	75
Die Grundel	76
Der Barsch	77
Der Sander	78
Der Kaulbarsch	78
Die Trüsche	79
Die Aloje	80
Der Stockfisch	82
Familie der Stockfische	86
Die Steinbutte	87
Familie der Plattfische	89
Die Makrele	99
Der Thunfisch	106
Die Auster	125
Austernparks	129
Der Wels	154
Abtheilung von Comacchio	155
Die Landkrabbe	156
Die Garnele (Shrimp)	164
Grundplan einer Anstalt für Salmonidenzucht	190
Coste's Brutapparat	210
Bachforelle, eben aus dem Ei, in vierzigfaltiger Vergrößerung	213
Brutsaal zu Hüningen	222
Privat-Marine-Aquarium, entworfen und gezeichnet von Ottilie Rothe	250
Fünfzehnstrahliger Seestern	265
Kornblumenqualle	268
Der Röhrenwurm	270
Blasentang. Aeste davon mit Früchten. Eßbarer Blättertang	279
Insecten-Vivarium, entworfen und gezeichnet von Ottilie Rothe	284

Der Mensch und das Meer.

„Alles ist aus dem Wasser entsprungen!
Alles wird durch das Wasser erhalten!
Ocean, gönn' uns dein ewiges Walten!
Wenn du nicht Wolken sendetest,
Nicht reiche Bäche spendetest,
Hin und her nicht Flüsse wendetest,
Die Ströme nicht vollendetest,
Was wären Gebirge, was Ebenen und Welt?
Du bist's, der das frischeste Leben erhält".
Thales im „Faust".

Wir müssen, wie das Land, auch endlich das Wasser bewirthschaften lernen. Auf ersterem vermehren sich vernünftige Landwirthe erfreulich, auf letzterem sind wir noch Barbaren, obgleich es viel fruchtbarer an Nahrung für Körper und Geist ist, wie oft der beste Boden. „Das Meer, das Meer macht frei" sagt der Dichter, und Hegel nennt es „die Brücke der Völker". Diese unerschöpflich reiche Nahrungsquelle, die Schule der Marinekraft, ist zugleich auch die große Speisekammer für Tugend und Tüchtigkeit auf dem festen Lande. Nur Staaten mit Grenzen am Meere, d. h. unbegrenzter Freiheit, gedeihen. Endlich ist die Nordsee, das fruchtbarste aller Meere, deutsches Meer geworden, wie es die Engländer längst genannt haben, und die sentimental viel besungenen Elbherzogthümer, nun zu Norddeutschland gehörig, erfreuen sich eines Neptunus duplex, einer doppelten Meeresfülle. Die Engländer haben unser deutsches Meer schon längst Jahre lang durch eine besondere Commission untersuchen lassen, in deren Bericht auch folgende Stelle vorkommt: „Das deutsche Meer ist ertragsfähiger, als unser Aderland; unsere reichsten Felder sind weniger fruchtbar an Nahrungsstoffen, als dessen Fischereigründe. Ein Morgen guten Bodens liefert etwa zwanzig Centner Getreide jährlich oder drei Centner Fleisch und Käse; aus einer eben so großen Wasserfläche mit Fischereigrund kann man dasselbe Gewicht von Nahrungsgehalt jede Woche schöpfen. Fünf Fischerboote ernteten in einer einzigen Nacht aus einer kaum funfzig Morgen großen Fläche des deutschen Meeres den Werth von funfzig Ochsen und dreihundert Schafen in Form von leicht verdaulichen und schmackhaften Fischen". Diese Ochsen und Schafe waren ohne alle Mühen und Kosten im Wasser entstanden und von Neptun erzogen und gemästet worden, und ihr Fleisch, uns von der Natur geschenkt, hat für gebildete Menschen manche Vorzüge vor den besten Beefsteaks und Hammelkeulen, weil es als Nahrungsstoff für den Körper leichter verdaulich, zugleich auch seines Futter für Gehirn und Geist enthält. Mit einiger Befriedigung können wir allerdings sagen, daß endlich auch die Deutschen an der Weser, Elbe und Weichsel angefangen haben, durch neue Fischerei-Gesellschaften und seetüchtige Fahrzeuge Ehren und Ernten aus dem Salzwasser zu fischen; aber andern Völkern gegenüber will dies noch wenig sagen, und die verderbliche Seeräuberei, in welcher Form die Meere fast noch überall ausgeplündert werden, wird dadurch nur noch zunehmen. Die gebildeten Staaten, deren Fischervolk und nautische Helden, die wir hiermit auch in dem neuen „nautischen Vereine" Deutschlands begrüßen und ermahnen, müssen durchaus dafür sorgen, daß auch die Meere rationell bewirthschaftet werden.

Lassen wir hier zwei der tüchtigsten und sachverständigsten Männer der Wissenschaft reden. Brehm sagt im letzten und das Werk krönenden Bande seines illustrirten Thierlebens:

„Die Fische sind dem Menschen unentbehrlich; ganze Völkerschaften würden nicht im Stande sein, ohne sie zu leben, manche Staaten ohne sie aufhören, zu sein. Und doch wird diese Bedeutung noch in einer Weise unterschätzt, welche geradezu unbegreiflich erscheinen muß. Der Brite, der Slaudinavier, der Amerikaner, der Franzose, Italiener und Spanier, der Grieche und Russe, der Lappländer, Eskimo, der braune oder schwarze Halbmensch der Südseeinseln weiß sie zu würdigen — der Deutsche nicht. Es läßt sich erklären, daß dieser, der gebildetste Mensch der Erde, den Nutzen, welchen das unablässig geschäftige Heer der Vögel uns bringt, verkennt, mindestens kaum veranschlagt, weil nur die wenigsten Menschen sich die Mühe geben, zu beobachten oder zu rechnen: daß man aber die Bedeutung der Fische in unserem Vaterlande noch nicht erkannt, daß man die unendlichen Schätze des Meeres nicht verlottert, sondern noch gar nicht gehoben hat, daß man an den deutschen Küsten die Fischerei kaum vernünftiger betreibt als an dem Strande Neuseelands —: Das ist unbegreiflich, auch dann unbegreiflich, wenn man die vielköpfige Herrschaft, unter welcher wir gelitten, als Entschuldigungsgrund anführen will. Denn nicht die Staatsgewalt ist es, welche Fischereien ins Leben ruft, regelt und ordnet, sondern der Unternehmungsgeist der Einzelnen. In allen Ländern, in denen die Fischerei blüht, thut der Staat Nichts weiter, als sie zu schützen; Holland dankte seine einstige Größe dem Heringsfange; Norwegen gewinnt aus dem Fischfange in der See zum Mindesten ebensoviele Speziesthaler, als es Einwohner zählt; den Werth der Fischerei an der Bank von Neufundland schlägt man zu 15,000,000 Dollars an; von der Meerfischerei Großbritanniens gewinnt man eine Vorstellung, wenn man weiß, daß London allein 500,000 Dorsche, 25,000,000 Makrelen, 100,000,000 Zungen, 35,000,000 Schollen, 200,000,000 Schellfische

jährlich verbraucht, die Unmassen aller übrigen, hier nicht namentlich aufgeführten, weil nicht regelmäßig auf den Markt kommenden Fische nicht
gerechnet. Die Heringsfischerei Schottlands und der Insel Man beschäftigte
im Jahre 1862 9067 Boote und 43,468 Fischer, abgesehen von 22,471
Menschen, welche zum Einsalzen, Verpacken ꝛc. verwendet wurden!
Die Briten haben gegenwärtig alle übrigen Völker überflügelt, denn
nicht nur ihre Fischerei ist die bedeutendste, sondern auch die Anstalten zur
Versorgung der Binnenstädte sind so vorzüglich, daß man in ihnen viele
Fische leichter zu kaufen bekommt, als in den unmittelbar am Strande
gelegenen Ortschaften. Die hieraus ganz von selbst sich ergebenden Vortheile danken die Briten ihrem weitsichtigen Unternehmungsgeiste, welcher
jedes Hinderniß aus dem Wege zu räumen weiß. Ich will es dahingestellt
sein lassen, ob eine Nachricht, welche neuerlich durch die Zeitungen lief,
wahr ist oder nicht, da schon das Vorhandensein des betreffenden Gerüchtes
genügt, um die Kurzsichtigkeit der Leiter unserer deutschen Verkehrsanstalten
zu kennzeichnen. Es hieß, daß sich norddeutsche Eisenbahngesellschaften
geweigert hätten, von unseren Hafenstädten aus frische Seefische anders
als in wasserdichten Kisten zu befördern, aus Furcht, daß das von dem
schmelzenden Packeis abträufelnde Wasser ihre Wagen verderben könnte.
Ob die ängstlichen Herren Eisenbahnbeamten sich die Mühe gegeben haben,
vor der Kundgabe dieses geradezu ungeheuerlichen Erlasses sich mit der
Bestandkunde britischer Eisenbahnen zu beschäftigen, weiß ich nicht, darf
aber wohl annehmen, daß Dies nicht geschehen sein mag, da sie sonst
vielleicht auf den nicht allzufern liegenden Gedanken gekommen sein könnten:
es möge sich lohnen, für den Versand von Seefischen besondere Wagen
bauen zu lassen. Der leichte und schnelle Versand zu Wasser, welcher
längs der Küsten Großbritanniens stattfinden kann, nimmt den Eisenbahnen
einen bedeutenden Theil auch der Fischfracht weg; demungeachtet wurden,
laut Bertram, in einem Jahre befördert auf der London- und Brightonbahn
5174, auf der großen westlichen Linie 2885, auf der nordbritischen Bahn
8303, auf der großen Nordbahn 11,930, auf der Nordostbahn 27,896,
auf der südöstlichen Bahn 3218, auf der großen Ostbahn 29,086, zusammen
86,492 Schiffstonnen oder 1,769,840 Centner Fische. Seitdem auf mehr
als 2 Millionen Centner jährlich gestiegen. Solchen Angaben gegenüber
erscheint die Fischerei und der Handel mit Seefischen, wie er zur Zeit noch
in unserem Vaterland betrieben wird, wahrhaft kindisch, und gerade deshalb
habe ich es für meine Pflicht gehalten, auch an dieser Stelle auf von uns
noch zu hebende Schätze hinzuwirken.

Etwas, wenn auch herzlich wenig besser sieht es mit der deutschen Süßwasserfischerei aus, namentlich in denjenigen Gegenden unseres Vaterlandes,
wo das katholische Bekenntniß vorherrscht. Große Fortschritte hat man

freilich auch noch nicht gemacht, eher noch Rückschritte; denn allgemein ist die Klage, daß unsere Süßgewässer ärmer sind an Fischen, als sie es früher waren, und von Jahr zu Jahr ärmer werden. Vielerlei Ursachen tragen hierzu bei. In Folge des steigenden Bodenwerthes engt man die Gewässer mehr und mehr ein oder verdrängt sie gänzlich, indem man Brüche entsumpft und Süßwasserseen austrocknet; die von Jahr zu Jahr sich mehrende Anlage von Fabriken vergiftet einen Bach, ein Flüßchen nach dem andern; die Dampfschiffe, welche auf den größeren Strömen auf- und niederfahren, stören die Fische und werfen eine Menge von Eiern und unbehilflichen Jungen auf den Strand, wo sie rettungslos zu Grunde gehen; die Fischer vernichten, weil es für sie keine Hegungszeit giebt, mit den kurz vor der Laichzeit gefangenen Fischen Millionen von Eiern oder Keimen zu neuer Bevölkerung. „Dem Nahrungsstoffe gegenüber", sagt Karl Vogt, „welcher in Gestalt von Fischen in den Gewässern umherschwimmt, stehen wir ganz auf dem Standpunkte des Jägers und höchstens auf demjenigen des Nomaden, der allenfalls für seine Heerde gesicherte Ruheplätze sucht, alles übrige aber dem Walten der Natur überläßt. Was diese uns ohne weitere Anstrengung in den Gewässern liefert, beuten wir aus, so gut wir können. In den Süßgewässern legen wir höchstens Fischteiche an, in denen wir meist den Fischen es überlassen, sich ihre Nahrung zu suchen. Unsere Gesetze in Bezug auf die Gewässer gehen nicht einmal soweit als die Jagdgesetze, welche doch wenigstens die zeugungsfähigen Thiere in der Fortpflanzungszeit zu schützen pflegen. Ist es nun ein Wunder, wenn bei der stets steigenden Menge der Bevölkerung nicht nur die bezügliche Menge der Nahrungsmittel, die das Wasser uns bieten kann, stets abnimmt, sondern wenn sogar in Folge der vermehrten Nachstellung und des vermehrten Verbrauches die unbedingte Menge des Stoffes sich vermindert?.... Die meisten Bestimmungen über Fischerei sind veraltet, unzureichend, selbst geradezu verkehrt. Es gilt hier gewiß, eine fördernde Hand anzulegen und, ohne der persönlichen Freiheit zu nahe zu treten, solche Bestimmungen zu treffen, welche die Erhaltung einer Quelle von unschätzbarem Nahrungsstoffe besser sichert, als Dies bisher der Fall gewesen."

In der Neuzeit hat man nun allerdings begonnen, hier und da eine fördernde Hand anzulegen, die bisherigen Bestimmungen aber sind noch kaum der Rede werth. Sowie es die Urväter vor Jahrhunderten gethan, so verfährt man auch heute: man überläßt es den Fischen selbst, sich zu vermehren, ohne daran zu denken, diese Vermehrung zu unterstützen; ja, nicht wenige von Denen, welche die Mittel besitzen, zu fördern, betrachten es sogar als Eingriff in die Gerechtsame Gottes, wenn es der Mensch im frevelnden Uebermuthe versucht, Das, was die Natur schlecht macht, zu bessern. Schon vor mehr als einem Jahrhundert haben aufgeklärte deutsche

Männer sich bemüht, das Volk zu belehren, ihm die Mittel und Wege zu verständiger Fischzucht angegeben; aber erst seitdem Franzosen, Engländer und Skandinavier das ausgeführt, was jene ersannen, gelangte Einer oder der Andere unserer Landsleute zu der Ansicht, daß es wohl gut sein könne, der Fischzucht größere Aufmerksamkeit zu widmen, als bisher geschehen. Ich darf mich hier auf die Bemerkung beschränken, daß die künstliche Fischzucht viel leichter, einfacher und gewinnbringender ist, als man glaubt, daß schon jetzt mehrere allgemein verständliche und billige Werke vorliegen, welche Jedermann über sie unterrichten können, und daß jeder Grundbesitzer, welcher über ein Gewässer verfügt, sie zu betreiben im Stande ist."

Dieses Buch giebt darüber möglichst genaue Auskunft und Anregung und sucht seinen Werth überhaupt darin, den ganzen Umfang und die Bedeutung vernünftiger Bewirthschaftung des Wassers darzustellen und die praktischen Mittel und Bedingungen dafür einzuschärfen. Wenn wir dabei weit ausholen, geschieht es doch nur, um eine Vorstellung von dem ungeheuren Umfange und dem inneren Werthe des Wassers zu geben. Das Meer nimmt auf der mehr als 9,000,000 Geviertmeilen großen Erdoberfläche allein mehr als 7,000,000 ein, so daß uns Menschen und sonstigen Geschöpfen, die nicht im Wasser leben können, blos etwa 2,500,000 bleiben. Unter diesen Wasserflächen leben denn auch unendlich viel mehr Geschöpfe in wunderbaren Thälern, Hochflächen, Gebirgen, Wäldern und Forsten, Welttheilen, Staaten, Städten und wirklichen Feenschlössern, als irgendwo auf der Erde. Von den etwa 9,000 bekannten Fischarten übertrifft vielleicht manche einzelne die Zahl aller Menschen um unzählige Millionen. Außerdem wimmelt es in der wunderbarsten Mannigfaltigkeit von Formen und Farben infusorischer, thierpflanzlicher, molluskischer, knalliger, flüssig zusammengebrauchter und stark bepanzerter Geschöpfe, welche die Zahl der Fische bis in's Unglaubliche übertreffen. Beispielsweise wurden von einem Naturforscher auf einer englischen Quadratmeile tropischen Gewässers so viel gelsterhafte Hauche von Quallengebilden angetroffen, daß er deren Zahl innerhalb dieses Raumes auf vierundzwanzig Billionen berechnete. Davon kann sich freilich Niemand eine Vorstellung machen, da schon neunzehntausend Jahre dazu gehören, um eine einzige Billion zu zählen. Noch wunderbarer klingt es, daß die ungeheuren lebendigen Thrantonnen, welche als Walfische im Meere umherschwimmen, hauptsächlich von solchen, kaum materiell erscheinenden Quallen leben und sich mästen.

Europa allein hat ein Küsten-Gebiet, welches dem Umfange der ganzen Erde gleich kommt, nämlich 5.100 Meilen. Alle Meeresgestade zusammen haben eine Länge von 34,000 Meilen, welche an Fruchtbarkeit nur auf der amerikanischen Seite des atlantischen Meeres unsere gesegnete Nordsee, das deutsche Meer, übertreffen. Die ungeheuren Tiefen des atlantischen Oceans, welche zwischen dem Cap St. Roque und Sierra Leone in der Mitte zwischen dem amerikanischen und afrikanischen Gestade viel über 20,000 Fuß betragen, sind ohne Nutzen, während die Nordsee fast überall mit Grundnetzen leicht erreichbar ist, viele ausgedehnte fischreiche Bänke unweit der Oberfläche enthält und nur zwischen Schottland und Norwegen zuweilen bis 800 Fuß Tiefe erreicht. Die Ostsee hält sich zwischen 180 und 240 Fuß und enthält nur zwischen Gottland und Windau einen 840 Fuß tiefen Kessel.

Besonders günstig für unser deutsches Meer ist die nach dem Nordpol hin wahrscheinlich dünner werdende Erdrinde, so daß die innere Gluth mit zunehmender Kälte oben desto mehr hindurchwärmt und den Meeresgrund grade da zu einer Quelle und Wiege unendlichen Lebens macht, wo oben ewiges Eis nur den Hunden, Bären, Löwen, Kühen und Rossen des Meeres Leben gestattet, welche sich von den Geschöpfen des wirbellosen Meeresgrundes nähren. In diesem hohen Norden lebten einst unzählige Heerden von Walfischen in vier Arten, und die Zahl der Robben oder seehundartigen Geschöpfe mag ebenfalls fabelhaft groß gewesen sein, ehe der räuberische Mensch mit unersättlicher Mordlust unter ihnen wüthete. Im Behringsmeer wurden bis 1833 über 3,000,000 Seebären erschlagen, und in Unalaschka, einem Hauptdepôt für nordrussische Jagdbeute, wurden einmal von 800,000 Sehundsfellen blos 700,000 verbrannt, um den Preis derselben nicht herabzudrücken. Nach Verwüstung der Nordpolargegenden haben bereits auch die Engländer und Amerikaner tüchtig für Ausrottung des Walfisches südpolarwärts zu sorgen gewußt. Das bereits von einem Amerikaner entdeckte offene Polarmeer wird vielleicht bald näher untersucht werden können und uns neue Wunder dieses warmen Lebens zum Genusse bieten. Einstweilen haben wir vollauf zu thun, um unsere deutschen Gestade, unsere Flüsse, Seen und Teiche bis zum verachtetsten Tümpel herab würdigen und bewirthschaften zu lernen. Seit Jahren stürzt sich Mancher aus Hunger und Verzweifelung in's Wasser, welches ihn und seine Familie reichlich ernährt haben würde, und unzählige Menschen lungern und hungern auf dem Trockenen umher und wissen nicht und Niemand kann ihnen rathen, wie sie wohl Arbeit und Brod finden könnten, weil Niemand daran denkt, daß viele hundert Meilen von Flußufern und Meeresgestaden auf Felder und Fluren hindeuten, die einer viel größeren Fruchtbarkeit fähig sind, als der beste Boden, ohne Dünger und schwere Arbeit zu erfordern.

Auf diesen flüssigen, sich selbst befruchtenden Feldern müssen wir säen, pflügen und ernten lernen, und eben so vernünftige Wasser- wie Landwirthe werden. Die unendliche Fruchtbarkeit und Zeugungskraft des Meeres geht über unsere kühnsten Vorstellungen hinaus. So sehr wir über die fortwährend unersättlich wüthende Raub- und Mordlust der zum Theil entsetzlichen Bewohner des Meeres erschrecken, bietet doch das in jedem Augenblicke millionenfach sich immer wieder erzeugende Leben in unendlichen Stufen der Stoffveredelung zu Fleisch und Feuermaterial für den Menschen ein so wunderbar erhebendes Schauspiel, daß wir darüber gern die Mächte der Zerstörung vergessen. Die Natur ist weder theologisch noch teleologisch, aber wir können getrost annehmen, daß sie ganz besonders für unsere Ernten aus dem Wasser immerwährend millionenfaches Leben erzeuge und verzehre, um endlich die schmackhaftesten und seltensten Fische an unserem Gestade und in unseren Flüssen hinauf zu senden. In dieser schöpferischen Zeugung und Erzlehung ist sie wahrhaft göttlich und über alle unsere Begriffe hinaus erhaben. Die Griechen bevölkerten alles Wasser mit den mannigfaltigsten göttlichen Gestalten, erkannten im Meere eine Gottheit ersten Ranges mit mächtigem Dreizack, ließen der Ströme Silberschaum aus den Urnen lieblicher Najaden springen und sogar die Göttin der Schönheit unverhüllt aus den flüssigen Quellen alles Lebens emporsteigen.

An manchen stillen Abenden scheint die sinkende Sonne durch verschiedene Wolkenschichten hindurch und bildet, erdwärts sich ausbreitend, gradlinige, sichtbare, helle Streifen. Der gemeine Mann sagt dann wohl: „Die Sonne zieht Wasser". Dies ist ganz richtig, nur daß sie das immer und ununterbrochen thut. Durch die wärmenden Sonnenstrahlen werden täglich Millionen Centner Meerwasser in das Luftmeer hinauf gezogen, welches sie nun als „eilende Wolken, Segler der Lüfte", als Proviantschiffe auf Rechnung des Meeres als mehr oder weniger dichte Flotten durchziehen, um ihre gesegneten Frachten für die hungrigen und durstigen Pflanzen und Thiere des Festlandes als Thau und Regen, als Zeugungsmasse und Lebensmittel für unzählige Flüsse auf Bergen und in hohen Wäldern zu löschen. Diese Wassermassen, von der Sonne aus den Meeren heraufgezogen, nähren und erquicken dann auf dem Festlande umher überall Leben, Blüthen und Früchte und kehren, auf's Neue schwer beladen mit den unbrauchbar, schädlich und tödlich gewordenen Abfällen und Leichen des thierischen und pflanzlichen Lebens, so wie allerhand aufgelösten mineralischen Stoffen in das Meer zurück. Durch diesen Kreislauf wird das Meer immerwährend frisch und massenhaft mit allen möglichen Bedingungen und Bestandtheilen für neues Leben versorgt. In seiner unaufhörlichen flüssigen Bewegung bringt es diese Bedingungen und Bestandtheile, Feindliches vollends scheidend und lösend, Verwandtes und Freundliches vereinigend und bindend in ewig neuen Mischungen und Berührungen so zusammen, daß daraus stets sich neue Zellen bilden, welche theils selbst lebendige Wesen, theils Wohnungen für diese werden. Solcher Lebensbildungen und Gehäuse dazu giebt es wohl in manchem Tropfen Millionen. Auch jeder solcher Tropfen ist eine ganze Welt, in welcher die kleinsten und unvollkommenſten Weſen immer von größeren und beſſeren verſchlungen werden, damit letztere ſette Biſſen für allerhand auch noch infuſoriſche Geſchöpfe dienen können. Dieſe dichtet nun das Meer theils zu quallenartigen, manchmal noch ganz durchſichtigen Hauchen größerer Organismen zuſammen, theils verwandelt es dieſelben ſofort als Futter für Muſcheln und Auſtern in edlen Nahrungsſtoff für die Menſchen. Außerdem häufen ſich die ſo in jedem Tropfen millionenfach erzeugten und verzehrten Infuſorien in unendlichen Stufen der Stoffveredelung immer wieder zu Nahrung für vollkommnere, ſtärkere und ſchmackhaftere Bewohner des Waſſers, bis dieſe ſich endlich als Heringe, Kabliaus, Makrelen u. ſ. w. auf die Oberfläche drängen oder als Auſtern uuten zu ganzen Gebirgen und Bänken anhäuſen oder als Salmoniden ſogar mit aller Gewalt zwiſchen die Menſchen auf dem Feſtlande in Flüſſen heraufſchnellen, blos um ſich verzehren zu laſſen.

So iſt das Meer die grenzenlos weite und unergründlich tiefe, ewig ſchöpferiſche und geſtaltende Werkſtatt unabſehbarer Lebenserzeugung und Stoffveredelung zu Fleiſch, Oel und Feuer für die Menſchen, ſeinen Magen, ſeine Musteln und ſeine Maſchinen, für „mens" und „monsa".

Nach einer ungefähren Abſchätzung leben mindeſtens 40,000,000 Menſchen unmittelbar von Ernten aus dem Meerwaſſer; aber ſeit den letzten Jahren mit zunehmender Arbeit für immer geringer werdende Erträge, ſo daß ſie, wenn auf dieſe Weiſe fortgefahren wird, die Arbeitloſigkeit und die Hungers- noth auf dem feſten Lande nur ſteigern helfen werden. Wie viel Tauſende von Quadratmeilen feſten bebauten Bodens würden dazu gehören, um die Ernten aus dem Waſſer zu erſetzen und alle dieſe Menſchen zu ernähren? Wir ſind in der bisherigen Bewirthſchaftung des Waſſers ganz in der Lage der wilden Indianer, von denen manche Stämme bis auf einige Hunderte ausgeſtorben, doch auf ihren Tauſenden von Geviertmeilen Jagdgrund mit Recht zu verhungern fürchten, wenn die weiße Civiliſation nur eine ſchmale Linie von Eiſenbahn hindurchzieht. Sie wehren ſich deshalb dagegen auch auf Leben und Tod, werden vollends ausgerottet oder verhungern auf ihren Tauſenden von Quadratmeilen fruchtbaren Bodens, weil ſie nicht wirthſchaften gelernt haben. An der ſchmalen Linie der Eiſenbahn hin dagegen leben und gedeihen ſchon nach einigen Jahren viel mehr Tauſende von Menſchen, als vorher Hunderte von Indianern auf tauſendfach weiterem Boden wegen Mangel an Nahrung umkamen. Dies auf die Bewirth- ſchaftung des Waſſers angewandt, führt zu demſelben Ergebniſſe. Das bisherige Indianer-Syſtem würde die 40,000,000 Seefiſcher ebenfalls bald zum Hungertode führen, während eine ordentliche Bewirthſchaftung zur Erhöhung des Wohlſtandes nicht nur dieſer, ſondern aller übrigen Menſchen weſentlich beitragen wird.

Diese Indianerwirthschaft auf dem Meere erregt denn auch bereits in unseren hochgebildeten Staaten dieselben Befürchtungen, von welchen die Indianer gegen die eindringende Civilisation zum Kriege auf Leben und Tod getrieben werden. Es wird daher wegen dieser räuberischen Aberntung des Meeres unstreitig auch zu wüthenden Land- und Seekriegen kommen, wenn die Herren dieser Länder und die Völker derselben sich nicht über eine rationelle Bewirthschaftung der Meere einigen lernen. Die 30,000 Geviertmeilen der Nordsee werden den angrenzenden Küstenvölkern bald zu eng und unser stolzes Dampfschiff zum Schutze der Fischerei auch mit der ganzen neuen Marine zu schwach sein, unsere in Anspruch genommenen Rechte gegen die Gewalt und Noth seefischender Küstenstaaten geltend zu machen. Auch aus diesem Grunde ist es höchste Zeit, daß wir auf dem Wasser als gebildete Menschen wirthschaften und uns mit anderen Völkern über Schonung, Pflege und Aberntung desselben einigen lernen. Dann wird dieser gemeinschaftliche flüssige Grund und Boden, dem Indianerthume schon zu eng, mehr als zu groß, um nicht nur die Menschen, welche jetzt davon mit immer größeren Anstrengungen und geringerem Erfolg leben, besser zu nähren, sondern auch unzähligen Tausenden einer neuen Fischereibevölkerung und den Binnenländern reiche Massen von Nahrung und Wohlstand zuzuführen. Schon an den jedem Volke besonders gehörigen Küsten und Flußmündungen und in den Flüssen selbst, wie in den Seen und Teichen lassen sich bei wirthschaftlicher Behandlung und künstlicher Fischzucht fabelhafte Kapitalien und Arbeitskräfte, welche jetzt müßig liegen oder sich in unergiebigen Industrien abquälen, für die goldensten Ernten verwenden, deren Früchte nicht blos in wohlfeilen schmackhaften Fischen, sondern auch in sittlichen und socialen Bildungskräften bestehen werden. Der Umgang mit dem Wasser und dessen vernünftige Bewirthschaftung ist vielfach angenehmer, als die des festen Bodens und giebt den Arbeitern gleichsam eine weichere und flüssigere Empfänglichkeit für allerhand Bildung, Tugend und Tüchtigkeit. Christus wählte seine Jünger aus Fischern. —

Für rationelle Fischerei haben wir wohl fast überall vor der Hand Wasser genug und wo es fehlen sollte, lassen sich schädliche Sümpfe und selbst trockne Sandflächen in dichtbevölkerte Aal-Dörfer und lachende Lachsforellen-Teiche verwandeln. Ein tüchtiger und erfahrner Naturforscher und Fischkenner theilte mir bereits seinen wohldurchdachten Plan mit, in der nüchternen Sandebene Berlins einen lachenden Lachsforellen-Zuchtteich aus dem Boden hervorzuzaubern und zu bevölkern.

Kurz, wo wir auch in dem mit vielen Flüssen, Seen und Teichen gesegneten Deutschland hinblicken, fast überall wird das gebildete Auge vernachlässigte, aber der reichsten Erträge fähige Quellen neuer, gesunder Nahrung und lachenden Wohlstandes erblicken. Es gilt nur tüchtig anzupacken und durchzuführen. Dieses Buch giebt den geringsten Kräften, Teichen und Tümpeln, so wie den größten Capitalsvereinigungen auf wissenschaftlicher und praktischer Grundlage die mannigfaltigste Anregung und Anleitung dazu. Dies geschieht in diesem Umfange zum ersten Male in Deutschland, so daß es der Verfasser für überflüssig hält, wegen der Mängel dieses Versuches um Nachsicht zu bitten.

Für die wissenschaftliche Ichthyologie haben wir bereits Werke genug und sind durch den letzten Band des illustrirten Thierlebens von Brehm für alles Volk und jedes Verständniß meisterhaft bereichert worden, so daß wir getrost darauf verweisen. Um aber auch hier auf die kürzeste Weise eine Vorstellung von dem Reichthume der beflossten und beschuppten Geschöpfe des Wassers zu geben, wollen wir die wissenschaftliche Eintheilung derselben möglichst deutsch und deutlich zusammenstellen. Freilich ist es schwer, etwa 9,000 Arten, jede fast immer mit ziemlich langem sechs- bis zwölfsilbigen griechisch-lateinischen Doppelnamen, für welche die meisten Fischgelehrten noch ihre besonderen abweichenden und nicht nur alle Völker, sondern auch die verschiedenen Gegenden derselben noch ganz eigne provinzielle Bezeichnungen haben, in deutscher Sprache kurz und deutlich zu unterscheiden. Die Fischgelehrten selbst sind darüber nicht einig, so daß wir uns nur dadurch aus der Verlegenheit ziehen können, daß wir die erste gründliche wissenschaftliche Eintheilung der Fische von Cuvier zu Grunde legen und in's Deutsche übersetzen. Unser Johannes Müller hat dasselbe System etwas weiter ausgedehnt und in mehrere seiner Unterordnungen zerlegt. Demnach sind Fische im Wasser lebende Wirbelthiere, welche, statt durch Nase, Mund, Luftröhre und Lunge, durch Kiemen athmen. Diese Eigenthümlichkeit bedingt auch die anderen unterscheidenden Merkmale. Obgleich die Gestaltungen, Größen, Formen und Farben derselben ebenso mannigfaltig sind wie ihre Arten, haben doch fast alle bei aller sonstigen Vielgestaltigkeit die unseren Vorstellungen entsprechende Fischform, nämlich einen gegen die Enden mehr oder weniger spitz zulaufenden und in der Mitte dicker werdenden Körper. Diese Gestalt eignet sich so recht für ihr Element, so daß der Mensch für seine Schiffe auf dem Wasser sie sich längst zum Muster nahm, ohne es freilich bis jetzt dahin gebracht zu haben, mit seinen besten Schnellseglern und tausendpferdekräftigen Dampfschiffen mit der Leichtigkeit, Eleganz und Eile ihrer Bewegungen zu wetteifern.

Der fette Lachs schießt zuweilen so pfeilschnell stromaufwärts, daß er, ungehindert so fortfahrend, binnen drei, vier Wochen um die ganze Erde herumschwimmen würde, was das beste Dampfschiff nicht während der vierfachen Zeit zu leisten vermag. Die vollkommensten Schraubendampfer sind immer nur noch schlechte Nachahmungen der Triebkraft des Fischschwanzes, welcher durch abwechselndes Schlagen gegen das Wasser links und rechts dem Fische eine so elegante Schnellkraft durch's Wasser verleiht, wie wir sie wohl nie mit unseren Dampfschrauben nachmachen lernen werden. Während der Schwanz mit seiner Floſſe das Hauptwerkzeug des graden Schwimmens bildet, dienen die Rücken-, Schwanz-, After-, Bruſt- und Bauchfloſſen dieſer Bewegung wie Ruder, aber auch wie bei Vierfüßlern und Vögeln als Flügel und Füße. Von Erſatz der Hände kann eigentlich nicht die Rede sein, denn die Fiſche finden ihre Nahrung immer mundgerecht und faſſen und verſchlingen ſie ohne viel Umſtände. Nach Art dieſer Nahrung richten ſich auch ihre Rachen und deren Kiefern, ſo daß dieſe, wie die Floſſen, in der Wiſſenſchaft unterſcheidende Merkmale für die verſchiedenen Arten und Unterordnungen geworden ſind. Das innere Gerüſt rechtfertigt die einfache Cuvier'ſche Eintheilung in Knochen- und Knorpelfiſche. Aus Geſtaltung, Zahl und Größe der Floſſen kann man ſchon meiſt richtig auf den Charakter und den Aufenthalt der Fiſche ſchließen. Die Schnellſegler im großen Ocean erkennt man an den breiten und ſtarken Floſſen; je ſchwächer und kleiner dieſe werden, deſto mehr ſind die Beſitzer derſelben auf ſeichteres, ſtilleres Waſſer und auf Flüſſe angewieſen. Ganz welche Floſſen charakteriſiren die Bewohner der ſtillen Tiefe. Die mehr oder weniger große Schwimmblaſe in der Bauchhöhle befähigt die Fiſche nach Belieben aufwärts zu ſteigen oder ſich zu ſenken. Muskeldruck auf dieſe Blaſe vermindert die Luft darin und damit den Umfang des Körpers, ſo daß ſie ſinken; Aufhebung des Drucks ſchwellt den Körper, ſo daß er wieder mehr Waſſer verdrängt, darin alſo leichter wird und ſteigt. Mit dieſen Werkzeugen können die flinken munteren Fiſche ſo elegant und leicht in ihrem Elemente umherſchwimmen und fliegen, wie kein vierfüßiges Thier auf dem feſten Lande und wie kaum die bevorzugteſten Vögel in der Luft, ſo daß es oft eine wahre Luſt iſt, in die Tiefe hinab und ihnen zuzuſehen. Bewohner des Meeresgrundes haben keine Schwimmblaſen. Tropiſche Gewäſſer ſind manchmal bis in ſchwindelnde Tiefen ſo klar, daß das Schiff auf der Oberfläche wie in der Luft ſchwebt und man ſtaunend hinabblicken kann in die wunderbarſten Landſchaften von Gebirg und Thal, von Wäldern, Feldern, Pflanzen und Blumen in fabelhaft wunderbaren Formen und Farben. Dazwiſchen wimmelt es von zahlloſem Gewürm, Seeigeln, Seeſternen, thieriſchen Blumen und Pflanzen, bepanzerten Rittern, Thurmbewohnern, Muſchel- und Schaltthieren, Weſen und Unweſen aller Art, an welche man kaum zu glauben wagt, wenn man ſie leibhaftig vor ſich ſieht, und Fiſche ſchnellen ſich und huſchen dazwiſchen hin und her und auf und ab in ſo brillanten Farben von brennendem Roth, reizendem Blau, ſaftigem Grün und blendendem Gelb und allen möglichen Miſchungen, daß unſere kühnſten Phantaſiebilder aus Märchenbüchern von Feen in dem Meeresgrunde und deren Schlössern thatsächlich übertroffen werden.

In unseren Gegenden sehen die Fische meist nüchterner aus, aber mit ihren eleganten Gestalten und oft seltenen und silbernen Schuppenpanzern, namentlich aber mit ihrem schmackhaften Fleische brauchen sie sich vor ihren tropischen Elementargenossen durchaus nicht zu verstecken. Letztere schmecken viel seltener gut und es treiben sich unter ihnen so entsetzliche und mißgestaltete Ungeheuer herum, daß wir sie gern in unseren nordischen Gewässern vermissen. Wir kennen schon aus Schillers Taucher wenigstens dem Namen nach die Salamander, Molche und Drachen der Tiefe, schwarz wimmelnd in grausem Gemisch, zu scheußlichen Klumpen geballt, stachlichte Rochen, des Hammers gräuliche Ungestalt, des Meeres Hyäne, den entsetzlichen Hai und seine grimmigen Zähne und fühlten es, wie es mit hundert Gelenken zugleich herankroch, um nach uns zu schnappen, „unter Larven die einzig fühlende Brust"; aber es sieht oft genug viel grausiger aus und geht grausamer zu. „Eine Unzahl von Fischen", sagt Brehm, „ist so furchtbar bepanzert und bewehrt, daß es für den Herrn der Schöpfung gefährlich wird, sich mit ihnen einzulassen. — Und sie werden doch gefressen! Den Panzer zermalmt, die Dornen, Zacken, Spitzen und sonstige Waffen des Rachens zerbricht und stumpft das Gebiß des Mächtigeren; den Mitteln zur Abwehr entsprechen die Werkzeuge zum Angriffe. Ein ewiges Räuberthum ohne Gnade und Barmherzigkeit ist das Leben der Fische, und fast jeder einzelne ein ebenso freßgieriges als frechdreistes Geschöpf. Nicht blos der gewaltige Hai wird großen Thieren und auch den Menschen verderblich; sogar zwerghafte Fische giebt es, welche das Leben des Erdenbeherrschers gefährden und ihm Fetzen auf Fetzen aus dem lebendigen Leibe reißen und ihn entfleischen, wenn er sich ihrer Gewalt nicht entziehen kann. Der ewige endlose Krieg in der Natur wird am ersichtlichsten im Wasser des Meeres".

Bei uns sind diese Räuber durchweg besser gestaltet, anständiger und schmackhafter, und wenn wir sie in ihren Räubertugenden nicht noch zu übertreffen suchen, sondern als gebildete Menschen wirthschaftlich behandeln lernen, können wir mit der Zeit überall ziemlich leicht und billig ein gutes Fischgericht aus dem Meere und mindestens jeden Sonntag eine Lachsforelle auf dem Tische haben. —

Die Knochen und Flossen geben den Grund zu Haupt-, die Kiefern und Kiemen, die Gestaltung des Rachens, die Zähne und sonstige mehr innere Eigenthümlichkeiten zu nebensächlichen Unterscheidungen in Unterordnungen, Familien, Species und Varietäten. Die Ichthyologie bedient sich dazu auch immer wieder griechisch-lateinischer Doppelnamen, die ohne Kenntniß der Sprache unverständlich bleiben und schwer zu behalten sind. Wir rechnen es daher Brehm in der Fischabtheilung seines illustrirten

Thierlebens als ein eben so großes Verdienst an, dafür nach Kräften bezeichnende deutsche Namen ermittelt zu haben, wie er für seine lieben Vögel in unserer reichen Muttersprache die trefflichsten Titel aufzufinden verstand.

Nach Cuvier giebt es blos zwei Hauptracen von Fischen, Knochen- und Knorpelfische; erstere theilen sich nach ihren Flossen, Kiemen und Kiefern in folgende sechs Ordnungen:

Haftkiefer, da deren Oberkiefer an dem Schädel haftet und nicht, wie bei anderen Fischen, beweglich ist. Sie werden durch die Stachel- und Igelfische am besten anschaulich.

Büschelkiemer durch ihre verkürzten und an den Enden mit Büscheln versehenen Kiemen, umsomehr kenntlich, als die Kiemen sonst meist in Kammform hervortreten. Beide dieser ersten Gruppen sind weder zahlreich noch praktisch wichtig. Dagegen umfassen die

Stachelflosser mit beweglichem Oberkiefer, kammförmigen Kiemen und ungegliederten Stachelstrahlen in der ersten Rückenflosse wohl beinahe drei Viertheile aller Fische, die in eine verwirrende Menge von Familien und Verzweigungen eingetheilt sind. Die bekanntesten Vertreter derselben sind die Barsche und Makrelen, während die Karpfen, Lachse und Heringe als die eigentlichen Charaktergestalten der

Bauchweichflosser gelten können. Sie unterscheiden sich von der vorigen artenreichen Gruppe durch weiche, knorpelartige, fast immer gegliederte Strahlen ihrer ersten Rückenflosse und von den beiden letzten Arten der Knorpelfische durch Bauchflossen hinter den Brustflossen, die nicht an den Schulterknochen befestigt sind. Bei den

Kehlflossern sehen wir die Bauchflossen an den Schulterknochen unter den Brustflossen. Die Plattfische und Kabliau's sind die bekanntesten und für uns werthvollsten Vertreter derselben.

Die Kahlbäuche endlich, durch den bekannten Aal charakterisirt, lassen sich durch ihre schlangenartige Form, dichte, weiche und kaum merklich beschuppte Haut, so wie durch den Mangel an Bauchflossen auf den ersten Blick von den fünf anderen Arten der Knochenfische unterscheiden.

Die andere Hauptrace endlich, nämlich die Knorpelfische, sind durch ihren Namen schon deutlich gekennzeichnet: ihre Knochen oder Gräten sind nicht fest genug für diesen Namen, sondern eben nur knorplich und zuweilen sogar noch weicher. Sie zerfallen in drei Arten:

Sturionen, durch den bekannten werthvollen Stör vertreten und durch freie Kiemen von den beiden anderen Arten unterschieden. Diese beiden letzteren kann man wohl am besten als Rachen- und Rundmäuler unterscheiden.

Die Rachenmäuler nämlich (Selacier oder Selachier) unterscheiden sich von den Rundmäulern und von allen anderen Fischarten als scheußliche

Hai- und Rochenfische durch ihre beweglichen mit furchtbaren Zähnen bewaffneten und zum Zermalmen und Kauen geformten mörderlichen Kinnladen, während die

Rundmäuler als unvollkommenste und weichste Wirbelthiere statt des Mundes nur einen zahnlosen Schlauch zum An- und Aufsaugen besitzen. So niedrig sie auch als Fische stehen, genießen sie doch unter den Menschen große Liebe, wie die zahlreich und gern verzehrten eingemachten Neunaugen beweisen.

Hiermit sind wir in deutscher Sprache ziemlich kurz durch das fast unabsehbare Labyrinth von griechisch-lateinisch-wissenschaftlichen Fischbehältern hindurchgekommen. Für unsere praktischen Zwecke halten wir es nur noch für wichtig, auf die wesentlichsten Lebensbedingungen der Fische bestimmter aufmerksam zu machen. Sie müssen, obgleich im Wasser lebend und ohne Lungen, doch eben so gut, wenn auch nicht so reichlich mit frischer Luft zum Athmen versorgt werden, wie Menschen und Thiere auf dem Lande. Das Wasser enthält aber durchschnittlich nur ein Fünfunddreißigstel seines Umfanges atmosphärische Luft und darin nur einen sehr geringen Theil des zum Lebensproceß unentbehrlichen Sauerstoffes, welchen die Fische durch die Kiemen aus dem Wasser und den damit gemengten Lufttheilchen für ihr Blut und Fleisch gleichsam heraussischen müssen. Die Lungen vertretenden Kiemen bilden daher gar wichtige und eigenthümliche Werkzeuge des Lebens. Sie bestehen bei allen Knochenfischen und den Sturionen durchweg aus fünf spaltenförmigen Oeffnungen in der hinteren Mundhöhle und sind durch knöcherne Bogen, welche in die Kiemenhöhle münden, von einander getrennt. Letztere bildet einen Zwischenraum zwischen dieser von Spalten durchbrochenen Mundwand und den Kiemendeckeln, welche den ganzen Athmungsapparat nach außen schließen. In dieser Höhle befinden sich die eigentlichen Kiemen, zarte, quergefaltete und von unzähligen Blutgefäßen durchaderte Häutchen, deren einzelne Blättchen, an die knöchernen Bogen gewachsen, nach der entgegengesetzten Richtung frei und beweglich liegen.

Damit athmen sie, indem das vom Munde aufgenommene lufthaltige Wasser in die Kiemenhöhle bringt, alle Blättchen derselben durchspült und durch die mit dem Munde sich abwechselnd öffnenden und schließenden Kiemendeckel rückwärts nach außen getrieben wird. Es ist also eine bloße Einathmung lufthaltigen Wassers ohne Zurückathmung wie bei den blos luftathmenden Geschöpfen, ein großer Vortheil überhaupt und besonders für die Fische, weil dadurch ihre Bewegungen vorwärts nicht nur nicht gehemmt, sondern auch gefördert werden.

Bei den Knorpelfischen sind diese Athmungswerkzeuge etwas einfacher, führen aber das Wasser ebenfalls blos rückwärts aus. So kleinen Raum die Kiemen auch einnehmen, würde doch ihre Entfaltung auf einer Ebene fast immer einen viel größeren Raum einnehmen, als die Fische selbst, was noch mehr von der menschlichen Lunge gilt. Die vielen Blättchen und Höhlen bieten im kleinsten Raume möglichst viel Berührungspunkte mit dem Wasser, so daß die spärlich darin enthaltende Luft für den Lebensproceß herausgezogen und zur Blut- und Fleischbildung stets seine wesentlichen Beiträge liefern kann. Diese Athmung ist eine viel langsamere, als bei den warmblütigen Thieren, deren schnellere und massenhaftere Athemzüge mehr Luft für den Verbrennungsproceß, den die eingesogne Luft nährt, liefern und so das warme Blut bilden. Darin liegt auch der Grund, weshalb die langsamer athmenden Fische immer kaltblütig bleiben; doch ohne Einathmung gesauerstoffter Luft können sie ebenso wenig leben als wir. In luftleerem, sauerstofflosem Wasser ersticken sie eben so, wie in der Luft allein, weil in letzterm Falle die bald ausgetrockneten Kiemen das Athmen überhaupt unmöglich machen. Dies wird hinreichen, die Nothwendigkeit zu begreifen, daß das Wasser, in welchem Fische leben und gedeihen sollen, durch Fluß und Bewegung, durch freie sonnige Oberfläche und auch durch entsprechenden, luftreinigenden und Sauerstoff entwickelnden Wuchs von Wasserpflanzen immer frisch und lebenskräftig erhalten werden muß. Außerdem muß das Wasser für verschiedene Arten von Fischen auch verschiedene Eigenschaften haben, worüber die einzelnen Capitel dieses Buches nähere Auskunft geben. Hier nur noch ein Wort über den wesentlichen Unterschied der süßen und salzigen Wasser, der für die meisten Bewohner derselben so wesentlich ist, daß die einen nicht in dem Elemente der andern leben können. Die fast nicht umzubringenden Seesterne sterben im süßen Wasser augenblicklich. Grade die für uns werthvollsten Fische dagegen dringen zum Theil von geheimnißvollen Kräften getrieben, unwiderstehlich bald in süße, bald in salzige Wasser und befinden sich in beiden Arten sehr wohl. Dies ist für die Fischzucht und rationelle Bewirthschaftung des Wassers sehr wichtig, da sich jedenfalls sehr werthvolle Seefische in Süßwasserseen und großen Teichen mit Erfolg einbürgern und künstlich vermehren lassen. Bisher gemachte Versuche der Art sind aber kaum noch der Rede werth, so daß sich hier der praktischen Wissenschaft und dem gebildeten Unternehmungsgeiste weite Gebiete lohnender Wirksamkeit eröffnen.

Diese werden um so größer und versprechender, da nach englischen Erfahrungen sich Seewasser im Großen sehr wohlfeil künstlich herstellen läßt und dieses bei geeigneter Ventilation und Bewirthschaftung ohne Erneuerung immer lebenskräftig erhalten werden kann, so daß auch Fische, welche Süßwasser nie vertragen lernen, in's Bereich künstlicher Fischzucht gezogen werden können. Das natürliche Meerwasser besteht aus Süßwasser, worin dem Gewichte nach höchstens vier Procent Chlornatrium oder Kochsalz, viel geringere Theile von Chlormagnesium, Chlorcalcium, Chlorkalium, schwefelsaurem Natron, schwefelsaurem Magnesium und schwefelsaurem Kalk so enthalten sind, daß letztere zusammen noch nicht so viel ausmachen, als das Kochsalz. Einige dieser Bestandtheile und noch andere sind theils in so geringer Menge vorhanden, theils unwesentlich, daß sie erfahrungsmäßig ohne Nachtheil bei Zubereitung künstlichen Seewassers ganz weggelassen werden können. Bestimmtere Angaben darüber findet man in dem Capitel über Aquariums-Cultur. Für die furcht- und fruchtbare Zersetzungs- und Lebenerzeugungsfabrik der Natur aber in natürlichem Meerwasser scheinen nicht nur diese, sondern alle anderen Bestandtheile, unter denen wohl keine metallische und organische Verbindung und Verbindungsstufe fehlt, nöthig zu sein, denn in dieser für uns grenzenlosen Werkstatt der Natur sind alle Gewalten des Todes, der Erzeugung und Neubildung ununterbrochen in unfaßbarer Fülle und Kraft thätig.

Mit einem unverwüstlichen, gleichsam trunkenen Uebermuthe wirft die Natur in allen Höhen und Tiefen dieser 7,000,000 Quadratmeilen Lebensflüssigkeit fortwährend mit unzähligen vollen Händen die neuen Lebenskeime hunderttausend- bis millionenweise aus den Leibern und Eierstöcken aller Fischarten und unzähliger anderer wunderbarer Gebilde hervor und läßt sie mit demselben Uebermuthe und dem göttlichen Kraftbewußtsein ihrer unerschöpflichen Wiedergeburtskraft ebenso massenhaft wieder verderben und verschlingen. Manchmal leuchten und brennen diese feindlichen, strotzenden Erzeugungs- und Verzehrungskräfte meilenweit und bis tief hinunter, so daß das ganze Meer umher aus wässerigen Flammen zu bestehen scheint. Auch aus den dunklen Wogen schlägt der hineingeworfene Stein oder das Ruder manchmal Funken; selbst die hineinplätschernde Hand sieht sich oft von kalten Flammen umspült, welche auf brennende Pflanzen und Blumen unter dem Wasser hinableuchten.

„Welch feuriges Wunder verklärt uns die Wellen,
Die gegeneinander sich funkelnd zerschellen?"

Wir ahnen darin nur die massenweise in leidenschaftlicher Spannung gegeneinander blitzenden, einander feindlichen Urkräfte ewiger Zerstörung und Erzeugung. Wohl geziemt es der gebildeten Kraft des Menschen, welche über die Erde und über die Fische im Meer herrschen soll, mit den geeignetsten Mitteln zu Gunsten der schöpferischen Kräfte für lohnendste Erhöhung seines körperlichen und geistigen Wohlstandes vernünftig und wirthschaftlich einzugreifen. In dem vorliegenden Buche finden wir die unerläßlichsten Regeln für praktische Ausführung angegeben. Es verlangt damit nicht mehr für das viel fruchtbarere Wasser, als was heut' zu Tage jeder Bauer für seinen Acker thut, welchem nur durch schwere Arbeit abgerungen werden kann, was süße und salzige Wasser uns verhältnißmäßig umsonst bieten. Deshalb könnte der gebildete Fischer mit Proteus wohl oft zum Bauer sagen:

„Das Erdetreiben, wie's auch sei,
Ist immer doch nur Placerei;
Dem Leben frommt die Welle besser".

Verkehr und Verzehr aus dem Wasser.

Es giebt wohl immer noch binnenländische deutsche Bauernkinder, denen man weiß machen kann, das Meerwasser sei nur deshalb so salzig, weil so viele Heringe darin schwimmen. Sie und viele andere brave Deutsche kennen die jährlich millionencentnerigen Ernten aus dem Meere nur durch den mageren Bücking, den sie sich auf dem Jahrmarkte kaufen, und ein Paar hochschwangere Heringe, welche, in Stroh gewickelt, dem Vater aus der Rocktasche hervorgucken. Ja wir laufen Gefahr, daß selbst Heringe, von welchen nach Buffon — ein einziges Paar nach zwanzigjähriger ungestörter Fortpflanzung eine feste Masse, so groß wie unsere ganze Erdkugel, bilden würde, selten und theuer werden, wenn wir nicht ernstlich anfangen, das Wasser als gebildete Menschen zu bewirthschaften. Andere Völker haben damit wirklich begonnen, aber wir Deutsche, die wir fast Alles erfanden und auch schon vor einem Jahrhundert zuerst über künstliche Fischzucht belehrt wurden, scheinen nur zögernd nachfolgen zu wollen.

Merkwürdig, daß die Menschen jedenfalls eher Fische als Brod aßen und sie überall bei ziemlich ausgebildeter Landwirthschaft das Wasser und dessen Segen wie wilde Indianer ausplündern*). Wir sind dadurch richtig so weit gekommen, daß das unerschöpfliche Meer gezwungen worden ist, geizig zu werden und unsere herrlichen Flüsse und Seen den armen Fischpächtern selbst ihre erniedrigten Abgaben unerschwinglich machen.

So lange das arme Fischervolk am Wasser keine Gelegenheit hatte, reiche Ernten aus ihren Netzen durch leichten und schnellen Absatz nach den Binnenländern zu verwerthen oder durch Einsalzung, Räucherung und Trocknung gegen schnelles Verderbniß zu schützen, ließ sich die Barbarei in Ausleerung des Wassers entschuldigen; aber mit den Dampfschwingen des Weltverkehrs über alle Länder und Meere, der ausgebildeten Kunst Beutels und viel vollkommnerer Arten des Einmachens, so wie der bereits glänzend bewährten künstlichen Fischzucht hört jeder Vorwand für unsere Faulheit und die Theurung und Seltenheit der Producte aus dem Wasser

---

*) Diese Vorwürfe werden in guter Absicht öfter in neuen Lichtern und Verbindungen wiederholt werden.

auf. Und doch hat grade die Leichtigkeit des Absatzes an den Eisenbahnen entlang zur Erschöpfung des unendlich freigebigen Wassers wesentlich beigetragen. Vor kaum einem Menschenalter noch machten sich schottische Dienstboten contractlich aus, nicht öfter als zweimal wöchentlich Lachs essen zu dürfen. Die am 1. Februar 1868 dort zuerst gefangenen Lachse wurden an Ort und Stelle mit zwanzig Silbergroschen für das Pfund gierig gekauft und waren in London nur der höchsten Geldaristokratie als Delikatesse zugänglich. Die rasch steigenden Preise für den schmackhaftesten und fruchtbarsten Fisch entflammten die rohe Begier der Fischräuber und ihrer Hauptmänner zu einer förmlichen Mordlust, und da die Lachse, wie alle andere Arten von Fischen am Leichtesten während der Laichzeit zu fangen sind, entrissen sie meist mit jedem gefangenen Fische dem Wasser die Saat für zwanzigtausend Nachkommen.

Da nun auch durch den beschwingten Verkehr die alte gute Sitte und Industrie der Fischzucht in Privatteichen ziemlich ausgestorben ist, läßt sich auch von dieser Seite her kein Ersatz für den steigenden Mangel erwarten. Diese Privatfischteiche galten früher als ein ebenso nothwendiger Bestandtheil des großen Grundbesitzes, wie Garten und Park. Auch neben den Klöstern wurden für die vielen Fasttage alle benachbarten Teiche in guter Fischpflege erhalten. Diese Teichwirthschaft wurde meist auf sehr einfache Weise getrieben: man begnügte sich oft, irgend einen kleinen Fluß oder Bach zu nöthigen, sich auszubreiten und so ein Paar Teiche zu bilden. Man warf einige größere Steine oder künstliches Felsenwerk zum Schatten und Schutze der Fische hinein und überließ es dann der Natur, die darin befindlichen oder hineingesetzten Fische für Fast- und Festtage zu füttern. Diese naive Cultur beschränkte sich natürlich auf Süßwasserfische und meist Karpfenarten; doch scheinen es auch hier und da gutschmeckerische Aebte und Mönche verstanden zu haben, seltnere und feinere Fische zu züchten und den Teichen ein malerisches Ansehen zu geben. Auf diese Weise mag vielleicht der wundervolle Forellenteich zu Wolfsbrunnen bei Heidelberg entstanden sein. In der Nähe des Meeres legten einzelne Aristokraten wohl auch Vorrathskeller für Seefische an und mehr oder weniger künstliche Aushöhlungen für Seewasser, um darin die Fische immer bis zu unmittelbarer Verwendung am frischen Leben zu erhalten und zu mästen. Ein solches Treibhaus für Seefische ist der Loganteich zu Galloway in Schottland, der durch künstlerische Vervollkommnung des natürlichen Terrains entstanden ist; er besteht aus einem Bassin in solidem Felsen, zehn Yards tief und von hundertundsechzig Fuß Umfang. Fische, welche bei gutem Wetter in der benachbarten Bucht gefangen wurden, finden hier Asyl und Pflege, bis sie als Entrée für's Mittagessen gebraucht werden. Die Stockfische, Dorsche, Plattfische u. s. w. gedeihen darin vortrefflich und lernen ihrem Pfleger bald zierlg die gekochten Seeschnecken oder Muscheln aus der Hand freſſen, wodurch ſie ſehr fett und viel würziger werden. Der Teich hängt durch einen kleinen Kanal mit dem Meere zuſammen, bietet aber gegen die Sonne keinen hinreichenden Schutz, ſo daß manche Fiſche darin bald blind werden. Dieſes Uebel läßt ſich leicht vermeiden und das natürliche Seewaſſer auch ſehr billig durch künſtliches erſetzen, ſo daß der Anlegung von ſolchen Aſylen für Seefiſche auch weiter landeinwärts kein beſonderes Hinderniß im Wege ſtehen mag.

Von alter, neuer und künſtlicher Fiſchzucht ſoll ſpäter die Rede ſein. Hier gilt es blos eine Vorſtellung von dem Verkehre mit Seeproducten zu geben, wie er ſich bis jetzt auf ziemlich unwirthſchaftliche Weiſe ausgebildet und durch Raubbau zum Theil ſelbſt wieder in Verfall gebracht hat. In Abernung und Ausplünderung des Seewaſſers haben es die Holländer als Herren der Heringe ſchon vor Jahrhunderten beiſpiellos weit gebracht. Ganz Amſterdam iſt ſprüchwörtlich von Heringsgräten gebaut worden.

Dieſe Holländer waren einſt als ganze Nation eben ſo große Heringsenthuſiaſten wie ſpäter Hyazinthenzüchter. Alles arbeitete für Heringe und lebte von Heringen. Wer nicht fiſchte, ſpann und webte Segel, Taue und Takelage, zimmerte Boote, böttcherte Fäſſer und Tonnen, handelte mit Salz und pökelte oder kaufte die gefüllten Fäſſer, um die übrige Welt mit den Freuden des Heringsgenuſſes zu verſorgen. Den Heringen und dem Meere verdanken ſie auch ihre weltberühmte Seetüchtigkeit und den hartnäckigen Heldenmuth für die Unabhängigkeitskriege gegen die ſpaniſche Despotie. Bei ihrer Unabhängigkeitserklärung ſtanden ſie auf der höchſten Höhe des Heringsruhmes; in ihren eignen Buchten fanden dreilaufend Boote luſtige Beſchäftigung, während ſechzehnhundert Hering- „Buſſes" in deutſchen und engliſchen Gewäſſern Heringe zu Millionen und aber Millionen herausſchaufelten und achthundert größere Fahrzeuge den Stockfiſch und rieſige Whalungeheuer bis in den fernſten Norden verfolgten. Im Jahre 1603 verkauften ſie allein für 30,000,000 Thaler Heringe und verzehrten außerdem zu Hauſe friſch und verſchieden zubereitet die beſten Sorten in ungeheuren Mengen. Etwa funfzehn Jahre ſpäter beſchäftigten ſich allein 200,000 Mann in 12,000 beſegelten Fahrzeugen mit dieſer einzigen Induſtrie, ſo daß es damals zu den glänzendſten Schauſpielen gehörte, die unabſehbare Flotte den 24. Juni jedes Jahres von Texel aus auf die hohe See verſchwinden zu ſehen. Dies war ein wahrhaft nationales Volksfeſt, welchem niemals wieder das glänzendſte Schauſpiel einer modernen Kriegsflotte gleichgekommen iſt. Die Heringsflotte von Wick in Schottland mit ihren zwölfhundert Booten gewährt zwar heute noch bei Abgang und Ankunft einen beiſpiellos glänzenden Anblick, aber es iſt eine Kleinigkeit gegen die damalige maleriſche Flotte Hollands. Wir finden daher in der

Verehrung des großen Reformators in der holländischen Heringsreligion, Wilhelm Beukel's, der zu Ende des vierzehnten Jahrhunderts starb, eine gesunkere Bildung, als in der Behängung gewöhnlicher Staatsbeamten mit Orden. Kaiser Karl V. und sogar eine Königin von Ungarn machten eine fromme Pilgrimsreise nach dem Grabe dieses Erfinders der Einpökelung, denn damit wurde der Menschheit offenbar eine größere Wohlthat erwiesen, als mit hundert gewonnenen Schlachten.

Neuerdings ist die holländische Heringsflotte nur noch der Schatten ihrer alten Herrlichkeit, und die 30,000,000 Thaler sind auf etwa 1½ Million, die Zahl der Schiffer auf einige Hundert und die der Mannschaften auf fünftausend gesunken. Die Angaben schwanken zwar, aber Thatsache ist, daß die holländische Heringsherrlichkeit verblichen und meistentheils auf die Schotten übergegangen ist. Die Holländer sollen sie zuerst, und zwar schon im neunten Jahrhundert von den Schotten gelernt haben. Etwa vor zehn Jahren bestand die schottische Fischereiflotte aus mehr als zwölftausend Booten und viel über vierzigtausend Mann für die Aberatung der Küsten. Im Ganzen beschäftigten sich gegen 94,000 Personen mit der Fischindustrie, wozu auch die 90,000,000 Quadratellen Netze und 35,000,000 Ellen Taue im Werthe von etwa 5,000,000 Thalern, Böttcherei, Einsalzung, Trocknung u. s. w. gehören. Ein neues Leben durchdrang das Fischervolk durch die vom Staate ausgesetzten Prämien vom Jahre 1809 an, wo von den 90,000 Fässern Heringen kein einziges nach dem Continente ausgeführt ward. Von 1812 an stieg die Ausfuhr mit jedem Jahre ohne einen einzigen Rückfall auf mehr als 340,000 Fässer bei einer Gesammtgewinnung von etwa 800,000, die zu einem Drittel gestempelt, also amtlich für erster Qualität erklärt wurden. Außerdem lieferte die schottische Fischerei noch über 86,000 anderweitig zubereitete Heringe, beinahe 3½ Millionen Stück Stockfische, wovon gegen 105,000 Centner getrocknet und über 4000 Centner eingesalzen waren. Neuere statistische Berichte weisen verschiedene Fortschritte nach; da sie sich aber zum Theil widersprechen, wollen wir uns nicht weiter darauf einlassen. Daneben liefert die Fischerei von England und Wales mit 13—14,000 Booten im Werthe von 5,000,000 Thalern mit 50,000 Mann und etwa eben so viel Personen, welche direct von der Fischindustrie leben, seit 1860 durchschnittlich jährlich 700,000 Fässer gesalzene Heringe, von denen 7—8000 ausgeführt werden. Da aber die Heringsernte neuerdings immer unsicherer geworden ist und mit jedem Jahre bedeutend schwankt, rathen wir Personen mit strengem statistischen Gewissen, diese Angaben nur mit Vorsicht aufzunehmen und nicht zu vergessen, daß wir, um das Gedächtniß des Lesers nicht durch Armeen von Zahlen zu verwirren, uns auf Angabe großer, runder Durchschnittssummen beschränken.

Stockfische werden von England aus jährlich etwa eine halbe Million gefangen und zu einem großen Theil getrocknet ausgeführt. Von der Masse der Sprotten und Schrimps, die an den Küsten herausgeschaufelt werden, kann man sich etwa eine Vorstellung machen, wenn man sieht, wie manchmal in London erstere von großen silbernen Haufen und letztere von unzähligen Karren und Wagen für das geringste Kupfergeld in die Hände, Taschen und Körbe der zerlumpiesten Armuth geschüttet werden, und ein Scheffel frischer Sprotten zuweilen schon von zwanzig auf fünf Silbergroschen sank.

Die berühmten Fünf-Häfen Englands (Cinqne-Ports) mit Dover und, so lange er lebte, Lord Palmerston an ihrer Spitze, stellten einst für ihre Fischerei-Privilegien siebenundfunfzig bewaffnete Schiffe, haben aber nach dem Verlust ihrer alten Gerechtsame ihre hervorragende Bedeutung verloren.

Helgoland, diese nur 5600 Fuß umfassende englische Felsenfestung vor deutscher Nase, „im deutschen Meere", wie zu unserer Schmach nur die Engländer und nicht wir die Nordsee nennen, mit 3000 Einwohnern liefert jährlich für etwa 35,000 Thaler Fische, welche aber nur Badegäste für schweres Geld kosten dürfen, wenn der von einer englischen Gesellschaft mit allen dortigen Fischern geschlossene Contract noch gültig ist. Danach müssen sie nämlich alle Fische zu höchstens zwei Thaler für das maritime Hundert (hundertvierzig Stück) an die Gesellschaft ablassen, ohne einen einzigen nach Deutschland verlaufen zu dürfen. Nur eine kleine Zahl von Hummern machen zu Gunsten Hamburger Millionärs und Moguls eine Ausnahme.

Das Meer um das grüne, revolutionäre Irland herum und dessen zahlreiche Buchten wimmeln von Fischen und Delikatessen des Meeres aller Art, die von siebzig- bis achtzigtausend Mann in etwa 16,000 Booten in üblicher barbarischer Weise herausgeplündert werden.

Dieses Seeräuberthum wühlete seit Jahren mit immer steigender Gier durch eine immer steigende Verwirrung von Parlamentsgesetzen hindurch, besonders gegen die herrlichsten und reichsten Schätze der britischen Küsten und Meeresflüsse, die Salmoniden. Seitdem vor etwa achtzig Jahren die Entdeckung gemacht ward, daß sich der Lachs, in Eis verpackt, frisch bis London bringen lasse, nahm der Absatz und Preis fortwährend so bedeutend zu, daß die größte Gefahr vorhanden war, Meere und Flüsse ganz und gar zu entvölkern, bis die Engländer mit ihrem praktischen Muthe in der höchsten Noth tüchtig darangingen, die vor einem Jahrhundert in Deutschland gemachte Erfindung der künstlichen Eierbefruchtung, besonders für ihren geliebten, kostbaren Lachs, praktisch und wie wir später sehen werden, mit großem Erfolg auszuführen. Die Verpachtung des einzigen Lachsflusses Tweed wurde vor etwa zwanzig Jahren allein mit jährlich ungefähr

130,000 Thalern bezahlt, sank dann wohl mehr als zehnfach und nimmt erst neuerdings mit dem sich einstellenden Segen künstlicher Zucht neuen Anlauf zum Steigen. London verzehrte allein schon vor einem Vierteljahrhundert jährlich für 1,000,000 frischen und für 100,000 Thaler gepökelten und geräucherten Lachs und hat während der letzten Jahre für viel weniger als die Hälfte schon manchmal das Doppelte zahlen müssen. Im letzten Frühjahre war das Pfund oft kaum für einen Thaler zu haben, während sich früher oft die ärmste Frau weigerte, 1½ Sgr. dafür zu bezahlen.

Der Haupthafen für die Heringsindustrie Schottlands ist Wick an der Ostküste mit mehr als 2000 Booten und 10,000 Mannschaften, deren Familien oft noch viel Hilfe annehmen müssen, um 700,000 bis 1.000,000 Fässer einzusalzen, etwa ein Drittel zu räuchern und 400,000 Fässer für Ausfuhr zurecht zu machen. Engländer besorgen von Yarmouth u. s. w. aus ungefähr eben so viel Heringe aus dem Meere in die Mägen der Menschen. Nächstdem ist der Kablian der wichtigste Fisch, wovon schon manches Jahr an den Orkney- und sonstigen schottischen Inseln über 100,000 Centner gefangen und eingesalzen wurden. Doch die Haupternten holten Jahre lang 7—10,000 englische Boote von den Küsten Neu-Fundlands, so unlängst in einem Jahre über 1,000,000 Centner Stockfische, beinahe 12,000,000 Quart Seehundsöl und Fischthran, 16,000 Fässer Heringe und gegen 400,000 Seehundsfelle. Die Makrelen-Fischerei, welche hauptsächlich vom Mai bis Juli an den Küsten von Kent und Sussex betrieben wird, ist zwar sehr launenhaft, doch waren die Ernten oft reichlich und lohnend genug, so daß man den schmackhaften Fisch auch für mäßige Preise auf Londoner Tische setzen konnte. Die Heringsarten Pilchard und Bloater werden an den Küsten von Devon und Cornwall in so reichlichen Massen gefangen und in Yarmouth geräuchert, daß auch der Aermste im Lande sich fette, würzige Exemplare verschaffen und selbst Italiener für jährlich etwa 20,000 Fischerhunderte (à 140 Stück) Appetit und Geld haben. Ueberhaupt gehen wohl vier Fünftel aller getrockneten und geräucherten Fische Englands auf gute Märkte der romanischen Länder. Nur in dem zugänglicheren Deutschland müssen sich die meisten Menschen in dieser Gastronomie mit oft sehr schwindsüchtigen Bücklingen und Fluntern begnügen. Die im Norden beinahe ausgerotteten Walfische suchte man von 1860 an mit besonderen Schraubendampfern vollends zu vertilgen und scheint es damit auch wirklich so weit gebracht zu haben, daß der letzte ächte Whal vielleicht als Wittwer oder Junggeselle sterben muß. Selbst die Heerden- oder Grinde-Whals, die lange Jahre hindurch oft in Gesellschaften von 400 Stück in den Gegenden der Faröer-Inseln erschienen und von den Bewohnern in Hunderten von Booten zur Schlachtbank in die Bucht von Thorshavn getrieben wurden, um ohne Gnade und Barmherzigkeit ermordet, ausgeschmolzen, gedörrt, als Schuhe, Riemen, Draht, Knochenmehl, Dünger u. s. w. verwerthet zu werden, sind in Folge dieser maßlosen Räuberei so selten und scheu geworden, daß es sich nicht mehr der Mühe lohnen soll, auf offenem Meere Jagd auf sie zu machen, obgleich ein solcher, etwa vierzig Fuß langer Whal für sechzig Thaler Thran liefern und durch Verwerthung seiner anderen Bestandtheile einen Gewinn von hundert Thalern geben soll. Die Engländer sind nach dem Muster der Franzosen durch Schaden wenigstens bereits klug geworden und arbeiten tüchtig daran, durch vernünftigere Gesetzgebung und künstliche Fischzucht das Wasser wissenschaftlich und praktisch zu bewirthschaften.

Die vereinigten Staaten Amerikas mit ihren großen Seen und Strömen und den bevölkertsten Colonien an den Küsten ihres Oceans treiben die Seefischerei vielleicht im großartigsten Maßstabe und verdanken den Ernten aus dem Wasser die meiste und gesundeste Nahrung, die sie nicht nur den Armen wohlfeil bieten, sondern auch in mehr oder weniger künstliche und kostbare Freuden der Tafel zu veredeln wissen. Die Stockfischerei von Neufundland ist jedenfalls eine der größten Meeres-Industrien aller Zeiten und Zonen und blüht schon seit mehr als viertehalbhundert Jahren. Da man aber auch hier das Ausraubungssystem mit allen nur möglichen Mitteln befolgt hat, fürchtet man ebenfalls Erschöpfung und sucht durch Gesetze, Verträge und sonstige Verhandlungen einige Ordnung und Schonung auf diesem ungeheuren Gebiete der Seeräuberei zu schaffen. Seit den Zeiten, als der rothe Indianer noch über Klippen vorgebeugt, den Stockfisch mit seinem Spere spießte, bis in die Gegenwart, wo Tausende von Schiffen ihre Segel in den Buchten und auf unabsehbaren Wasserflächen ausbreiten, um den Fisch mit genialen Fangwerkzeugen massenweise heranzuholen, sind wohl Millionen auf Millionen dieser geschätzten Meeresbewohner gefangen und in allen möglichen Formen verzehrt worden, und man raubte Jahr aus Jahr ein mit immer verstärkten Kräften fort, ohne jemals an Erschöpfung zu denken. Aber die ungezügelte Raubsucht der Menschen hat endlich auch diese sechshundert englische Meilen lange und über zweihundert Meilen breite Neufundlandsbank, diesen am dichtesten bevölkerten Meeresstaat, so zugerichtet, daß sich die Natur mit ihrer überschwänglichen Fruchtbarkeit vergebens bemüht, gegen die Zerstörungsmacht menschlicher Unersättlichkeit aufzukommen.

Nach einem englischen Werke über Labrador führte Neu-Schottland im Jahre 1860 mit 3258 Fahrzeugen eine so bedeutende Stockfischernte ein, daß für beinahe 3,000,000 Dollars Ueberfluß ausgeführt ward. Seitdem stiegen Ertrag und Ausfuhr aus dem britischen Amerika auf 15,000,000 Dollars jährlich, von denen die Fischereien Labradors etwa die Hälfte liefern. Schon vor zwölf Jahren besuchten den Hafen von Owahee auf den Freundschaftsinseln 637 amerikanische, 32 englische und 24 französische Schiffe, aber kein deutsches darunter, größtentheils Walfischfänger, um nach Erschöpfung der nordischen Gegenden auch das ungeheure Terrain des südlichen Poles auszuplündern. Die Zahl der amerikanischen Schiffe für den Walfischfang soll seit zehn Jahren von siebenhundert auf beinahe tausend mit 20,000 Mann und einem Ertrage von 16,000,000 Dollars gestiegen sein. Die Herings- und Lachsfischerei auf dem Meere, ehemals sehr bedeutend, ist wegen barbarischer Wirthschaft fast gänzlich ausgestorben. So muß man auch in Amerika schon manchmal das Pfund Lachs mit einem Dollar bezahlen, was hinreichende Veranlassung gab, durch künstliche Zucht, namentlich durch die Versenkung in Eis dem Mangel und der Theurung aus gesegneteren Gegenden abzuhelfen. Der Fischtransport in Eis ist denn auch so großartig und vollkommen geworden, daß man in den Städten, die vier bis fünfhundert Meilen von einem großen See oder dem Meere liegen, frische Waare verzehrt, welche am Tage vorher noch lustig im Wasser schwamm. Der beliebteste und zarteste amerikanische Fisch, Hallibut, Heilbutte, der früher oft wegen Unmöglichkeit der Verwerthung von den Fischern wieder in's Meer geworfen ward, beschäftigt jetzt allein im Hafen von Gloucester über achtzig Fahrzeuge, von welchen jährlich zwischen vierzig- und funfzigtausend Stück, jedes von fünfundzwanzig bis zweihundert Pfund schwer, nach New-York und in Eis verpackt nach Binnenstädten und selbst Neu-Orleans verschickt werden. Der Makrelenfang beschäftigt aus dem Staate Maine allein Schiffe bis zu 30,000 Tonnen Gehalt, und in Massachusetts steigen gelegentlich Makrelenfischer aus tausend Fahrzeugen an's Land und bringen für mehr als 6,000,000 Dollars frische Ernte aus dem Wasser mit. Doch es ist nicht möglich, ein Bild von der amerikanischen Fischerei zu geben. Wir wollen nur noch bemerken, daß die Seen und Flüsse mit fünfunddreißig besonders geschätzten Fischarten jährlich mehr als 40,000 Fässer im Werthe von beinahe 1,000,000 Dollars frische Waare liefern, welche täglich in Eis verpackt bis Hunderte von Meilen mit der Eisenbahn tief in's Binnenland versendet wird. Daß die Amerikaner nicht nur aus dem Wasser ungeheure Massen von Nahrung ziehen und Geld machen, sondern auch das Eis millionencentnerweise im ganzen Lande und über den großen Ocean hinweg bis Indien, China und Japan zu versilbern verstehen, setzen wir als bekannt voraus. Bei dem Fischverkehr bildet es einen Segen, von dem die deutschen Eisenbahn-Directionen sich mit der Zeit vielleicht auch etwas aneignen, wenn sie erst ihre Furcht vor dem „Drippen" überwunden haben.

Am Weitesten haben es die Amerikaner vielleicht im Austernbetriebe gebracht, der nach dem Werke des französischen Marine-Ministers 1865 allein in New-York 35,000,000 Francs betrug, während die Ausgaben für anderes Fleisch nicht über 30,000,000 stiegen. Der Gesammtwerth der jährlich in den vereinigten Staaten verzehrten Austern im Betrage von 30,000,000 Scheffel muß auf mindestens ebensoviel Dollars geschätzt werden, da der Scheffel nur selten auf vierundsiebzig Cents sinkt und zuweilen bis auf 2½ Dollars steigt. Ueber fünfhundert Austernhäuser in New-York liefern diese „neptunische Sahnentorte" nicht nur als wohlfeiles Nahrungsmittel für die armen und arbeitenden Classen, sondern auch in allerhand veredelter Zubereitung, als Austernsuppe, Braten und, wenn man will, auch als Compot.

In ärmeren Gegenden der Stadt kann man sich schon für drei bis fünf Silbergroschen vollständig schmack- und nahrhaft und leicht verdaulich in Austern satt essen. Man darf dabei nicht an die Zwerge denken, welche in einzelnen Delikateßläden oder Weinhandlungen dem deutschen Gourmand aufgetischt werden, da die amerikanische Auster etwa viermal größer ist und an Zartheit und Aroma den besten englischen „natives" nichts nachgiebt. Man kann sie fast überall mit oder ohne Schale und sogar eingemacht kaufen. Für letzteren Zweck und für weite Versendung wird das Austernfleisch in Weißblechbüchsen aufbewahrt, die gehörig gefüllt, luftdicht zugelöthet und im Sommer während der Reise auf der Eisenbahn durch Eis geschützt werden. Der Hauptort für diese Industrie ist Baltimore mit mehr als dreißig Großgeschäften allein für diesen Ausfuhrartikel, von welchem 1861 allein 3,000,000 Scheffel abgesetzt wurden. Dabei fanden über dreitausend Personen lohnende Beschäftigung, und dreihundert Blechschmiede verarbeiteten für 150,000 Dollars Blech zu den Büchsen und eine entsprechende Zahl Böttcher 1,000,000 Kubikfuß Bretter zu den Kisten für die Verpackung. New-Haven in Connecticut beschäftigt gegen tausend Irländerinnen blos mit Ausreinigung des Austernfleisches. In Boston arbeiteten 1861 dreihundertfunfzig Klempner fast nur Blechbüchsen für Austern. Nicht viel geringer ist dasselbe Geschäft in Philadelphia, Norfolk und Charlestown und wird wahrscheinlich während der letzten Jahre sich immer noch ausgedehnt haben, da das auch hier befolgte Raubsystem die fabelhaften Vorräthe der Natur noch nicht besonders merklich zu erschöpfen im Stande war. Wir fügen nur noch hinzu, daß etwa siebenhundert Schiffe verschiedener Art, außerdem über anderthalbtausend Ruderboote mit Einsammeln von Austern beschäftigt sind und dabei Tausende von Menschen nicht nur ihr gutes Brod finden, sondern sich auch zu tüchtigen Mannschaften für die Marine vorbilden, was in Deutschland für die vom General-Consul Sturz gegebenen Anregungen für künstliche Austern- und Fischzucht besonderer Rücksichtnahme empfohlen wird, weil auf diese Weise auch unser Militärstaat ein Interesse daran findet, eine vernünftige Bewirthschaftung des Wassers zu begünstigen und zu ermuthigen.

In Frankreich erfreut sich die künstliche Fischzucht der ausgedehntesten Begünstigung von Seiten des Staates, obgleich auch „Er" für seinen Soldatenruhm die meisten Millionen des Landes verbraucht. Das Marine-Departement hat die alten Schutzzollgesetze für die Fischerei wohlweislich aufgehoben und an[dem Boden der Freiheit ein neues Leben hervorgerufen. So mähen fast vor allen Häfen, mit Eisenbahnen in's Land hinein, kräftige und lustige Seefischer den Meeresboden, um die Ernten von Boulogne, Tourville, Treport, Calais u. s. w. aus alle Tage frisch nach dem unersättlichen Paris und anderen Städten zu schaffen. Die Zahl der Seeboote mit Grundnetzen in diesen Häfen ist jetzt auf beinahe vierhundert gestiegen. Außerdem kommt die Küstenbevölkerung fast alle Tage mit ihren armseligen Netzen (das Parc) der Fluth zuvor, um darin aufzufangen, was irgendwie im Wasser lebt und zappelt. Auch Weiber und Kinder helfen mit kleineren Handnetzen oder graben und kratzen im nassen Dünensande nach Schrimps (Garneelen) und sonstigen kleinen Krabben und Krebsen. Sie thun das theils für sich, theils für den Markt, und ermöglichen es auf diese Weise, sich erträglich zu ernähren, während sie auf dem armen Boden sicherlich verhungern würden. Selbst kleine, halbnackte Kinder wissen sich auf geniale Weise nützlich zu machen; sie bauen künstliche Fischteiche, sammeln und trocknen Salz und haschen, in Ermangelung auch der armseligsten Werkzeuge, mit bloßen flinken Händen alle Arten von schleimigen oder beschuppten Kreaturen, welche durch die Kochkunst so veredelt werden, daß sie als gute und sogar schmackhafte Nahrung auch durch gebildete Gaumen rutschen. Einige dieser armen Leute besitzen alte, geflickte und verpichte Boote mit nur sehr kümmerlich ausgebesserten Segeln, jämmerlich zerrissenen und armselig gestopften Netzen und wissen damit dennoch dem zurückebbenden Meere jeden Tag ihren Lebensunterhalt abzulisten. Sowie die Fluthwogen ihre Rückschritte beginnen, wimmelt der zum Vorschein kommende Dünensand von hungrigen und oft kaum merklich bekleideten Schaaren, die beglerig jede kleine Vertiefung mit Haken oder Händen durchfurchen, alles Lebendige darin packen und in schmackhafte Mahlzeiten verwandeln. Manche dieser armseligen Gestade- oder Inselbewohner erblühen seit einigen Jahren zu immer schönerem Wohlstande, und ihre dumpfen Hütten verwandeln sich in freundliche Landhäuschen mit Gardinen und Gärten. Diese Zauberei ist eine Frucht der künstlichen Austernzucht, die wir in einem anderen Theile des Buches näher kennen lernen. An der Küste der Bretagne beschäftigen sich nicht weniger als 13,000 Boote mit der Sardinenfischerei, von deren Umfange wir eine Vorstellung bekommen, wenn wir lesen, daß diese Fischer jährlich über eine halbe Million Thaler blos für Lockspeise in Form von Stockfisch- und Makreleneiern ausgeben. Die hier und anderswo gemachten

Versuche für künstliche Befruchtung aller Arten von Weißfisch- und Crustaceeneiern scheinen fast durchweg überraschenden Erfolg zu haben, so daß ungeheure Küstenstrecken der Armuth und Verwahrlosung sich in Quellen des Wohlstandes verwandeln.

Napoleon hat als gefürchteter Kriegsherr den bedeutenden Vorzug der Einsicht, daß er durch Begünstigung der Fischerei nicht nur dem Volke überhaupt neue Wohlstandsquellen eröffne, sondern sich auch tüchtige Mannschaften für die Marine erziehe. Die französischen Fischer sehen denn auch durchweg viel männlicher und frischer aus, als die Heerden von Fallstafsrekruten für die Landarmee. Die französische Fischereiflotte in der Nordsee, unserem deutschen Meere, bestand 1863 aus zweihundertfünfundachtzig Schiffen von 22,000 Tonnen Gehalt und mit 4,000 Mann. Sie verließ die französischen Gestade zu Frühlingsanfang und verbreitete sich bald bis nach Island. Während ihrer Außerntung unseres deutschen Meeres mit einem lohnenden Ertrage von Stockfischen u. s. w. wurden sie nicht selten von Kriegsschiffen unterstützt, namentlich in Fällen von Erkrankung, was aber blos auf achtzehn Schiffen nöthig ward. Daraus läßt sich schließen, daß sich die Leute durchweg tüchtig und gesund hielten und die französische Regierung jedenfalls mehr für ihr Fischervolk thut, als es der preußischen mit ihrem einzigen Dampfschiffe für diesen Zweck möglich sein wird. Freilich was auf einer Seite durch die Regierung begünstigt wird, verdirbt sie auf der andern durch ihre Manie, Alles zu steuern und zu besteuern. Die Quälereien und Abgaben, welchen die Seeproducte auf ihren Wegen von den Märkten in die Mägen unterliegen, sind so verwickelt, daß wir uns gar nicht die Mühe geben wollen, sie zu schildern. Es wird besser sein, sich dafür auf dem großen, freien Fischmarkte Londons, Billingsgate, umzusehen, was wir zum Schlusse dieses Capitels thun wollen. Hier nur so viel, daß die Erträge des Wassers von den französischen Küsten zunächst in die Hände des Ecoreurs oder Agenten gelangen, der den Verkauf zwischen den Fischern und dem Publikum vermittelt und gleich baar bezahlt, wobei er sich 3½ bis 5 Procent gut schreibt. Er verkauft an den Mareyour, der die Fische verpackt und an die Eisenbahnen abliefert. Diese berechnen je nach Art und Werth der Fische ganz verschiedene Frachten. In Paris angekommen, werden die Fische polizeilich geprüft und versteuert und zwar von fünf bis zehn Procent des Marktpreises. Nun fallen sie in die Hände der Facteurs à la criée oder Auctionators, die für ihre Mühe, die Waare an die Fischhändler zu verhämmern, wieder zwei bis drei Procent berechnen. So erhält der Verkäufer an das Publikum mit diesen und anderen Abgaben einen schon achtzehn bis zwanzig Procent vertheuerten Fisch, woran er auch viel verdienen muß, so daß wohl selten ein weniger als fünfzig Procent vertheuertes Fischgericht auf den Tisch des Consumenten kommen mag. Die hohen Frachten auf den Eisenbahnen bringen außerdem den Nachtheil, daß weniger kostbare Fische gar nicht auf den Markt kommen und als Viehfutter oder Dünger nur sehr wenig verwerthet werden. Außerdem verstümmelt man die verkäufliche Waare durch Abschneidung von Flossen, Schwänzen u. s. w., um das Gewicht zu verringern und liefert sie so ziemlich unappetitlich auf den Markt. Dagegen kommt der freie Fisch Englands immer womöglich ganz auf den Familientisch und vertritt in sehr praktischer Weise die Suppe, deren Kraft und Aroma der hernach folgenden Bratenteule erhalten wird.

Paris verdankt seiner Fischsteuer eine Einnahme, die während der letzten zehn Jahre von noch nicht 900,000 Francs auf beinahe 1½ Million gestiegen ist. Diese Besteurung nothwendiger Lebensmittel und Ernährungsbedingungen ist eine alte Weisheit von Staats- und Stadtbehörden, über die sie nicht so leicht hinauskommen, obgleich sie damit die wahre Volks- und Steuerkraft zum künstlichen Hunger verdammen und mit jedem Groschen Einnahme einen viel größeren Verlust im Nationalwohlstande verursachen. Dabei können wir nicht unterlassen, die große Sorgfalt zu empfehlen, welche der Marine-Minister der Entwickelung der Fischerei und der künstlichen Fischzucht seit vielen Jahren widmet. Gesegnete Folgen davon waren schon auf den beiden großen Ausstellungen von Fischereigegenständen in Arrachon und Boulogne bemerklich. Andere Völker widmeten ihnen ebenfalls große Aufmerksamkeit und lernten davon; nur in Deutschland hatte man nicht einmal in Fachzeitungen kümmerlichen Raum für nebelhafte Notizen. Von dem Umfange der französischen Ernten aus dem Wasser geben folgende Zahlen eine Vorstellung: der Fang an den Küsten ist während der letzten zehn Jahre von sieben auf den Werth von zwölf Millionen Francs gestiegen. Die Flotte für Walfische, Robben u. s. w. mit mehr als 12,000 Mann und über 150 großen Fahrzeugen, wozu neuerdings wohl ein Dutzend Schraubendampfer gekommen sind, holte einmal binnen wenig Monaten über 200,000 Tonnen Oel und 2½ Millionen Pfund sonstige Fischwerthe aus dem Wasser. Doch fehlt es auch den schnellen Dampfern neuerdings immer mehr an den thranreichen Ungeheuern, welche früher oft so dichte Fontainen im nordatlantischen Ocean in die Luft bliesen. Die Walfische sind nicht nur selten geworden, sondern werden auch durch die meilenweit fühlbaren Erschütterungen des Wassers durch die Schraube gewarnt und verscheucht, so daß der Dampfschiff-Walfischfang als unglückliche Speculation wieder aufgegeben werden muß. Ueberhaupt ist er zu einer Lotterie mit immer mehr Nieten geworden, so daß wir in Deutschland nicht dazu ermuthigen wollen. Auch der Ertrag der Heringsernte ist bedeutend gesunken, so daß die 1400 Schaluppen, welche sich mit dem Sardinenfang beschäftigen und oft manches Jahr bis 400,000,000 Stück zum Einsalzen liefern, vielfach durch verkommene Heringsfischer vermehrt wurden. Von der Neufundland-Bank, den irischen, schottischen und deutschen Gewässern sind neuerdings durchschnittlich jährlich tausend Schiffe mit mehr oder weniger reichlichen Erträgen zurückgekehrt, die in beinahe dreihundert Einsalz-Hütten von mehr als fünfzehnhundert weiblichen Personen mit abgabenfreiem Salze u. s. w. eingemacht oder sonst für den Verbrauch vorbereitet und verwahrt wurden. Die besonders erfreuliche Austerncultur Frankreichs und die rühmlichen Anstalten für künstliche Fischzucht bleiben einem anderen Capitel vorbehalten. Wir schließen mit einer Huldigung für Napoleon, da er es nicht unter seiner Würde hielt, auch für Krebscultur zu sorgen. Er ließ schon vor mehreren Jahren mehr als dreihundert kleine Flüsse und Bäche mit meist deutschen Mutterkrebsen bevölkern und für ihr Gedeihen Erlen und sonstiges Gebüsch an die Ufer pflanzen, wie er sich auch dadurch vor allen Potentaten der Welt auszeichnet, daß er durch künstliche Bewaldung verödeter Höhen das Gleichgewicht in der beleidigten Natur wieder herzustellen sucht. Die Wälder sorgen als Wasserdichter für Bereicherung der Flüsse, größere Fruchtbarkeit der Felder und dienen als Dämme gegen verheerende Ueberschwemmungen. Davon wissen wir in unserem fortgesetzten Waldfrevel, wodurch die große nordgermanische Ebene einer immer größeren Versteppung und Berödung entgegen geht, und der auch einen großen Theil der Verschulbung der ostpreußischen Hungersnoth trägt, nichts, und die Wissenden und Warnenden werden verhöhnt und verachtet, so daß wir und unsere Nachkommen immer empfindlicher dafür büßen werden müssen. Zusammenschrumpfende große und kleine Flüsse, diese Lebensadern nicht nur für den Verkehr, sondern auch für den ganzen Wohlstand, austrocknende Felder und Fluren, Vertheurung der Frachten und Verzögerung des Austausches, dadurch Hungersnoth auf der einen und verzehrender Ueberfluß auf der andern Seite, wovon namentlich der preußischste Fluß, die vernachlässigte Oder, Stettin und Breslau, manches Klagelied über fabelhafte Verluste zu singen wissen, sind schon jetzt ziemlich fühlbare Folgen, die sich bei unserer landwirthschaftlichen Politik mit jedem Tage vermehren.

Nach Amerika, England und Frankreich sind Schweden und Norwegen die bedeutendsten Fischereistaaten, und Norwegen vielleicht, im Verhältniß zu seiner Einwohnerzahl, der erste überhaupt. Die Norweger haben das wenigste Land für den Ackerbau und ernten deshalb den größten Theil ihrer Lebensmittel in solcher Menge aus dem Meere, daß sie noch viel davon zum Austausch für andere Bedürfnisse ausführen können. Ihr Fischfang ist seit 1850 von 8,000,000 Thaler jährlich bis beinahe auf 12,000,000 gestiegen, wobei freilich Schwankungen mit in Rechnung gebracht werden müssen. Von den zweihundert Fischarten ihres Meeres sind Hering und Kabliau, dann Makrelen und Heilbutten die wichtigsten. Der Hering kommt das Jahr zweimal zum Laichen an die Küsten und wird jedesmal in ungeheuren Massen gefangen. In einer einzigen Winternacht wurden manchmal schon 6000 Schock oder fünfzehn Tonnen gewonnen, und während des ganzen Monats führte manchmal eine einzige Flotte beinahe 1,000,000 Tonnen ein, von denen die größere Hälfte eingesalzen und für Ausfuhr, meist nach Rußland und nur zum kleineren Theil für Stettin und andere Ostseestädte verladen wurden. Die großartigste National-Industrie Norwegens ist der Stockfischfang um die Loffodeninseln herum, wo die sich zu Anfange des Jahres versammelnden Fische manchmal dicht bevölkerte Berge bis 480 Fuß Tiefe bilden sollen; dann kommen von allen Küsten und Buchten her über 4000 Boote mit mehr als 20,000 Mannschaften herbei und bevölkern die sonst öden Inseln in allen möglichen Buchten und Winkeln, um von hier aus ihre großartigen Kriegszüge gegen das Meer zu ordnen und auszuführen. Mit den Leuten, welche von der ganzen Länge der Küste des Handels und Wandels wegen hier zusammenkommen, bildet diese Stockfischereibevölkerung auf diesen Inseln während der ersten drei Monate des Jahres oft mehr als 30,000 Mann mit etwa 6000 Barken und Booten, welche 20,000,000 gefangene Kabliaus mit den üblichen Nebensporteln von anderen Fischen eine zufriedenstellende Durchschnittsernte nennen. Die praktischen, männlichen und freiheitlichen Organisationen dieser Loffodenhelden und ihrer Bootvereine verdienen ganz besondere Beachtung und Nachahmung. Der Walfischfang, die Erndten an Lachs, Hummern, Austern, Seehunden u. s. w. sind, obwohl beträchtlich, gegen die Herings- und Kabliaufischerei nur von untergeordneter Bedeutung. Die Schweden beschränken sich meist auf die ärmere Ostsee und spielen im Vergleich zu den Norwegern nur eine unbedeutende Rolle.

Dänemark muß jetzt ohne Schleswig und Holstein sich allerdings mit geringeren Zahlen in den Erträgen aus dem Meere begnügen, aber Kopenhagen sieht immer noch jährlich über dreihundert Schiffe mit gesegneten Ladungen aus dem großen flüssigen Weltacker zurückkehren, die mit Seefischen aller Art, Thran, Hausenblasen u. s. w. gute Geschäfte machen und der Nation ziemlich befriedigende Mengen von wohlfeilen Nahrungsmitteln und Delikatessen aus dem Salzwasser liefern. Die armen Jütländer mit ihrem schlechten Boden sind meistentheils auf Bewirthschaftung und Ausernntung der Küsten angewiesen und fangen durchweg so viel Flundern, Sprotten, Heringe und Sardellen (die wir oft als Kieler Sprotten essen), daß sie nicht nur davon leben, sondern auch manche hübsche Ladung verkaufen können.

Vom Februar bis Mai strömt fast die ganze Bevölkerung Islands nach den fischreichen West- und Südküsten, um vierzigpfündige Dorsche und grimmige Haifischhaie fangen zu helfen oder wenigstens zuzusehen. Französische und holländische Schiffe machen sich den Reichthum an den isländischen Küsten umher auch gut zu Nutze, aber wir Deutsche, die wir's näher haben, nehmen daran keinen merklichen Antheil.

Schleswig und Holstein haben zusammen wohl nur wenige Hundert Fahrzeuge für Seefischerei und konnten von ihrem Ueberflusse bisher verhältnißmäßig nur sehr wenig ausführen. Hoffentlich können wir unter dem Namen Preußen und Norddeutschland bald erfreulichere Nachrichten aus diesen doppelt vom Meere umflossenen Gegenden liefern. Flensburg allein hatte schon vor einigen Jahren dreihundertfünfzig Boote, die sich unter einer freisinnigen und ihres neuen Meeresgebietes wirklich praktisch bewußten Regierung auch für uns im Binnenlande sehr nützlich machen werden, wie überhaupt Schleswig-Holstein, unsere friesischen Inseln, die norddeutschen Küsten und Flüsse dem Unternehmungsgeiste noch ein weites, lachendes Feld mit goldenen Früchten für Millionen Menschen bieten.

Von den andern Staaten mit mehr oder weniger Seeküste und Wasserreichthum waren Spanien und Portugal während ihrer Blüthezeit nicht nur als Schiffer, sondern auch als Fischer sehr bedeutend. Zwar kann ersteres immer noch gegen 6000 Schiffe und beinahe 20,000 Küstenfahrzeuge mit ungefähr 100,000 Seeleuten und Fischern und etwa 6000 Lootsen aufweisen, aber ihre meist auf Sardinen, Thun- und Lachsfischfang beschränkte Ausnutzung des Meeres ist für den Welthandel unbedeutend geworden, und auch die neuerdings vielfach versuchte künstliche Fischzucht wollte unter der Regierung der tugendhaften Königin und der dadurch bedingten chronischen Militärrevolutionen nicht gedeihen.

In Portugal läßt man sich an den Küsten ungeheure Mengen von Sardinen und Thunfischen absichtlich entwischen, weil es die verkommenen Leute nicht lieben, der hungrigen und wuchernden Geistlichkeit immer den Zehnten von ihrem Ertrage abzugeben.

Belgiens Seefischfang wird jetzt etwa mit dreihundert Schaluppen und 7—8000 Mann betrieben. Sie bringen es jährlich durchschnittlich auf 50,000 Centner Stockfische und 12,000 Centner Heringe.

Rußland, in manchen Theilen sehr küsten-, see- und flußreich, holt besonders aus dem kaspischen Meere die kostbarste neptunische Waare. Man schätzte sie in einem Jahre auf 5,000,000 Silberrubel. Aus dem schwarzen und Azow'schen Meere, die sehr fischreich sind, zieht man besonders Tunnfische, Lachse, Seeforellen, Anchovis und Heringe. Zu Jekaterinoslaw wurden in einem Jahre 330,000 Centner große Fische und Caviar und 29,000,000 Heringe gewonnen; dazu im Lande der donischen Kosaken 1,700,000 Centner maritime Werthe. Daß Stör und astrachanischer Caviar eine Rolle im Welthandel spielen, ist bekannt genug.

Zahlen beweisen hier aber gar nichts, denn Caviar hat wohl in den meisten Fällen eben so wenig seinen Ursprung von Astrachan her, wie unser Zweithaler-Cliquot in der Champagne. In den russischen Theilen der Ostsee werden erträgliche Mengen von Stahliaus, Lachsen, Butten, Lambreten, im weißen Meere manches Jahr über 100,000 Centner Stockfische und Heringe gefangen, unter denen sich zuweilen besonders geschätzte Sterlets befinden. Ein Petersburger Lucullus, dessen Namen ich vergessen, soll schon 300 Rubel für Sterlets zu einer einzigen Suppe ausgegeben haben. Die Fischereidörfer Rußlands verstreuen sich in allen Gegenden, wo irgendwie Gewässer zur Auserntung einladen. An eine Statistik der Erträge ist unter diesen Verhältnissen kaum zu denken.

Auch von dem teich- und flußreichen Oestreich mit ergiebigen Küsten Istriens und Dalmatiens sind mir keine sicheren statistischen Angaben zugänglich geworden. Diese scheuen wahrscheinlich auch die Oeffentlichkeit um so mehr, als sie den wundervollen Stromgebieten und Wasserflächen und den Herren derselben nur Schande machen würden. Dalmatien führt zwar jährlich für einige 100,000 Gulden Seefische aus, dafür aber ganz Oestreich für mehr als 3,000,000 Gulden Seeproducte ein. Für den kostbarsten Bewohner der herrlichen blauen Donau, den ihr eigenthümlichen Hachs, hat man zwar etwas Zucht und Schule angelegt, aber im Uebrigen harrt dieser ganze Zweig der Cultur, wie in ganz Deutschland, noch seiner Helden, Schöpfer und Priester.

Preußen hatte bis zu seinem neuen Reiche auf Ruhm, nämlich Chlum, neben etwa 6000 See- und 24,000 Fluß- und Canalschiffern höchstens 12,000 Fischer, größtentheils an der verhältnißmäßig fisch- und salzarmen Ostsee und wird hoffentlich durch Hannover und Schleswig-Holstein deren Zahl mindestens verdreifacht haben, welche sie nun unter besserer, freierer Gesetzgebung, d. h. besonders durch Aufhebung veralteter polizeilicher Beschränkungen, und Begünstigung künstlicher Fisch- und Austernzucht und Seefischerei-Gesellschaften, sowie durch liberale Concessionirung von Compagnien für Bewirthschaftung der süßen und salzigen Wasser sehr bald verzehnfachen mag. Wir müssen das freilich erst abwarten. Als straffer Militärstaat scheint bis jetzt auch das Marine bildende neue Preußen wenig Talent und Neigung für rationelle Bewirthschaftung des Wassers zu haben. Auch ist das wohl nicht eben sehr nöthig, wenn es sich nur von dem Geiste seiner neuen, befreiten Seeküsten so weit anhauchen läßt, um den Unternehmungsgeist auf den Wassern von den alten Fischereiordnungen und paragraphenreicher Gewerbepolizei zu erlösen. Auch die wohllöblichen Eisenbahn-Directionen, welche von der Nord- und Ostsee her Berlin und andere binnenländische Städte dem Meere ziemlich so nahe rücken, daß sie als Hafenstädte gelten können, werden hoffentlich so viel befreiende und stärkende Seeluft einathmen, daß sie nicht mehr seekrank werden, wenn ihnen Transport von Seeproducten zugemuthet wird. Die Berlin-Hamburger Bahn wagte es ja schon vor sieben Jahren, 381 Centner frische Fische und 2368 Centner Austern und Krebse nach Berlin zu befördern und hat seitdem immer mehr Muth bekommen, damit fortzufahren. Nach Berlin und darüber hinaus gingen mit der Eisenbahn gegen 24,000 Centner Seeproducte überhaupt, ausschließlich der Heringe. Diese Lasten haben seitdem nicht unbeträchtlich zugenommen und auch andere Eisenbahnen lernen zum Wohle ihrer Dividenden und der Menschen überhaupt frische Ernten aus dem Wasser befördern und die Furcht vor dem Eise und dem „Drippen" überwinden. Besonders Buch wird darüber nicht geführt, so daß man nicht weiß, wie weit sie es darin gebracht haben. (Wir empfehlen ihnen besonders das Studium des Transports von frischen Seefischen auf englischen und amerikanischen Eisenbahnen.) Sie haben, so lange sie bestehen, doch bedeutend dazu beigetragen, während der letzten dreißig Jahre etwa 10,000,000,000 Heringe und überhaupt für etwa 200,000,000 Thaler Erntelasten des Auslandes aus dem Wasser in den Zollverein einzuführen. Dies klingt, als wäre es viel, aber dabei kommen durchschnittlich auf jeden Zollvereinsmund doch nur jährlich zehn gemeine Heringe, und von den meisten andern Fischen des Meeres kriegten die etwa 30,000,000 Einwohner weder etwas zu sehen, noch weniger zu schmecken. Nur die Leute an den Küsten und weiter landeinwärts dieser oder jener glückliche Bankier und Millionär wissen aus Erfahrung, wie herrlich frische Seefische schmecken. Doch der neue Geist der Zeit zieht von dem deutschen Meere und der Ostsee mit seiner stärkenden Luft und seinen nahrhaften Früchten von den tausendmeiligen Feldern Neptuns endlich auch in das Innere Deutschlands ein. Neue Seefischerei-Gesellschaften in Hamburg, Bremen, Bremerhaven, Danzig, Cappeln u. s. w. senden ihre seetüchtigen, tapfer mit dem Sturme kämpfenden Smacks weit hinaus auf die salzigen Wogen, wo sie sehr oft als Rettungsboote für gefährdete und gewrackte Schiffe kostbare Menschenleben fischen und holen gewerbsmäßig und mit den vollkommensten Mitteln Schätze aus dem Meere, die sofort auf dem Schiffe selbst ausgenommen und im Sommer durch Eis gegen Verderben geschützt werden, so daß sie im Stande sind, ihre Arbeit immer längere Zeit fortzusetzen und dann mit einem bedeutenden, vollkommen frischen Ertrage zurückzukehren. Von da an müssen ihnen nur die Eisenbahnen immer rasch und regelmäßig zu Hülfe kommen und ihre Ernten sofort weit in's Land hinein befördern. An den Stationen muß man geeignete Wagen aufstellen lernen, welche die angekommene Waare sofort in ordentliche Fischhallen mit Eis, vielleicht zur Verauctionirung für die Fischhändler, wie in London, beförvern. Die auf Verschleiß eigens eingerichteten Häfer würden, wie Sturz schon vor sieben Jahren vorschlug, den frischen Fisch in einspännigen Wagen mit Draht-Etagen, in welchen die Fischarten übereinander gelagert, schon von außen sichtbar wären, unter Gellingel, mit angehängten Preisen für jede Fischart, durch die Straßen und den Käufern Zeit ersparend vor die Thüren fahren. So lernten die Leute gewiß bald frische Seefische würdigen, kaufen und essen. Nicht abgesetzte Fische lassen sich, wie in London, leicht backen und braten und billig an das Volk verkaufen. Diese Industrie empfiehlt sich besonders für Durchführung im Großen durch Actiengesellschaften, welche dadurch sich selbst, sowie den Fischerei-Gesellschaften und Eisenbahnen lockende Dividende sichern werden. Für regelmäßige und gute Versorgung Berlins und anderer großen Städte bis Leipzig und Dresden können bei ordentlicher Bewirthschaftung die Nord- und Ostsee sehr gut bürgen. Schon die Flußmündungen und nächsten Küsten und Buchten sind ergiebig. Lachse steigen in der Weser bis Hameln, wo sie leider von Wuhren aufgehalten werden. Neunaugen finden sich ziemlich zahlreich bei Elsfleth in der Weser und bis in die Ilmenau hinein, den Nebenfluß der Elbe, welche, ebenso wie die Elster, nicht selten von mächtigen Stören ziemlich reichlich besucht wird. Selbst Schrimps, bis jetzt Delikatessen in Berlin, lassen sich im Jahrbusen wohl so vermehren und pflegen, daß die norddeutsche Intelligenz beim Theetrinken daraus Gewinn ziehen kann.

Ja das Meer, das Meer macht frei und sogar satt. Wir müssen's ihm nur nicht zu schwer machen, sondern seine unerschöpflichen Schätze behandeln und bewirthschaften lernen. Was es den Menschen zu liefern vermag, dafür ist der Großfischmarkt Londons, Billingsgate, wohl das glänzendste Beispiel.

London ist alles Mögliche, unter Anderem ein immerwährender Tag-, Nacht-, Wochen-, Jahr- und Weltmarkt. Es giebt keine Stunde im Tage oder Jahre, Sonntage nicht ausgenommen, in welcher nicht etwas ge- und verkauft würde. Unter diesen Waaren spielen die für Magen und Gaumen die mächtigste Rolle, besonders aber allerhand bei uns meist kaum dem Namen nach bekannten Früchte aus dem Meere. Unten auf der mächtig heranfluthenden Themse drängen sich, wie seit Jahrhunderten jede Nacht, nur immer zahlreicher, die braunen Segel einer ganzen Flotte von Gravesend herauf, reichlicher für einen Tag beladen, als vielleicht ganz Deutschland mit seiner vernachlässigten Seefischerei in einem ganzen Jahre aus dem unerschöpflichen salzigen Erntefelde zu fischen vermag. Unten bei Gravesend wurden schon während der Nacht die bis dahin lebendig in zahlreichen „well-boats"*) gebrachten Seefische geschlachtet und in die bereitstehenden

*) Boote mit großen Bungen oder durchlöcherten Fischbehältern unter dem Kiele.

kleineren Boote verlaßen. Sie bilden die eigentliche Seefischflotte Londons, die auf der stillen, ewig lebendigen Wasserstraße der Themse aus dem grauenden Morgenhimmel heranwächst, um jede Nacht in Billingsgate den täglichen Fischbedarf frisch für die Dreimillionen-Stadt abzuliefern. Noch schläft das Ungeheuer, wie es scheint. Die Penny-Dampfboote, die den ganzen Tag wie Schwalben auf der gepeitschten Themse umherfliegen, liegen zusammengehuddelt an den Usern. Die riesigen Waarenlager und Großgeschäfte sind dichtesest geschlossen, und die lange Säulenwand des Zollhauses hat nicht ein einziges seiner vielen Fensteraugen offen. Selbst der knirpsartige Thurm der Kohlenbörse scheint sich schläfrig zusammengekauert zu haben. In den Docks liegen die Tonnen Wein, Cognac und sonstige Spirituosen, die Pattenkörbe mit Früchten u. s. w. wie dicht zusammengepferchte unabsehbare Schafheerden. Alle sollten Häuser, Läden und Augen scheinen noch geschlossen zu sein; aber kommt nur in die Gegenden des Nachtlebens, z. B. bei Billingsgate, so findet ihr allerhand Läden scheunthorweit offen, heraus oder vielmehr hineinfordernd, ohne eine einzige Scheibe in der ganzen Front, jeden Nachtwanderer anlachend und einladend. Das sind die Schops oder Schnppen, die dich säftigen, um dich durstig zu machen, das sind die Schops der Fischgerichte, die bei uns meist nur als Gerüchte vorkommen. Welche Haufen, Bündel und Kisten fabelhafter Fische, geräuchert, gesalzen und frisch! Getrocknete, gesalzene, geräucherte und frische Heringe, Bloaters, Pilchards, „gekipperte" Seefische, Mussels, Periwinkels, Schrimps, Sprotten, Lachse, Hummern, riesengroße Seespinnen, sonderbare Plattfische und uns unbekannte Delikatessen des Meeres in Fässern, Körben, Tonnen, Haufen, Paketen und Bündeln, in Centnerlasten und Millionenzahl. Wir sind in Billingsgate an dem Wasserthore im Osten der Londonbrücke, welches der altheidnische Britenkönig Beling schon vier Jahrhunderte vor Christi Geburt erbaut haben soll. Da Fischweiber und Fischmärkte sich überall durch besondere Sitte und Sprache auszeichnen, kam auch Billingsgate mit der Zeit in den Ruf, eine Musterschule für plebejische Sitten und Kunstausdrücke zu sein, so daß Jeder wußte, was es heiße, wenn Shakespeare oder andere Dichter Billingsgate-Anspielungen machten. Dieses alte historische Gepräge ist nun freilich gründlich weggeputzt worden. An die Stelle der alten Schuppen, Schmutzereien und Hütten ist eine großartige Verkaufshalle mit luftigen, reinlichen Räumen und einem Springbrunnen in der Mitte getreten, so daß die vornehmsten Herren nicht anstoßen, hierher zu kommen, um bei Simpson an einem der täglich zweimal wiederhollten „Ordinair-Fisch Diners" à 15 Silbergroschen Theil zu nehmen und ein Glas seines berühmten kalten Punsches dazu zu trinken. Allerdings ist jetzt zwischen 1 und 5 Uhr des Nachts nicht viel Platz für diese Herren. Die Fahrzeuge der Flotte landen und löschen in fieberhafter Eile. Holländische Schiffe mit Aalen u. s. w., Nordseeboote mit Hummern, Austernschiffe von Whitstable, Schiffe von Hartlepool, Groß-Grimsby, Smacks mit Schrimps, Schnecken und Muscheln von den Themsemündungen u. s. w. —, plobige faßartige, aber auch sehr faßliche Lastwagen des Meeres, die sich immer dichter heranschieben, durch fliegende Brücken mit dem steinernen Bollwerk verbinden, um ihre schweren Ladungen in einer Mischung von Nebel, Gaslicht und Morgenroth von unzähligen, massiven, privilegirten Trägern löschen zu lassen. Dabei kann man das seit Jahrhunderten berühmte „Billingsgate-Englisch" in ganzer Fülle und Frische hören, aber selten etwas davon verstehen, weil sich hier die Seemannssprache mit den verschiedensten Ausdrücken des gemeinen und Vagabundenlebens mischt. Und was mischt sich hier noch Alles in diesem malerischen Tumulte von Straßenund Seewasserenglisch, dem Dufte frischer Makrelen, Pech und Theer, gelbbraunen Segeln, steifen Leinwandhosen, gethranten Wasserstiefeln, See-, Nacht- und Nebelluft und Parfümerien aus den „Halls" der Fischerflotte. Mitten in diesem Babel schlägt es endlich von der großen Thurmuhr der Markthalle fünf elektrische Schläge herunter, die durch alle Glieder des Fischpublikums zucken, denn nun geht's los. Die acht privilegirten Auctionators schieben sich rasch aus Bacons Taverne heraus mit ihren langen, starken Contobüchern, die sie beim Zuschlagen an den Meistbietenden als Hämmer benutzen, und suchen in der Mitte hölzerner Bänke ihre Bühnen auf, umgeben von eifrig herandrängenden Menschen und Haufen beschuppter Seeungeheuer. Die meisten Leute drum herum haben ihre orthodoxen blauen Fischhändlerschürzen um und starre, fischige Augen im Kopfe. Halten wir uns an einen der Versteigerer, der in seiner „Box", auf seinem Katheder, seiner Auctionskanzel, majestätisch über den Haufen emporragt, den Haufen von Menschen, Bänken und strotzenden Körben. Unter letzteren macht sich der „double", der länglich runde, nach unten abnehmende, mit drei, vier Dutzend Fischen gefüllte Doppelkorb besonders geltend; aber auch der „offal" oder Abfall, wie jeder Haufen verschiedener, mehr oder weniger beschädigter, aber noch ganz frischer Fische heißt, zieht viel kritische Augen auf sich. Auf ein Zeichen des Auctionators packt ein muskulöser Kerl ein paar „doubles", wirft sie sich geschickt auf beide Schultern, daß sie vom Publikum genau gesehen werden können, und erregt unter glänzender Gasbeleuchtung lebhafte Kauflust. Soles, diese eigenthümlich runden, doppelfarbigen und platten Kreaturen, unsere „Zungen", gehen manchmal für vier Schillinge (1 Thlr. 10 Sgr.) das double ab und werden nicht selten noch denselben Vormittag für fünfzehn bis zwanzig Thaler an das Publikum verkauft. Die empfindlichen Makrelen, welche auch Sonntags verkauft werden dürfen, sind, je nach dem Vorrathe, den fabelhaftesten Preisschwankungen unterworfen, so daß man einmal hier für hundert Stück vierzig Guineen (280 Thlr.) bezahlte, während sie oft für eben so viel Schillinge, d. h. für vierzehn, funfzehn Thaler zugeschlagen werden. Für die populären Plaice (Schollen oder Plattfischen) geht man von funfzehn Silbergroschen bis anderthalb Thaler fürs Double. Offals werden meist nur von Fisch-Bratern gekauft, deren Rothschild aus dem plebejen nordischen Districte von Somers-Town jetzt noch leben soll. Es ist der lange, hagere, gelbliche Mann mit einem brennend rothen Taschentuche um seinen schmutzigen Hemdenkragen, der manchmal kaltblütig in einem Athem zwanzig Doubles and bis dreißig Scheffel periwinkles and whelks (Kammmuscheln und Trompetenschnecken oder Kinkhörner) kauft, um sie mit Profit wieder an kleinere Bratfischhändler abzulassen. Es giebt noch mehrere solcher Groß-Offalisten und „humbarees"; letztere sind in diesem gewerbefreien Lande gereihende, ungelernte, ungelehrte, unconcessionirte freie Geschäftsleute, welche Fische vom Auctionator in Billingsgate kaufen, um sie an den ersten, besten Händler oder Brater loszuschlagen oder Proletarier damit zu beglücken, die im ersten, besten, für sechs Pence gemietheten „stall" (offener Bude) die Delikatessen des Meeres dem niedrigsten Lumpengesindel für kleinste Scheidemünzen in Taschen und Mund stecken. Jeder Bummler kann mit einigen Schillingen Bumbaree werden und es weit bringen. Wir im stolzen Norddeutschland wurden im Frühlinge mit einer von hundertundzweiundsiebzig Paragraphen verbotenen Gewerbefreiheit bedroht und würden nach deren Einführung viel eher „Bummler" als „Bumbarees" werden können.

In Billingsgate werden nicht alle Fische verauctionirt. So verkauft man die frischen Heringe auf den angekommenen Schiffen selbst in „langen" oder „Fischer-Hunderts", à 140 Stück, und „Fünf-Würfen" (d. h. mit jedem Wurf fünf), Aale in „drafts" à zwanzig Pfund und Sprotten scheffelweise oder in „tindals" à 1000 Scheffel. Im Winter werden jede Woche viele solcher Tindals durch London hindurch verbreitet und wohlfeil und wohlschmeckend traditionell mit den Fingern gegessen. Für drei Pence oder 2½ Silbergroschen kann man sich über und über in und auswendig mit gebratenen Sprotten einölen. Wer dazu Messer und Gabeln brauchte, würde für eben so barbarisch gehalten, als Jeder, der beim Fischessen ein Messer in die Hand nähme. Lachse und Lachsforellen kommen in Fässern oder Kisten, während des Sommers in Eis, meist per Eisenbahn in London an und werden durch Privatcontract, so und so viel für das Pfund, an Wiederverkäufer abgelassen. Man unterwirft diesen aristokratisch gewordenen Fisch nicht der Demüthigung des Hammers.

Der neueste Bericht über die Lachsfischerei von den Inspectoren Buckland und Walpole weist als wohlthätige Folge künstlicher Zucht,

Schonung u. s. w. eine bedeutende Vermehrung der Ernte während des vorigen Jahres nach; doch beklagen sie sich über immer noch bestehende Hindernisse und Räubereien. In den siebzehn Lachsflüssen sind den Fischen durch Wuhren immer noch 7990 Quadratmeilen, und durch industrielle Vergiftungen der Gewässer über 3600 Geviertmeilen verschlossen, so daß nur etwas über 6600 Geviertmeilen für Laichung und die junge Brut übrig bleiben. Um die Wuhren zu beseitigen, sollen Wassermühlen nutzlichst in Dampfmühlen verwandelt und die bestehenden durch Lachsleitern unschädlich gemacht werden. Die industriellen Vergiftungen der Flüsse werden nicht nur der Lachse, sondern auch der Menschen wegen verdammt und verfolgt, weil sie, wie stehende Gewässer, nicht nur die Fische tödten, sondern auch als Brutstätten tödtlicher, ansteckender Krankheiten unter den Menschen erkannt worden sind. Deshalb arbeitet man auch immer eifriger an Reinigung der Flüsse, wodurch zugleich die betreffenden Industrieen vervollkommnet werden, da man sie nöthigt, die in die Flüsse ablaufenden Unreinigkeiten ebenfalls zu verwerthen. Die mit Millionen von Thalern von den Kloakenausflüssen Londons gereinigte Themse verzinst das Capital jetzt schon immer beträchtlicher durch vervollkommnete Gesundheit unter den Menschen und eine neue, starke Bevölkerung von Fischen, unter denen auch mit allgemeinem Jubel Alosen und Lachse begrüßt werden. Während des vorigen Jahres kamen 33,321 Fässer Lachse im Gewicht von 33,320 Centnern und zum Werthe von mehr als anderthalb Millionen Thalern beim en gros Verkauf in Billingsgate an. Darunter waren 2405 Fässer aus englischen Flüssen, die 1864 nur 752 Fässer lieferten, welche Zahl seitdem immer stieg. Dazu kamen sehr oft die herrlichsten Rheinlachse, und im Januar auch die berühmten drei im Gewichte von dreiundsechzig Pfund, von denen jedes mit 2½ (zusammen 150) Thaler, dem höchsten jemals in Billingsgate gezahlten Preise, verkauft ward. Die sonstigen Preise fielen während des Jahres in Folge künstlicher Zucht und Schonung und demnach reicherer Ernte in Billingsgate von zwei Schillinge drei Pence bis einen Schilling fürs Pfund und stiegen erst wieder im Spätsommer, um aber wieder noch niedriger zu fallen. In Berlin bot einmal ein Lachshändler während dieses Frühjahrs im Schuppen eines Hinterhauses das Pfund Lachs für 5 Silbergroschen aus. Dies beweist aber nicht, daß in dieser durch Eisenbahnen Hafenstadt der Nord- und Ostsee zugleich gewordenen Metropole der Intelligenz dieser kostbare Fisch überhaupt leicht und wohlfeil zu haben sei; der Mann hatte eben einen großen Schub davon erhalten, und da es ihm an Eis, auch an einem Publikum in seinen versteckten Schuppen fehlte, mußte er sie schnell und wohlfeil absetzen. Für gewöhnlich sind diese und andere Delikatessen des Meeres wohl nur in einer ersten „Berliner Fischhalle" und bei dem fünffachen Hoflieferanten

Borchardt für Preise zu haben, vor denen nur Bankiers und andere Herren, welche ihr Geld nicht schwerer Arbeit verdanken, nicht zurückschrecken. In London rusten und riechen uns fast aus allen Tausenden von Straßen und Läden ungeheure Massen von frischen, getrockneten, geräucherten und gebratenen Fischen entgegen. Die beste geräucherte Waare kommt von Yarmouth, und die berühmten „Finnan-Haddies" können nur ächt in Schottland mit Torf geräuchert werden. Die meisten Londoner Verkäufer auf den Straßen räuchern sich die frische Waare von Billingsgate selbst in schilderhausförmigen Kasten von Draht, an welchen die Fische ringsum angereiht werden. Das Kohlenfeuer darunter giebt mit Mahagonispänen das beste Aroma. Unter den Käufern und Verkäufern fiel mir ein sonderbares Individuum auf*), das blos Häute von abgeledertten Solesischen oder Zungen für den festen Preis von 4½ Penny per Pfund kaufte und nicht anders. Dieses eigne beschränkte Geschäft hat gleichwohl eine ungeheure Ausdehnung: Alle Fischhändler bringen ihre Zungenhäute zu ihm, und er verkauft sie wieder centnerweise für Raffinirzwecke, wie man in London überhaupt raffinirt genug ist, fast alle Abgänge und Abfälle der Industrie zu verwerthen. Je mehr sich diese mit praktischer Wissenschaft verbindet, desto mehr werden alle, bis jetzt werthlosen und schädlichen Abfälle sofort neuer Stoffveredelung unterworfen und durch ein wahres Fegfeuer zu wohlthätigen Substanzen gereinigt werden, so daß man später nirgends mehr von vergifteten Flüssen, pestilenzialen Rinnsteinen und todtschwangeren Grundwassern der Städte, welche jetzt jährlich Tausende von Menschenopfern erfordern, hören, riechen und sehen wird.

Bepanzerte Krebsritter und muschelige Weichthiere werden in anderen traditionellen Formen behandelt. Austern, die vor der jetzigen Theurung auf allen Straßen und in unzähligen Läden bis in die Nacht hinein, auch von ärmsten Leuten fleißig verzehrt wurden, kauft der Händler scheffelweise von den Schiffen selbst, von wo sie wie andere dort gekaufte Waaren von privilegirten „Shoremen" (Ufermännern) für einen bestimmten Preis ans Land getragen werden. Die Eröffnung der Austern-Saison zu Ende des August ist immer ein wahres Volksfest, das sich auch die arme Straßenjugend gut zu Nutze zu machen weiß. Eine Austerschale als Teller benutzend, fallen sie die Leute an und betteln um einen Beitrag zur Erbauung der Austerngrotte. Vom 20. August hört man ihr: „Remember the Grotto" mehrere Tage hintereinander aus Tausenden von bettelnden Kehlen. Die Engländer genießen und würzen ihr Leben prächtig durch unerschöpfliche, alle Morgen frische Ernten aus dem Meere. Was

---

*) Ich nehme viele Theile dieser Schilderung aus meinen vier Bänden: „Deutsche Früchte aus England" und „Aus dem Herzen der Welt", da diese aus unmittelbarer Anschauung an Ort und Stelle hervorgegangen sind.

sie außer Fischen und Austern noch an Muscheln, Schnecken, Krebsen (shrimps), Hummern, Mollusken und sonstigen Delikatessen aus dem Reiche Neptuns verzehren, geht für unsere Begriffe und Magen ins Fabelhafte. Auch der Aermste trinkt seinen täglichen Thee nicht gern ohne Schrimps, und eben so häufig, wie die Suppe auf unserem Tische, ist der unzerschnitten aufgetragene würzige Fisch aus dem Meere. In einigen Nachbargäßchen von Billingsgate, wie Love-lane (Liebesgasse) giebt es große Kochanstalten für frische Krebse und Molluskenthiere, worin man sie à vier Pence per Scheffel gar und salzig kochen kann. Die Hummern kosten für denselben Proceß sechs Pence für je zwanzig Stück.

Nun möchte ich noch das Talent haben zu schildern, wie diese Millionen von Meeresbewohnern jeden Morgen in Tausende von Läden mit Marmorplatten und Eis, in Hunderttausende von Küchen, auf Tischen und Tafeln in Millionen Magen wandern —, wie auch die Aermsten an der täglich frischen Ernte aus dem Meere ihren Antheil bekommen und sich mit Hülfe einer großen gerösteten Kartoffel (die alle Abende „all hot", ganz heiß, durch alle populäre Straßen hindurch ausgeschrieen und à einen halben Penny ohne, à einen Penny mit Butter massenweise immer bis gegen Morgen abgesetzt werden), satt und warm essen können — wie Andere neben ihnen schon ihr erstes Frühstück auf der Straße genießen, während diese erst zu Nacht essen —, wie in anderen Straßen und auf anderen Plätzen sich Nachts der täglich frische Gemüse-, Frucht- und Blumenmarkt, der lebendige und todte Fleisch- und Geflügelmarkt immer wieder hinreichend für drei Millionen Menschen füllen und mit jedem anbrechenden Morgen ganze Armeen von dienstbaren, unconcessionirten Geistern alle diese Eßwaaren durch die viertausend Straßen mit Eseln fahren oder selbst karren, lungenkräftig ausschreien und vor jeder Thür Fleisch, Fische, Gemüse, Früchte, Blumen und sogar die meisten Luxusbedürfnisse auf einen Wink rasch und billig in die unterirdische Küche abliefern. — Ja, wer das ordentlich zu sagen verstände, würde der Welt zugleich das Geheimniß verrathen, wie hier die Bevölkerungsmasse manches stolzen Königreiches, in eine Stadt zusammengedrängt, grade deshalb so sicher, bequem und allseitig jeden Morgen und jede Tagesstunde, selbst die Nacht hindurch, mit allen möglichen Bedürfnissen und Luxusgegenständen versorgt wird, weil Niemand durch Polizei, Concessionen und sonstige paragraphenreiche Regierungsgewerbefreiheitsweisheit gehindert wird, sich zu nähren und jedes Nahrungs- und Lebensbedürfniß Anderer bei dem leisesten Winke einer Nachfrage anzubieten oder diese Nachfrage selbst hervorzurufen.

Fischcultur.

Fische wurden schon nach dem ersten Buch Mosis eher geschaffen, als Menschen, welchen der Herr am sechsten Schöpfungstage gebot, ebenfalls über die Fische im Meer zu herrschen. Jedenfalls haben sie sich, dies auch ohne dieses Gebot eher zu Nutze gemacht, als die Herrschaft über das Land durch Ackerbau und Viehzucht. Wie heut zu Tage noch Kinder gar zu gern am Wasser spielen, werden sich auch die Menschen in ihrer Kindheit am liebsten an Gewässern aufgehalten und sich des lockenden, schwimmenden Reichthums daraus bemächtigt haben. Wilde Indianer im Norden des britischen Amerika leben noch heute vorzüglich von Fischen, von denen sie jeden Herbst so große Vorräthe aus den Flüssen herausfangen und sich aufbewahren, daß sie während des langen öden Winters und der grimmigen Verschlossenheit der Natur davon leben können. Nackte Wilde beiderlei Geschlechts auf den Marquesas- und anderen großoceanischen Inseln schwimmen noch heute massenweise in das Meer hinaus und treiben fliegende Fische den am Gestade harrenden Gehilfen in die Hände; auf ähnliche Weise haben sich wahrscheinlich auch andere Menschenstämme vom ersten Anfange an die Reichthümer der Gewässer zu Nutze gemacht. Deßhalb können wir auch annehmen, daß Fischerei und eine Art von Fischzucht älter sind, als Ackerbau, Viehzucht und Industrie. Um so unerklärlicher und unverzeihlicher ist es, daß wir in der Wasserwirthschaft auch lange nach Entwickelung einer rationellen Landwirthschaft, also Jahrtausende hindurch, trotz aller Culturentwickelung auf dem Standpunkte der Wilden stehen geblieben sind.

Piscicultur oder künstliche Fischzucht, d. h. theils künstliche Pflege und Schonung junger Fische bis zur Zeit, wo sie für sich selbst sorgen können, theils künstliche Befruchtung und Ausbrütung von Fischeiern, stellte sich vielleicht mit den ersten Anfängen der Civilisation ein. Wie die Chinesen Schießpulver und Buchdruckerkunst eher erfanden, als wir Deutsche, haben sie nachweislich auch seit Jahrtausenden künstlich für Bereicherung ihrer vielen Gewässer zu sorgen verstanden, und während der Blüthezeit des alten Roms gehörte Erziehung und Mästung verschiedener Delikatessen des Wassers in oft wundervollen Basins zu den noblen Passionen der Geld- und Gaumenaristokratie. In China blüht der Handel mit Fischeiern schon seit Jahrhunderten. Unzählige Boote fischen in den Flüssen nicht nach Fischen, sondern nach Laich umher, für welchen sie in den inneren Theilen immer einen guten Markt finden. Dort werden die Eier unter künstlicher Pflege zum Leben gebracht und in großen Massen zwischen den Reisfeldern für weiteren Verlauf oder für eignen Tisch groß gezogen. Um sich den

Laich zugänglich zu machen, theilt man die Flüsse vom Ufer aus durch Matten und Faschinen in Felder und läßt blos in der Mitte einen Weg für die Boote. Die Wände dieser Felder halten den Laich auf. Dadurch wird es leicht, ihn herauszufischen und in großen Krügen zu versenden. Der Laich wird in dazu besonders eingerichteten Feldern mit gutem Grunde und reinem seichten Wasser sehr leicht zum Leben gebracht, und wenn die jungen Fischchen ihren von der Natur gefüllten Sack mit Lebensmitteln verzehrt haben, treibt man sie heerdenweise aus einem Felde in das andere, wo sie Gelegenheit finden, sich, möglichst geschützt vor Feinden, selbst Nahrung zu suchen. Dieser Handel mit Fischeiern und deren künstliche Belebung und Erziehung wird in China so reichlich und mit Erfolg betrieben, daß es überall wohlfeile Fische giebt; und über nichts wunderte sich ein chinesischer Fischer, der vor einigen Jahren nach Europa kam, so sehr als über die fabelhaften Preise dieses bei ihm billigsten und beliebtesten Nahrungsmittels. Er war mit etwa fünftausend jungen chinesischen Fischen nach Frankreich gekommen, um sie an das große Marine-Aquarium im Bois de Boulogne zu verkaufen. Aergerlich über die Theurung und Seltenheit der Fische, bewies er in einer kleinen Broschüre, daß man im Besitze irgend eines kleinen Teiches große Mengen von Fischen mit geringen Kosten zu zeugen und zu ziehen im Stande sei. Es sei nur nöthig, während der Laichzeit zuweilen Eidotter in das Wasser zu werfen, womit man ungeheure Mengen von ausriechenden Fischen vor dem Untergange rette, denn nach seiner Ansicht sterben bei Weitem die meisten jungen Fische grade während ihrer ersten Lebenszeit, wo sie noch nicht für sich selbst sorgen können, vor Hunger.

Diese pfiffigen schief- und schlitzäugigen Fischeierhändler sammeln auch natürlich befruchteten Laich aus Flüssen und Seen und bringen ihn in ausgeblasene Hühnereier, die, mit ihrem neuen Inhalte gefüllt und an den kleinen Oeffnungen wieder sorgfältig geschlossen, auf einige Tage Bruthennen untergelegt werden. Dadurch schwillt das embryonische Leben darin auf und die Schale fängt an zu bersten. Die Eier werden dann in Wasser an die Sonne gesetzt, welche das Ausbrütungsgeschäft vollendet.

Die schwelgenden Römer der Kaiserzeit verstanden es noch viel besser, Delikatessen des Wassers künstlich zu züchten oder besonders wohlschmeckende Arten zu acclimatisiren. Mancher Epicuräer hatte Einrichtungen getroffen, sein Fischgericht aus dem natürlichen Wasser bis in den kochenden Kessel zu leiten, ohne daß es jemals angefaßt ward. Man glaubte dadurch den Fischen ein besseres Aroma zu sichern. Sie schickten ihre Schiffe bis an die englischen Küsten, um Austern zu holen, welche dann zu Hause in künstlichen Parks nicht nur gemästet, sondern auch lebendig gewürzt wurden. Lucullus soll in seinen Fisch- und Austernteichen durchweg einen Vorrath im Werthe von einer Viertelmillion Thalern gehalten haben, da er ein besonderer Liebhaber von seltenen und hybridischen Fischen war. Außer fetten Karpfen waren rothe Aeschen oder Barben besonderer Gegenstand der Zucht und Pflege. Mancher Fisch letzterer Art soll mit drei bis vierhundert Thaler bezahlt worden sein. Man verschwendete ungeheure Summen für deren Zucht und Zähmung, so daß wir uns manche satyrische Anspielungen auf die Barben-Millionäre in Schriften aus der römischen Kaiserzeit erklären können. Ein Krösus der Art scheute die ungeheuren Ausgaben für einen Tunnel durch Felsenwerk am Meere nicht, um sich Salzwasser für seine Zuchtteiche zu verschaffen. Sergius Orata hat sich als erster Erfinder künstlicher Austernzucht einen unsterblichen Namen erworben. Er ließ zu Bajä am Lucrinus-See große Reservoirs bauen, um darin die delikate Molluske tausendweise zu ziehen. Auch der sogenannte Baß (labrax lupus?), dessen Acclimatisation neuerdings auch General-Consul Sturz für Deutschland empfohlen hat, zuerst blos ein beliebter Fisch der Tiber, wurde wegen seines eigenthümlichen Aromas sehr gepflegt und weiter verpflanzt. Doch schätzten die Epikuräer nur eine Sorte, welche auf einen einzigen Theil des Flusses beschränkt war. Als nun einmal einem besonders feinen Kenner ein Baß von einer anderen Gegend der Tiber vorgesetzt ward, vermißte er gleich das eigentliche Aroma. Bei näherer Untersuchung fand sich, daß der Fisch seinen Feingeschmack nur der gewöhnlichen Kloake verdankte, die in der Gegend einmündete, wo allein der ächte Baß gefangen ward. Dies ist vielleicht zugleich ein Wink, wie wir am besten die schädlichen Abflüsse aus entwässerten Städten durch natürliche Stoffveredelung wieder in gesunde Werthe verwandeln und aus den berüchtigt gewordenen Quellen des Todes neues Leben schöpfen können. Mit dem Untergange der alten römischen Herrlichkeit starb auch ihre Fischcultur, und die Klöster der christlichen Zeit brachten es in ihren Fischteichen nie wieder so weit. Und auch sie verfielen und ihre Teiche verwilderten, so daß die künstliche Fischzucht erst in unserer späteren commerciellen Zeit von verschiedenen Genies wieder erfunden werden mußte.

Vergebens bemühte sich der brave Lieutenant Jakobi aus Lippe-Detmold vor einem Jahrhundert, die von ihm erfundene künstliche Befruchtung der Fischeier durch das hannöversche Magazin und durch genaue Mittheilung an damalige Naturforscher wie Bufson, Gleditsch u. s. w. allgemein bekannt zu machen und praktisch einzuführen. Vergebens wiederholte Duhamel in seinem großen klassischen Werke über Fischerei die Anleitungen Jakobi's. Vergebens wiederholte sie Hartig in seinem Lehrbuche der Teichwirthschaft ein halbes Jahrhundert später mitten in Deutschland. Die Sache kam nicht einmal in das allwissende Conversationslexikon, geschweige in die deutschen Gewässer. Erst vor etwa zwanzig Jahren fingen wir Deutsche allmälig an, etwas von dieser Kunst aus Frankreich und England zu hören, und mit deutscher Gründlichkeit entdeckten wir dann auch unseren längst verschollenen Jakobi wieder. Aber erst die mehr und mehr bekannt werdenden, überaus günstigen Ergebnisse der auch in Frankreich und England erfundenen und praktisch ausgeführten künstlichen Fischzucht mit ihren lachenden Millionen, um welche sie den Nationalwohlstand und die Nahrungsmittel des Volks zu vermehren versprechen, haben einige Aussicht, auch bei uns endlich in gründlicher, langsamer deutscher Weise Gehör und Nachahmer zu finden. Der Mann, welcher die Sache endlich zu einer günstigen Zeit wieder erfand, war ein armer Landmann und Fischer in den Vogesen, Joseph Remy. Ihm kam eine französische „Anregungsgesellschaft" in diesen Gebirgsgegenden (wir haben meist mehr Associationen und Staatsbehörden für das Gegentheil) mit geistigen und materiellen Mitteln zu Hülfe, während fast alle Mächte Europas ihre Weisheits- und Geldmittel in Unterdrückung der Errungenschaften von 1848 erschöpften. Aber schon der französische Präsident hörte auf den Rath der Akademie der Wissenschaften in Paris, welcher die Erfindung mitgetheilt worden war. Die Regierung gab 1849 nicht nur Befehl, sondern auch Mittel, das Remy'sche System künstlicher Befruchtung auf alle Flüsse von Frankreich, zunächst und meist auf die ärmerer Gegenden, auszudehnen. Dadurch entwickelte sich bald ein neues Leben und neuer Wohlstand an den französischen Flüssen entlang, und mancher arme Fischer und Landmann wurde durch seinen kleinen Zuchtteich und seine anfänglichen Paar armen Töpfe für künstliche Befruchtung ein wohlhabenderer, zuweilen sogar ein reicher Mann. Deutsche Lands- und Landleute, Süß-, Salz- und Brackwasser-Anwohner, Eigenthümer von Teichen oder selbst von ärmlichen fließenden Gräben und sogar von ärgerlichen und schädlichen Sümpfen und endlich sogar Bewohner von trockenen Gegenden, in denen sich Quellen graben lassen, mögen daher mit sicherer Aussicht auf hohen Gewinn und manche Freude die neuerdings bei uns erschienenen Werke über künstliche Fischzucht (von Karl Vogt), den künstlichen Austernbetrieb von General-Consul Sturz und namentlich dieses vorliegende, die ganze Bewirthschaftung des Wassers umfassende illustrirte Werk genau studiren und von den darin gegebenen klaren und sicheren Anleitungen für künstliche Vermehrung der Ernten aus allen möglichen Arten von Wassern, je nach Kraft und Gelegenheit, entweder einzeln oder großartiger in Genossenschaften diejenigen in Angriff nehmen, wofür Ort und Umgegend sich besonders eignen.

Der eigentliche Trompeter und hernach Staatsdirector der französischen künstlichen Fischzucht, welcher, wie einst Heinrich IV. jedem Bauer ein sonntägliches Huhn in den Topf, mindestens eine Riesenforelle auf den Tisch zu setzen versprach, war Professor Coste. Er hat viel Lärmen gemacht, aber nicht um Nichts, sondern mit großen Anstrengungen für einen glänzenden Erfolg, der hauptsächlich in der großartigen Anstalt für künstliche Fischeierbefruchtung zu Hüningen bei Basel bewundert wird. Dieses erste Seminar für Piscicultur besteht in der geeignetsten Gegend aus einer Reihe von Gebäuden, die einen landschaftlich ausgeschmückten viereckigen Platz bilden. Vom Osten her tritt man zwischen zwei Gebäuden für die Aufsichtsbeamten mitten in das heitere Baum- und Strauchwerk mit zwei kleinen zierlichen Fischteichen. Auf der Südseite hinter dem Viereck

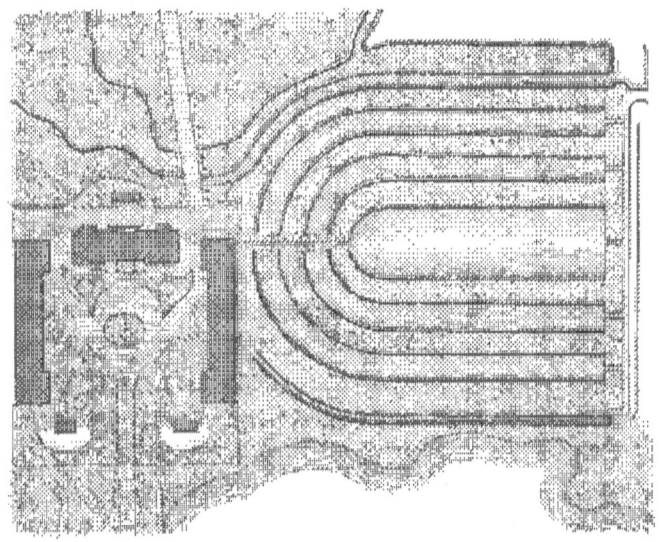

Grundplan der Brutanstalt zu Hüningen.

krümmen sich in regelmäßigen Kurven nach außen künstliche Canäle und Becken für die befruchtenden Gewässer, welche mit Platz und Gebäuden einen Raum von achtzig Morgen einnehmen. Die beiden Seiten des Vierecks sind von zwei großen Brut-Galerien, sechzig Meter lang und neun breit, eingeschlossen und enthalten eine große Menge regelmäßiger Reihen von Becken und Eierbehältern. Hinter dem Platze westlich befinden sich die Büreaux, die Bibliothek, das Laboratorium und Beamten-Wohnungen. Besonders praktisch und bewundernswerth ist die Einrichtung der Eierbehälter, welche pyramidenförmig aufsteigen, so daß das Wasser von oben immer in die je nächsten fließen und sich so nach allen Seiten mit seiner flüssigen, belebenden Kraft geltend machen kann. Die Eier sind reihenweise in Glaskasten geordnet, welche genau in die Behälter passen und jeden Augenblick Gelegenheit geben, den Inhalt zu untersuchen. Da hier das Wasser die eigentlich belebende Bruthenne bildet, kommt es wesentlich auf dessen Beschaffenheit, Fülle und Wärme an. Auch in dieser Beziehung scheint der Ort gut gewählt zu sein, da man es hier in gehöriger Menge fortwährend aus den verschiedenen Quellen ziehen kann, den künstlichen Quellen der Anstalt selbst, vom Rheine und dem Augrabenflusse. Die höher gelegenen Quellen werden durch unterirdische Canäle in die Gebäude geleitet, während die niedrigeren die kleineren Becken und Gräben außerhalb für die darin umherschwimmenden kleinen Fischchen durchrieseln. Doch frieren letztere leicht und werden auch oft schmutzig. Da die Erziehung der Fische aber hier Nebensache ist und es wesentlich darauf ankommt, alle möglichen Fischeier zu sammeln und befruchtet immer zur geeignetsten Zeit nach allen möglichen Gegenden zu verlaufen und für die Versuche mit ausgekrochenen Fischchen innerhalb der Gebäude Tröge und Becken genug vorhanden sind, bleiben diese Fischcanäle außen Nebensache. Der Wasserstand des Rheins ist höher, als die Quellen der Anstalt, so daß sein Wasser durch natürliches Gefälle für alle inneren Becken und Brutstätten immer benutzt werden kann. Der hindurchfließende Augraben scheint wenig zu nutzen, da er im Sommer ziemlich austrocknet und bei Regenwetter wüthend und schmutzig wird, so daß sich sein Nutzen fast nur darauf beschränkt, einige äußere Becken zu speisen. Zugleich kommt es hier auch auf Acclimatisation verschiedener Wasserbewohner an, für welchen Zweck das flüssige Element verschiedene Eigenschaften haben muß. Einige lieben klares, fließendes Quellwasser, andere gedeihen blos in langsamen oder stillen, schmutzigen, schlammigen und sogenannten fetten Gewässern, und diese kann man hier ziemlich gut aus den drei verschiedenen Quellen zusammenmischen, da sie alle höher liegen als die Anstalt, und so ohne Weiteres vermittelst der geschickt angebrachten Röhrensysteme jeder Zeit nach Bedürfniß vereinzelt oder vereinigt benutzt werden können. Die eigentlich geschäftige Thätigkeit in diesem Fisch-Seminar ist folgender Art: man läßt sich Laich verschiedener Fische aus den benachbarten Gegenden der Schweiz und Deutschlands, besonders von Forellen, Rhein- und Donaulachsen von dazu angestellten Agenten sammeln. Diese haben die Hauptaufgabe, Fische mit möglichst reifem Rogen und dazu tüchtige Milchener zu fangen und so lange zu halten, bis benachrichtigte Künstler von Hüningen kommen und die Fische gewissermaßen entbinden. Die beiden so gewonnenen polarisch entgegengesetzten Lebenskeime werden nun gemischt, dadurch befruchtet und dann in den Brutkammern täglich gepflegt und gehütet, bis die beinahe reifen Eier geeignet sind, zur Befriedigung der verschiedenen Bestellungen aus allen möglichen Gegenden und Ländern beizutragen.

Diese in Deutschland zuerst gemachte Erfindung, welche, in ganzer Fülle ausgeführt, für den materiellen Wohlstand der Völker eben so wichtig werden kann, wie die Buchdruckerkunst für die geistige Ernährung der Menschen, steht also zuerst in voller Blüthe und der Pflege der französischen Wissenschaft und Regierung. Hier in Hüningen practicirt man die künstliche Laichung auf folgende Weise. Als Beispiel nehmen wir den Hauptfisch, den Lachs, und zwar zuerst einen reifen weiblichen oder rogenen. Der als reif erkannte Fisch wird in einem tüchtigen Fasse voll Wasser innerhalb desselben vorn mit beiden Händen, oberhalb des Kopfes und unterhalb sanft ergriffen, während ihn eine andere Hand an der Schwanzflosse festhält; dann streicht die Hand von unterhalb des Kopfes mit sanftem Druck am Bauche entlang, wodurch die Eier durch den Ausgangscanal herausgedrückt werden und wie Erbsen ins Wasser fließen. Hierauf wäscht man

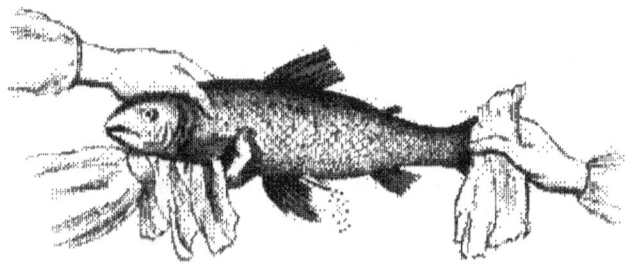

Behandlung des Fisches bei künstlicher Laichung.

diese sorgfältig und läßt das Wasser ab. Sofort behandelt man den männlichen Lachs in ähnlicher Weise und mischt die so gewonnene Milch mit dem Rogen, der durch diese Befruchtung meist schnell eine glänzende, rothe Farbe annimmt. Die gemischte Masse wird nun wieder gewaschen und mit hölzernen Löffeln in die Brutkasten gebracht, wo sie unter frischem, fließendem Wasser und sorgfältigem Schutze gegen Feinde je nach der Wärme früher oder später zu lebendigen kleinen Fischlein wird*). Diese

---

*) Eine Schilderung Hüningens und eine andere Behandlung der Fische für künstliche Laichung von Karl Vogt findet man unter „Künstlicher Laichung und Bebrütung" am Schlusse.

Zeit wartet man hier nicht ab, da die Eier, just wenn die darin entwickelten
Fischchen beinahe groß und kräftig genug sind, ihre Hüllen zu sprengen,
sich am meisten für Versendung eignen, und die Menge der Bestellungen
ist fast stets so groß, daß sie kaum alle nach und nach befriedigt werden
können. Wissen die Leute erst überall, welche Geld- und Freudenquellen
sie aus solchen Anstalten schöpfen können, werden Dutzende derselben jedenfalls noch viel ausgedehntere Geschäfte machen, als die einzige französische
in Hüningen und die kleinere in München für Deutschland. (Wir kommen
darauf zurück.) Hier nur noch so viel, daß die französischen Agenten viel
an Ort und Stelle befruchtete Eier nach Hüningen senden, wo sie sofort
bei der Ankunft genau untersucht werden, um die unbefruchteten und überhaupt schlechten abzusondern. Die dann bleibenden werden sorgfältig gezählt
oder vielmehr gemessen und dann gebucht. Da alle Fischeier eine bestimmte
Größe haben und danach wiegen, ermittelt man die Zahl durch ein genaues
Üichinstrument. (Ueber die Beaufsichtigung und Pflege der Eier, bis die
zarten Gefangenen darin die Hüllen sprengen, geben wir später Anweisung,
da die Methode in Hüningen nicht von den allgemeinen Regeln abweicht.)
Man beschränkt sich hier nur auf die kostbareren Arten der Lachseier, unter
denen besonders die des Ritters (Röthel, Salbling, Schwarzreuterl,
l'Ombre Chevalier, Salmo umbla) eine große Rolle spielen und nicht
selten pro Stück mit 1 Sgr. bezahlt werden. Den untersten Rang aus
der Salmonidenfamilie nimmt die Fera ein (Coregonus fera), das Weißfölchen oder die Bodenrenke, wegen ihrer Fruchtbarkeit Hering der Seen
genannt. Die aus ihren Eiern vieltausendweise ausgekrochenen Fischchen
sind Anfangs kaum mit bloßen Augen zu entdecken. Auch den eigenthümlichen Donaulachs, dessen Eierbefruchtung Anfangs viel Schwierigkeiten
machte, hat man neuerdings mit erfreulichem Erfolge behandeln gelernt.

Bis zum Herbste 1864 hatte man in Hüningen über 110,000,000 Eier
von Süßwasserfischen, darunter 41,000,000 von Lachsen und Forellen
befruchtet und verkauft. Diese Menge ist seitdem jedenfalls auf mehr als
das Doppelte gestiegen. Die meisten Bestellungen wurden für siebzig
künstliche Fischzüchtereien in Frankreich gemacht, nämlich zweihundertacht-
undsiebzig, und von Belgien, der Schweiz, Baiern und Würtemberg
zusammen nur neunundzwanzig. Sie stiegen im nächsten Jahre auf zwei-
hundertsechsundneunzig für sechsundsiebzig Anstalten in Frankreich und nur
auf neunundbreißig von allen übrigen Theilen Europas und sind seitdem
immer gewachsen, so daß die Anstalt längst nicht mehr hinreicht, der Nachfrage zu genügen. In Frankreich versteht es aber auch das Volk schon,
die etwa tausend deutsche Meilen schiffbaren Flüsse, beinahe eben so viel
Canäle, ziemlich siebzig Meilen Mündungen und Buchten, etwa zweihundert
Meilen von Privatgewässern, über 20,000 Meilen nicht schiffbarer Flüsse

und Bäche, über tausend Meilen von Seen und Teichen zu bewirthschaften. Die schiffbaren Flüsse und Canäle gehören der Regierung und werden an Privatleute verpachtet. Um diese vor allen Streitigkeiten zu bewahren, sind die Wasserflächen genau auf speciellen Karten verzeichnet und auch in der Wirklichkeit danach abgemessen, so daß Jeder genau die Grenzen seines Gebietes kennt, innerhalb welches er für eine Pacht von sechs bis dreißig Thaler jährlich mit Netzen fischen darf. Der Gesammtgewinn aus allen diesen Gewässern des Landes wurde schon 1857 auf mehr als 5,000,000 Thaler berechnet, die in den von Natur oft gesegneteren Gewässern Deutschlands zum großen Theil im Wasser blieben oder durch schlechte Wirthschaft verwüstet wurden.

Das bemerkenswertheste Privatkunstinstitut für Fischzucht in Frankreich fluten wir zu Bulsse an der südöstlichen Grenze als Eigenthum des Herrn v. Galbert. Es besteht aus vier großen Kunstteichen, von denen der erste hundert Metres lang und bis funfzig breit, im Durchschnitt ein Metre tief ist. Die zwei Theile desselben, eine stille und eine fließende Wasserfläche mit einer Halbinsel, sind durch Gitterwerk so von einander getrennt, daß die Zöglinge darin sich nicht vereinigen und die Jungen nicht entwischen können. Die Wasserfläche wird von höher gelegenen wärmeren Quellen gespeist, die zugleich sich in den zweiten Teich verlaufen, dessen Bassin bei einer durchschnittlichen Breite von acht Metres hundertfunfzig lang und bis zwei tief ist. Außer von den Wassern des ersteren Teiches wird es aus einem Berg- und Mühlbache gespeist, welcher den darin befindlichen zweijährigen Zöglingen ungemein gut bekommen soll.

Eine Schleuße oder ein Wasserthor im tiefsten Theile dient dazu, das Wasser mit den Fischen in das dritte Bassin zu führen. Reihen von winkeligen Steinen mit Wasser- und Sumpfpflanzen an den Ufern entlang dienen als Schutz für die Fische und Zufluchtsstätten für Garneelen, Hummern und sonstiges Gethier. Das dritte Bassin von fünftausend Yards Oberfläche hat dieselbe Tiefe wie das zweite. Ein unterirdischer Canal am östlichen Ufer entlang mit Verbindungsgräben zu den Bassins und vielfach lose hineingeworfenen Steinen geben den Bewohnern Gelegenheit, sich ziemlich frei zu bewegen, zu schützen und zu bergen. Die großen Forellen lieben es, sich oft unter den losen Steinen und in den Einschnitten der drei Inseln des Bassins zu verstecken. Der engste Theil des Bassins enthält eine Brücke, unter deren Bogen ein Eisengitter so angebracht ist, daß es entweder geschlossen oder zum Einfangen benutzt werden kann. Eine Schleuße von feinem Draht hält die Fische ab, welche dem Laich schädlich werden könnten. Dieser ist mit einer dünnen Schicht von feinem runden Kies so bedeckt, daß das darunter sich entwickelnde Leben sich leicht hindurchwinden kann. Ein Netzwerk schließt die Fische ab, welche für künstliche Laichung bestimmt sind und dient gelegentlich auch dazu, theils schädliche, theils Speisefische einzufangen. Durch ein Fluththor am unteren Ende kann das Wasser abgelassen werden, wobei es zugleich die Bewohner zurückhält. Alles Wasser fließt zuletzt in den Isère-Fluß. Ein viertes kleines Bassin, das von dem Bergflüßchen gespeist wird, dient als Aufenthalt für große Fische bis zum Verlauf. Alle im dritten Bassin gefangenen Fische werden darin aufbewahrt, so daß es während der Laichzeit ein großes Seminar für Zwecke der Vermehrung wird. In einem Hause an der Brücke wohnen die Wärter und befinden sich die Anstalten für künstliche Ausbrütung der Eier, welche denen im Collége de France ähnlich sind. Sie erhalten ihr Wasser aus einer Quelle. Ein Apparat aus fein durchlöcherten Zinkkasten, in denen das hindurchfließende Wasser immer gleich warm gehalten wird, soll während der letzten Jahre mit besonders glücklichem Erfolg gebraucht worden sein. Diese Anstalt zu Buisse lieferte bis jetzt jährlich von 40—60,000 junge Forellen im Durchschnittspreise von fünf Centimes und verzinst die Auslagen und Mühen des Eigenthümers in sehr befriedigender Weise.

Die Franzosen haben die zuerst von Jakobi und dann erst viel später von Remy entdeckte künstliche Laichung sofort möglichst großartig und praktisch auszuführen und zu verwerthen verstanden. Der Entdecker oder Erfinder wurde nicht, wie in Deutschland, verlacht und vergessen, sondern reichlich belohnt und praktisch durch die Staatsanstalt zu Hüningen geehrt. Außerdem ist man stets bemüht, diese Pisciculltur nach allen Seiten zu einer immer ergiebigeren Quelle für Ernährung des Volks und Bereicherung des Nationalwohlstandes auszudehnen. Jede noch so unbedeutende Wasserfläche wird vernünftig bewirthschaftet und besäet und liefert, dankbar dafür, lachende und schmackhafte Früchte. Wie viele tausend Morgen lebenskräftiger Flüssigkeit liegen in und um Deutschland theils verwildert, theils nur miserabel von räuberischen Händen und Netzen gegen den Hunger der Umwohner ausgeplündert umher und harren seit einem Jahrhundert vergebens der vielleicht einer Verwerthung von Millionen Thalern fähigen Ausführung der von Jakobi zuerst verkündigten und von den Männern der Naturwissenschaft geprüften und empfohlenen rationellen Bewirthschaftung des Wassers! In Frankreich weiß man sich zugleich die verschiedenen Arten und Eigenschaften der Gewässer zu Nutze zu machen. In sumpfigen Orten zieht und züchtet man Aale, in sonst ganz nutzlosen Flüßchen vermehren sich die von Berlin bezogenen Krebse bis in die Millionen, und in den klaren Quellströmungen tummeln sich verschiedene Arten von Forellen in solcher Fülle, daß das von Heinrich IV. versprochene Huhn im Topfe nicht mehr, wie bei uns, zur „Ente", sondern zu einer wirklichen Forelle wird. Die künstliche Austernzucht ist großartig und erfolgreich und dehnt sich

immer kräftiger aus. Selbst an künstlicher Schildkrötencultur hat man
zu arbeiten angefangen, insofern der Marine-Officier Salles als praktischer
Kenner dieser Meeresritter seinen Plan, Eier derselben zu sammeln und
das daraus entstehende Leben so lange zu schützen, bis es sich selbst erhalten
kann, nach der Praxis auf der Insel Ascension in Frankreich vervollkommnet
auszuführen, vielfach selbst und durch Andere verwirklicht haben soll. Danach
werden reife männliche und weibliche Schildkröten in ihren natürlichen
Verstecken gefangen und in einem für sie bereiteten Parke angesiedelt.
Letzterer besteht aus einer Ummauerung, durch welche unten Seewasser
Zutritt findet. Ein Theil des sandigen Grundes muß der Mittagssonne
zugänglich sein, weil die Thiere diese sehr lieben und die Eier nur von
ihr ausgebrütet werden können. Der tiefere Boden muß mit Seegewächsen
aller Art bepflanzt werden, weil sie theils selbst als Futter, theils als
Begünstigung für anderweitige Nahrung dienen.

Ueberhaupt findet man in allen Theilen Frankreichs so viel Privat-
züchter aller möglichen Wasserthiere theils aus Liebhaberei, theils als Erwerb,
daß es unmöglich ist, nur die hauptsächlichsten davon zu schildern. Einer
der ersten Versuche in Deutschland war die künstliche Züchtung des eigenthümlichen und schönen, schmackhaften Donaulachses, der nicht nur sehr
fruchtbar ist, sondern auch besonders schnell wächst und ein würziges, nahrhaftes Fleisch liefert. Die Eier, bis 40,000 von einem einzigen, etwa
vierzigpfündigen Weibchen, kommen viel eher zur Reife, als die anderer
Lachse und werden schon binnen eines Jahres zu pfundschweren Fischen,
und im dritten sind vierpfündige Exemplare nicht selten. Andere Arten
nehmen zwar zum Theil noch schneller zu; aber da der Donaulachs viel
fruchtbarer ist, giebt hier künstliche Laichung Aussicht auf viel größeren
Gewinn. Die vierzigtausend Eier eines einzigen Exemplares mögen unter
künstlicher Pflege nur zum dritten Theile zum Leben kommen, nur ein
Jahr alt und das Pfund für 2½ Sgr. verkauft werden, so geben sie doch
schon einen Gewinn von achthundert bis tausend Thalern; und dies ist der
Ertrag von einem einzigen solchen Fischpaare unter nicht sehr günstig ange-
nommenen Verhältnissen. Wo kann Jemand ein Pfund Lachs für
2½ Sgr. kaufen? Auch nicht an der Donau, denn die Kunst ist, so viel
wir wissen, in den Kinderschuhen geblieben.

Das berühmteste Lachsseminar Englands, vor etwa zwanzig Jahren
gegründet, ist Stormontfield am Tay-Flusse, eine deutsche Meile von
Perth, wo sich ein besonders günstiges Terrain dafür fand, da es ein
leichtes Gefälle hat und von einem raschen Mühlbache oberhalb des Tay
mit einem gut durchströmenden Wasser reichlich versehen wird. Es fließt
zuerst in ein Reservoir, von wo aus es durch Röhren filtrirt in einen
kleinen künstlichen Strom und von da in die Reihe von Brutapparaten

geführt wird, welche in allmäliger Abdachung das Wasser von einem
Kasten nach dem andern ergießen, so daß die dreihundert „Erzeugungs-
wiegen" immerwährend unter dem belebenden Einflusse eines reinen und
gereinigten Berggewässers die Lebenskeime darin bald zur Entwickelung
bringen. Am Ende dieser Wiegen fließt es in einen kleinen See, wo die

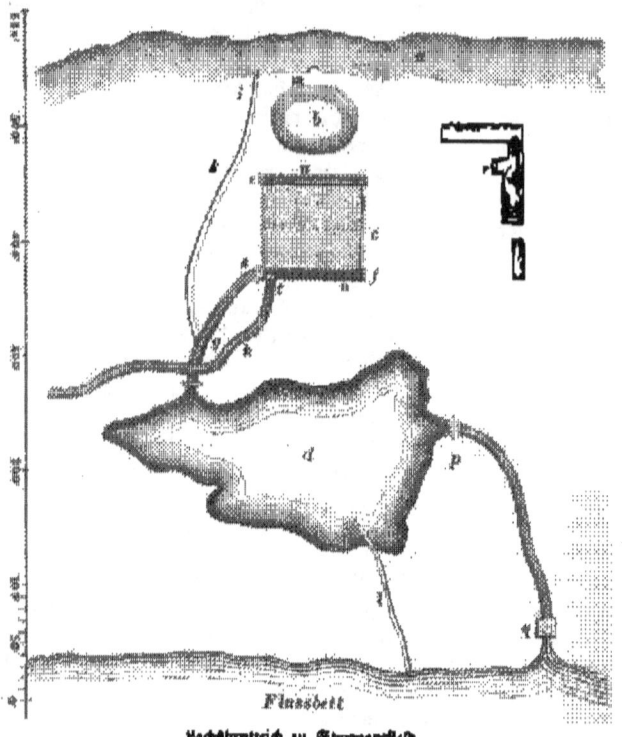

Lachsbrutteich zu Stormontfield.

a Mühlbach — b Filterungsteich — c Brutkästen — d Zuchtteich — e oberer, f unterer
Canal — g Verbindungs-Canal von c und d — h Nebenfluß — i k Drain-Röhre
von Bach zu Teich — l Abfluß-Röhre — m Röhre von a zu b — n Abfluß-Röhren —
o Röhre nach f — p Schleußen aus dem Teiche — q Kasten zum Martiren —
r Wohnungen — s und t Schleußen aus l. Erste Fuhrung.

jungen, zarten Fischchen so lange gepflegt und gefüttert werden, bis sie für sich selbst sorgen können. Da dies nicht so schnell geht und die Salmlinge oder Parrs noch erst die Entwickelungsstufen zu Smolts durchmachen müssen, ehe sie zu den eigentlichen kräftigen Schnellseglern und Raubfischen des Meeres werden, hat man noch einen zweiten Teich angelegt, worin sie während der nächsten Entwickelungsstufe Schutz und Pflege finden. Ein feines Drahtgeflecht am Ende desselben leitet das überflüssige Wasser in den Tay ab, so daß alle Theile des Seminars immer von einer gesunden Strömung belebt werden. Es bildet zugleich eine Schleuße, in welcher die Fische, nun ordentlich gepanzert, durch ungeduldiges Springen ihren unwiderstehlichen Trieb zu der Seereise und zur Selbstständigkeit kund geben. Die Anstalt zu Stormontfield galt zuerst für hinreichend, jährlich 300,000 Lacheier in Fische zu verwandeln; da sie sich aber dazu als zu klein erwies, legte man neue Teiche an und wird sie wahrscheinlich inzwischen nach allen Seiten vergrößert haben. Die Eierbehälter zum Ausbrüten sind hier nicht bedeckt, wie in Hüningen, sondern offen jeder Temperatur ausgesetzt, so daß sie durchschnittlich hundertundzwanzig Tage brauchen, ehe sie die Fischchen bis zur Sprengung des Eies reifen. Diese liegen eine Zeit lang als kaum sichtbare, unbeholfne Pabben, mit ihrem von der Natur gefüllten Eiklober unter dem Halse, auf dem Grunde und lernen sich erst nach Nahrung umsehen und bewegen, wenn dieser Vorrath erschöpft ist. Dann fängt man mit fein gehackter, gekochter Leber zu füttern an und geht allmälig, aber vorsichtig zu stärkerer und gröberer Nahrung über. Ohne uns hier weiter auf die Jahre lang fortgesetzten Versuche, Erfahrungen und Ergebnisse dieser Anstalt einzulassen, wollen wir nur bemerken, daß durch Markirung der in den Fluß und in das Meer entlassenen Zöglinge bei der Fischerei diese sehr wohl von den in der Freiheit erwachsenen unterschieden werden konnten und man auf diese Weise bis Ende des Jahres 1867 über 24,000 gefangene Grilse oder vollkommene Lachse als Zöglinge des Seminars zu Stormontfield wieder erkannte. Dies kommt einer Vervollkommnung und Vermehrung der Lachsernte um etwa zwölf Procent gleich, um welchen Preis denn auch die Fischpachten gestiegen sind. Dies würde ein Landwirth für eine ganz befriedigende Amelioration seines Ackers halten. Da man nun mit Grund hoffen darf, daß die hier und anderswo gemachten Erfahrungen, wobei man vielfach erst durch Schaden klug werden mußte, anderen Anstalten der Art zu Gute kommen und man überhaupt noch viel sorgfältiger und sicherer zu Werke gehen muß, als es bisher der Fall war, kann jeder künftige Lachszüchter gleich mit diesem gewonnenen Capital der Erfahrungen und Ergebnisse anfangen und auf höheren Gewinn rechnen.

    Die ähnliche Anstalt der Herren Martin und Gillone, der Pächter des Dee-Flusses in Schottland, liefert befruchtete Eier und junge Fische in geschäftlicher Weise für den Verlauf, so daß die künstliche Befruchtung und Belebung der Eier, sorgfältig unter Dach und Fach betrieben, auch viel höheren Gewinn gebracht haben soll, als das Versuchsseminar in Stormontfield. Die Herren bezahlen jährlich achttausend Thaler für ihr Fischereirecht im See-Flusse und sollen die Verzinsung dieses Capitals durch ihre Kunstindustrie mit jedem Jahre um drei, vier Procent erhöht haben. Die Brutkästen, in einem großen, durch eine benachbarte Bisquitbäckerei warm gehaltenen Raume von siebzig Fuß Länge angebracht, sind von Holz, drei Fuß lang und einen breit bei vier Zoll Tiefe. Hineinpassende Glasträge mit abgeschliffenen Rändern öffnen sich gegen den hindurchgehenden Strom in der Gestalt eines V, in welche die Eier aus einer langhalsigen Flasche hineingesäet werden. Das aus dem Flusse filtrirt hineingeleitete Wasser fließt nur mit einer Schnelligkeit von fünfzehn Fuß in der Minute aus einem Kasten in den andern. Alle sind bedeckt, um sie vor allerlei Feinden zu schützen und das Licht nur sehr mäßig hineinzulassen, wie die Fische ja selbst in der Natur ihren Laich meist mit Kies bedecken. Große Sorgfalt wird auch den künstlich zu laichenden Fischen gewidmet. Man fängt sie meist, ehe ihre Eier reif sind und bewahrt sie in dem Mühlbache unter ziemlich guter Aufsicht just bis zu der Zeit, wo die Natur zur Entleerung derselben zwingt. Die Fische werden dann paarweise in einen mit Wasser gefüllten Kasten gebracht und untersucht. Zeigen sie sich reif, bringt man sie in einen $3^1/_2$ Fuß langen und 7 Zoll breiten Wassertrog und preßt ihnen mit sanftem Druck in derselben Lage, in welcher sie schwimmen, erst die Eier und dann die Milch aus. Für die Behandlung letzterer wird erst etwas Wasser ausgegossen und dann die ihm ausgedrängte befruchtende Flüssigkeit mit dem Rogen gemischt, wobei man sich der Hände bedient. Die dann sorgfältig gewaschenen Eier werden nun den Brutkästen übergeben.

Es versteht sich von selbst, daß man diese Kunst auch im kleinen Umfange und in unscheinbareren Gefäßen zum Privatvergnügen treiben kann. Im Nothfalle reichen gewöhnliche Blumentopfuntersetzer hin, wenn man sie nur so stellt, daß reines fließendes Wasser hinein- und abfließen kann. Für ausgedehntere Versuche hat Coste einen Brutapparat zusammengesetzt, in welchem sich mehrere tausend Lachs- oder Forellender vermittelst eines reinen hindurchgeleiteten Wasserstromes ohne besondere Mühe zum Leben bringen lassen. Er besteht aus etwa einem Dutzend länglichen Kasten, die, der Länge nach dicht neben einander gestellt, sich von beiden Seiten nach dem mittelsten zu etwas erheben. In den letzteren wird das fließende Wasser geleitet, von welchem es nach beiden Seiten durch kleine Röhren aus einem in den andern abfließt und zwar so, daß jeder einzelne Abfluß an dem entgegengesetzten Ende des vorigen erfolgen muß, weil auf diese Weise das Wasser durch jeden einzelnen Kasten sich ausbreitet. Was dabei außerdem noch für Vorsicht nöthig ist, wollen wir an einer anderen Stelle mittheilen und dabei den Apparat selbst durch Abbildung anschaulich machen.

Außer den erwähnten Anstalten ist noch die Lachsfabrik von Thomas Ashworth in Galway, Irland, ziemlich berühmt geworden. Er übergab schon in den Jahren 1861 und 62 seiner Lachsfischerei nicht weniger als 1½ Million künstlich befruchtete Eier, für deren Erziehung und Seereisen er kostbare Kunstteiche und Canäle nach dem Meere errichten ließ. Zwar hat er seitdem meines Wissens keine bestimmte Auskunft über den Gewinn und Erfolg der Oeffentlichkeit übergeben, aber da sich sein Geschäft immer vergrößerte und sein Wohlstand hob, darf man wohl annehmen, daß er nicht nöthig hat, seine Mühen uud Auslagen zu bereuen.

Ueber einen großartigen Versuch, außer unseren Sperlingen auch Lachse und Forellen in Australien einzubürgern, fehlt es mir bis jetzt an genaueren Nachrichten; aber die Eier, 100,000 Lachs- und 3000 Forelleneier, waren, in Moos und dann in Eis verpackt, gesund angekommen und werden nun hoffentlich in den zum Theil herrlichen Meeresströmen der Antipodenwelt sich einer vernünftigeren Behandlung und eines besseren Gedeihens erfreuen, als in den Flüssen und Meeren der alten Welt. Die australische Acclimatisationsgesellschaft und das Parlament von Tasmanien haben bedeutende Summen für Einfuhr von mehr Eiern dieser kostbaren Fische bewilligt, worin unsere Parlamente und Regierungen, so wie naturwissenschaftliche Gesellschaften die sehr nöthige Ermunterung für Einbürgerung nützlicher und wohlschmeckender Wasserbewohner aus fernen Meeren und Welttheilen finden mögen. Hier eröffnet sich dem Unternehmungsgeiste ein weites, lachendes Feld, dessen Grenzen wir noch gar nicht übersehen können. Wir wissen schon aus Erfahrung, daß sich die vortrefflichsten, wohlschmeckendsten Fische aus weitester Ferne bei uns sehr leicht acclimatisiren lassen und herrlich gedeihen. Die Goldfischchen, welche häufig als unglückliche einzelne Gefangene in elenden, nüchternen Glaskugeln in deutschen Zimmern die beste lange Weile empfinden und verbreiten müssen und sich in dem bekannten Teiche des Thiergartens zu Berlin beinahe heringsartig vermehrt haben, sind ursprünglich ächte Chinesen. Aber das himmlische Reich bietet in seinen riesigen Flüssen noch ganz andere Schätze, die sich bei uns wahrscheinlich mit eben so wenig Schwierigkeit und mit viel größerem Nutzen in Deutsche verwandeln lassen werden. Da giebt es einen chinesischen Fischkönig, Lo-in, der oft sieben Fuß lang wird und ein Gewicht bis 200 Pfund erreicht, das meist aus dem vortrefflichsten Fleische besteht. Außerdem sind der Lien-in-wang und der Kan-in, die eben so gut schmecken und noch größer werden sollen. Der zwerghafte, bei uns eingebürgerte chinesische Goldkarpfen hat in seiner Heimath einen kostbaren Vetter, den Li-in, der, ausgewachsen, funfzehn Pfund wiegt und dabei ein viel würzigeres Fleisch liefert, als unser bester Karpfen mit Matelotesauce. Und wer weiß, was für herrliche Bewohner unzähliger oceanischer Wasserstaaten sich noch finden mögen, die unter einer späteren civilisirten Wasserwirthschaft bei uns besser gedeihen, als in ihrer fernen Wildniß! Einstweilen haben wir freilich genug zu thun, um unsere eignen Wasserbürger wieder in eine Lage zu bringen, daß sie sich, nach dem Gebote der Bibel und noch mehr der Natur in ihrer beispiellosen Fruchtbarkeit auch wirklich vermehren. Lernen wir nur zunächst ordentlich mit unseren Lachsen und Forellen, mit unseren beliebtesten Fluß- und Teichfischen wirthschaften und dann unsere nächste Aufmerksamkeit darauf lenken, daß die großen und nützlichen Fischarten aus dem Stockfisch- und Flundergeschlecht, welche sich leicht an süßes Wasser gewöhnen, unsere Binnengewässer bevölkern helfen. Einige schottische Buchten und Bergseen sind berühmt durch besonders gute Lachsarten, die sich ebenfalls sehr gut zur Verdeutschung eignen. Der Baß Amerikas und der antike Verwandte, der von römischen Prassern bis zu vierhundert Thalern bezahlt ward, der lachsartige Coregonus albus der canadischen Seen, der, eingemacht, in Süd- und Central-Amerika funfzig Procent höher bezahlt wird als die beste Forelle und auch um so viel besser schmecken soll, empfehlen sich besonders zur Acclimatisation, die sich zunächst auf nähere Nachbarn beschränken mag, ehe wir uns in den großen Ocean oder gar in tropische Gewässer wagen. Wie die Engländer unseren geschätztesten Lachs, den ombre chevalier und unseren riesigen Raubritter-Aal, den Wels, bei sich eingebürgert haben, können sie uns von ihren Küsten, und namentlich aus ihren wundervollen schottischen Bergflüssen und Lochs wohl Dutzende von desikaten Speisefischarten bieten, die sich mit der Zeit auch in unseren Gewässern häuslich einrichten und zur Vermehrung unserer Tafelfreuden würdig beitragen mögen.

Salmoniden oder Lachsarten.

Unter allen Fischen Europas nehmen jedenfalls die Salmen oder Salmoniden, die Lachse und Forellen die erste Stelle ein. Die Schotten schmeicheln ihnen mit allen möglichen Titeln und nennen sie namentlich gern „Monarchen der Flüsse". Früher machten sie freilich die eigentliche Bevölkerung derselben aus und waren den Menschen zwanzig Pfennige für das Pfund noch zu theuer, während neuerdings eben so viel Silbergroschen für einen noch billigen Preis gelten. Man hat es durch jahrelange

Gesetzgebung im Parlamente und durch blinde Gier der Pächter und Eigenthümer von Lachsflüssen auch endlich so weit gebracht, daß die ehemals volksthümlichen Schaaren auf den Märkten und den Tafeln der Reichen zu den delikatesten Seltenheiten geworden sind. Aber man ist wenigstens durch Schaden klug geworden und sucht ihn durch vernünftigere Gesetzgebung, Zucht und Pflege möglichst wieder gut zu machen. Da die künstliche Lachszucht auch für uns bei Bewirthschaftung des Wassers von der größten Wichtigkeit ist, müssen wir diese Salmen besonders genau kennen lernen; die Quellen und Thatsachen dazu sind vielleicht reicher und interessanter, als für jede andere Art von Wasserbewohnern. Und doch giebt es immer noch manches Räthsel zu lösen.

Alle Lachsarten zeichnen sich vor andern Süßwasserfischen durch gewisse innere und äußere aristokratische Vorzüge aus: sie sind stärker, elastischer, schneller, würziger und wohlschmeckender in Fett und Fleisch, als wohl alle andere Collegen. Das besondere Kennzeichen für sie ist eine Art von Orden der Natur, welcher sich als hintere Rückenfettflosse bemerklich macht und aus einem strahlenlosen Hautzipfel in der Nähe der Schwanzflosse besteht. Auch die Hauptrückenflosse ragt von der Mitte des Körpers oben meist so charakteristisch hervor, daß diese beiden Merkmale ziemlich zur Unterscheidung von anderen Familien hinreichen. Auch der schlanke, spindelförmige, meist schön beschuppte und gezeichnete Körper bekundet schon die charakteristischen Vorzüge. Nur durch das Maul erinnern sie an die Heringe, unterscheiden sich aber dadurch auch von allen Süßwasserfischen. „Der Zwischenkiefer bildet", um mit Karl Vogt zu reden, „nur den vorderen Theil der Mundspalte und ist mit dem Oberkiefer durch eine Naht verbunden, so daß dieser letztere Knochen die hintere Seitenbegrenzung der Mundspalte bildet. Bei unseren übrigen Süßwasserfischen liegt das Oberkieferbein viel mehr über dem Zwischenkiefer als sogenanntes Schnurrbartsbein und nimmt keinen Theil an der Bildung der Mundspalte selbst. Die Bezahnung ist so verschieden, daß sie für Unterscheidung sehr unsicher wird. Alle Forellen haben kammartige Nebenkiemen, eine große einfache Schwimmblase, viele Pförtneranhänge an dem Darme und eigenthümliche Eierstöcke, da sie vollkommen abgeschlossen sind und mit keinem Ausführungsgange in Verbindung stehen. Die reifen Eier sprengen ihre schwache Umhüllung und fallen in die Bauchhöhle, aus der sie durch eine mittlere, hinter dem After gelegene Oeffnung ausgeführt werden. Die männlichen Geschlechtsorgane dagegen haben Ausführungsgänge".

Die Lachsfamilie besteht aus zahlreichen Gattungen, von denen für unsere Zwecke blos folgende vier wichtig erscheinen: Lachse und Forellen (Salmo), ausgezeichnet durch ein weites, mit ziemlich gleichmäßigen Zähnen besetztes Maul; die Stinte (Eperlanus) mit dicken, kegelförmigen Zähnen auf dem Pflugschaarbeine, die so weit hervorragen, daß es scheint, als ständen sie auf den Kiefern; die Aeschen (Thymallus) mit kleinem Maule, feinen Zähnchen auf den Kiefern und gewaltiger Rückenflosse, und endlich die Fölchen oder Balchen (Coregonus) mit ganz zahnlosem Maule und einfach silberweißem Körper.

Unter den Lachsen und Forellen unterscheidet man je nach der Bezahnung des Pflugschaarbeines, das die Mitte der oberen Decke der Rachenhöhle einnimmt, wieder mehrere Unterabtheilungen. „Wenn man einer Forelle das Maul öffnet und sich die obere Decke der Mundhöhle ansieht, so bemerkt man zwei parallele Bogenreihen von Zähnen, die äußerste an den beiden Kieferknochen (Zwischen- und Oberkiefer), die innere an dem Gaumenknochen. In der Mitte dieses Gewölbes zeigt sich eine Längsreihe, welche in ihrer Richtung den unteren Zähnen der Zunge entspricht und Pflugschaarbein genannt wird. Dieser letztere Knochen zeigt verschiedene Bezahnung, bei den Bachforellen eine doppelte Längsreihe von weit nach hinten reichenden hakenförmigen Zähnen. Bei der Forelle des Genfer Sees findet man nur eine einfache Reihe, beim Ritter, Rhein- und allen eigentlichen Lachsen vorn im Winkel unregelmäßig gehäufte Zähne. Darauf gründet man die Unterschiede von eigentlichen Lachsen, See- und Bachforellen." Praktischer ist die Unterscheidung nach der Lebensweise in Meerlachse mit dem gemeinen Lachs oder Salm, dem Silber- und Hakenlachs, in Seelachse oder Seeforellen, mit dem Huchen, dem Ritter und Salbling, und endlich in Bachforellen, die sich auf Gebirgsbäche und klare fließende Gewässer beschränken. Weitere und fernere Unterschiede werden sehr schwierig und unsicher, da sich ein und dieselbe Art je nach Alter und Aufenthalt meist wesentlich in Farbe und Ansehen ändert. In England haben sich gelehrte Ichthyologen, Naturforscher, aristokratische Flußeigenthümer, Liebhaber und Parlamentsmitglieder viele Jahre lang auf das Gelehrteste und Gründlichste gestritten, ob die jungen Lachse (Parrs), die noch keine Schuppen haben und kein Seewasser vertragen können, und die älteren beschuppten, welche gierig nach dem Salzwasser eilen, die sogenannten „Smolts", und die zum ersten Male von ihrer Seereise zurückkehrenden „Grilse" und die späteren vollkommeneren Salms oder Lachse besonderen Arten angehören oder sich nur wie Kind, Jüngling und Mann unterscheiden, bis man endlich nach wahrhaft mühsamen und gründlichen Forschungen ermittelt hat, daß letztere Annahme richtig sei. Alle Forellen und Lachse besitzen in der Jugend mehr oder minder lebhaft gefärbte Flecke und senkrecht absteigende, verwaschene Querbinden von dunkler Färbung, die mit hellen Streifen abwechseln. Diese Kleiderfarbe wechselt dann oft so schnell und auffallend, daß auch bei uns ein und derselbe Fisch je nach seinem Costüm verschieden benannt wird. So heißt der Lachs-Ritter

(Salmo umbla) als einjähriger schlanker Bursche mit noch nicht verwaschenen Querbinden bald Röthlei, bald Schwarzreuterl und wohl alle zehn, zwölf Meilen wieder anders. Für unsere praktischen Zwecke genügen die angedeuteten Unterscheidungen.

Also zunächst die **Meerlachse** mit dem Rhein-, Halen- und Silberlachs, Bewohner der Nord- und Ostsee und Wanderer aus dem Meere in unsere größeren Flüsse und Nebenflüsse, aus denen sie wieder verschiedene Seereisen machen. Da sie alle sehr schmack- und nahrhaft sind, schnell wachsen und nach dem vierten Jahre bis fünf Fuß lang und achtzig Pfund schwer werden, eignen sie sich ganz besonders zu einem Grade und mit einem so sicheren und großen Gewinn zur künstlichen Zucht und Pflege, daß wir in deren künstlicher Verminderung eins der unverzeihlichsten Verbrechen gegen die in diesem Falle überschwänglich gütige Natur, gegen unseren eignen, kinderleicht erkennbaren Vortheil, gegen das Volkswohl

Rheinlachs.

und die Bildung unserer Zeit überhaupt erkennen, es bereuen und möglichst schnell und umfangreich zu sühnen suchen müssen.

Diese Meerlachse sind in der Jugend meist schlank, mästen sich dann unter guten Verhältnissen einen herrlichen Schmerbauch an und finden sich, wenn man ihnen nur Zeit dazu läßt, in höchster Vollendung von selbst ein, um sich fangen und verspeisen zu lassen. Alle haben elf Strahlen in der Kiemenhaut und lassen sich nur durch ihre Färbung leicht unterscheiden.

Unser braver **Rheinlachs** (Salmo salar) oder Salm, von den Franzosen Saumon, von den Engländern Salmon oder Bull-trout und in verschiedenen Gegenden, wie jeder andere Fisch, mit Dutzenden anderer Namen bezeichnet, kann nicht nur stolz auf seine spitzellyptische Gestalt sein, sondern sich auch der mannigfaltigsten Farbentinten rühmen. Der schwärzliche oder dunkelschiefergraue Rücken wird erst schön durch die silbernen Seiten und den perlmutterglänzenden Bauch; der tief dunkelblaue Oberkopf nach der Kehle zu mattweiß, rücken- und seitwärts dunkelbraunroth und schwarzfleckig. Die Rückenflosse ist grau mit schwarzen kleinen Flecken unten, die übrigen Flossen erscheinen besonders an den freien Rändern schwärzlich und an den Einlenkungen gelbröthlich. Das ist Färbung genug, die aber während der Laich- und Liebeszeit, wie bei allen Forellen, noch viel lebhafter wird. Die Laichzeit dehnt sich an der französischen Küste vom Juni bis zum September; im Rhein kommt er schon während des Mai stromaufwärts; in den englischen und schottischen Gewässern laichen die Salmen meist erst im Spätherbst.

Der Hakenlachs (Salmo hamatus), bei den Franzosen Bécard, hat seinen Namen von dem am größeren Rachen zu einem starken Haken aufgebogenen Unterkiefer. Außerdem zeichnen ihn der röthlich graue Rücken, ein mattwelßer Bauch und roth und braun gesprenkelte Flecken an den Seiten, so wie trockneres, weniger rothes und nicht so schmackhaftes Fleisch vor dem Rheinlachse unvortheilhaft aus.

Der Silberlachs (Fario argenteus) hat nur eine einfache Reihe von Zähnen im Pflugschaarbeine, sieht auf dem Rücken eisengrün, an den Seiten und unten silberglänzend, an der Schwanzflosse grünlich und den

Silberlachs.

übrigen Flossen weiß aus. Zur Laichzeit werden diese Farben lebhafter, und sonst schwärzliche Flecke gehen nach der Laichzeit in rothe über. Aber dies alles sind keine bleibenden und zuverlässigen Unterschiede, da sie sich je nach dem Alter und dem Aufenthalte im Meere oder in den Flüssen auf- und abwärts ändern und mischen. Die Engländer scheinen diese Unterschiede gar nicht zu machen und bezeichnen die Meerlachse überhaupt je nach ihrem Alter als parrs, smolts, grilse und salms. Aus den Flüssen wandernd, bewohnen sie den ganzen nördlichen Ocean, die Nord- und Ostsee in größeren Tiefen und Felsenlöchern der Küsten, wo sie meist gute Nahrung finden, so daß sie stark und flink zur Laichzeit immer je wieder in denselben Flüssen aufsteigen, in denen sie geboren wurden. Mit beispielloser Schnelligkeit und Ausdauer, und selbst große Hindernisse überspringend, dringen sie in der Elbe und Moldau bis nach Böhmen, im Rhein bis zum Falle bei Schaffhausen, in der Limmat bis Zürich, in der Aar bis Thun und in der Saone bis in die Gegend von Freiburg herauf. Auf diesen großen Schnellzügen, besonders während der Nacht und am frühen Morgen, lauern ihnen unzählige Feinde und Netze auf, denen sie um so eher zum Opfer fallen, als sie von Leidenschaft blind, die männlichen hinter den weiblichen her, blos den einen Zweck verfolgen, weit oben in den Flüssen reinen Sand- und Kiesgrund für ihre Eier und deren Befruchtung aufzusuchen. Als erste Bedingung für künstliche Lachszucht ergiebt sich daher, den Wanderungen dieser Fische nicht durch Wuhren und Dämme unübersteiglichs Hindernisse entgegen zu setzen, sondern diese und starke Wasserfälle durch sogenannte Lachsleitern wegsam zu machen. Diese bestehen, abwechselnd von den entgegengesetzten Ufern her, aus etwas über das Wasser hervorragenden Brettern oder Stufen. Ferner muß man an den oberen Enden von Flüssen für künstliche flache Einbuchtungen mit möglichst reinem Kiesgrunde sorgen und die darin niedergelegte Brut möglichst vor ihren unzähligen Feinden zu schützen suchen. Das ist Gegenstand einer vernünftigen Gesetzgebung der Staaten, welche auch nach dem Muster anderer Länder durch Prämien das Selbstinteresse der verschiedenen Anwohner oder Pächter ermuthigen mögen. Da ferner die eigentliche Lachsernte ohne die geringste Schonung aus den stromaufwärts ziehenden Fischen erhoben wird, sollte überall, namentlich auf den eigentlichen Fangplätzen, just während des Zuges streng eine Schonungszeit festgesetzt werden, da bisher alle Fischer ohne die geringste Rücksicht auf die Zukunft und den nächsten Fischereipächter, unbarmherzig Alles herausholen, was sie mit immer größer werdenden Netzen nur irgend erwischen können. Am Lurlei singt die heidnische Heine'sche Nymphe nicht mehr die Fischer, wohl aber die Fische ins Verderben. Hier erwartet sie auf ihren Zügen mitten im Sommer und die ganze Nacht hindurch ein Wächter auf einem von Pfahlwerk aufgethürmten Gerüste, welcher ihre sicht- und hörbare Annäherung den unten lauernden Fischern und ihren Reusen und Stellnetzen verkündigt, so daß sie mit allen ihren Millionen von Eiern und ihrer befruchtenden Kraft massenweise gefangen und mit scharfen Haken oder Schöpfnetzen hervorgezogen werden. Und was hier oder anderswo entkommt, wird andern Fischern weiter oben zur Beute. Bei Straßburg, Laufenburg, in der Aar und Limmat befinden sich mörderische Anstalten dafür, und am Großartigsten wird der Fang auf den fünf Stationen Rotterdams betrieben. Die hier jährlich gefangenen etwa 200,000 Lachse lieferten einen Gewinn von mindesten 150,000 Thalern; doch hat sich auch hier Ernte und Ertrag bedeutend verringert, so daß alle diese Herren des Rheins und andere Lachsfischer in ihrem eigensten Interesse endlich auch säen lernen sollten, um zu ernten. Sie brauchen deshalb auch nicht zu warten, bis sie etwa der Militärstaat dazu zwingt, sondern sollten als Herren der großen, flüssigen Straßen sich verbinden, um sich gegenseitig in die Hände zu arbeiten. Mit etwas Einsicht in ihren eignen Vortheil wird ihnen das nicht schwer werden. Und da sich alle mögliche Klassen mit gemeinsamen Interessen durch Congresse und Associationen zu stärken und zu fördern suchen, sollten die Fischer diese Pflicht für ihre Selbsterhaltung am Wenigsten vernachlässigen. Die Lachse laichen, wie gesagt, an seichten, sandigen Stellen möglichst oben in den Flüssen. Mit dem Kopfe stromaufwärts höhlt das Weibchen durch zitternde Schwanzbewegungen mit dem Bauche eine kleine Vertiefung in den lockeren Grund und läßt die erbsengroßen, dunkelorangenen Eier hineinfallen, welche von unmittelbar daneben lauernden Männchen dann sofort befruchtet werden. Dies geschieht in größeren oder kleineren Zwischenräumen immer an verschiedenen Stellen, meist vor Auf- und kurz nach Untergang der Sonne. Da sie von diesem Liebeswerke ganz ausschließlich in Anspruch genommen werden und ohnehin mit dem bloßen Auge sichtbar sind, benutzen ruchlose Privaträuber diese Zeit sehr gern, um die väterlichen und mütterlichen Fische mit brutalen Zacken und Zinken herauszugabeln. Wir sind keine Freunde von grausamer Gerechtigkeit und Strafe, aber solche Versündigungen sollten ebenso wie Baum- und Waldfrevel so abschreckend gezüchtigt werden, daß es nicht so leicht Jemandem mehr einfällt, auf diese Weise Bestialität zu offenbaren. Ordentliche Belehrungen in den Schulen über vernünftige Behandlung der Natur würde freilich menschlicher und zweckmäßiger sein. Die eingebläuten Bibelsprüche und Gesangbuchsverse machen Gottes Wort zu einer Tortur, helfen nicht nur nichts, sondern schaden nur, wogegen etwas praktische Naturwissenschaft in jeder Dorf- und Bürgerschule nur Segen und Heil für jeden einzelnen und das ganze Volkswohl zur Folge haben kann.

Der Laich hat vom ersten Augenblicke an durch alle Entwickelungsstufen hindurch eine große Menge verderbliche Feinde, so daß er an den natürlichen Plätzen möglichst geschützt und geschont, aber besonders durch künstliche Zucht gefördert und während der schlimmsten und schutzlosesten Zeit in Kleinkinder-Bewahranstalten für die junge Brut gepflegt und genährt werden sollte, worüber wir in einem anderen Theile allgemein verständliche Auskunft geben. Der natürliche Laich liegt je nach der Temperatur des Wassers sechs bis zwölf Wochen, zuweilen noch länger, ehe die darin sich entwickelnden Lebenskeime Kraft zum Ausschlüpfen gewinnen. Während der ersten Zeit sehen die kaum mit bloßen Augen zu entdeckenden Fischlinge gar jämmerlich unbeholfen und kaum fischartig aus, liegen still am Boden, zehren aus dem ihnen von der Natur mitgegebenen Futtersacke und müssen sich nach Erschöpfung desselben erst nach und nach und mühsam Kraft und Geschicklichkeit anschaffen, um als Räuber ein eignes Geschäft anzufangen. Erst begnügen sie sich mit den kleinsten Würmern und Insecten, versuchen es dann gegen noch kleinere Fische und führen überhaupt ein kümmerliches Leben, bis sie im Meere sich durch Grundfische, besonders

Sandaale und karpfenartige Alben mästen und stärken können. Während ihrer Kindheit werden sie massenweise gefressen, und die überlebenden bringen es während ihres ersten Jahres meist nicht über vier bis fünf Zoll Länge und nur zur Hälfte bis zu dem für das Meerwasser unerläßlichen Schuppenpanzer. Nur mit diesem Costüm gewinnen sie Muth, ihre Reise ins Meer anzutreten. Die andere Hälfte derselben Brut muß unbepanzert noch ein Jahr warten, und dies ist noch eins von den bis jetzt unerklärten Geheimnissen in der Entwickelung des Lachses, wobei es besonders merkwürdig ist, daß nach genauen englischen Beobachtungen immer grade die Hälfte ein und derselben Brut als Parrs noch ein zweites Jahr zurückbleiben, während die andern plötzlich nach dem ersten Jahre, in bepanzerte Smolts verwandelt, begierig ihre Seereise antreten und, in Kunstteichen festgehalten, mit den tollsten Sprüngen zu entkommen suchen. Während ihrer langen Pilgerfahrt schießen sie immer durch dichte Schaaren von allerhand Feinden. Viele schlängeln sich in listig gesteckte Netze hinein oder beißen an die Angeln jugendlicher Privaträuber. Große Forellen, Hechte und andere Raubfische schlingen unersättlich in sie hinein, und die geringe Menge, welche sich bis in das Bereich des Meeres rettet, werden von allen möglichen begierigen Ungeheuern des Brack- und Salzwassers verfolgt und gefressen, Schwelmen und Huaten des Wassers, jungen Kohlenfischen, alten Lachsen, von See- und Sumpfvögeln. Und die, welche ihr Leben bis zur Reife für die erste Seereise retteten, sind bereits blos Ueberbleibsel aus einem furchtbaren Vernichtungskampfe, der sofort gegen die kaum gelegten Eier beginnt. Das laichende Weibchen ist schon während dieser Thätigkeit von einer Menge gieriger Fresser umgeben, hungrigen Hechten, schläfrigen Barschen, gierigen Forellen und sogar alten Lachsen, welche die Eier theils befruchten, theils vor Liebe auffressen. Von Außen fischen Sumpf- und Wasservögel nach den kostbaren Delikatessen des Laichs, die außerdem durch Schwellungen oder Ebben des Wassers weggeschwemmt oder aufs Trockene geworfen werden. Es ist daher kein Wunder, daß nach englischer Behauptung und Beobachtung aus je tausend Eiern nur ein einziges zu einem wirklichen Lachse wird. Was Wunder also, daß diese natürlichen Feinde in Verbindung mit den räuberischen Menschen unseren kostbarsten Fisch bis zu einer immer größeren Seltenheit ausgerottet haben! Um so größer und dringender wird die Aufforderung, die Lachseier in künstlichen Schutz zu nehmen und die aussterbenden Flüsse wieder mit neuer Fülle von köstlicher Nahrung und von hohem Gewinn für die Capitalisten zu beleben.

Das ungeheure Gebiet der Donau, an und aus welcher Millionen Menschen Wohlstand und Reichthum schaffen und genießen könnten, ist mit seinen Nebenflüssen der Tummelplatz des eigenthümlichen Huchen-Lachses (Salmo hucho), eines walzenförmig gestreckten, langköpfigen

Fisches mit tief ausgeschnittener Schwanzflosse, mit dunklen Querbinden in der Jugend und dünnen, schwarzen Fleckchen an Rücken und Seiten, die später in einfaches Schwarzgrau und unten in ein helles Silberweiß übergehen. Zum Laichen wandert er im April und Mai aus dem schwarzen Meere weit stromaufwärts und legt seine Eier in besonders tiefe Gruben. Er wächst sehr schnell, bleibt aber immer schlank und liefert ein feines Fleisch, obgleich dies weniger geschätzt wird, als das vom eigentlichen Lachse und dem Ritter. Er liebt besonders Weißfische, so daß er leicht mit künstlichen Silberfischen an der Angel gefangen wird. Für künstliche Zucht eignet er sich ganz vorzüglich, da er schneller wächst als alle anderen Arten. Dies gilt allerdings noch mehr von den See-Lachsen oder Lachs-Forellen, da sie sich auf süße Wässer beschränken, also immer im Bereiche menschlicher Pflege bleiben und die reichlichste und schmackhafteste Nahrung liefern. Sie leben meist in großer Tiefe und kommen blos manchmal herauf, um nach kleinen Fischen und Insecten zu jagen. Man fängt sie deshalb theils mit Grund-, theils mit zusammengesetzten Fliegenangeln. Letztere besteht aus einem an der einen Kante beschwerten länglichen Brettchen, so daß es senkrecht im Wasser schwimmt. An einer daran befestigten langen Leine, die mit dem einen Ende an einer aufrecht stehenden Stange eines Ruderbootes angeknüpft ist, bringt man von Klafter zu Klafter senkrechte Angelfäden mit künstlichen Fliegen an, rudert oder segelt nun auf dem See, so daß sich das Brett um so weiter von dem Boote entfernt, je schneller es läuft. Dadurch spannt sich die Leine, und die künstlichen Fliegen tanzen auf dem Wasser weit entfernt vom Boote, so daß die angelockten Fische von den Ruderschlägen nicht gescheucht werden und gierig nach der trügerischen Beute schnappen. Zur Laichzeit dringen sie in die Bäche und Flüsse der Seen ein oder suchen sich an diesen selbst seichte, sandige und kiesige Stellen. Dies geschieht im Spätherbst oder Winter, während welcher Zeit sie in Reusen oder Stellnetzen gefangen werden. Man unterscheidet, aber nur sehr unsicher und willkürlich, durch Namen eine Menge Arten, die sich aber für praktische Zwecke auf zwei zurückführen lassen.

Die See-, Lachs- oder Grundforelle (Salmo trutta oder lemanus, französisch: Truite saumonée, englisch: Salmon trout, in der Schweiz u. s. w. Grundfohre, Rheinlanke, Illanke u. s. w.) findet sich fast in allen Schweizer Seen, namentlich Boden- und Genfer See als kostbarer Schatz von manchmal vierzig bis fünfzig Pfund Schwere. Ein etwas plumper, auf dem Rücken dunkelgrüner oder schieferblauer, an den Seiten silberweißer, schwarz und dunkelbraun getupfter Fisch von gedrungener Gestalt und fast gradlinig abgeschnittener Schwanzflosse, mit hakenförmig aufgebogenem Unterkiefer bei den Männchen und bald goldgelbem, bald vollkommen weißem

Fleische. Die Grundforellen des Genfer Sees zeichnen sich durch Dicke und Kürze, und wenn sie aus der Arve kommen durch dunkle Färbung aus. Vom October an steigen sie zum Laichen in der Rhone, Arve, Jll, Aar und kleinen Nebenflüssen des Genfer- und Bodensees, so wie im Rhein aufwärts und kehren im November und December zurück, wobei sie in der Rhone, besonders in Genf, massenweise gefangen werden.

Der geschätzteste Aristokrat unter diesen Forellen ist der Cavalier oder Ritter mit einer Menge von verschiedenen Namen, von denen wir bloß die gelehrten Salmo umbla oder salvelinus, den französischen l'Ombre chevalier, den englischen Char oder Charr und die deutschen Röthell, Salbling, Salmarin, Schwarzreutrrl und Alpenforelle anführen wollen. Er beschränkt sich fast ausschließlich auf Seen, setzt meist nur zehn Pfund, aber sehr delikates Fleisch an, wird dabei gelblich silberig, auf dem Rücken dunkler, auf der unteren Seite des Bauches ganz tiefgelb bis

Der Ritter.

schwärzlich mit verwaschenen Flecken und marmorirten Zeichnungen. Der Kopf ist kleiner, der Körper gerundeter, Zähne und Mundspalte weit kleiner, als bei den Lachsen und Gruntforellen. Während der Jugend kann er sich der verschiedensten und sehr abweichenden Färbungen rühmen, welche durch alle mögliche Tinten von Olivengrün, Gelborange, Dunkelroth, Silberweiß und Schwärzlich hindurchspielen. Er laicht vom December bis Februar an seichten Uferstellen, verdankt sein äußerst zartes, fettes Fleisch meist kleinen Weißfischen und Fölchen, wohl auch seiner gemüthlichen Trägheit und wird in den Seen der Schweiz, Bayerns und Tyrols meist nur mit Netzen, sehr selten mit der Angel gefangen.

Der gemeinste, aber im Binnenlande der Deutschen immer nur als seltene Delikatesse theuer bezahlte Fisch des Forellengeschlechts ist die gewöhnliche Bachforelle (Salmo fario, truite des ruisseaux, Common trout) aller klaren Gebirgs- und Waldbäche, mit dichten Zähnen in der Mitte des Pflugscharbeines und mit einem unendlichen Farbenspiel auf dem beschuppten Körper und besonders charakteristischen rothen Flecken innerhalb hellerer oder dunklerer Ringe, die unter Umständen beinahe wie eben so viele Augen aussehen. Die Bachforellen, sowohl die lang- als kurzköpfigen, empfehlen sich ebenfalls für reichlich lohnende künstliche Züchtung, da sie dann leicht bis zehn Pfund schwer werden, während sie, der Natur überlassen, schon als Zweipfünder für guten Fang gelten. Sie sind leicht mit allen möglichen Wasserinsecten und kleinen werthlosen Weißfischen in klarem, reinem Quellwasser zu mästen. In schlammigen Bächen, Seen und Tümpeln gedeihen sie nicht. Reinheit und Frische lebhaft fließenden Berg- und Quellwassers ist die Hauptbedingung für das Gedeihen ihres weißen, würzigen, zarten Fleisches, welches desto gelblicher und unappetitlicher wird, je ungeeigneter das Element ihres Gedeihens fließt. Sie laichen vom October bis December ebenfalls an seichten kiesigen Stellen der Flüsse in flache Vertiefungen.

Bach- und Lachsforellen lassen sich auch für große Märkte selbst in den Sandebenen Berlins in künstlich gegrabenen Quellenflüssen mit sicherer

Die Bachforelle.

Aussicht auf hohen Gewinn züchten und mästen. Der ideale Anfang dazu war bereits gemacht, als wir diese Zeilen schrieben, und wir sind überzeugt, daß die erste glücklich gegrabene und bevölkerte Quelle eine große Menge andere selbst aus diesem nüchternen Sande hervorzaubern und mit der Zeit auch gewöhnlichen Berliner Bürgern mindestens für Sonn- und Festtage ein Gericht Forellen auf den Tisch liefern wird.

Die wahre paradiesische Heimath für das „Wildpret des Wassers" sind die schottischen Flüsse Tay, Tweed, Spey und Esk. Ersterer bedeckt in einer Länge von hundertundfünfzig Meilen einen Raum von 2250 englischen Geviertmeilen und bewegt im Durchschnitt über 3600 Cubikfuß Wasser in der Secunde an jeder Stelle seines mittleren Laufes. Seine vielen Nebenflüsse bilden vortreffliche Asyle für Laichung und junge Brut. Mit der berühmten künstlichen Zuchtanstalt zu Stormontfield haben die aristokratischen Eigenthümer der Fischerei den Ertrag der jährlichen Pacht von diesem Könige der schottischen Flüsse von etwa hundertundzwanzigtausend Thaler jährlich bereits auf mehr als hundertundfunfzigtausend gesteigert und können damit wahrscheinlich noch lange fortfahren, ein Beweis, welchen Ertrag die Ernten aus dem Wasser bei guter Aussaat und Bewirthschaftung zu gewähren vermögen.

Noch reicher ist der Spey-Fluß, in dessen schnelle klare Wogen die Lachse und deren Verwandte mit besonderer Lust und Liebe hinaufschießen. Eine einzige Fischerei-Station zahlte bisher jährlich 70 – 80,000 Thaler. Er nimmt zur raschesten Beförderung in das Meer die Gewässer von dreizehnhundert englischen Meilen Gebirgsland auf und ist unter der Bewirthschaftung des Herzogs von Richmond bis jetzt eine der reichsten und ergiebigsten Lachsquellen geblieben. Die Fischer der Tweed bezahlten früher den Eigenthümern etwa 130,000 Thaler Pacht jährlich, doch fiel die Summe bis unter ein Fünftel und die Zahl der jährlich gefangenen Fische von 40,000 auf 4,000.

Hier darf auch der Lachsfang in Wales nicht unerwähnt bleiben. Die Gälen sprechen, leben und fischen hier zwischen ihren malerischen Gebirgen noch eben so, wie zu Cäsars Zeiten. Die Lachse von Wales, besonders aus den Flüssen Severn, Dee und Conway gehören zu den theuersten und schmackhaftesten in ganz England, besonders wenn sie nach den Recepten der Fischweiber von Wales zubereitet, auf die Festtafeln der Lords, Bischöfe und Bankiers kommen. Außerdem glänzt noch mancher dunkle See, Bergstrom und auf schneeigen Gebirgsspitzen geborne Teich von silbernen Blitzen gewaltiger Fische, bis sie dem wuchtigen Speere zum Opfer fallen. Der malerischste Lachsjagd-Kampfplatz streckt sich am Deeflusse an den Wasserfällen von Yrbistock in Flintshire. Hier eilt die wilde Deva (jetzt Dee) wie eine wild gewordene Nymphe zwischen schauerlichen Felsengestalten an einen Abgrund und stürzt sich, schäumend und in weißem Gischt, donnernd hinunter in eine tiefe, schwarze Wassermasse. Wie polirt-silbern glänzen die elastischen Lachse aus der dunklen Klarheit des Gebirgswassers hervor. Kein malerischeres, närrischeres Schauspiel, als die einzelnen „droves" oder Heerden stromaufwärts mit dem wüthenden Wasserfalle kämpfen zu sehen. Sie drängen sich dicht heran und suchen die Stromschnelle mit ihren breiten, muskulösen Schweifen zu hemmen, sich überstürzend und über einander wegpurzelnd, weil jeder der erste sein will. Wie sie aufspringen in wilden und wildesten Sätzen, immer wieder hinabstürzend, um immer tollkühner dieselben Muthsprünge zu versuchen! Das klatscht und plätschert und planscht und glitzert in der Luft, wie eine silberne, lebendige Fontaine von Fischen aus dem Wasserfall empor und flatschert und buttert das Wasser unten zu milchweißem Schaum, bis es endlich einem nach dem andern gelingt, sich hinauf zu schleudern und durch blitzschnelle, mächtige Ruderkunststücke in der reißenden Stromschnelle weiter aufwärts zu schieben. Aber ehe das gelingt und überwunden ist! Wie eine Bande von Luftspringern in glänzenden Rüstungen und im engsten fleischfarbenen Tricot schleudern sie sich in die Luft, sich mehrfach überschlagend, um so lange immer wieder herunter zu stürzen, bis sie, immer elastischer und wüthender ansetzend, sich höher und höher schleudernd, endlich oben funfzig, sechszig Fuß vom Falle ausruhen und die Nachzügler abwarten. Hier aber lauert der mit bärtigem Speer bewaffnete Feind und spießt sie mit dem sicheren Stoße seiner geübten Hand. Dieses Lachsangeln ist die eigentliche Leidenschaft und heroische Kunst der männlichen Jugend von Wales, die, obgleich meist in englischen Kohlen- und Eisenminen beschäftigt, sich freie halbe Tage mit Abzug von ihrem Lohne zu erkaufen weiß, bloß um sich auf der Erde in Gefahren zu begeben, denen sie unten nicht ausgesetzt sind. Sie angeln hier Lachse in ihren „Coracles", eben solchen, wie sie Cäsar sah.

Der Fremde wird an den Ufern der Deva und den Wasserfällen von Orbistock über Vieles erstaunen, aber nichts mehr, als die am Ufer wandelnden, weißen Riesenmuscheln, unter denen das sich neugierig schärfende Auge zunächst ein paar menschliche Beine entdeckt. Die Muschel thut sich auf und enthüllt einen Menschen unter dem Hute, der ganz mit Fliegen und Fäsern besteckt ist. Diese und mächtige Angelwerkzeuge verrathen, was er will. Wozu aber die große Austernschale von Leinwand? Das ist sein Coracle, sein Kahn, noch dasselbe Fahrzeug, über welches die Phönizier und später die alten Römer staunten. Ein Gestell, früher Korbgeflecht, jetzt meist Gitterwerk von Eschen- oder Weidenholz in rundlicher Korbform, wird mit wasserdichter Leinwand überzogen, und das Coracle ist fertig. Der ächte welsche Angler balancirt darin spielend auf Wassern umher, die kein anderer Wasserverständiger ungestraft mit dem vollkommensten Boote befahren würde. Es ist schon eine Kunst, das Coracle auf's Wasser zu werfen und hineinzutreten. Wer das nicht genau versteht, kippt sofort um und stülpt sich den Leinwandkahn auf den Kopf, als sollte er zum Sargdeckel werden. Es gilt, die feinste Balancir-Kunst auf gespanntem Seile zwischen Felsenzacken und wüthenden Wassern zu üben. So wie der Künstler richtig in seinen Wasserschuh getreten ist, lauert er nieder und schiebt sich mit seinem Ruder hinaus auf dem tückischen Flusse. Es ist unerklärlich, wie diese Weißchnen in ihren Nußschalen, siegreich mit den Wogen kämpfend, in einer unaussprechlichen Sprache dazu singend, gewaltige Lachse aus der Tiefe holen. Da wo der kühne donnernde Bogen der Caskade den lockenden, weißen Schaum unten berührt, Blasen auf Blasen prismatisch vielfarbig in das Sonnenlicht aufspritzen, unzählige kleinere Wasserfälle durch Felsenritzen zischen und an deren Kanten zerschellen — hier in tiefer Hölle von tobenden Wassern angelt der moderne Kymre noch ebenso furchtlos und sicher, wie vor den staunenden Augen der alten

Phönizier, lange vor Christi Geburt, seine Lachse. Wie leicht und gleichsam ohne körperliche Schwere sie in ihren Nußschalen auf den rollenden Wogen hinschießen! Nur mit der linken Hand rudern, steuern und balanciren sie, während die rechte mit der langen, wuchtigen Angelruthe, spielt und die Köderfliege bald hier, bald da in die siebente Wassermasse wirft. Welch ein Leben, wenn ein gehakter „Monarch des Wassers" in Wuth und Schmerz unten durch die Wasser peitscht und den Feind oben mit seiner Nußschale zwischen Felsenzacken hin und her, auf und ab über der dunklen, tückischen Tiefe mit sich zieht! Uneingeweihte Zuschauer zittern für sein Leben, aber er balancirt und diplomatisirt kaltblütig manchmal stundenlang fort, bis er fühlt, daß sich sein Opfer erschöpft habe. Dann müssen die Zähne den gewaltigen Angelstock balanciren, während er mit der rechten Hand die Schnur allmälig aufrollt und den Fisch so nahe bringt, daß er ihm mit dem Handspeere den letzten Gnadenstoß versetzen kann. Das in den letzten Zügen zappelnde Ungethüm wird nun an's Tageslicht und Ufer gebracht, wo Zuschauer beiderlei Geschlechts, oft unkenntlich in Flanell gewickelt, den sie von der Bleiche holten, dem Helden ihr Lob spenden und den Fisch taxiren. Sie wissen freilich nicht, wie hoch er vielleicht schon am nächsten Tage von der mit Eis gekühlten Marmorplatte des Fischhändlers im Westende von London weggelauft wird. Der Held, der sein Leben wagte, bekommt nicht ein Drittel davon, ist aber vollkommen damit zufrieden, und wagt es, während der nächsten Freistunden für denselben Preis wieder, der vielleicht auch durch den Beifall einer angebeteten Flanellbleicherin erhöht wird. Unweit davon steht nicht selten im charakteristischen Gegensatze zu dem Welshman ein langbeiniger Engländer in vulkanisirten Gummiwasserstiefeln bis an seine Uhrtasche herauf im reißenden Strome und hält mit beiden Händen eine 22 Fuß lange beste Alvred'sche Lachsangelruthe in das tobende Gefälle und hofft, daß er endlich für seine schweren Auslagen — Angelapparat 50—60 Thaler, Silesein auch nicht billig — und seine lebensgefährliche Ausdauer durch einen Biß belohnt werde. Vergebens. Er begiebt sich endlich, erschöpft an Kraft und Hoffnung, auf's Trockne und kauft sich von einem Coracle-Mann seinen Lachs. Viele Oxford- und Cambridge-Studenten versuchen es nicht selten auch in Coracles, stürzen und kommen dabei aber immer um, wenn sie nicht von einem ächten Nachkommen der Unterthanen des ritterlichen und dichterischen Königs Hoël Dhy gerettet werden. Nur nach zweijähriger Lehrzeit und mehr oder weniger zahlreichen Wassertaufen kann und darf es ein Engländer wagen, sich dem Coracle anzuvertrauen. Die Welshleute essen auch viele Lachse selber, aber besser, als der reichste Lucullus oder Crösus mit dem besten französischen Koche. Ihre Zubereitungsart ist seit Jahrtausenden ein Geheimniß geblieben und kann in England nur von Köchinnen ausgeführt werden, welche zu Hause ihren nationalen schwarzen Mannshut, die blaue Jacke, seltsam geflochtene Haare und große Ohrringe trugen.

Die Lachszufuhr aus den Flüssen von Wales nach London hat neuerdings sehr abgenommen und man sucht sie möglichst durch Rheinlachse von Rotterdam zu ersetzen. Erst in Folge energischer Gesetzgebung, wodurch Grund- und Stecknetze vollständig verbannt, bestimmte Schonungszeiten eingeführt, das Recht des Angelns nur gegen hohe Vergütigung erlaubt und der Fang und Verkauf unreifer Fische ganz unterdrückt wurden, hat sich der Ertrag der schottischen und englischen Lachsflüsse wieder bedeutend gehoben. Die wohlthätigen Folgen einer erst neuerdings praktisch gewordenen Gesetzgebung können nur allmälig sichtbar werden, und ohne künstliche Brut- und Zuchtanstalten wird der alte Reichthum sich wohl nie wieder einfinden. Die neuesten Bestimmungen der vervollkommneten Lachsgesetze gehen besonders darauf aus, Fischerei-Inspectoren mit gehöriger Macht und Hilfe und guten Einnahmen zu versorgen, alle Concessionen für Benutzung der Lachsflüsse mit Angeln und nur bestimmte Arten von Netzen gehörig zu controliren, Conservatoren an einzelnen Punkten anzustellen, und alle festen Netze und sonstige Fanginstrumente durch ganz Großbritannien hindurch unter strenger Aufsicht zu halten und alle Uebertretungsfälle mit besonderer Strenge zu bestrafen. Die unabsehbare Parlamentsgesetzgebung zum Schutze der Lachse soll reich an Unsinn sein, und wir wissen nicht, ob die neuesten Bestimmungen, die sich noch immer mehren, Muster von Weisheit und praktischem Nutzen seien; aber jedenfalls ist es nachahmungswerth, ganze Länder und Flußgebiete in ihrer rationellen Bewirthschaftung durch strenge, klare Gesetze, vielleicht noch erfolgreicher durch Prämien auf künstliche Zucht, zu schützen und zu fördern.

Verwandte der Salmoniden sind die Aeschen (Thymallus vexillifer, ombre, Grayling) auch Gräslinge, Sprenz- oder Mallinge genannt, weil sie etwa eben so aussehen und hinter der weiten Rückenflosse noch die kleine charakteristische Fettflosse besitzen. Doch haben sie ein kleineres, vorn abgestutztes Maul mit feinen Kegelzähnen, einen langgestreckten Körper mit besonders hoher Rückenflosse und einer halbmondförmig eingeschnittenen Schwanzflosse. Sie sehen auf dem Rücken dunkelgraugrün, an den Seiten silberglänzend, grauliniirt und zuweilen schwarz betupft aus. Man findet sie in fast allen Flüssen und Seen von Central-Europa. Sie leben von kleinen Wasserthierchen, Insectenlarven, Würmern, Schnecken, Weichthieren, Krebsen und fliegenden Insecten, sind also nicht nur nicht schädlich in Teichen und Seen, sondern verhältnißmäßig nützlich. Die Laichzeit fällt in den April und Mai an seichte Uferstellen. Man fängt sie meist während des Winters mit Wurfnetzen, die auf dem Boden hingeschleppt werden, besonders am Thuner See, in der Aar, in der Nähe von Genf, in der

Rhone und dem Flüßchen Venton. Sie werden höchstens drei Pfund schwer und ihr Fleisch gilt für eben so fein, als das der Forellen. Von den kostbareren maritimen Namensschwestern, den Meer-Aeschen, haben wir an einem andern Orte Gelegenheit zu sprechen. Den Forellen ebenfalls ähnlich sind die Coregonus-Arten, die Balchen oder Fölchen mit zahnlosem kleinen Maule und großen Schuppen, fleckenloser einförmiger Färbung, die nur hier und da auf dem Rücken in dunkelaschgrauen, blauen oder grünen Tinten spielt, und Anlaß zu sehr verwirrenden Unterscheidungen und Namen giebt. Sie leben wesentlich von Weichthieren und Insectenlarven, die sie von Wasserpflanzen gleichsam ablecken, widerstehen jeder Verführung am Angelhaken, werden deshalb nur mit Netzen gefangen, denen sie um so eher zum Opfer fallen, als sie meist in großen Schaaren zusammenleben und namentlich des Nachts mit Geräusch auf der Oberfläche hinschwimmen und dabei im Winter theils

Die Aesche.

in mannstiefem Wasser, theils an ganz seichten Stellen paarweise laichen. Männchen und Weibchen schnellen sich dabei gegen einander gekehrt über das Wasser empor, wobei sie sich der Milch und des Rogens entledigen, so daß auf diese Weise die Befruchtung vermittelt wird. Durch ihr zahnloses Maul und die einfache Färbung erinnern sie an karpfenartige Weißfische; die hintere Fettflosse aber haben sie mit den Lachsarten gemein. Wegen ihrer Massenhaftigkeit in manchen Seen und ihres großen Nahrungswerthes kann man sie Heringe des süßen Wassers nennen. Sie werden zuweilen eben so massenweise in der Tiefe mit Stellnetzen und während der Laichzeit im Winter an den Ufern mit schwimmenden Schleppnetzen gefangen und wie Heringe geräuchert oder eingesalzen. Ihr frisches Fleisch ist immer weiß, aber etwas trockener, als das der Forellen, schmeckt aber sonst vortrefflich. Weil um den Bodensee herum bilden sie einen bedeutenden Handelsgegenstand und werden, gesalzen oder geräuchert, besonders gern zum Bier verzehrt. Dies gilt hauptsächlich von dem sogenannten, sonst vielnamigen Gangfische, dem Lavaret (Coregonus lavaretus) der

Seen von Bourget, Genf und Neuenburg, der nach Vogt mit dem Palée blanche des Neuenburger Sees, dem Heuerling, Seelen, Stüben, Gangfisch, Halbfölch, Renken, Drewer und Blaufölchen des Bodensees, dem Balchen des Zuger und Vierwaldstätter Sees, dem Kalbock des Thuner

Der Gangfisch.

und Brienzer Sees, dem Edelfisch des Vierwaldstätter Sees und der Renke der oberbaierischen Seen der Art nach ein und derselbe Fisch sein soll. Hauptsächlich nur durch Größe unterscheidet sich davon die Fera (Coregonus fera) des Genfer, das Weißfölchen oder der Sandgangfisch des Boden-, der Bläuling oder Bratfisch des Züricher und die Bodenrenke des Starenberger Sees.

Als besondere Arten gelten die Gravenche (Coregonus hiemalis) des Genfer Sees, der in den Tiefen des Bodensees lebende Klich oder das Kropffölchen, dessen Schwimmblase beim Aufsteigen aus der Tiefe anschwillt und so eine Art von Kropf bildet, so wie endlich die Palée

Die Maräne.

des Neuenburger Sees. Die Unterschiede sind aber nur sehr unwesentlicher Art und haben für praktische Zwecke und den Gaumen wenig Bedeutung; nur erreichen sie sehr verschiedene Stufen von Größe und Gewicht. So wird z. B. der Klich höchstens einen Fuß lang und ein Pfund schwer, während die Feras und Palées doppelt so lang und dreipfündig werden.

Lavaret und Grabenche bringen es höchstens bis zu fünfzehn Zoll Länge und zwei Pfund Schwere. Dagegen können die verwandten Maränen des Madui- und anderer Pommerscher Seen die Riesen ihres Geschlechts genannt werden, da sie bei vier Schuh Länge nicht selten zehn Pfund Gewicht erreichen. Sie empfehlen sich deshalb nicht nur zu künstlicher Pflege, sondern auch zur Verpflanzung in andere Seen Pommerns, West- und Ostpreußens.

In dem Capitel: „Künstliche Laichung und Fischzucht" ist den Lachsen noch besondere Beachtung zu Theil geworden.

Weißfische. (Karpfen.)

Unter dem Titel Weißfische kann man nicht nur Laien, sondern auch Gelehrten sehr viel weißmachen, da die Grenzen dieses Begriffs ganz unbestimmt und verworren sind, namentlich wenn man sich durch den englischen Ausdruck über Tausende von Meilen der Nordsee verirren läßt. Die Engländer nennen alle Stockfisch- und Plattfischarten Weißfische, während wir den Ausdruck auf die karpfenartigen Bewohner süßer Gewässer beschränken. Halten wir uns also zunächst an unsere Weißfische oder Karpfen, deren verschiedene Arten unter dem gelehrten Namen Cyprinida zusammengefaßt werden. Sie unterscheiden sich von allen übrigen beschuppten Geschöpfen durch ihr sprüchwörtlich gewordenes Karpfenmaul, die kleine, durchaus zahnlose Mundspalte, deren Rand nur von dem Zwischenkiefer gebildet wird, über welchem der Oberkiefer das sogenannte Schnurrbartbein bildet. Der Körper ist meist hochgewölbt und platt, der Kopf klein und die Schuppen zeichnen sich bald durch ungewöhnliche Größe, theils durch merkwürdige, unscheinbare Kleinheit aus. Sie haben immer blos eine Rückenflosse und nie eine Spur der lachsigen Fettflosse. Die Cypriniden gehören zu den beliebtesten und billigsten Fischen unserer Zone, leben meist von Pflanzen und Würmern und verschmähen selbst verfaulende Pflanzenstoffe und Mist nicht, um sich für uns zu mästen, so daß sie in allen teichreichen Gegenden Deutschlands, wenn nicht mit Madeirasauce, so doch in Bier ein beliebtes wohlfeiles Volksgericht bilden könnten, während wir zur Strafe für jahrelange unverantwortliche Nachlässigkeit das Karpfengericht meist auf den Weihnachts- oder Sylvesterabend beschränkt sehen. Nur wohlhabendere Familien und theure Restaurants können es wagen, dann und wann dem Luxus eines Karpfengerichts zu huldigen. Mögen deshalb wenigstens jetzt endlich alle Teichbesitzer und Fischer das ihrige dazu beitragen, durch Ein- und Durchführung ordentlicher Teichwirthschaft einen der beliebtesten deutschen Fische wieder wohlfeil und volksthümlich zu machen.

Wir geben dazu hernach in möglichst kurzer und klarer Weise Anregung und Lehre.

Zu den Karpfenarten gehören zahlreiche Gattungen von Weißfischen, namentlich alle Schmerlen, Barben und Schleien.

Der gemeine Karpfen (Cyprinus carpio), über ganz Mitteleuropa verbreitet, hat in der langen Rückenflosse drei stachelige Strahlen und an der Schnauze sein bekanntes Bärtchen, einen dicken, breitgedrückten Körper und große, starke Schuppen, die nur meist auf dem Kopfe fehlen, bei dem Spiegelkarpfen aber eine Reihe sehr großer Schuppen längs des Rückens und eine andere längs der Seitenlinie bilden, während der übrige Körper mit Ausnahme des Bauches eine lederne Nacktheit zeigt. Unser gewöhnlicher Karpfen liebt ruhige Gewässer mit schlammigem Grunde und gutem Pflanzenwuchse. Findet er darin gehörige Nahrung und Bequemlichkeit, kann er

Der Karpfen.

es mit der Zeit auf fünf Fuß Länge und siebzig Pfund Gewicht bringen. Freilich sind bei uns schon Zwanzigpfünder zu Wunderthieren geworden. Die Laichzeit fällt im Mai und Juni zwischen Wasserpflanzen, an welche sich die Eier in Klumpen ansetzen, um nach drei bis vier Wochen lebendig zu werden und bei guter Nahrung im Laufe eines Jahres die Länge von acht Zoll zu erreichen. Später nimmt sich der Karpfen mehr Zeit zum Wachsen, da er sehr alt wird und es sogar auf Jahrhunderte in seinem Leben bringen soll. Das sogenannte Moos auf dem Kopfe ist aber kein Zeichen des Alters, sondern ein Schmarotzerpilz auf kranken Fischen, die denn auch in der Regel bald davon sterben. Im Uebrigen ist er sehr zäh und stirbt noch lange nicht, wenn andere Fische neben ihm in Kübel gepackt, aus Mangel an Lebensluft im Wasser alle erstickt sind. Er soll es sogar Wochen lang zwischen feuchtem Moose im Keller aushalten und dadurch nicht das Leben, sondern nur den Sumpfgeschmack verlieren, wovon man ihn aber viel praktischer befreit, wenn man ihn vor dem Ende längere

Zeit in fließendem Wasser noch recht hübsch mästet. Dies kann grade bei ihm auf die wohlfeilste Weise geschehen, da er allerhand unnütze und sogar schädliche Stoffe, Insectenlarven, Würmer, frische und modernde Pflanzen zu Nahrung für die Menschen veredelt und allerhand Abfälle der Landwirthschaft, sogar Mist und Jauche durch Entwickelung von Ungeziefer sich für ihn in Nahrung verwandeln.

Ein tüchtiger Vetter des Karpfens ist die Karausche (Cyprinus carassius der Ichthyologen), bei den Franzosen Carassin und bei den Engländern Crucian — oder Prussian carp, preußischer Karpfen genannt, bei uns auch Keratsche, Gareißel, Garretfisch u. s. w., bartlos und durch den kürzeren, gedrungenen Körper mit eingeschnittener Schwanzflosse sehr leicht erkennbar. Er ist vorzugsweise ein Preuße, besonders Pommer, liebt schlammige Gewässer mit Lehmgrund und liefert für ihm gespendete Erbsen,

Die Karausche.

Brotabfälle, Oelkuchen, Schafmist u. s. w. ein ganz respectables, wenn auch nicht eigentlich fettes Karpfenfleisch.

Doch ist er immer noch der grünlich-gelblichen, schleimigen Schleie (Tinca vulgaris, Tanche, Tench) vorzuziehen; sie hat sehr kleine feine Schuppen und zwei kurze Bärtel an den Maulwinkeln, lebt und liebt eben so wie andere Karpfenarten und wird von vier bis sieben Pfund schwer. Im Winter schläft sie erstarrt im Schlamme. Das schleimige, weiche Fleisch schmeckt ganz gut, namentlich wenn der Fisch eine Zeit lang in reinem, fließenden Wasser einen Läuterungsproceß durchgemacht hat. Er ist für schlammige Tümpel mit Lehmboden, die für alle anderen Fische zu schlecht sind, ein sehr lohnender Besatzfisch.

Dagegen eignet sich die mit sechs kleinen Schnurrbärten versehene, kaum fingerlange, schlanke, gelb und braungefleckte Grundel oder Schmerle (Cobitis barbatula, Loach, Beardie, Loche franche) wegen ihres vortrefflichen zarten Fleisches ganz vorzüglich zur lohnendsten Anzucht in allen kleinen fließenden Rinnen und Rieseln, Quellen und Bächen, die für andere Fische zu klein sind, so daß nicht der geringste lebendige Wasserstreifen unbewirthschaftet und ohne Ernte-Ertrag zu fließen braucht. Dasselbe gilt mehr oder weniger von allen andern karpfenartigen Weißfischen, die wir dem Angler genannt haben, nur daß sie theils ruhige, schlammige Teiche, theils größere Flüsse ähnlicher Art lieben. Alle sind Pflanzen- und Abfallfresser, kosten daher wenig oder gar nichts und liefern, wenn auch nicht für uns selbst mit ihrem trockenen grätigen Fleische, so doch für die werthvolleren Fische, die wir gern essen, eine sehr dankbare Nahrung. Deshalb sind sie als Futterfische sehr zur Zucht und Pflege zu empfehlen, namentlich für junge Lachse und sonstige werthvolle Raubfische. Alle laichen im Frühjahr und Sommer eine ziemliche Menge von Eiern, die sich sehr schnell entwickeln und gutes Fischfutter werden. Von allen diesen Schmerlen, Grundeln, Barben, Döbels, Nasen, Plötzen,

Die Grundel.

Järten und Zopen, Blinken und Brachsen und wie sie sonst weiter heißen, verdienen besonders die Alben (Cobitis alburnus) empfohlen zu werden.

Auch der Gründling (Gobio fluviatilis, Goujon der Franzosen, englisch Gudgeon), Bachkresse, Grässling u. f. w., Bewohner aller süßen Gewässer im Norden der Alpen, ist nicht nur als Futter für Forellen, Hechte und Zander, sondern auch für uns Menschen schätzenswerth. Er hat ein sehr zähes Leben und eignet sich deshalb auch für Köder an Grundangeln.

Um aus dem süßen in das Salzwasser und dessen reichere, schmackhaftere Schätze zu kommen, lassen wir uns von der Familie der Barsche (Percidа), die eigentlich dem Meere angehören, aber sehr geschätzte Vertreter in fast allen europäischen Süßwassern haben, allmälig hinüberleiten. Es sind raube, stachlige, gefräßige Raubritter. Die beiden starken Rückenflossen stehen wie Bajonette einer marschirenden Compagnie rückwärts empor. Auch der Vorder- und Kiemendeckel sind hinten gezähnelt, oft tüchtig bestachelt. Die meist weite Mundspalte, Kiefern, vorderes Pflugschaarbein und Gaumenbeine bilden wenn nicht Hecheln, so doch starke Bürstenzähne, zuweilen mit noch ganz besonderen Fängen. Auch die Schuppen sind am hinteren Rande rauh und stachlich und haben oft sogar Ansätze von Zähnen, so daß der barsche Räuber nach allen Seiten Respect einflößt und sich daher auch ohne Bedenken in der Nähe großer Hechte auf die Lauer legen kann. Die eigentlichen Barsche haben spindelförmige, an den Seiten etwas zusammengedrückte Körper, meist sieben Strahlen in der Kiemenhaut und theils einfache, halbstachelige, theils doppelte Rückenflossen und weichstrahlige Bauchflossen. Unter ihnen am bekanntesten und geschätztesten in süßen Gewässern ist der gemeine Flußbarsch (Perca fluviatilis, Schaub oder Egli, bei den Engländern Perch), von Italien bis Schweden, von Spanien bis Sibirien zu Hause. Er wird bis zwei Fuß lang und bis vier Pfund schwer, ist in seiner Blüthe dunkelbraungrün auf dem Rücken, an den Seiten silber- und goldschimmerig, an den Flossen rothgelb, auf der stacheligen, vorderen Rückenflosse mit einem schwarzen Flecken versehen,

Der Barsch.

und von dem Rücken herab mit sechs bis sieben nach dem Bauche zu verschwindenden dunklen Querbändern. Er liebt es, zwei, drei Fuß unter der Oberfläche gefräßig umherzustoßen und alle Würmer, Insecten, kleine Krebse und Fische, die er erwischen kann, zu verschlingen. Deshalb geht er auch leicht an die Angel und in das Netz, besonders während seiner geselligen Jugend. Er laicht, etwa sechs Zoll lang, vom dritten Jahre an im April und Mai gern in schilfige Gründe, wo sich das Weibchen reiben und die Eier als kleine Häufchen ankleben kann. Aus ihnen schlüpfen die Jungen nach drei, vier Wochen. Das derbe, weiße, schmackhafte Fleisch des Barsches hat nur den Nachtheil vieler Gräten.

Deshalb wird in den Flußgebieten der Elbe, Oder, Weichsel, Donau u. s. w., wo er zu Hause ist, der viel weißere und fettere Zander oder Sander (Lucio perca sandra, Schill, Amaul, Nagmaul u. s. w.) durchaus vorgezogen, namentlich mit brauner Butter und Mostrich. Er ähnelt dem Flußbarsche, ist aber viel länger gestreckt und mit seinen Fängen zwischen den Bürstenzähnen ebenso gefräßig als der Hecht. Er schimmert auf dem Rücken grünlich grau, an den Seiten silberweiß mit bräunlichen, wolkigen Flecken und verwaschenen Querbinden, wird bis vier Fuß lang und zwanzig Pfund schwer, laicht während der Frühlingsmonate auf Steine und Wasserpflanzen, liebt die Tiefe reiner Gewässer mit sandigem Grunde und setzt dort bei guter Nahrung ein delikates, weißes, fettes Fleisch an, welches

Der Zander.

frisch mit Butter am besten mundet, aber auch gesalzen und geräuchert nicht verachtet wird. Deshalb ist er für die Zucht überall den Hechten da vorzuziehen, wo man ihn mit untergeordneten Futterfischen versorgen kann.

Auch der Kaulbarsch (Acerina cernua, Schroll, Pösch, Kutt u. s. w.), seinen Namensvettern ähnlich, aber sonst ein Zwerg von höchstens acht Zoll Länge und sechs bis acht Loth Gewicht, wird überall in Deutschland, Frankreich und England bis nach Sibirien hinein da geschätzt, wo er durch Menge für die Winzigkeit im Einzelnen entschädigt. Er hat einen hellbraunen Rücken, gelbliche Seiten, silberglänzenden Bauch, grüne und hellblaue Kiemen, weißliche Flossen mit rothen Rändern und verschwimmende

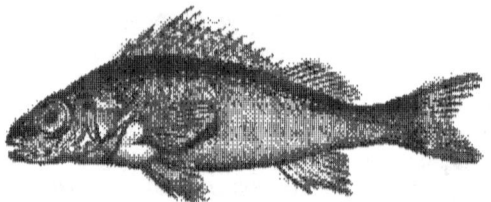

Der Kaulbarsch.

braune und schwarze Flecken auf dem Körper. Während der Laichzeit im März findet man die Kaulbarsche schaarenweise an Flußmündungen hinauf, bis sie Schilf für ihre Eier finden. Bei solchen Gelegenheiten werden sie oft massenweise gefangen und bieten auch für Gutschmecker annehmliche Gerichte. Wegen ihres zähen Lebens können sie leicht verschickt und in noch unbevölkerten Flüssen eingebürgert werden.

Die Schräge des Donaugebietes werden zwar größer und schwerer als Kaulbarsche und liefern ein mindestens eben so beliebtes Fleisch, sind aber so empfindlich, daß sie an der Luft sofort sterben und verderben und deshalb nur in unmittelbarer Nähe gleich nach dem Fange mit Appetit verzehrt werden können. Noch weniger empfehlenswerth für Zucht und Pflege sind die sonst berühmten kleinen, niedlichen Baumeister unter den Fischen, die Stichlinge (Gasterosteus, englisch Stickleback), nach unten und oben stark bestachelte und immer kampflustige Räuber der Bäche, Tümpel und Teiche und zur Noth selbst des Salzwassers, die sich um so verderblicher vermehren, weil die Männchen für die trächtigen Weibchen förmliche Nester bauen und die darin von ihnen befruchteten Eier bis zum Ausschlüpfen ausdauernd und muthig behüten und bewachen, so daß nur sehr wenige Eier verunglücken und sie dadurch um so schädlicher werden, als sie sich am liebsten und gefräßigsten von Laich und Brut anderer Fische nähren. Wegen ihrer grimmigen Stachelflossen sind sie nicht einmal

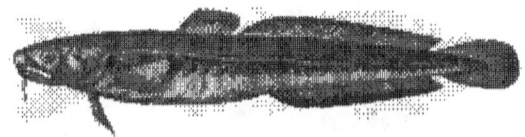

Die Trüsche.

als Futterfische zu gebrauchen und von Menschen werden sie fast überall verschmäht oder finden nur als frischer Guano einige Verwerthung.

Die Barsche haben ihre tapfersten und geachtetsten Verwandten im Meere, der wahren, ungeheuren Heimath der für uns nützlichsten und wichtigsten Weißfische, welche von den Fischgelehrten in zwei große Familien, Gadida, Stockfisch- oder Kabliauarten, und Pleuronectida oder platte, flunderartige Fische eingetheilt werden. Erstere haben nur einen einzigen Vertreter in süßen Gewässern, langgestreckte, spindelförmige Aalquappen oder Trüschen (Lota vulgaris, Quappe, Aalraupe, Rutte, französisch Lotte, englisch Eelpout oder Burbot) mit langem Schwanze, kurzer Bauchhöhle, breitem abgeplattetem Kopfe, überschleimtem, klein- und weichbeschupptem Körper, weit gespaltenem endständigen, mit hechelförmigen Zähnen bewaffneten Maule, senkrecht stehenden Flossen, die sich um den zugespitzten Schwanz und den Hintertheil des Körpers nach unten und oben weit ausdehnen und ein, auch getrocknet und gesalzen, sehr schmackhaftes Fleisch umschließen. Man findet die gemeine Trüsche am besten in den Seen der Schweiz, wo sie bis drei Fuß lang und fünf Pfund schwer wird.

Sie zeichnet sich durch zwei Rückenflossen und einen spitz zulaufenden Bart unter dem Kinn, einen plattgedrückten Kopf, walzenförmigen, gelb und braun marmorirten Körper aus. Wenn sie nicht zu den gefährlichsten Raubfischen gehörte und auf dem Boden hinschleichend außer Würmern, Larven und Fischen auch den Laich derselben verschlänge, würde sie wegen ihres weißen, grätenlosen, schmackhaften und leicht verdaulichen Fleisches und der zu Pasteten verbackenen zarten Leber zu den empfehlenswerthesten Fischen gehören. Von Brutgewässern muß man sie streng fern halten. Ihre Laichzeit fällt in die drei ersten Monate des Jahres an flachen Ufera und Wasserpflanzen. Die Thatsache, welche sie beweisen, nämlich daß die wichtigsten und zahlreichsten Fischarten der nordischen Meere im süßen Wasser leben können, hat eine große Bedeutung für Entwickelung und Ausbildung künstlicher Fischzucht, welche sich jedenfalls noch durch Ein-

Die Alose.

bürgerung der besten Stockfischarten in unseren Seen für unseren Volkswohlstand bedeutend vervollkommnen läßt.

Vielleicht sind sogar die Heringe fähig, sich in unseren Landseen allmälig häuslich niederzulassen, fruchtbar zu sein und sich zu mehren. Wenigstens scheint einer beliebten Heringsart die jährliche Frühlingsreise aus den Meeren in die Flüsse hinauf sehr gut zu bekommen und geradezu unentbehrlich zu sein. Dies ist die gemeine Alose (Alausa vulgaris, Alse, Gure, Maifisch, englisch Shad), welche sich von den andern Heringen durch kleine, schwächliche Zähne auf den Kiefern und zwar nur in der Jugend auszeichnet, da sie im Alter ganz ausfallen. Außerdem besitzt sie einen seitlich zusammengedrückten Körper mit scharf abgegrenztem, sägeartig bezahntem Bauche. Die einzige Rückenflosse ist ziemlich groß. Der Maifisch steigt aus der Nordsee während des Mai schaarenweise stromaufwärts und wird dabei in Netzen und Reusen, auch an Angeln mit Würmern sehr angelegentlich gefangen, da er über zwei Schuh lang und vier Pfund schwer wird und ein ganz wohlschmeckendes, gesundes Fleisch liefert. Eine kleine

Art der Alose (Alausa Finta) ist nur eine „Flute" des ersteren, da das Fleisch desselben weder gut schmeckt noch riecht und überhaupt ungesund ist. Er mischt sich zu Ende des Maifischzuges im Juni gern unter die wahren Alosen und wird fälschlich für junge Brut derselben gehalten.

Weißfische des Meeres. (Schellfische.)

Die vieltausendmelligen wogenden Gefilde der Nordsee und des atlantischen Oceans enthalten in ihren Grenzen noch unbekannte Korn- und Fleischkammern für viele Millionen Menschen, denen die reichen Familien von Kabliaus oder Stockfischen zum großen Theil nicht nur Brod und Fleisch ersetzen, sondern auch eine Menge anderer Bedürfnisse in einer grimmig verschlossenen, unfruchtbaren Natur des Bodens befriedigen. Fast alle Theile des Stockfisches finden als Nahrung und für nordische Hauswirthschaft die mannichfaltigste Verwendung. Die Zunge gilt frisch und gesalzen als große Gaumenfreude; die Kiemen dienen als lockender Köder bei der Fischerei; die große, eßbare Leber liefert große Mengen von Oel, welches den Thran des Wallfisches auf jede Weise ersetzt, und die Schwimmblase selbst, zu Hausenblase verarbeitet, der des Störs nicht nach, und wo die Körpermasse gesalzen und getrocknet aufbewahrt wird, benutzt man wenigstens den Kopf frisch, um hungrige Familien damit zu sättigen oder, wie in Norwegen, den Kühen mit einer Mischung von Seegewächsen als Futter zu geben, um ihre Milch zu vermehren. Die Rückenwirbel und alle sonstigen knochigen Theile werden auf Island vom Hornvieh und bei den Kamschadalen von den Hunden, so wie ganze, getrocknete Stockfische von norwegischen Pferden sehr gern verzehrt, und die Ueberbleibsel geben, getrocknet, an den Gestaden eisiger Meere und in trostlosen, gefrornen Steppen dem unentbehrlichen Feuer reichliche Nahrung, während die öligen und fleischigen Theile zu der noch unerläßlicheren inneren Heizung des Magens beitragen. Selbst die Eingeweide und Eier vermehren den Luxus der Tafel. Stockfische sind bekanntlich auch die ursprünglichen Lieferanten des für alle Welt wohlthätigen Leberthrans, welchen Aerzte vielfach mit Erfolg unter dem Namen oleum jecoris aselli Kranken verschreiben, die durch die Gifte der Civilisation und der Apotheken gründlich verdorben und aufgegeben wurden. Ohne uns hier der Medicinalpfuscherei schuldig machen zu wollen, können wir doch beiläufig auf Grund guter Bürgschaft sagen, daß guter, reiner Leberthran in allen chronischen, zehrenden Krankheiten durchweg gute Dienste leistet, und vielleicht der Stockfisch selbst, wie viele andere Fischarten aus dem Meere, außer gutem Nahrungswerthe auch noch wohlthätige Apothekerkräfte besitzen mag.

Dieser Kabliau oder Stockfisch (Gadus morrhua, Moruc, Cod), Laberdan, wenn einfach gesalzen, Klippfisch, wenn zuerst gesalzen und dann in der Sonne getrocknet, und Stockfisch im Besonderen, wenn einfach an der Sonne getrocknet, unterscheidet sich durch seine drei Rücken- und zwei Afterflossen von der verwandten Trüsche. Die Bauchflossen unter der Kehle zeichnen sich durch einen fadenförmigen äußeren Strahl aus. Der grüngelbe Rücken wird nach dem Bauche herunter marmorirt fleckig und silberweiß. Seine ungeheure Gefräßigkeit treibt ihn sogar, rothe Lappen und Lumpen an den Angeln, und noch mehr künstliche Silberfischchen in sich hinein zu schlingen, so daß die Ernte mit Grundangeln, die fünf-, sechshundert Fuß lang, mit zehn bis zwölf Pfund schweren Bleigewichten versenkt werden, während des Sommers meist sehr ergiebig ist; aber die großartigste Kabliaufischerei wird während der Laichzeit nicht auf der Oberfläche von ungeheuren Flotten und mit besonderen Netzen, im Winter auf den berühmten Schlachtfeldern der Neufundlandbank, dann

Der Stockfisch.

an den Lofodden-Inseln, um die Orkaden, die Doggersbank u. s. w. herum betrieben. Auf der ersteren versammelt sich nicht selten die größte Flotte, welche je die Welt beisammen sah, und fünf- bis sechstausend Schiffe mit fünfunddreißig bis vierzig Millionen Stück Kabliaus sind keine Seltenheit. An den Lofodden kommen mit jedem Jahresanfange die Norweger von der ganzen Länge ihrer felsigen Gestade her auf durchschnittlich viertausend Schiffen zusammen und holen während eines Vierteljahres für acht bis zehn Millionen Thaler Stockfischwerth aus dem Wasser. Nach dem Abzuge der zwanzig- bis fünfundzwanzigtausend Fischer blieben früher bloß Verwesung und Tod von den Abfällen zurück, die aber seit mehreren Jahren mit bedeutendem Gewinn für die Unternehmer und für unzählige Getreidefelder in Guano verwandelt werden.

Brehm schildert die Lofodden mit ihrem welthistorischen Fischfang u. A. auf folgende charakteristische Weise: „Das Gewirr der Inselchen und Schären, welche in reich geschlungenem Kranze Norwegens Küste umlagern, zeigt dem nach Norden steuernden Reisenden ein anderes Gepräge, wenn jene hohen Breiten erreicht wurden, in denen während der Sommermonate Mitternachtssonne auf den Bergen liegt und während der Wintermonate nur ein Dämmerlicht im Süden von dem Tage spricht, welcher niederern Breiten aufgegangen. An Stelle der selten mehrere hundert Fuß über dem Spiegel des Meeres emporsteigenden größeren Inseln erheben sich solche von bedeutend geringerem Umfange bis zu drei- und viertausend Fuß über die See, schon von fern ihre von dem dunklen Felsengrunde grell abstechenden, schneeigen Häupter und die von diesen wie breite silberne Bänder zur Tiefe sich senkenden Gletscher zeigend. Ein meilenbreiter Meeresarm trennt diese Inseln, die Lofoden, vom Festlande und erscheint auch trotz der starken Strömung, welche in ihm herrscht, als ein ruhiger Binnensee, verglichen mit dem fast jederzeit hochwogenden Eismeere. Schon vom Dampfschiffe aus, welches bald dem Festlande sich nähert, bald wieder nach dem hohen Meere sich zuwendet, um dem in dem dünn bevölkerten Norwegen so trefflichen Postdienste zu genügen, lernt der Reisende erkennen, daß er sich in einem Inselmeere befindet, in welchem jedes Eiland gleichsam als Mutter erscheint, umlagert von unzähligen Töchtern, kleinen Inseln und Schären, wie man sie früher gewahrte.

Dem Meere wie den zahllosen Eilanden fehlt der Reichthum des Südens; sie sind jedoch keineswegs bar aller Schönheit und üben namentlich in den Stunden um Mitternacht, wenn die Sonne groß und blutroth niedrig über dem Gesichtskreise steht und ihr gleichsam verschleierter Glanz auf den eisbedachten Bergen und dem Meere sich wiederspiegelt, einen wunderbaren Zauber aus. Wesentlich dazu tragen bei die überall zerstreuten „Gehöfte", wie der Normann sagt, Wohnungen aus Holz gezimmert, mit Bretern verschlagen und mit Rasen bedacht, prangend in seltsam blutrother Farbe, welche sich lebhaft abhebt von dem als Schwarz erscheinenden Dunkel der Bergwand und dem Eisblau der Gletscher dahinter. Nicht ohne Verwunderung nimmt der im Lande noch fremde Südländer wahr, daß diese Gehöfte größer, stattlicher, geräumiger sind, als jene der gesegnetsten Thäler des südlichen Skandinaviens, obgleich sie nur selten von Aeckern umgeben werden, auf denen die vierundsechzig Sommersonne nicht immer die Gerste zur Reife bringt. Ja, die stattlichsten und geräumigsten Gehöfte liegen oft auf verhältnißmäßig kleinen Inseln, auf denen nur Torf die Felsen deckt, und auf denen dem undankbaren Boden kaum soviel Raum abgewonnen werden konnte, als ihn ein kleines Gärtchen beansprucht.

Das scheinbare Räthsel löst sich, wenn man erfährt, daß hier nicht das Land, sondern das Meer der Acker ist, welcher gepflügt wird, daß man nicht im Sommer säet und erntet, sondern inmitten des Winters, gerade in denjenigen Monaten, in welchen die lange Nacht unbestritten ihre Herrschaft ausübt und anstatt der Sonne nur der Mond leuchtet, anstatt des

6*

Morgen- oder Abendrothes nur das Nordlicht erglüht. Zwischen jenen Inseln liegen die gesegnetsten Fischgründe Skandinaviens; jene Gehöfte bilden die Scheuern, in denen die eingeheimste Ernte des Meeres geborgen wird.

Während des Hochsommers ist das Meer hier menschenleer; während des Winters wimmeln die Inseln und das Meer von Schiffen und Booten und geschäftigen Männern. Im Sommer schauen Millionen Vogelaugen von den Gehängen herab auf das Wasser; im Winter regen sich arbeitsame Menschenhände, wenigstens am unteren Ende derselben Gehänge Tag und Nacht. Von der ganzen Küste her strömt um die Weihnachtszeit die Fischerbevölkerung hier zusammen und, so geräumig auch die Gehöfte, sie vermögen die Anzahl der Gäste nicht zu fassen. Ein guter Theil derselben muß herbergen auf den Schiffen oder in kleinen roh zusammengeschichteten Hütten auf dem Lande, obgleich immer nur eine gewisse Abtheilung der Männer sich in der Herberge überhaupt aufhält, die Hauptmasse hingegen auf dem Meere sich befindet, um zu ernten.

Monatelang währt das regsame Getriebe, monatelang ein ununterbrochener Markt. Mit den Fischern sind Aufkäufer und Händler erschienen; denn die Schiffe, dazu bestimmt, die Meeresernte wegzuführen, haben die Erzeugnisse des Südens gebracht. Der Bewohner der Lofoten tauscht sich jetzt gegen die Schätze des Meeres die des südlichen Landes ein; der hier angesiedelte Kaufmann versorgt sich für das übrige Jahr. Erst wenn die Sonne sich am südlichen Himmel wiederum zeigt und damit den Frühling bringt auch über dieses Land, wird es stiller. Beladen vom Kiel bis zum Deck, hebt eines der Schiffe nach dem andern den Anker, hißt die Segel und steuert südwärts; und wenn die Meervögel einziehen auf den Bergen, haben die Menschen den Fuß derselben geräumt."

Der Stockfisch übertrifft an Fruchtbarkeit wohl alle anderen Meeresbewohner. Man hat schon gegen acht Millionen Eier in einem einzigen Weibchen gefunden, und die Hälfte dieser Menge soll die regelmäßige Durchschnittszahl sein; aber die menschliche Gier hat auch dieser Fruchtbarkeit gegenüber immer fühlbarer werdende Theuerung und Seltenheit zu verantworten. Derselbe Stockfisch, der früher in Schottland mit zwei Groschen bezahlt ward, ist jetzt oft kaum für zwei Thaler zu haben. Dergleichen Folgen unserer indianischen Wildheit auf dem Meere werden wohl endlich hinreichen, die Völker und ihre Regierungen zu einer vernünftigen Wasserwirthschaft zu zwingen und zunächst wenigstens Schonungszeiten allen Fischervölkern als unverbrüchliches internationales Gesetz aufzuerlegen.

Von den zahlreichen Sippen der Gadidenfamilie sind besonders der eigentliche Stockfisch, der Weißling oder Merlan (Gadus merlangus) und der Habdod, der in Deutschland speciell Schellfisch (Gadus oder

Morrhua aeglefinus) genannt zu werden scheint, als frische Speisefische beliebt, während die meisten andern getrocknet, gesalzen und geräuchert einen ungeheuer weiten Kreis von Verzehrern haben. In Schottland und England gehört der Haddock zu den Lieblingsfischen erster Klasse, besonders wenn sie an der Küste von Irland gefangen oder in Schottland als „Finnan haddies" über schwerfälligem Torffeuer geräuchert wurden. Dies giebt ihnen ein Aroma ganz unnachahmlicher Art, wodurch sie in ganz England eine solche Masse von begeisterten Verehrern gefunden haben,

Familie der Stockfische.

Kabliau, Merlan, Haddock, Dorsch u. s. w.

daß jetzt nicht nur Haddocks, sondern auch unzählige untergeordnete Fischarten in Hunderten von besonderen Räucherungshäusern und zwar nicht immer mit Torf, sondern auch über glimmenden Sägespähnen für den Markt fabricirt werden. Aber die eigentlichen „Haddies" unter ihnen sind vielleicht eben so selten, als ächtes Gewächs der Champagne unter den Flaschen der Veuve Cliquot.

Die ungeheure Fruchtbarkeit des gemeinen Stockfisches wird nicht nur durch die Tausende von räuberischen Schiffen, sondern auch durch den großartigsten Handel mit dem Rogen beeinträchtigt, da an der französischen

Küste jährlich ganze Schiffsladungen davon von den Sardinenfischern als Köder verbraucht werden. Eine unsinnige und kostspielige Gewohnheit, welche den Leuten nicht durch billige und eben so kräftige Lockmittel ausgeredet werden kann.

Der Weißling oder Merlan findet sich noch in großer Menge an den britischen Küsten und wird vielfach allen anderen Stockfischarten vorgezogen. Er liebt für die Laichzeit im März einen sandigen Boden, etwa eine halbe Meile vom Gestade und könnte sonach leicht durch Verpflanzung an derartige Stellen auch an unseren Nordseeküsten künstlich vermehrt werden und zu unseren delikatesten Gerichten aus dem Meere beitragen. Vielleicht wäre schon viel gewonnen, wenn man ihn vor und nach der Laichzeit, wo er ohnehin nicht schmeckt, alle Jahre einige Monate lang gänzlich schonte. Er wird selten über zwölf Zoll lang und über zwei Pfund schwer, schmeckt aber dafür auch desto feiner. Wie viel es noch Weißfische des Meeres oder Schellfische aus der Familie der Gadiden geben mag, ist kaum aus den besten Büchern der Ichthyologen zu ersehen. Schon die vielfachen englischen Volks- und gelehrten lateinischen Namen, welche oft für ein und denselben Fisch wesentlich von einander abweichen, verwirren mehr, statt zu belehren. Für praktische Zwecke reicht es hin, die genannten Arten unterscheiden und wirthschaftlich behandeln zu lernen. Wir erwähnen nur noch, daß der verhältnißmäßig wohlfeile Dorsch der Nord- und Ostsee (Gadus callarias) ebenfalls zu den Gadiden gehört und im gewöhnlichen Leben wohl auch Rundfisch genannt wird.

Die demnächst wichtigste und reichste Familie der Meeres-Weißfische führt den allgemeinen gelehrten Namen Pleuronectida. Es sind höchst merkwürdig verschobene und entstellte, scheibenartig plattgedrückte, schiefmäulige und schieläugige, furchtsam vom Grunde aufblickende Gestalten, die namentlich wegen der Verschiedenheit ihrer rechten und linken Kinnlade manchmal aussehen, als hätten sie durch Zahnschmerzen eine dicke Backe bekommen. Aber für Aufenthalt und Lebensweise ist ihre Gestalt sehr wohl geeignet. Sie haben außer ihren fast stets ringsherum laufenden schwachen Flossen fast gar keine Wehr und Waffe, drücken sich deshalb gern in den weichen Grund, dem sie auf der oberen Hälfte in Farbe ungefähr gleichen, während die andere, selten dem Lichte ausgesetzte Seite ziemlich weiß bleibt, und schielen nur mit den Augen empor, um sich allerlei in die Nähe kommendes Gewürm anzueignen. Man unterscheidet mindestens sechzehn Arten in der Nord- und dreizehn in der Ostsee. Die Schweden nennen sie fast alle Fluten oder Flundern mit verschiedenen Eigenschaftsnamen, so daß auch wir uns die Sache leicht machen können, wenn wir sie uns alle als Arten von Flundern vorstellen. Wir kennen die beliebtesten davon als Flundern, Meer- oder Steinbutten, Meer-Aeschen, Solen,

Platteisen oder Schollen, Heuerlinge und Kliesche n und bemerken
dabei, daß sie in verschiedenen Gegenden und bei jedem Volke vielfach
anders genannt werden. Die beste und beliebteste Sorte davon bilden die
Solen oder Zungen, die etwas länglicher und einfarbiger sind, als die
andern Verwandten und, zwei bis drei Pfund schwer, die schmackhaftesten
Gerichte bilden. Sie leben als Grundfische gern auf sandigem Boden um
die Küsten herum, in besonderer Fülle um die englischen und irischen, wo
sie fast das ganze Jahr hindurch mit Grundnetzen gefangen und jeden
Morgen frisch nach London und anderen großen Städten gebracht werden.
London allein verzehrt jährlich mindestens 100,000,000 frische und geräucherte Solen und gegen 40,000,000 Schollen (plaice).

Unsere deutschen Plattfische beschränken sich leider meist auf ziemlich
magere Flundern, welche in Berlin und anderen Binnenstädten nur

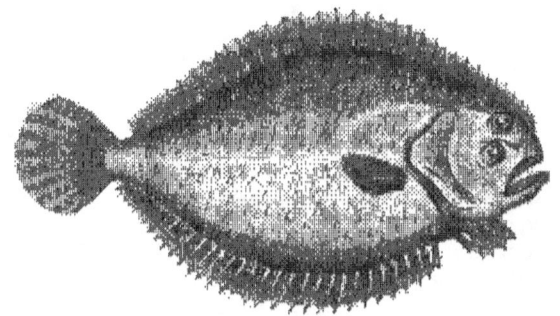

Die Steinbutte.

zuweilen neben Bücklingen auf eine bezahlbare Weise zu haben sind. Wenn
es mit rechten Dingen zuginge, könnten wir uns vielleicht noch billiger an
riesigen schweren Holibuts erlaben. Diese „Heilbutte" (Hippoglossus
vulgaris) wird in der Nordsee nicht selten vierhundert Pfund schwer gefunden, so daß auch Exemplare von einem Drittel oder Viertel dieser
Größe dem Fischer schon gewichtige Freude und uns schmackhaftes Fleisch
in Fülle liefern würden. Es schmeckt so schön, daß man es häufig mit
der größten Delikatesse des Meeres, der Meerbutte verwechselt haben soll.

Die Meer- oder Steinbutte freilich, der schon von den alten
Griechen und Römern verehrte und gepflegte Rhombus, Turbot der Engländer, gilt mit Recht als der wohlschmeckendste und würzigste aller Plattfische, von denen er sich schon äußerlich durch große, unregelmäßige,
knollige Auswüchse auf der oberen Seite unterscheidet, und wird selten über

5 Pfund schwer. Vielleicht ist es aber bloß Folge von Mangel an Schonung und Pflege, daß die Zwanzig- bis Dreißigpfünder, wie sie die alten Römer geschmanst haben sollen, jetzt kaum noch vorkommen. Man will eben das kostbare Fleisch in möglichster Menge genießen, ohne etwas für dessen Masse und Geschmack zu thun. Schon die Engländer holen ihn mit allen Erfindungen der Gier und Habsucht aus seinem weichen Bett an den Küsten des Meeres herauf, und die Holländer brechen von Scheveningen jedes Frühjahr mit einer kleinen Flotte auf, um das Meer vom Gestade aus im April und Mai nach ihm mit den mörderlichsten Grundnetzen und tausendfachen Angelhaken zu durchsuchen und namentlich den englischen Markt mit dem Ertrage zu versorgen. Sie liefern denn auch im Durchschnitt jährlich für eine halbe Million Thaler Turbots allein auf den Billingsgate-Markt Londons und machen dabei gute Geschäfte, obgleich jedes damit beladene Boot sechs Pfund Einganges- und Schutzzollsteuer bezahlen muß. Dieser Schutz besteht nun freilich wie immer darin, daß die Engländer für mehr Geld weniger Waare bekommen und sie gegen nichts geschützt werden, als vor hinreichender Nahrung. Die Engländer essen ihren Turbot besonders gern mit einer aus Hummern ausgekochten Sauce, von welcher die Dänen allein jährlich für 100,000 Thaler nach London absetzen. Angeln läßt sich die Meerbutte nur mit ganz frischen, hell- und buntfarbigen Köderfischen. In gerechter Besorgniß für das Aroma ihres Fleisches scheint sie Alles zu verschmähen, was ihrem schiefen Maule nicht ganz rein und frisch geboten wird. Sie liebt ziemlich kaltes Wasser und zieht deshalb mit eintretender Wärme schaarenweise nordwärts. Im Juni findet man sie ziemlich häufig um Helgoland herum, von wo Fischer, Händler und Eisenbahn-Directionen sie um so leichter bis Berlin und weiter ins Innere Deutschlands schaffen könnten, als sie sich, wie alle flunderartigen Fische, lange frisch erhält und außerdem die kleine Ausgabe für Verpackung in Eis sehr gut bezahlt machen würde; aber trotz aller dieser Verlockungen ist dieser alte klassische und in unseren Meeren sich förmlich herandrängende delikate Fisch auf den besten Tafeln Berlins und der norddeutschen Intelligenz eine Fabel geblieben.

Für beinahe ebensogut gelten die Brillen-, Perlen- oder Drachenflundern, die freilich höchstens acht Pfund schwer werden. Die eigentlichen Flundern selbst scheinen fast nur in den schlechtesten Arten bis in das Binnenland zu kommen. Die Species, welche von den Engländern Dab, an der Nord- und Ostsee Fluken, Bullen, Sandfluken, Meerflundern genannt und von Fischgelehrten durch Dutzende von lateinischen Doppelnamen unterschieden werden, mögen sich vielleicht manchmal in einzelne Delikatessenhandlungen verirren, aber die große Menge bekommt nichts davon zu sehen, geschweige zu schmecken. Die Meer-

Aeschen, welche noch besser, wie alle die ähnlichen Arten im süßen Wasser gedeihen, von fünf bis funfzehn Pfund schwer werden, beinahe eben so gut schmecken wie Turbots und auch an den deutschen Seiten unserer Meere oft in großer Fülle den Grund und Boden schmücken, blieben uns auch in Zeiten fern und fremd, als man ein ganzes Dutzend von Dreipfündern in London für einen Penny ausbot, also sechsunddreißig Pfund delikates frisches Fischfleisch für zehn Pfennige. Die längst bekannte Erfahrung, daß viele Arten der sonderbar gestalteten Flunderfische zu der besten Nahrung aus dem Wasser gehören, an unseren nordischen und östlichen Gestaden ebenfalls gut gedeihen und sich auch ganz vorzüglich für

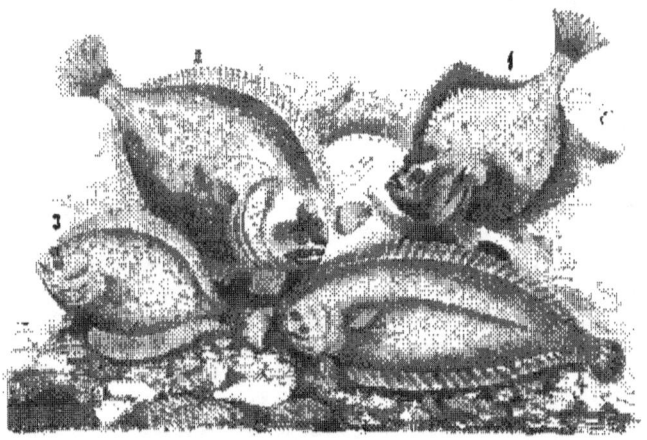

Familie der Plattfische.

1) Flute, 2) Steinbutte, 3) Scholle, 4) Sole (Zunge).

Einbürgerung in süßen Gewässern eignen, sich nach dem Tode auch ohne Eis mehrere Tage frisch halten, diese und andere Vortheile werden ja wohl endlich hinreichen, einiges intelligente Capital in diese gesegneten Wasser zu leiten, um es mit den lohnendsten Procenten wieder herausfischen zu lassen.

Jetzt heißt es oft, daß die hundertundvierzigtausend englischen Geviertmeilen, welche das deutsche Meer oder die Nordsee in ihrem ausgedehnteren Sinne mit Wasser bedeckt, größtentheils schon erschöpft seien; aber die Zeugungs- und Vermehrungskraft darin, gerade unter den besten Nahrungsfischen aller Art ist so außerordentlich groß, daß die umwohnenden

Völker, wenn sie sich zu einer ordentlichen Bewirthschaftung dieser segensreichsten aller flüssigen Fluren vereinigen und namentlich durch gegenseitige
Uebereinkunft bestimmte Schonungszeiten festsetzen und etwa von den Gestaden aus künstliche Laichung fördern und die natürliche begünstigen werden,
schon nach einigen Jahren die Fruchtbarkeit und Ergiebigkeit wieder so
gesteigert sein mag, daß, wie bereits früher, ein einziger Morgen dieses
Wassers fünfzigmal mehr Nahrungsstoff liefert, als der am vollkommensten
bestellte Morgen festen Landes.

Heringe. (Sprotten, Anchovis, Sardellen.)

Unter den Reichthümern aus dem Meere nehmen die Heringe die
erste Stelle ein. Sie bilden bis in die ärmsten, verlassensten Sanddörfer
Deutschlands hinein wenigstens ein schwaches Band mit dem unerschöpflichen
Meere. Auch sie zerfallen in verschiedene Arten, von denen für uns
wenigstens drei als Nahrungsstoff und Delikatesse besonderen Werth haben.

Die Familie der Heringe (Clupeida) zeichnet sich von anderen
Bewohnern des Meeres auf den ersten Blick durch den silber und über
beschuppten Leib aus. Diese Schuppen sind meist groß, dünn, biegsam
und laufen in concentrischen Linien nach dem hinteren Rande, von wo sie
grade Linien bilden. Auch fallen sie leicht ab und sollen, beiläufig bemerkt,
ihren Silberglanz wirklich einer geringen Beimischung dieses edlen Metalles
verdanken. Vielleicht gilt das auch von allem Silberglanze der Fische,
insofern das Meer fabelhafte Millionen von Centnern Silber aufgelöst in
seiner Flüssigkeit mit sich herumträgt. Alle Heringe sind breitmäulig, meist
mit hervorragender Unterlippe. Das Maul, weit gespalten, wird vorn vom
Zwischenkiefer, an den Seiten vom Oberkiefer eingefaßt. Am Schädel
bemerkt man einen kleinen Hinterhauptskamm und zwei Seitenkämme, die
nach hinten in sehr lange, dicke Stacheln auslaufen, außerdem zwei flügel-
artige Verlängerungen des Keilbeines, die, nach hinten ausgedehnt, die
ersten Halswirbelkörper von der Seite her umfassen. Die Fettflosse fehlt
Allen, ebenso Einigen die Schwimmblase; dagegen haben Alle viele Pförtneranhänge und die meisten eine Nebenkieme und am Bauche eine scharfe
Reihe gekielter Schuppen. Auch die einzige Rückenflosse, ziemlich mitten
auf dem Körper, ist charakteristisch.

Der eigentliche Hering (Clupea harengus, hareng, herring) nächst
dem Stockfische der wichtigste und ergiebigste Schatz unserer Meere, wird
in den Nordmeeren höchstens anderthalb Fuß lang und erreicht weiter
südlich kaum die Länge eines Fußes. Der Körper ist zusammengedrückt,
der Rücken gerundet, der Bauch schneidend und leicht gezähnt, das mittel-

mäßige Maul mit feinen Zähnen bewaffnet, die Kiemen weit gespalten, die Rückenfloffe klein, die Schwanzfloffe tief eingeschnitten, die Farbe grünblau auf dem Rücken, silberweiß unten, die Schuppen groß, platt und ziemlich gleichförmig am ganzen Körper. So beschreibt ihn der fischkundige Carl Vogt. Der Hering ist nicht, wie früher angenommen ward, ein leichtsinnig herumziehender, sondern ein sehr häuslicher Fisch, nur daß er sich in unzähligen Ansiedelungen und Heringsdörfern der Tiefe vom Eismeere bis nach den Mündungen der Loire niedergelaffen hat und zur Laich- und Liebeszeit aus den Tiefen seiner Heimath massenweise heraufsteigt und sich nach den Gestaden hin drängt, um dort dem Gebote der Natur und der Bibel in des Wortes verwegenster Bedeutung nachzukommen. Er laicht je nach der Temperatur der Küsten vom Mai bis August und läßt sich dabei auf der Oberfläche gehörig „blicken" und fangen. Dieser „Heringsblick" soll manchmal eine halbe Quadratmeile groß sein, in solcher Ausdehnung und Dichtigkeit drängen sie während mancher Nächte ihren Silberglanz aus der Oberfläche des Meeres hervor. Wie millionenweise sie dabei gefangen und dann eingepökelt oder geräuchert werden, ist schon früher gesagt worden. Sie gehören zu den mäßigen Raubfischen und nähren sich von kleinen Krebsen, Fischchen und allerhand Gewürm der Tiefe, in welcher sie wohnen. Wie sie das eigentlich anfangen und durchsetzen bei dieser Maffenhaftigkeit und Vermehrung, ist uns noch ein Geheimniß, wie dieser sonst bekannteste und gemeinste Fisch überhaupt noch von mancherlei Räthseln umgeben ist.

Auch die Sprotten (Harengula sprattus, Esprot, Sprat) und die Breitlinge (Clupea latulus, la Blanquette) gehören zu den Heringen, werden ebenso gefangen, eingesalzen oder geräuchert und, vielfach mit Sardellen vermischt, als Contrabande auf unsere Tische gebracht. Auch sie leben in der Nord- und Ostsee und werden selten über drei bis vier Zoll lang. Sie werden häufig noch massenhafter von den Meeresflüsten weggeschaufelt, als die Heringe und sind in London manchmal so billig, daß sich die ärmste Familie für ein paar Kupfermünzen thatsächlich davon sättigen und zugleich damit erlaben kann. Frisch und appetitlich silberig auf dem Drahtroste über das Kohlenfeuer gehalten, werden sie in einer Minute zur fettesten aromatischsten Delikateffe und möglichst heiß bloß mit den Fingern in den Mund gebracht. Jede andere Waffe dabei gilt in England für eben so unanständig, als der Gebrauch des Messers bei Verzehr der Fische.

Wir Deutsche im Binnenlande können uns bei gelegentlichen geräucherten und theuren Kieler Sprotten nicht einmal eine Vorstellung von der Wonne solchen wohlfeilen Schmauses machen.

Auch die Anchovis (Engraulis encrasigolus, Anchois, Anchovy) gehört trotz ihrer Fülle und Nachbarschaft in der Nord- und Ostsee bei uns nur zu den Delikatessen der Tafel und unterscheidet sich von Heringen und Sprotten nicht nur durch Theurung, sondern auch durch die Schwierigkeit, sie aus den zugelötheten Büchsen herauszuhacken. Im natürlichen Zustande hat sie ein größeres Maul, als die Heringsverwandten, eine vorspringende Schnauze mit sehr weitgespaltenen Kiemen und einen gestreckten, walzenförmigen Körper ohne scharfen Bauchkiel. Sie sieht auf dem Rücken olivengrün, am Bauche weiß und an den Seiten blau aus. Die Größe steigt selten über fünf, sechs Zoll. Sie lebt in der Nord- und Ostsee und um das übrige Europa herum bis in's mittelländische Meer, drängt sich in Schwärmen zum Laichen an die Gestade und wird dabei meist des Nachts bei Fackelschein in oft sich reichlich füllenden Netzen gefangen. Am Ufer lauern meist Weiber und Kinder, reißen ihnen mit geschickten Griffen Kopf und Eingeweide mit einem Ruck weg, reinigen sie und schichten sie sofort in Fässer mit Salz. Andere werden, wie die Sardellen, leicht angesalzen und in Oel oder geschmolzener Butter gesotten und in zugelötheten Blechbüchsen auf den Markt gebracht.

Die Sardelle (Alausa pilchardus, Sardine, Célan, Pilchard) gehört zu den Alosen, ist gestreckter als die Anchovis, hat sehr große, durchsichtige, dünne Schuppen, wird überall wie Diese, nur nicht in der Ostsee, dagegen am Häufigsten an den Küsten der Normandie und Bretagne durch kostspielige Stockfischerei gefördert und gefangen und theils in Salz, theils in Oel für die Binnenländer eingemacht. Sie bilden auf diese Weise einen Luxusartikel, von dessen Fang und Zubereitung Tausende von Menschen leben, der sich aber entbehren läßt, während die Heringe geradezu eine Art von Brod aus dem Meere für ganze Völker ausmachen.

Der Hering kommt unter vier verschiedenen Bedingungen vor, erstens gleichsam als Kind oder Sill, wie die Engländer sagen, als welcher er vielfach unter Sprotten und Sardellen gemischt wird, zweitens als Matjes oder junger Fettheering, drittens als voller (nämlich voller Milch und Rogen), viertens als ausgelaichter oder gleichsam ausgeschossener: sbotten. Alle Heringe unter fünf oder sechs Zoll gehören zur ersten Klasse. Als Matjes bildet er die wohlschmeckendste Nahrung und sollte bei einer vernünftigen Wirthschaft als solcher allein gefangen werden, da er voller Laich und „sbotten" nicht nur schlecht schmeckt, sondern auch ungesund ist und als Vollhering gefangen die Saat zu Millionen Nachkommen verliert.

Man hat bis jetzt vergebens Versuche gemacht, eine allgemeine Schonungszeit als Gesetz durchzuführen, weil blödsinniger Weise angenommen wird, daß dies den Ertrag beeinträchtigen würde. Aus demselben Grunde könnte man statt des bloßen Hühnereies auch zugleich das Huhn mitnehmen und verzehren. Was liegt außerdem für eine Wirthschaftswissenschaft darin, den Fang von Voll-Lachsen zu verbieten und die des Herings grade während der Laichzeit zum Hauptgeschäft zu machen? Man wird aber endlich durch die immer sichtbarer werdenden verderblichen Folgen des jetzigen Räubersystems gezwungen werden, einzusehen, daß es besser sei, zu Gunsten größerer Fülle zu schonen und dazu hoffentlich die ungemein günstigen Erfolge der Lachsschonungszeit benutzen. Einige Verhandlungen zwischen England und Frankreich für diesen Zweck beweisen wenigstens, daß Einsicht darüber in einige Köpfe gestiegen ist. Freilich ist von da bis in die Wirklichkeit der Boote und Netze ein weiter, mit Hindernissen, Vorurtheilen und blinder Habgier gepflasterter Weg. Außerdem muß die wirthschaftliche Einrichtung für den Heringsfang als durchaus schädlich erkannt und gründlich geändert werden. Jetzt ist es, wenigstens in England, nur eine Art von Hazardspiel oder Lotterie. Die Speculanten und Käufer des Auslandes kaufen und verkaufen Tonnen auf Tonnen von Heringen, noch ehe ein einziger Fisch dafür gefangen ward. Die Sache geht auf folgende Weise zu: Eigenthümer von Booten werden von Pöklern gemiethet; sie verpflichten sich gewöhnlich zunächst zwelhundert "Crans" à fünfundvierzig Gallonen frischer, unausgenommener Fische für eine bestimmte Summe, außerdem eine Prämie und eine Lieferung von Spirituosen zu kaufen. Die Booteigenthümer liefern dagegen Fahrzeuge, Netze, alle sonstige Werkzeuge und Mannschaften, manchmal Mitelgenthümer, meist aber Miethlinge, welche zu Ende einen vorher bestimmten Lohn erhalten. Der Pökler kauft also oft Monate lang, ehe ein einziger Fisch gefangen ist, ganze Ladungen und muß vorher bedeutende Summen als Prämien, Trinkgelder, für Tonnen, Salz u. s. w. zahlen, ohne zu wissen, welche Marktpreise hernach herrschen werden. Andererseits haben die Fischer einen großen Theil ihres Lohnes schon lange vorher in der Tasche, aus welcher es wieder verschwindet, ehe die Arbeit beginnt. Dabei müssen Eigenthümer und alle Arten von betheiligten Personen vielfach borgen und Credit geben und alle auf die künftige, ungewisse Ernte aus dem Meere rechnen. Dies giebt eine Verwirrung und Unsicherheit, die ganz ebenso nachtheilig wirkt, wie Hazardspiel. In einem schottischen Heringshafen mit dreihundert Booten zahlten Pökler hundertfünfundvierzig Pfund Trinkgelder, über viertausend Pfund Prämie und beinahe siebentausend Pfund Vorschüsse acht Monate vor dem Anfang der Fischerei. Fällt diese gut aus, kommen auch alle Spieler ziemlich gut davon, aber nach einer armen Ernte, wie sie neuerdings häufig vorkamen, fallen zunächst einige Speculanten und hinterher alle anderen mit unangenehmem Geräusch wie die Steine in einem einfallenden Hause. Dabei leiden grade die gemietheten, armen Fischer immer am Meisten. Viele von ihnen mußten oft nach einer schlechten Ernte und schwerer Arbeit ohne einen Pfennig Lohn nach Hause gehen. Das englische Parlament hat in Bezug auf Größe der Netze und Maschen die peinlichsten Gesetze gegeben, ohne unbegreiflicher Weise an das Hauptübel zu denken, wodurch diese reichlichsten und segensreichsten Ernten aus dem Wasser oft zum Verderben ganzer Städte und Gegenden werden. Nur in einigen Häfen ist man bis jetzt zu der Einsicht und Praxis gekommen, nicht mehr Katzen im Sacke und Heringe im Meere, sondern in Booten und auf festem Lande zu kaufen. Die wohlthätigen Folgen davon werden hoffentlich hinreichen, das materiell und moralisch verderbliche Hazardspiel des Heringsfanges zu beseitigen.

Für die ersten Fische werden sowohl in Holland wie in Schottland oft fabelhafte Preise bezahlt, so daß ein einziger Hering aus solcher Erstlingstonne manchmal zehn Silbergroschen kostet. Ziemliche Mengen davon werden nicht selten durch den elektrischen Telegraphen bestellt und nach Stettin und andern deutschen Häfen verschifft. Freilich müssen wir uns in deutschen Binnenstädten den Luxus frischer Heringe immer noch versagen, obgleich sie eben so schnell auf unseren Märkten sein könnten, wie in englischen Binnenstädten. Von Dundee allein gehen jährlich zwölf bis fünfzehntausend Tonnen frischer Heringe in die Inlandsdistricte und werden durch Eisenbahnen und Verläufer auf den Straßen silberweiß und appetitlich den ärmsten Küchen und Tischen geboten.

Das großartige dramatische Leben, welches die Heringsfischerei, das Ausnehmen, Einsalzen, Verpacken, Brennen und Versenden hervorruft und lange unterhält, wollen wir hier nicht schildern. Nur ein Wort über den Regierungsbrandstempel, der, aus alter Schutzzollzeit stammend, ein lächerlicher Humbug geworden ist. Wer dafür bezahlt, kriegt auf jede Tonne Heringe eine eingebrannte Bürgschaft eines Regierungsmannes für die innere Güte des Inhalts, an welche sogar deutsche Kaufleute und Händler noch glauben, obgleich sie weiter nichts beweist, als daß der erste Verläufer für diese officielle Fälschung sein Sündengeld in die betreffende Staatskasse bezahlte.

Der Hering und sonstige Schätze aus dem Meere sind keine nationale Angelegenheit mehr, sondern eine entschieden internationale, welche die betreffenden Regierungen mit einer ihnen immer nöthiger werdenden und sich gewaltsam aufdrängenden Einsicht im Interesse einer praktischen Bewirthschaftung eben so ordnen müssen, wie der gebildete Landwirth seine Felder und Fluren, sein Zucht- und Zugvieh nach den Gesetzen der Wissenschaft und Erfahrung zu behandeln weiß. —

Vor sechs Jahren beschäftigte Schottland schon gegen zehntausend Boote mit beinahe fünfzigtausend Mann und mehr als fünfundzwanzigtausend Böttchern, Packern und sonstigen Hilfsarbeitern allein in der Heringsfischerei. Der Werth der Netze ward auf mehr als drei Millionen

Thaler geschätzt. Seitdem hat diese Industrie trotz mehrerer Rückfälle immer zugenommen, aber der Gewinn ist durch planloses, fast das ganze Jahr hindurch übertrieben fortgesetztes Ausplündern und die Hazardspielwirthschaft dabei bedeutend gesunken. Vor fünfzig Jahren kamen auf ein Boot manchmal **hundertundfünfzig** Crans Heringe und bei großer Verbesserung und Ausdehnung der Netze vor fünf Jahren nur **fünfundachtzig** Crans.

Man wird sparen, schonen und vernünftig wirthschaften lernen müssen, um wieder zu ernten.

Vergleiche aus einem längeren Zeitraume lieferten folgendes Ergebniß: Vom Jahre 1818 bis 45 kamen im Durchschnitt auf ein Heringsboot viertausendfünfhundert Geviertyards Netze, welche bis 1863 auf 16,800 stiegen. Damit fingen sie bis 1824 im Durchschnitt jedes jährlich hundertfünfundzwanzig, später, bis 1850, hundertzwölf und dann bis 1863 endlich bloß **zweiundachtzig Crans Heringe**. Also bei beinahe vierfacher Vermehrung der Netze eine Verringerung des Ertrages um etwa die Hälfte. Solche Erfahrungen und Thatsachen beweisen doch wohl nun endlich hinreichend die unerläßliche, nicht mehr zu verschiebende Nothwendigkeit einer vernünftigen Wasserwirthschaft. Dazu gehört auch Kenntniß der Bewohner, welche selbst in Bezug auf den Hering noch sehr mangelhaft ist, so daß sich ein maritimes Observatorium an jeder entsprechenden Küste unserer Nordseestaaten mindestens als eben so nothwendig, dabei aber viel lohnender erweisen würde, als die astronomischen Beobachtungstempel. Alle Achtung vor den Sternwarten, aber die geforderten Meereswarten sind eine dringendere Aufgabe unserer Zeit.

Noch ein Wort über den Fang der Sardellen, der in England oft großen und würzigen Pilchards. Sie drängen sich zur Laichzeit, meist im October, oft wie dichte Armeen nach den Gestaden hin, besonders um Cornwall, und können von dazu eigens angestellten Wächtern, die auf den Klippen oben lauern, schon aus weiter Ferne bemerkt und dann durch weiße Flaggen den Fischern verkündet werden. Diese eilen dann mit ihren „Seine-Netzen" herbei, umzingeln sie ringsum mit einer förmlichen Mauer von Netzwerk und suchen das Entweichen der so eingeschlossenen Fische durch etwaige Zwischenräume vermittelst Platschen der Ruder zu verhindern. Eingeschlossen von der maschigen Mauer werden die Gefangenen in seichteres Wasser gezogen, so daß sie mit eintretender Ebbe vermittelst großer Schöpfnetze in besonders dazu bereite Boote geschaufelt werden können. Auf diese Weise hat schon mancher kleine Seine-Netz-Verein von achtzehn bis zwanzig Personen auf einem einzigen Zuge 2000 Oxhoft voll Pilchards, d. h. ungefähr 6,000,000 Stück gefangen. Solche Schätze können dann nicht auf einmal an's Land gebracht werden, sondern bleiben zwischen den ringsum geschlossenen Netzen im Meerwasser und werden je nach Bedürfniß und den Kräften der Leute ausgeschöpft und in den Pökelhäusern mit Salz aufgeschichtet. So bleiben sie etwa vier Wochen liegen, wobei das sich herausdrängende Oel zu anderweitiger Verwerthung aufgefangen wird. Dann wäscht man sie und sendet sie, in Oxhoft-Fässer verpackt, hauptsächlich nach Spanien und Italien, wo sie den Fastenden als ein gar delikater Ersatz des verbotenen Fleisches dienen. Andere große Massen werden jährlich in Tausende von Blechbüchsen gelöthet und unter dem Namen Sardinen verkauft. Ueberhaupt ersetzen und ergänzen sich sowohl in Salzfässern als in den bekannten flügen Blechbüchsen Sardellen, Sardinen, Sprotten und junge Heringe auf sehr unelgennützige Weise. Die blühendste Sprottenfischerei wird an den Küsten der Normandie und der Bretagne getrieben; an letzterer allein wurden 1864 nicht weniger als 75,000 Fässer mit gefangenen Sprotten gefüllt und theils frisch, theils in Oel als Sardinen verkauft. Der Proceß der Einölung dabei ist folgender: man reinigt die Fischchen zunächst sorgfältig in Seewasser und bestreut sie mit reinem Salz. Dann werden sie mit geschickten Griffen der Hand und des Daumennagels und je einem Ruck des Kopfes und der Eingeweide beraubt, wieder in Seewasser gewaschen und an die Luft gehängt oder gelegt, um sie zu trocknen und zu verschönern. Nun unterliegen sie einer kurzen Bakekur in siedendem Olivenöl, werden dann auf Drahtroste so lange geschichtet, bis das überflüssige Oel abgelaufen ist, und endlich in die bekannten kleinen Blechbüchsen gepackt, welche nun so verdrackt fest zugelöthet werden, daß sie manche Hausfrau schon deßhalb nicht kauft, weil sie so schwer zu öffnen sind. Wer sich aber davor nicht fürchtet, sehe wenigstens vorher zu, ob die Büchsen auf beiden breiten Seiten nach der Mitte zu etwas convex hervorstehen. Dies ist das Zeichen vollständiger Luftdichtigkeit. Die Büchsen werden nämlich, gefüllt und zugelöthet, immer noch eine zeitlang in einem großen, mit Dampf gefüllten Kasten einem hohen Hitzgrade ausgesetzt, wobei die eingeschlossene Luft sich ausdehnt und sich durch Erweiterung der am leichtesten nachgebenden Seitenwände Raum verschaffen muß. Freilich kann mit der inneren Abkühlung auch diese Aufgetriebenheit wieder verschwinden; sie ist aber wenigstens für den Pökler und Kaufmann unmittelbar bei der Entfernung aus dem Dampfkasten ein sicheres Zeichen der Luftdichtigkeit, so daß alle nicht so aufgetriebenen Büchsen entweder verworfen oder den Löthungsklempnern an Zahlungsstatt gegeben werden. Während der letzten Jahre sind im Durchschnitt nicht weniger als jährlich zehn Millionen solcher Sardinen-Blechbüchsen allein von der Küste der Bretagne nach allen Theilen der Erde verschifft worden. Die Fischer verbrauchen dabei jährlich für etwa eine halbe Million Thaler

Stockfischrogen aus Norwegen, obgleich man ihnen oft genug gesagt hat, daß viel wohlfeilerer Köder ebenso wirksam sei.

Norwegen fischt des Jahres zweimal, wie Schott- und Holland im August, und dann noch im Winter Heringe, nicht selten bis 600,000 Tonnen, von denen bei Weitem die meisten größtentheils nach Rußland und nur in geringer Menge nach Stettin u. s. w. verkauft werden. Die Sommerfischerei im August und September beträgt im Durchschnitt hunderttausend Tonnen. Von der holländischen Heringsfischerei war schon die Rede.

Von unserer Heringsfischerei in der Ostsee habe ich nichts Zuverlässiges erfahren können. An den Küsten Rügens werden oft solche Mengen gefangen, daß nach drei, vier Meilen Transport bis nach Wolgast u. s. w. hundert Stück für zwei Silbergroschen noch zu theuer gefunden wurden. Die bedeutendste Heringsfischerei treibt oder trieb wenigstens Stralsund, welches vor etwa zehn Jahren über 500,000 Walls oder 33,000,000 Stück fing; aber die dortigen Zeesenboote sollen nicht den rechten Tiefgang, und die ganze Industrie wegen veralteter Privilegien und Mangels an ordentlichen Gesetzen und wirthschaftlichen Regeln keines rechten Aufschwungs fähig sein.

Der Betrag der Heringsernte in Greifswalde war manchmal noch beträchtlicher, kann aber, wie die ganze Heringsfischerei der Ostsee, mit ihren verschiedenen und zum Theil sich widersprechenden „Fisch-Polizei-Ordnungen" dem ungeheuren Bedarfe Deutschlands gegenüber leider kaum bedeutend genannt werden. Vielleicht verdient auch dieser Fang in der salzarmen Ostsee, die nur magere, kränkliche Heringe liefert, keine Ermuthigung. Sie wird unter freieren Gesetzen und guter Bewirthschaftung die ihr eigensten Fische in solcher Menge und Güte liefern, daß die vielfach verarmten Küstenbewohner zur Beseitigung der chronisch gewordenen Noth in Ostpreußen beitragen lernen werden. Auch empfiehlt sich „Einbürgerung" und künstliche Zucht guter Platt-, Stockfisch- und Störarten, in Haffen und Häfen Crustaceen- und Aal-Cultur. Austern gedeihen nicht. Dicht an der Ostsee auch Fischarmuth? „Fünfte Frage" eines Ostpreußen. Antwort: Einbürgerung, Bewirthschaftung.

Die Einfuhr von Heringen in den Zollverein ist während der letzten dreißig Jahre von etwa 16,000 Tonnen jährlich immer und zuletzt über 35,000 Tonnen gestiegen, und dieser Zollverein hat während dieser dreißig Jahre, wie Consul Sturz nachwies, über 8,000,000,000 ausländische Heringe verzehrt und für Seeproducte überhaupt eine Summe von mindestens 200,000,000 Thalern ausgegeben*).

---
*) Neueste und nähere Angaben findet man unter „Fischereigesetzgebung und Zoll".

Makrelen.

Viele Arten von Meeresbewohnern ziehen fast während ihres ganzen Lebens die eigentliche hohe See vor, während die meisten andern Arten mehr oder weniger feste Wohnsitze an Gebirgsabhängen des Meeres, auf Hochplateaux oder Bänken oder in der Nähe von Küsten haben. Diese Nomaden der hohen See nennt man deshalb auch gern pelagische Fische unter denen die Makrelen wegen der brillanten Schönheit ihrer Farben, eleganten Gestalt, Menge und Beliebtheit auf den Tischen der Menschen praktisch die erste Stelle einnehmen. Man findet sie gelegentlich an allen europäischen Küsten, besonders an italienischen und um England herum, so daß sie hier zu großartiger Fischerei Veranlassung geben. Bei größerer Aufmerksamkeit wird man sie auch im Juni und später während ihrer Laichzeit weiter nördlich in unserem deutschen Meere und bis Norwegen hinauf zahlreich und lohnend genug für den Fischfang auf hoher See finden. Die Engländer spannen oft anderthalb Meilen lange Treibnetze zwanzig Fuß tief unter der Oberfläche während mancher Nächte im Juni für den Makrelenfang aus, und vier Boote fingen einmal in einer einzigen Nacht vor Hastings 10,800 Stück. Diese Treibnetze sind in der Regel zwanzig Fuß breit, hundertundzwanzig lang, oben reichlich mit Korkschwimmern versehen, hängen an einem langen Tau mit einander zusammen und werden an dem einen Ende durch eine große Boje, am andern durch die Boote gehalten und durch Ruder oder Segel so ausgespannt, daß sie eine lange Mauer von Maschen bilden. Letztere sind meist 2½ Zoll groß, so daß die Fische mit den Vorderflossen hineindringen und so gefesselt werden, da der dickere Theil des Körpers sie hindert, hindurch zu kommen und die widerstrebenden Vorderflossen ein Zurückweichen unmöglich machen. Mit diesen langen Wänden von Maschen zieht man Kreise um die Boje herum und fängt so die während der Nacht unruhigen Wanderer des Meeres. Andere Fischer ziehen mit ihren Netzen förmliche Kreise und schließen die innerhalb derselben befindlichen Fische ein, um sie so weiter landwärts zu ziehen und nach Bedarf herauszuschaufeln, da sie außerhalb des Wassers sofort sterben und leicht verderben. Dies erinnert an die Tonnaros an den Küsten Siciliens für den Fang der dort besonders häufigen Makrelenart, der Tunfische, wie wir sie an einer anderen Stelle geschildert haben. Endlich ist noch eine Art Angelfischerei gegen die Makrelen sehr beliebt und lohnend. Die Angeln bestehen aus langen Leinen, welche aus den segelnden oder geruderten Booten weit hinaushängen und durch Bleigewichte in möglichster Tiefe gehalten werden. Die Angeln dahinter werden von der Zugkraft des Bootes in mäßiger Tiefe schwimmend und um so lebendiger gehalten, als der Köder durch die Bewegung den Anschein einer schnell-fliehenden Beute gewinnt, so daß die gefräßigen Fische grade um so eifriger darauf Jagd machen, je schneller der rothe Lappen oder die entsprechend gefärbte Fliege zu fliehen scheint. Es ist schon oft vorgekommen, daß zwei Mann in einem Tage tausend Stück Makrelen angelten.

Die gemeine Makrele (Scomber scomber) wird gewöhnlich nur zwölf und selten über sechzehn Zoll lang, ist aber doch ein sehr gefräßiges Raubthier und scheint besonders in Heringsstaaten sehr viele Verwüstungen anzurichten, so daß man sie wahrscheinlich beim näheren Studium dieser noch ziemlich unbekannten Heringsbänke in den unteren Gegenden des Meeres ebenfalls näher kennen lernen wird. Sie ist, wie alle anderen Arten von Makrelen, sehr fruchtbar, und eine halbe Million Eier in einem Weibchen gehören durchaus nicht zu den Seltenheiten. Eine andere Art, die punktirte Makrele (Scomber punctatus) findet sich am häufigsten an

Die Makrele.

spanischen Küsten und heißt deshalb auch oft die spanische. Eine dritte Art, die Bonite, beschränkt sich meist auf tropische Gewässer und scheint dort in ihrer räuberischen Schnelligkeit zu den Hauptverfolgern der fliegenden Fische zu gehören, welche durchaus nicht freiwillig und aus innerer Lebenslust fliegen, wie die Vögel, sondern sich nur aus Angst vor verfolgenden Feinden auf kurze Zeit aus dem Wasser hervorschnellen. Der Riese unter den Makrelen ist der Tunfisch (Scomber thynnus), der an den Küsten Siciliens manchmal fünfhundert Pfund schwer gefunden und gefangen wird und dort vielleicht eine wesentlichere Nahrungsquelle bildet, als in unserem Norden der Hering. Noch zu wenig bekannt und gewürdigt ist der meist an französischen und spanischen Küsten erscheinende Germon (Thynnus alalonga), ein langflossiger Tunfisch. Auch die Pelamiden (Scomber ponticus), findet man überall in europäischen Meeren, obgleich sie die wärmeren Stellen im atlantischen, also wahrscheinlich hauptsächlich den Golfstrom vorziehen. Endlich verdient noch der Pilotfisch als Begleiter und Wegweiser von Schiffen oder der Sage nach auch als Heerführer von Heringsarmeen Erwähnung; doch wissen wir, wie auch sachverständigere Ichthyologen, nichts Näheres und Zuverlässigeres über diese zahl- und artenreichen aristokratischen Heringe des Meeres zu sagen, da auch in den umfangreichsten Fischbüchern die längsten Abhandlungen meist nur Vermuthungen enthalten. Jedenfalls sind aber grade die Makrelen für wissenschaftliche und praktische Zwecke des eifrigsten Studiums werth. Sie stehen wahrscheinlich mit den Heringen in Verbindung, insofern sie als das stärkere und edlere Geschlecht hauptsächlich von diesen leben und wohl ziemlich eben so fruchtbar sind, wie diese, dabei aber ein viel schmackhafteres und nahrhafteres Fleisch liefern.

Die englischen Makrelenfischer zogen besonders an den Küsten von Cornwall während des letzten Frühlings ungemein lohnende Ernten aus dem Wasser. Hunderte von Booten, die auf gemeinschaftlichen Gewinn auszogen, hatten nicht selten fünfzig bis sechzig Thaler und einige Mal sogar mehr wöchentlich für jeden Mann zu vertheilen, und die Capitalisten von Makrelenflotten erfreuten sich lachender Dividenden, die meist über funfzehn und einige Mal sogar über fünfundzwanzig Procent stiegen. Von der Westküste Cornwalls allein beförderten die Eisenbahnen binnen vierzehn Tagen über 8000 Centner frische Makrelen nach London und Paris, so daß man sieht, wie auch dieser zarteste und empfindlichste Fisch bei ordentlichem Betriebe frisch und würzig weit innerhalb des Landes aufgetischt werden kann. In Eis läßt sich natürlich diese Delikatesse auch mitten im Sommer und weit im Innern der Länder frisch und appetitlich liefern. Es kommt nur darauf an, daß für frische Ernten aus dem Salzwasser auch unsere deutschen Seefischerei-Gesellschaften und die Eisenbahn-Directionen von den Häfen aus für regelmäßigen und billigen Betrieb nach den Binnenstädten sorgen, wo freilich auch ordentliche Fischhallen mit Marmor und Eisplatten und wohl auch entsprechende Wagen zum Verlaufe auf den Straßen, wie sie Sturz schon vor Jahren vorschlug, immer für raschen und frischen Absatz zur Verfügung stehen sollten. Kunden dafür müssen allerdings wohl erst in unseren Binnenstädten erzogen und gebildet werden; aber dies ist vielleicht in einigen Wochen abgethan, wenn nur eben diese würzige und heilsame Nahrung immer so geboten wird, daß sie in wohlhabenden und gaumengebildeten Familien in englischer Weise als substanzielles Entrée, statt oder nach der Suppe, und ärmeren als willkommene Abwechselung statt des Kochfleisches mit Gemüse dienen kann.

Die eigentlichen Makrelen, gestreckte, schöngestaltete und gefärbte, 15—20 Zoll lange, 2—3 Pfund schwere Fische, kennzeichnen sich durch zwei getrennte Rückenflossen, deren hinterste sich zu Bastarden anflößen, rundliche Kiemendeckel, kegelige Kieferzähne, sieben Kiemenstrahlen und kleinbeschuppte, schönfarbige Gewandung von goldig-blondem Schimmer oben, dunkle Querbinden und silbernen Glanz auf der unteren Seite. Die Riesen unter ihnen, Thynnus- oder Tunfische, häufig 3—6 und nicht selten doppelt, manchmal sogar bis 18 Centner schwer, auf dem Rücken bläulich schwarz, am Brustpanzer weißblau, seitlich und unten gräulich mit weißen Flecken und Bändern, an den Flossen fleischfarbig, schwefelgelb und schwarzgesäumt, bilden seit den ältesten Zeiten die Hauptschätze der Anwohner des mittelländischen Meeres bis Griechenland und darüber hinaus.

Für Italien vereinigen sie die Werthe der Heringe und Stockfische.

Wegen der culturhistorischen und praktischen Bedeutung ihres Fanges lassen wir hier noch die ausführliche Schilderung Brehms aus der Fischabtheilung seines „Illustrirten Thierlebens" folgen.

„Es gehört so recht eigentlich zur Lebensschilderung des Tun, die Art und Weise seines Fanges zu beschreiben, weil sich gradezu auf die hierbei angestellten Beobachtungen unsre Kenntniß des Lebens dieses Fisches gründet. Schon die Alten betrieben diese Tunfischerei sehr eifrig, namentlich an beiden Endpunkten des Mittelmeeres, an der Meerenge von Gibraltar und im Hellesponte. Aristoteles glaubte, daß alle Tunfische im schwarzen Meere und an den spanischen Küsten sich fortpflanzen müßten, und Strabo giebt an, daß sie der Küste Kleinasiens folgend, zuerst in Trapezunt, später in Sinope und schließlich in Byzanz gefangen würden, woselbst sie sich hauptsächlich im Goll, dem jetzigen Hafen von Constantinopel versammeln. So ist es begründet, daß die Tune im goldenen Horn sich einfinden und dort, laut Gylbius, häufiger sind als an den französischen Küsten, so häufig, daß man seiner Ansicht nach an einem Tage zwanzig Fahrzeuge mit ihnen anfüllen, sie mit Händen greifen, mit Steinen todt werfen oder von den Fenstern der am Wasser stehenden Häuser aufangeln und bezüglich mit großen Körben heraufziehen könne. Auch neuere Reisende, z. B. Hammer, bestätigen diese Mittheilungen. Die Phönizier beschäftigten sich hauptsächlich an der spanischen Küste mit dem Tunfange und die nach ihnen kommenden Bewohner der Küste setzten den gewinnbringenden Erwerbszweig fort bis in die neueste Zeit. Mehre Fischereien waren sehr berühmt, einige lieferten den spanischen Granden den größten Theil ihrer Einkünfte. Nach und nach wurde man saumselig an den spanischen Küsten, namentlich nach dem furchtbaren Erdbeben von Lissabon, im Jahre 1755, welches die Beschaffenheit der Küste so verändert haben soll, daß die Tune keine geeigneten Laichplätze mehr fanden. Gegenwärtig giebt es übrigens noch Tunfischereien in der Nähe von Cadix, Tarifa, Gibraltar und ebenso andere am gegenüberliegenden Ufer bei Ceuta; auch fängt man sie hier und da in Catalonien.

Der Fang geschieht verschieden, je nach Oertlichkeit und Jahreszeit. An den Küsten von Languedoc stellt man gegen die Zugzeit der Fische Wachtposten aus, welche die Ankunft der Tune melden und die Gegend anzeigen, von welcher aus sie sich nähern. Auf das erste Anzeichen des Wächters stechen eine Menge bereit gehaltener Boote in See, bilden unter Befehl eines Anführers einen weiten Halbmond, werfen ihr Garn aus und schließen die Fische ein, verengen den Kreis mehr und mehr und zwingen die Tune, gegen das Land hin zu schwimmen. Hat man sich dem Lande genähert und seichtes Wasser erreicht, so breitet man das letzte Netz aus und zieht es mit allen innerhalb desselben befindlichen Tunen ans Land, woselbst nunmehr eine fürchterliche Metzelei unter den Gefangenen beginnt.

Viel großartiger betreibt man die Fischerei an den italienischen Küsten. Hier sperrt man ihnen die gewohnten Straßen mit ungeheuren Netzen ab und erbeutet günstigenfalls Tausende mit einem Male. Ein Abt hat diesen Fang in meisterhafter Weise beschrieben und seine Schilderung ist es, welche ich dem Nachfolgenden zu Grunde lege.

Die großartigen Fangnetze, wahrhafte Gebäude aus Stricken und Maschen, heißen Tonaren, und man unterscheidet sie nach der Lage derselben in Vorder- und Hintertonaren. Das Meer muß da, wo eines dieser kühnen Gebäude errichtet wird, eine Tiefe von mindestens hundert und acht Fuß haben; die Netzwand selbst besitzt eine solche von hundert und sechzig Fuß, da die verschiedenen Kammern desselben keinen Boden haben und ein guter Theil des Netzes auf den Grund zu liegen kommt und in dieser Lage fest bleiben muß. Nur die sogenannte Todtenkammer hat einen Boden, weil sie mit den gefangenen Tunen aufgehoben wird; sie ist auch, um die Last der Fische und deren Gedränge auszuhalten, ungleich fester als das übrige Netz aus starken, engmaschigen Hanfschnüren gestrickt. Nach beiden Seiten hin verlängern sich zwei Netzwände schweifartig zu dem Zwecke, den Tun ins Netz zu locken. Der sogenannte Schweif führt den Fisch, welcher sonst zwischen dem Netze und dem Ufer entwischen würde, in die Kammer; die sogenannte Schleppe leitet diejenigen herbei, welche sonst im äußeren Meer vorüberstreifen würden. Zuweilen beträgt die Gesammtlänge des Netzes über eine Viertelmeile. Genaueres über die Einrichtung der Tonaren mag aus der Schilderung des Fanges selbst hervorgehen.

Die Ufer Sardiniens werden, wenn die Zeit der Fischerei herannaht, durch die Tonaren ungemein belebt. Am Ufer stehen da, wo man seit Jahren gefangen hat, mehr oder weniger große und bequem eingerichtete Gebäude, dazu dienend, die Fischer, Käufer und Zuschauer aufzunehmen, welche sich während des Fanges hier zusammenfinden. Bis gegen Ende des März ist Alles still und verlassen; Anfangs April aber verwandelt sich der Küstenplatz in einen Markt, auf welchem sich Leute aus allen Ständen versammeln. Inländer und Ausländer kommen an, und wenn die Häuser und Lucken sich füllen, bevölkert sich auch das Ufer und das Meer an demselben mit Hütten und Fahrzeugen. Allenthalben sind Leute beschäftigt: Hier Böttcher und Schmiede, dort Lastträger, welche Salztonnen und dergleichen herbeischaffen, dort wiederum zusammengelaufenes Volk, welches vollauf Arbeit hat, das ungeheure Netz auszubreiten, zu flicken und zusammenzufügen. Der „Patron" oder Eigenthümer der Fischerei läßt sich außer der Aufmerksamkeit, welche er auf die Arbeit und Bewirthung seiner Mannschaft wendet, auch den Gottesdienst angelegen sein, weil er glaubt, daß hiervon ein nicht geringer Theil seines Erfolges abhänge. Aus diesem Grunde „drängt sich", wie der Abt selbst sagt, „die Religion herbei." Uebrigens begleiten den Patron einige seiner treusten und sichersten Leute, welche die Oberaufsicht haben, die Arbeit überwachen und Bekanntmachung der Verordnungen übernehmen; die Hauptperson und der allerwichtigste Arbeiter ist der Reis oder Oberbefehlshaber der Fischer. Reis bedeutet im Arabischen so viel als Vorsteher oder Hauptmann; die Benennung deutet also darauf hin, daß die Araber vordem auch in der Thunfischerei Ausgezeichnetes geleistet haben mögen. Was nur irgend auf den Thunfang Bezug hat, hängt vom Reis ab. Er muß ein Mann sein von unverbrüchlicher Treue, unfähig, seinem Herrn Schaden zuzufügen dadurch, daß er eine andre Tonare begünstigt, muß ebenso große Kenntnisse und Scharfsinn besitzen, das Wesen des Thun gründlich kennen, auf Alles und Jedes, auch das Kleinste, auf eine Vertiefung oder Erhabenheit des Meerbodens, eine besondere Farbe desselben, kurz auf jeden Umstand, welcher auf die Fischerei Einfluß haben könnte, aufmerksam sein, Alles vorher zu untersuchen wissen und außerdem die Begabung haben, das gewaltige Netzgebäude rasch und sicher im Meere aufzubauen, so daß es selbst im Sturme feststehe. Nachdem er diese Arbeit verrichtet, liegt ihm ununterbrochne Besichtigung desselben ob; denn von ihm hängt es ab, wenn der Anfang irgend welcher Arbeit geschehen soll. Mit der Einsicht eines Lootsen muß er bevorstehende Stürme voraussehen können, damit er nicht während einer Unternehmung zur Unzeit von solchen überfallen werde; am Tage des wirklichen Fanges endlich führt er den alleinigen Befehl. Von seinen Eigenschaften hängt größtentheils der Erfolg der Fischerei ab. Man behandelt ihn deshalb mit der größten Höflichkeit, und der Fremde hört oft keinen anderen Namen nennen, als den seinen. Gewöhnlich gehen die zu so hohem Posten erhobenen Leute aus einer Fischerschule hervor; diejenigen, welche auf Sardinien thätig sind, stammen entweder aus Genua oder aus Sicilien.

Die Vorbereitungen zum Fange beanspruchen den Monat April. Anfangs Mai wird die Tonare ausgestreckt, d. h. im Meere eine Linie gezogen, welche bei der Auswerfung des Netzes als Richtschnur dient. Dies geschieht vermittelst langer Leinen, welche mit einander gleichlaufend auf der Oberfläche des Wassers befestigt werden. Am Tage nach der Ausstreckung bringt man das vorher von der Geistlichkeit eingesegnete Netz auf mehreren Fahrzeugen ins Meer hinaus und verankert es nach allen Seiten.

Der Tun zieht mit großer Regelmäßigkeit, wenn auch nicht, wie die Alten glaubten, immer mit der rechten Seite nach dem Ufer gekehrt, nach Aeltian „bald nach Art der Wölfe, bald nach Art der Ziegen," d. h. entweder in Trupps von zwei oder drei Stück, oder in starken Rudeln. Bei ruhigem Wetter streicht er nicht, sondern geht höchstens seinem Futter nach; sobald das Meer vom Winde bewegt wird, begiebt er sich auf die Reise und hält dann meistentheils die Windrichtung ein. Deshalb sieht man beim Tunfange weder Stürme noch Windstille gern; Jedermann wünscht Wind, und Jeder selbstverständlich denjenigen, welcher seiner Tonare vortheilhaft ist.

Der an eine Netzwand anprallende Fisch gelangt zuerst in die große Kammer, deren Eingang offen steht. Niemals oder doch höchst selten besinnt er sich zurückzukehren, sucht vielmehr allenthalben durchzukommen und verirrt sich dabei in die nächsten Kammern, in welchen er entweder schon Gesellschaft vorfindet oder doch bald solche erhält. Besondere Aufpasser halten sich mit ihren Fahrzeugen in der Nähe der sogenannten Insel am Anfang der Kammer auf und geben Achtung, wie viel in das Netz gehen. Sie unterscheiden den Tun unter dem Wasser mit einer wunderbaren Scharfsichtigkeit, obgleich er sich in einer so beträchtlichen Tiefe hält, daß sein Bild oftmals nicht größer als eine Sardelle erscheint; ja sie können sie zählen, Stück für Stück wie der Hirt seine Schafe. Zuweilen müssen sie oder der Reis, welcher sich alle Abende einfindet, verschiedene Hülfsmittel anwenden, um die Unterwasserschau zu ermöglichen. Sie bedecken das Boot mit einem schwarzen Tuche, um die das Sehen verhindernden Lichtstrahlen zu dämpfen, senken einen Stein mit einem weißen Tunfischknochen, die sogenannte Laterne, in die Tiefe, um das Dunkel derselben zu erhellen. Bemerkt der Reis, daß eine der vorderen Kammern zu voll ist, so sucht er, um neuen Ankömmlingen den Eingang zu eröffnen, jene in die folgende Kammer zu treiben. Dies geschieht gewöhnlich mit einer Hand voll Sand, dessen Körner die äußerst furchtsamen Fische derartig erschrecken, „als fiele ihnen der Himmel auf den Rücken." Erweist sich der Sand zum Fortscheuchen nicht kräftig genug, so wird das fürchterliche Schaffell in die Tiefe gesenkt, und fruchtet auch dies nicht, so greift man zum Aeußersten, indem man die betreffende Kammer vermittels eines besonderen Netzes zusammenzieht und dadurch den Tun zum Weichen bringt. Nach jeder Untersuchung stattet der Reis dem Eigenthümer geheimen Bericht von der Sachlage ab, gibt die Anzahl der im Netze befindlichen Tune an und bringt ihm die getroffene Einrichtung, die Vertheidigung der Fische im Netze u. s. w. zur Kunde.

Ist nun das Netz genugsam bevölkert und tritt an dem Tage, dessen Erscheinen man mit tausend Wünschen und Gebeten zu beschleunigen sucht, Windstille ein, so kommt es zur Metzelei. Die umliegende Gegend theilt die Spannung und Aufregung der Fischer, aus entfernten Theilen des Landes finden sich die Vornehmen ein, um dem aufregenden Schauspiel beizuwohnen. Als Grundsatz gilt bei allen Tonaren, daß der Fremde, welcher sich einstellt, willig aufgenommen, auf das Freundschaftlichste behandelt und bei der Abreise freigebig beschenkt wird. In der Nacht vor dem Fange treibt der Reis alle Tunfische, deren Tod beschlossen, in die Vor- oder Goldkammer, einen wahren Vorsaal des Todes, Goldkammer genannt, weil der Tun in diesem Theile des Netzes dem Fischer ebenso sicher ist, wie das Geld im Beutel. Nun gilt es noch ein wichtiges Geschäft abzuthun, nämlich denjenigen Heiligen, welcher zum Schutzherrn des folgenden Tages erkoren werden soll, auszuwählen. Zu diesem Ende wirft man die Namen einiger jener vormaligen Biedermänner in einen Glückstopf und zieht einen Zettel heraus. Der Erwählte wird während des ganzen folgenden Tages einzig und allein angerufen und thut selbstverständlich seine Pflicht und Schuldigkeit, da er ja doch beweisen muß, daß er anderen an Macht und Wirksamkeit nicht nachsteht. Ein weiser Mann erkennt daraus, wie außerordentlich groß die Bedeutung und Wirksamkeit der Heiligen sein muß, selbst nach Ansicht der Italiener, denen doch kirchliche Gläubigkeit aus erster Hand gereicht wird.

Am Schlachttage begibt sich der Reis vor Sonnenaufgang zur Insel, um die Tune in die Todtenkammer zu treiben — eine Verrichtung, welche zuweilen viel Schwierigkeiten verursacht und den Reis in die äußerste Verlegenheit bringt, da es scheint, als verstünden die Fische, welche wichtigen Folgen der Schritt aus einer Kammer in die andre nach sich zieht. Unterdes waffnet man zu Lande die Augen und sieht durch Fernglaser nach der Insel hin, den ersten Wink des Reis zu bemerken. Sobald dieser Alles in Richtigkeit gebracht hat, steckt er eine Fahne aus. Ihr Anblick bringt das Ufer in Aufruhr und Bewegung. Mit Fischern und Zuschauern beladene Fahrzeuge stoßen vom Lande ab; am Ufer läuft Alles bunt durcheinander auf und nieder. Die Fahrzeuge nehmen, schon ehe sie der Insel sich nähern, die Ordnung ein, in welcher sie um die Todtenkammer zu stehen kommen; zwei von ihnen, auf welchen sich die Unteranführer befinden, stellen sich an gewissen Punkten auf, die anderen zwischen ihnen. In der Mitte der Kammer wählt sich der Reis seinen Platz; er führt den Befehl beim Angriff, wie der Armiral am Tage der Schlacht.

Zuerst zieht man, zwar äußerst langsam, unter unaufhörlichem Schreien aller Fischer und möglichst gleichmäßig die Todtenkammer herauf. Der Reis ist überall; vorn und hinten, auf dieser, auf jener Seite, schnauzt hier den Einen an, schmält mit dem Anderen, wirft diesem einen Verweis, jenem ein Stück Korl an den Kopf. Je mehr die Todtenkammer zur Oberfläche emporkommt, um so mehr rücken die Fahrzeuge zusammen. Ein an Stärke stetig zunehmendes Aufklochen des Wassers kündigt die Annäherung der Fische an. Nun begeben sich die Todtschläger, bewaffnet mit großen Keulen, an deren Spitze ein eiserner Haken befestigt wird, nach den

Der Tunfisch.

beiden Hauptbooten, von denen aus die Tune angegriffen werden; noch ehe sie ihre Arbeit beginnen, macht sich unter ihnen die größte Aufregung bemerklich.

Endlich gibt der Reis den Befehl zur Schlacht. Es erhebt sich ein fürchterlicher Sturm, hervorgebracht durch das Umherfahren und gewaltige Umsichschlagen der ungeheuren Fische, welche sich eingeschlossen, verfolgt und dem Tode nahe sehen; das schäumende Wasser überfluthet die Boote. Mit wahrer Wuth arbeiten die Todtschläger, weil sie einen gewissen Antheil an der Beute haben und deshalb soviel als möglich und hauptsächlich die größten Tune zu tödten suchen. Einem Menschen, welcher in das Meer fiele oder sonst in Gefahr käme, würden sie jetzt gewiß nicht zu Hülfe kommen, sowie man während der Schlacht auf die Verwundeten keine Rücksicht nimmt. Man schlägt, schreit, wüthet und zieht den Tun so schnell als möglich aus dem Wasser. Nachdem sich die Fische einigermaaßen vermindert haben, wird angehalten, die Kammer von Neuem heranzogen, die noch übrigen Tune noch enger eingeschlossen und ein neuer Sturm erhebt sich, ein neues Morden beginnt. So wechselt Schlagen und Anziehen des Netzes bis endlich auch der Boden der Todtenkammer nachgekommen und kein Tun mehr übrig ist. Das Blut der Fische färbt auf weithin das Meer. Nach Ablauf einer Stunde ist die Metzelei vorüber. Die Fahrzeuge segeln und rudern ans Land. Donner der am Ufer aufgestellten Böller empfängt sie. Noch ehe man ans Ausladen geht, trägt jeder Fischer den ihm gehörigen Theil davon; sodann beschenkt der Patron den Heiligen, welcher sich, da er Nichts gethan, selbstverständlich glänzend bewährte; unmittelbar nach ihm machen auch die Diebe ihre Ansprüche auf die Ausbeute des Fischfanges geltend, gleichsam als ob sie sich mit dem Heiligen für gleichberechtigt hielten! „Man kann sagen", so drückt sich der Abt wörtlich aus, „daß bei der Tonare Jedermann Dieb ist. Das Stehlen ist hier weder eine Schande noch ein Verbrechen. Dem ergriffnen Diebe widerfährt weiter Nichts, als daß er das gestohlene Gut wieder verliert; hatte er es aber schon in seine Hütte gebracht, so ist es in Sicherheit. Hierin liegt eine gewisse Billigkeit; denn der Lohn, um welchen der Unternehmer die Arbeiter dingt, steht mit der ihnen aufgegebenen Arbeit in ungleichem Verhältnisse, und um nun einen Ausgleich zu treffen, muß zum versprochnen Lohn noch eine Zugabe kommen. Aus diesem Grunde läßt der Patron das Stehlen unter der Bedingung zu, daß es geschehe, ohne ihm kund zu werden. Diese Art von stillschweigendem Uebereinkommen und der Gebrauch, daß der Patron sein Eigenthum rettet, wenn er den Räuber fängt, macht ihn und seine Beamten außerordentlich aufmerksam, während die Diebe, welche weder Beschimpfungen, noch Strafe, sondern nur Verlust des Gutes zu befürchten haben, sich überaus dreist und flink benehmen müssen. Beim Stehlen einzelner Stücke lassen sie es nicht bewenden; das Beutemachen erstreckt sich auf ganze Tune, und sie wissen tausenterlei Kunstgriffe anzuwenden, um solche in Sicherheit zu bringen. Mit der Hurtigkeit eines Taschenspielers lassen sie einen Tun verschwinden, sowie ein Andrer eine Sardelle einsteckt."

Bei jeder Metzelei, falls es nicht die letzte, leert man das Netz niemals gänzlich, läßt vielmehr, gewissermaaßen zur Lockung für den folgenden Fang, etwa hundert Stück Tune und darüber im Netze zurück. Nach einiger Zeit wiederholt man Heiligenwahl und Todtschlag, und so fährt man fort, so lange das Streichen des Tunes anhält. In Sardinien währt dies bis Mitte Juni. In einzelnen Tonaren finden alljährlich acht Metzeleien statt, von denen jede etwa fünfhundert Tune liefert, auf anderen deren bis achtzehn, jegliche zu etwa achthundert Stück. Der Ertrag der Fischerei ist also sehr bedeutend. Nach beendigtem Fange hebt man die Todtenkammer aus, läßt aber auffallender Weise das übrige Netz im Meere zurück.

Die Ausbeute wird oft an Ausländer, welche sich als Käufer eingefunden haben, frisch abgelassen, und von diesen in ihrer Art und Weise eingesalzen und eingepökelt; einen etwaigen Rest bringt man an einen schattigen Ort, um die Fische zu zerlegen. Zuerst haut man den Kopf ab; sodann schneidet man Knochen und Fleisch zwischen den Flossen aus; hierauf hängt man den riesigen Fisch vermittels Stricke auf, welche man am Schwanze befestigt, und führet sechs Längsschnitte, zwei vom After bis an die Spitze des Schwanzes, zwei längs des Rückens und zwei nach dem Schwanze zu, letztere so nahe an einander, daß nur die oberen Bastardflossen abgesondert werden; endlich wird noch längs jeder Seite eingeschnitten: so gewinnt man Fleischstücke, welche man für sehr verschieden erachtet. „Es ist unglaublich", sagt Cetti, „wie viele abwechselnde Arten von Fleisch man bei unserem Fische findet. Fast an jedem Ort, an jeder verschiedenen Tiefe, wo man mit dem Messer versucht, trifft man auf ein anderes, bald auf derberes, bald auf weicheres; an einer Stelle sieht es dem Kalbfleisch, an einer anderen dem Schweinefleische ähnlich". Jede Fleischsorte wird auch besonders eingelegt. Am meisten schätzt man den Bauch, ein wirklich köstliches, welches, saftiges, schmackhaftes, gehaltvolles Stück, für welches man, frisch oder eingesalzen, noch einmal so viel bezahlt, als für das, welches man außerdem für das beste ansieht. Das Fleisch, welches eingesalzen werden soll, wird in Tonnen eingelegt und bleibt zunächst acht bis zehn Tage in der Sonne unter freiem Himmel stehen. Hierauf nimmt man es aus den Fässern und läßt es auf schiefliegenden Brettern absickern, bringt es sodann wieder in die Tonnen, tritt es fest, schließt das Faß, schüttet noch in das Spundloch einen Haufen Salz und Salzlake und verfährt so bis zum Einschiffen. Aus den Knochen und der Haut kocht man Oel. Fünf Fässer mit verschiedenen Fleischsorten gefüllt gehören zusammen.

So gesund das frische oder ordentlich eingesalzene Fleisch des Tun, so schädlich ist das faulige. Die Gräten werden dann roth und der Geschmack so scharf, als ob es mit Pfeffer gewürzt wäre. Sein Genuß bringt Entzündung des Schlundes, Magenschmerz und Durchfall hervor, kann sogar selbst den Tod zur Folge haben. Demgemäß untersucht man obrigkeitshalber in mehreren italienischen Städten die Fische in den Barken, noch ehe sie auf den Markt kommen, namentlich bei Sirocco, und wirft das bereits Riechende ohne Weiteres in das Meer.

Die Kochkunst der Welschen zeigt sich auch in der Zubereitung des Tuns. Man bereitet hier vortreffliche Suppen, köstlichen Braten aus dem Fleische, dampft, schmort und kocht es, genießt es geräuchert mit Salz und Pfeffer, wie Lachsfleisch u. s. w. Vor dem Kochen sieht das Tunfleisch dem des Rindes ähnlich; nach der Bereitung nimmt es eine lichtere Färbung an." —

Hechte.

Unter den vielen Tausenden von räuberischen Staaten und Völkern im Wasser nehmen die Hechte als ganz besonders begabte Räuber eine eigne Stelle ein und zwar hauptsächlich in süßen Gewässern, da die dazu gehörigen Familien, welche im Meere leben, merkwürdiger Weise schwach sind und mehr verfolgt werden als selbst rauben. Alle Arten von Hechten zusammen heißen Esocida. Ihr breites, abgeplattetes Maul mit hervorragendem Unterkiefer und dem stark bewaffneten Rachen, den langen, scharfen Zähnen darin, sogar auf der Zunge, diese förmlichen Hecheln, über welchen die starken Fangzähne der Kiefern noch hervorragen, charakterisirt ganz entschieden den bevorzugten Wegelagerer. Auch die großen runden Schuppen, die einfache Rückenflosse ganz hinten, die mit der After- und Schwanzflosse gleichsam ein dreifach verstärktes Ruder bildet, welches seinem zugespitzten Rachen die stoßartige, pfeilschnelle Geschwindigkeit verleiht, bekunden ganz deutlich, daß es der Natur hier darauf ankam, ein unbarmherziges Raubthier zu bilden. Wir versöhnen uns nur mit dieser Laune, weil wir noch besser zu rauben verstehen und uns das schmackhafte Fleisch des Hechtes, das bis zur Forellenartigkeit veredelt werden kann, aus allen unseren Gewässern ziemlich reichlich und billig anzueignen wissen. Dieser gewöhnliche Hecht (Esox lucius, Brochet, Pike) findet sich zahlreich in allen süßen Gewässern Europas und ist mit seinem grünen oder grauen Rücken, silbernen Seiten und noch helleren, verwaschenen Flecken auf dem Körper bekannt genug; doch lernen wir ihn selten in seiner wahren Wuchtigkeit als Dreißigpfünder von fünf bis sechs Fuß Länge kennen, noch weniger die Siebzigpfünder, wie sie in den Seen Schottlands und Irlands zuweilen vorkommen. Wir lassen ihm eben nicht Zeit, so groß, schwer und alt zu werden. Ungefangen wird er allerdings sehr alt, doch wahrscheinlich nicht 267 Jahre, wie der Hecht Kaiser Friedrichs, den er im Jahre 1230 bei Heilbronn mit einem Ringe im Kiemendeckel ins Wasser gesetzt und ein Fischer erst im Jahre 1497 wieder gefangen haben soll.

Der Hecht laicht vom Februar bis April je nach Wärme der Luft und des Wassers ungeheure Mengen kleiner Eier in seichtes, mit Schilf oder Röhricht bewachsenes Wasser, auch auf überschwemmte Wiesen, so daß man ihn bei dieser Gelegenheit leicht paarweise, sogar mit den Händen fangen kann. Die Männchen schwimmen während dieser Zeit gern mit den Weibchen, um die entweichenden Eier sofort zu befruchten. Im Uebrigen lieben sie einzeln an ruhigen Stellen möglichst versteckt zu „stehen", um auf ahnungslos vorbeischwimmende Beute plötzlich loszuschießen.

Wegen seines weißen, festen, derben und wohlschmeckenden Fleisches verdient er bei Bewirthschaftung unserer Gewässer gehörige Beachtung, worüber wir in dem Capitel: Teichwirthschaft die nöthige Anleitung geben. Hier sei nur noch bemerkt, daß man die Hechte am besten für den Tisch halbpfündig und zwei Jahre alt werden läßt, wie am Rheine, wo sie als Groß- oder Grünhechte viel besser schmecken, als die weichlichen oft kaum achtelpfündigen Zwerge, die auf den Fischmärkten Berlins u. s. w. feil geboten werden. Eingesalzene oder marinirte Hechte findet man nur da, wo sie in zu großer Menge für sofortigen Verzehr gefangen werden. Frisch gebraten oder gekocht und gezessen sind sie immer vorzuziehen.

Die verschiedenen Arten von Seehechten, der Gar- oder Hornfisch (Esox belone), ein langer, beinahe schlangenartiger, langschnäbliger eigner Kauz, der saurische Hecht oder Skipper mit schaufelartigem Schnabelrachen, dessen oberste Hälfte auffallend kürzer ist, als die untere, der von Makrelen verfolgt oft mit Tausenden zugleich aus dem Wasser hoch in die Luft und weit davon springt, und mehrere andere, zum Theil ganz kleine wunderbare Fische, welche Verbindungsglieder zwischen Hechten und Makrelen bilden, haben nur für die Ichthyologen großen Werth, aber einen geringen praktischen, da sie nur mehr zufällig gefangen werden und sich keineswegs durch appetitliches Fleisch auszeichnen.

Angelfischerei.

Die Schätze, welche aus den Gewässern geerntet werden, lassen sich jährlich auf viele Millionen Thaler berechnen. Dazu tragen die Angler, auch die größten Künstler darunter, verhältnißmäßig nur wenig bei; aber ihr Gewinn ist doch sehr bedeutend. Sie treiben ein Hazardspiel, wobei Niemand verliert, selbst wenn Tage lang keine einzige armselige Plötze gefangen wird. Sie fischen immer wenigstens Erholung, Ruhe für die Nerven, Genuß und selbst Wissenschaft. Zurückgezogen von der Welt, an der schattigen Stelle eines Baches sitzend, balsamische Luft einathmend, welche flüsternd durch blühende Bäume und Sträucher huscht, empfängt der Angler wohl gar noch am stillen Abende den Besuch des Goethe'schen „feuchten Weibes", welche ihn verführerisch von den Schönheiten der Wassertiefe listige und lockende Geschichten zu erzählen weiß. Auch Nixen und Najaden finden sich ein und plaudern mit den Dryaden in den Baumkronen. Er wird sich zwar als moderner, gebildeter Mensch nicht verführen lassen, wie der Goethe'sche Fischer, in die Tiefe hinabzusteigen und ihr nur so viel anvertrauen, als ihm die wohlgeölten Wasserstiefeln erlauben; aber die Wunder im Wasser bleiben ihm deshalb doch nicht fremd und vereinigen sich gern mit dem Rauschen der Bäume und dem lieblichen Gezwitscher der Vögel, seinem Gemüthe Ruhe und Heiterkeit zu gewähren und die Phantasie mit den anmuthigsten Träumen und Gedanken zu beschäftigen, während er in angenehmer Spannung auf das leiseste Zucken an seiner Angelruthe lauscht und dann auch Gelegenheit findet, sich am Ufer entlang leichte Bewegung zu machen und die verführerische Fliege auf den leichten Wellen tanzen oder tiefer gesenkten Köder für gefräßige Hechte oder willkommnere Lachse auf- und niedersteigen zu lassen. Und welch' ein angenehmer aufregender Kampf, wenn so ein recht tüchtiger Bursche den scharfen Haken im Schlunde fühlt und sich nun mit aller Macht zu befreien sucht! Welche Geschicklichkeit, welche feine Hand und Berechnung gehört dazu, den widerstrebenden schweren Schatz wirklich zu heben und sicher zu landen!

Auch mit geringer Beute und selbst mit leerer Fischtasche kehrt der Angler glücklicher und gesunder zurück, als aus der abendlichen Stammkneipe oder von sonstigen üblichen Vergnügungen in geschlossenen Räumen. Die Angelkunst ist deshalb allen Personen zu empfehlen, die von ihrem Berufe in geschlossenen, staubigen Räumen bei nervenanstrengender Arbeit festgehalten werden und zur Erholung Ruhe und gute Luft bedürfen. Auf die Menge der gefangenen Fische kommt es dabei gar nicht an: Als Erholung und Liebhaberei bringt die Angel immer wirklichen Gewinn. Die Kunst selbst, und namentlich die feinere, mag man in dem vollständigen Handbuche von Hermann d'Alquen oder in noch kostbareren englischen Werken studiren. Hier gilt es nur, von dem Umfange und den Arten der Angelfischerei ein Bild zu entwerfen. Die Angelgeräthe, welche mit einer krummgebogenen Stecknadel an einem Zwirn- oder Bindfaden und den ersten besten Zaunstöcken in der Hand anfangen (womit man auch wirklich schon Fische fangen kann) und mit einem wahren Arsenale von kostbaren Ruthen, Rollern, Schnuren, Haken, Ringen, Lösern, Wirbeln, Gewinden und Gehängen, Nadeln, Elfen und Speeren bis zum Betrage von mehreren hundert Thalern enden, beschreiben wir hier natürlich nicht, um so weniger, als Angler ebenso geboren werden wie Dichter. Wer das Genie nicht dazu hat, fängt auch mit den kostbarsten Geräthen nichts. Der Künstler und Praktiker lacht über die besten Handbücher, und auch der angehende Angler von Talent lernt am Besten durch Erfahrung, Uebung und Nachdenken. Vor allen Dingen muß man die verschiedenen Arten von Fischen, ihre Lebensweise und Eigenheiten kennen, um mit Erfolg die rechte Angel zu rechter Zeit mit dem richtigen Köder werfen und herauszuziehen zu lernen. Alle Fische sind mehr oder weniger Raubthiere, und selbst die friedlichen Karpfen, welche sich mit allerhand vegetabilischen Abfällen begnügen, verschmähen ein Stückchen Fleisch nicht. Deßhalb kann aller Köder aus dem thierischen Leben entnommen werden. Die beschuppten Wasserbewohner finden Alles genießbar, nur nicht die kostbaren und vielfachen künstlichen Fliegen und Insecten, wofür Künstler des Angelhakens, namentlich in England, geradezu Summen ausgeben.

Um mit dem besten Angelfische anzufangen, empfehlen wir zunächst den kühn zuschnappenden, rauh und hart beschuppten Barsch, der aus seinen tiefen, stillen Wasserhöhlungen fast auf jede Art von Köder anbeißt, aber am Besten mit sogenannten Rothwürmern oder kleinen Ellritzen oder Gründlingen zu fangen sein soll. Raubbarsche schnappen auch nach gewöhnlichen Maden, doch lassen sie sich, wie die ersteren, gern lange nöthigen, ehe sie sich ergeben, so daß man starkes Angelzeug und gute Rollschnur haben muß, um sie zu ermüden und dann glücklich zu landen. Der beliebte Zander oder Sander, ein großer Raubfisch tiefer, reiner Gewässer, beißt auf den Gründling oder ein Stück riemenartig geschnittenen Weißfisches an. Andern Barscharten, wie Zingel und Streber oder die Schrätzen der Donau lieben ebenfalls die Tiefe und müssen deshalb mit Grundangeln aufgesucht werden.

Unsere binnenländischen Lieblingsteichfische, die artenreichen Karpfen, stehen in dem Rufe, sehr pfiffig und vorsichtig zu sein, und obgleich sie durchaus keine Kostverächter sind, erwarten sie doch an der Angel eine den Haken ganz verhüllende und reinliche Delikatesse, wenn sie anbeißen sollen. Ueberhaupt muß das ganze Geräthe fein aussehen und am Haken einen appetitlichen rothen Wurm, im Sommer noch besser Maden oder Brodteig haben. Die beste Zeit ist vom Frühling bis in den Herbst der Morgen und Abend bei stillem Wetter. Die Lockspeise muß ihnen, mit Ausnahme der Laichzeit, während welcher man überhaupt jeden Fisch schonen sollte, am besten zwischen dichten Wasserpflanzen bis ziemlich auf den Grund gesenkt werden. Möglichst versteckt wartet man, bis der Federschwimmer einen Biß verräth, worauf man gleich grade aufwärts schlagen muß, um den Fang möglichst gradlinig herauszuheben. Hat man ihn am Lande, kann man sich immerhin freuen, denn man ist listiger gewesen, als der Wasserfuchs, wie die Engländer den Karpfen nennen. Mit anderen Arten macht man es ungefähr ebenso, wobei wir bemerken wollen, daß unsere kleinen Goldfische ebenfalls zu dem Karpfengeschlechte gehören und in der Gefangenschaft zwischen ihnen zugänglichen Wasserpflanzen nicht selten Laich ansetzen, den man zum Privatvergnügen künstlich zum Leben bringen kann. Dies gilt auch von den einheimischen, pygmäischen Silberkarpfen, den Phrillen. Auch die dickleibigen Karauschen, von Engländern preußische Karpfen genannt, die schlanken, kräftigen Barben mit ihren Anhängen von Napoleonsbärten, die Münnen, Alande oder Dickköpfe, die Rappen oder Rapfen (Raubalete) mit krummen, langen Unterkiefern, die Brassen, Brachsen oder Blete mit schwärzlichen Flossen, die Rotten (Rothaugen oder Rothflosser) mit ihren rothen Augenringen und der dicken Taille, die Plötzen oder Rötteln mit safrangelben Augenringen, die Dasen, Laschen oder Lauben, kühne lebhafte, schlanke Burschen mit großer Freßgier, die kleinbeschuppten, schlüpfrigen Schlete, die blaugefleckten, langgestreckten, dreisten Gründlinge, Grundeln oder Gräslinge, die wie die noch kleineren Ellritzen besonders als Köder für Forellen, Barsche und Hechte zu empfehlen sind, die Maybleden, O=, U= oder Ideleis, die Bleiers, Blicken oder Buntern, die Döbels oder Dartköpfe der Nord= und Ostseeflüsse, die Oeslinge, Nasen oder Schnellerfische, die Witterlinge, Spierlinge, Alandbleden, die pommerschen Leiler, die seltenen Ziegen der Elbe und Donau, die Gilbels oder Steinkarauschen, die spitzflossigen Kühlinge, die Orfen oder Frauenfische von schön orangengelber Farbe, die Zopen und Bärthen der Ostsee und Oder, die nacten Leberkarpfen Schlesiens und eine gute Zahl anderer Fischarten gehören zu dem Geschlechte der Cyprinen oder Karpfen und müssen vom Angler je nach deren Eigenthümlichkeit mit Maden, Würmern, Brodteig, Fliegen und sonstigen verführerisch verhüllenden Delikatessen angelockt werden. Die kühnen, wenn auch kleinen, gefräßigen Stichlinge, berühmte Nestbaumeister im Wasser, lassen sich mit einem bloßen Stück Wurm an einem Faden ohne Haken aus allen möglichen süßen Gewässern als Köder für Barsche und kleinere Hechte auf die einfachste Weise angeln; doch muß man ihnen vorher die mörderlichen Stachelflossen abschneiden. Kaullköpfe oder Groppen, die sogar in einigen Gegenden den schmeichelhaften Namen Rotzkolben führen, haben nur als Köder für Aale, zur Noth auch für Hechte einigen Werth. Man kann sie bei Mond= und Fackelschein mit der einfachsten Angel oder selbst mit der bloßen Hand zwischen rauhen Steinen in klaren Bächen hervorziehen. Von den beiden Arten von Schmerlen soll die Bachgrundel mit ihren gabelförmigen Stacheln an den Seiten des Kopfes pfeifen, wenn man sie fängt, was bei dem unmusikalischen Charakter der Fische immer schon als ein seltner Vorzug anerkannt werden muß. Die langgestreckte Bartgrundel mit sechs Bartspitzchen an der Oberlippe muß man in kiesigen Gebirgsbächen aufsuchen; doch haben sie weiter keinen Werth, wie als geschätzte Lockspeise für Aale. Dies gilt auch von der dritten Schmerlenart, den Wettersischen oder Schlammpeißern, die manchmal so blind gefräßig sind, daß sie selbst in die aus dem Köder vorstehende Angelspitze hineinbeißen. Ihre junge Brut wird oft leider mit der von Forellen und anderen Fischen am Niederrhein massenweise ausgeschaufelt und unter dem Namen Rümpschen als beliebtes Gericht verzehrt.

Den größten Gewinn und das höchste Vergnügen gewähren dem Angler fast alle Lachsarten, besonders aber unsere äußerlich prächtigsten und innerlich schmackhaftesten Forellen, die schon mit ihren über den ganzen Leib verbreiteten rothen Augen in blauen Ringen gar verführerisch aus den klaren Bächen hervorschimmern. Man angelt die Forelle natürlich auf mannigfaltige Weise; auf der Oberfläche mit Fliegen, im Mittelwasser mit Schwimmer und Würmern oder einem lebenden Fischchen oder auf dem Grunde mit Wurmköder. Auch ist gegen sie das sogenannte Wandelfischchen, das Senken und Heben und das Angeln mit Drehfischchen nicht selten. Das ist wohl Alles mehr Geschmackssache und es bleibt immer die Hauptaufgabe, diesen starken und heftig kämpfenden Gefangenen die größte Geschicklichkeit, Ruhe und Ausdauer siegreich entgegen zu setzen. Thomson hat in den „Jahreszeiten" die Hand des Forellenanglers so besungen:

„Die Hand nachgebend, doch sie fühlend stets,
Giebt füglich ihrem wilden Zorne Raum,
Bis breit auf athemloser Seite treibend,
Au's Land den buntgefleckten Schatz sie zieht."

Nach Forellen „wandelfischend" nimmt man einen, am Stiele mit Blei umgossenen, dünnen und mit einer Ellritze geköderten Haken, der an einer dünnen, festen Schnur an der Spitze der Ruthe aus einem Ringe heruntterhängt und durch Vorrath am Roller vermittelst der leitenden Hand leicht verlängert und verkürzt werden kann. Der leise ins Wasser geworfene Köder wird nun mit abwechselnd gehobener und gesenkter Ruthe wiederholt quer durch das Wasser gezogen, wobei das Lockfischchen sich im Wasser dreht und so mehr Anziehungskraft ausübt. Bei einem bemerkten Biß senkt man die Ruthenspitze, giebt so zwei, drei Minuten zum Verschlingen und schlägt erst dann tüchtig aufwärts. Würmer und eine unten durch Schrotkörner beschwerte Schnur reichen im Nothfalle auch hin. Versuche mit vielfach über und nebeneinander zusammengesetzten Haken und künstlichen Drehfischchen überlasse man reichen oder gewerbsmäßigen Anglern oder verspare sie bis nach den Lehrjahren. Von anderen Forellenarten empfiehlt sich die hübsche, flinke Aesche (Mailing oder Spelt) für gewöhnliche Angeln mit Fliegen oder Wurmköder. Der eigentliche Lachs oder Salm giebt auch den geübtesten Anglern und den stärksten Geräthen in seiner Schnelligkeit und Stärke viel Gelegenheit, ihre Kunst und Geschicklichkeit zu erproben, und ein ächter ausgewachsener Vollblutlachs kann viele Stunden lang zu schaffen machen und nach erschöpfter Kraft und Geduld doch noch entkommen. Deßhalb gelten aber auch die wilden Lachsjäger auf besonderen Booten im Meere mit ihren riesigen Angeln im Norden von England und in Schottland als ächte Sportsmen. Schon mancher hat mitten auf den Wogen sich halbe Tage lang von einem zwanzigpfündigen Gefangenen umherziehen lassen, um endlich als Sieger mit der kostbaren Beute ans Land zurückzukehren. Doch über diese Jagd auf dem Meere später noch ein Wort. Die uns zugänglichen Lacharten, der Hakenlachs, der Schmelt oder See-Stint, der Schnepel, die breite Aesche, die Maräne Hinterpommerns, der Silberlachs, der fleckenlose Ritter, die Fölchen, Saiblinge, Huchen oder Heuchen, die kostbaren hellen, schwarzfleckigen Lachsforellen u. s. w. haben trotz ihrer Unterschiede so ziemlich denselben Appetit und dieselbe Schnelligkeit und Kraft, so daß sie alle auf ungefähr dieselbe Weise gefangen werden können. Eigenheiten für besondere Arten müssen durch Erfahrung herausgefunden werden. Die besten Vorschriften in Angelbüchern helfen meist wenig.

Aale finden sich oft von selbst an Haken von Grundangeln ein. Ist dem Angler besonders daran gelegen, mag er die Ruthe mit Schwimmer und Bodenblei und einem mit einem Stück Fisch oder Pökelfleisch geköderten Haken, besonders im heißen, schwülen Wetter, für ihn versenken. Das Ende der Schnur muß fest oder von seiner Drahtseide sein, weil der gefangene Schlangenfisch mit seinen scharfen Zähnen oder seinen kräftigen Windungen sonst die Schnur leicht zerbeißen oder zerreißen kann. Das Aalen bei Nacht mit Laterne ist des Opfers an Mühe und Gesundheit nicht werth. Flundern in Flüssen der Nord- und Ostsee werden ungefähr wie Aale und nicht selten statt derselben gefangen. Dasselbe gilt auch von Neunaugen und den einzigen Vertretern der maritimen Stockfischarten in süßen Wassern, den schlüpfrigen und quammigen Quappen.

Besonders verdienstvoll in Deutschland ist der Hechtfang vermittelst Schluck- und Schnapphaken. Ersterer besteht aus einem, mit Blei beschwerten und mit lebendigen oder todten Fischen geköderten Doppelhaken, dessen Handhabung und Benutzung freilich viel Vorsicht und Erfahrung erfordert; letzterer kann bald einfach, bald doppelt, auch drei- bis fünfhakig, springschnappig oder auch aus einer Zusammensetzung von Schnapp- und Schluckhaken und außerdem noch mit einem Doppelhaken u. s. w. versehen sein, wie man überhaupt für diesen grimmigen Räuber unserer Gewässer die genialsten Werkzeuge und Methoden des Fanges erfunden hat und anwendet. Da er Alles ohne Weiteres zu verschlingen sucht, was in das Bereich seines blindgierigen Rachens kommt, mag man die Haken mit beliebigen kleinen Fischen oder lebendigen Fröschen und auch nachgemachtem Ungeziefer ködern: er beißt immer an und schnappt zuweilen sogar nach leeren Angelhaken und reißt wohl auch den bereits geangelten Fisch in seinen Rachen hinein. Im glücklichen Falle kann man dann wohl einen doppelten Fang aus dem Wasser ziehen. Nur während der Liebes- und Laichzeit beißen sie nicht, schmecken dann aber auch nicht besonders. Sonst ist er auf dem Tische fast immer willkommen und schmeckt am Besten, wenn man ihn frisch ausnimmt, mit Salz gefüllt einen halben Tag liegen läßt, unabgeschuppt kocht oder bratet und vor dem Genusse die leicht ablösbare Haut beseitigt.

Hechte halten sich am liebsten auf ihren gewählten Lauerplätzen in Flußkrümmungen und tiefen, ruhigen Stellen auf, von wo sie mit ihren dazu eigens gestellten Augen nach Beute aufwärts blicken. Dies thun sie oft in unmittelbarer Nachbarschaft von Barschen, welche im Vertrauen auf ihre starken Rückenflossen keine Furcht vor dem sonst nach allen Seiten hin gefährlichen Räuber verrathen.

Daß man auch noch alle mögliche andere Fische und vielleicht sogar einen zweicentnerigen Wels angeln kann, läßt sich bei dem Reichthum und der Mannigfaltigkeit von Geräthen leicht denken. Wir überlassen die Einzelnheiten der Erfahrung und dem eignen Studium des Anglers, der, wie gesagt, wie der Dichter geboren werden muß und dann seine schönsten Freuden der Beobachtung der Natur und den danach eingerichteten Werkzeugen zur Bemeisterung und Ueberlistung derselben verdanken mag.

Wir fügen nur noch nach D'Alquens vollständigem Handbuche der feineren Angelkunst einige Erfahrungssätze und Regeln hinzu. Im Winter muß man Fische an ruhigen Stellen in tiefen Höhlen aufsuchen, Hechte nach starken Regenfluthen am Ufer in zwei bis drei Fuß Tiefe. Im Frühling während der Laichzeit lieben sie flache Stellen mit lebhafter Strömung, beißen dann aber nicht gern an. Vom März bis Juni sind die günstigsten Zeiten für den Angler mit Fliegen, vom August bis September für den Grundfischer; aber in angeschwollenen Flüssen bei schwerem Regen, Sturm oder kaltem Ostwind mag man sich jede Mühe sparen, ebenso in schwülen, gewitterhaften Tagen. Süd- und Südwestwind sind einladend und meist lohnend. Grundköder wirft man in kleinen Stücken in stilles, in großen Ballen in reißendes Gewässer. Der Angler muß sich am Ufer möglichst wenig sehen lassen und leise auftreten. Geräusch und Erschütterung verscheucht die Fische. Daß man Angelgeräthe vor und nach dem Gebrauch genau untersuche, ob auch Alles gut gewickelt und haltbar sei und in der Zwischenzeit nichts verderbe, versteht sich von selbst. Bei sanftem Regen, niedrigem Wasser oder trüber, wolkiger Witterung beißen Karpfen und Schleie gern an Grundköder; trockenes Wetter und leichter Wind sind günstig für Fischer mit Fliegen. Unmittelbar nach Sturm und schwerem Regen in Sommertagen beißen die meisten Fische gern an, besonders Barben, Rothen und Münnen. Bei klarem und niedrigem Wasser fische möglichst weit draußen im Wasser, bei gefärbtem nahe am Ufer und an den Wirbeln. Niedriges und helles Wasser ist ungünstig für die Grundangel, denn die Fische überschauen dann sehr leicht die ganze listige Vorrichtung für ihr Verderben; daher ist es immer gut im Trüben zu fischen. Barben, Münnen, Dasen, Rotten, Gründlinge und Barsche lieben reinen, kiesigen Grund, Karpfen, Schleie und Aale schlammigen Boden. Ueber Angelgeräthe, Zubereitung und Färbung von künstlichen Fliegen u. s. w. giebt es namentlich in England eine überaus reiche Menge von Büchern, und ausschließlich damit gefüllte Läden sind im Stande, einem jungen, bemittelten Enthusiasten für mehr als hundert Thaler Waare auf einmal aufzubürden; man darf aber nie vergessen, daß das Angeln wesentlich eine Kunst und zwar eine sehr einfache ist, wobei Geschick und geniale Benutzung der Gewohnheiten und Eigenthümlichkeiten der Fische mehr werth sind, als die größte Vollkommenheit und Mannigfaltigkeit von Geräthen und Theorien. Außerdem ist es nicht rathsam, dieser Kunst mehr Zeit und Geld zu opfern, als man mit gutem Gewissen zur Erholung erübrigen kann. Das Angeln als Gewerbe ist mit Recht durch das Sprüchwort verurtheilt:

> "Fische fangen und Vogelstellen
> Verdarb schon manchen Junggesellen."

Am murmelnden Bache oder lachenden See kann man ein Künstler und Virtuose der Ruthe werden, aber kein Held. "Das Meer, das Meer macht frei," schafft Helden des Fischfanges und der Marine, und auch das Angeln und Stechen wird hier erst dramatisch. Von dem Stechen und Spießen in süßem Gewässer läßt sich nicht viel mehr sagen, als daß es unter Umständen ein anregenderer und gesunderer Zeitvertreib werden kann, als das Angeln. Viel kommt dabei wohl nicht heraus. Die armen von ihrem üblichen Gewerbe durch Eis abgeschlossenen Fischer gehen dann wohl auf gefrorne Sümpfe und Seen und stechen durch gehackte Löcher Aale; aber auch dies läßt sich nur dadurch rechtfertigen, weil sie eben während dieser Zeit nichts Besseres zu thun gelernt haben. Will man die furchtbare und malerische Poesie des Fischerstechens im höchsten Glanze sehen, muß man sie an italienischen und besonders sicilianischen Gestaden aufsuchen. Die langen, buchtenreichen Gestade an den felsigen Inseln Levanzo und Favignana und dem Festlande Siciliens bilden eine der herrlichsten Meerengen von der Welt, besonders wenn sie unter dem hellen Himmel Italiens mit segelbeschwingten Booten besäet erscheinen. Einige schießen pfeilschnell unter taktmäßigen Schlägen großer Ruder dahin, andere schlängeln sich, vom Lande mit Stangen geschoben, am Ufer entlang. Die Sonne funkelt blendend auf die kleinen Wellen und Wogen und giebt den klappenden Segeln ein ätherisches Ansehen. Die Glocken von Trapani und die Silberstimmen der Dorfgeläute klingen hell herab in das Gemurmel und Gejauchze der festlich buntgeschmückten Fischer. Sie verdichten sich nach dem engen Meerespasse zwischen den hohen Felsenwänden der beiden Inseln, deren Terrassen von dichtgedrängten Zuschauern wimmeln. Hier in diesem Engpasse hat man den Tonnaro aufgestellt, eine ungeheure Falle von Netzen im Umfange einer halben Meile mit künstlichen Zimmern unter dem Wasser, die alle nach der Mitte offen sind und in das Zimmer des Todes (Corpu) führen. Der Umfang des Tonnaro ist durch Flöße und mastlose Boote um so leichter zu übersehen, als sich außen ringsherum noch ein lebendiger Rahmen von Zuschauerbooten andrängt, über deren dichter Bevölkerung unzählige Flaggen und farbige Bänder die blaue, klare Luft durchschlängeln. Aus dem fernen Gemurmel und nahem Gejauchze hört man deutlich ein eintöniges Knarren hervor, womit das ungeheure Netzlabyrinth aus der Tiefe heraufgeschraubt wird, um die darin verstrickten Fische in's Bereich gieriger, feuriger Augen und blitzender, spitziger Spieße und Harpunen zu bringen. Das Wasser innerhalb des Kreises fängt dann auch bald an gleichsam zu kochen, so wild schlagen und schießen die Gefangenen, darunter mächtige Ungeheuer verschiedener Namen und Gestalten, in dem immer enger werdenden „Zimmer des Todes" umher, in welchem einige Hundert barfüßige, gelbbraune, halbnackte Helden des Speeres mit blitzenden geschwungenen Waffen, gierig und mit glühenden Augen auf das Zeichen zum Angriff warten. Ein fürchterliches, wildes Geheul erhebt sich, schwillt an, pflanzt sich an dem lebendigen Felsen hin fort und verliert sich in der Ferne. Hiermit beginnt der Vertilgungskrieg gegen die eingekerkerten Schaaren aus dem Reiche Neptuns. Spieße und Speere blitzen durch die Luft in's Meer und wieder empor, begleitet von Strahlen rothen Blutes, das bald den ganzen wild wimmelnden Kreis färbt, so daß sich die farbigen und weißen Seiten der Fische deutlich darin abzeichnen. Angestochene Opfer schießen, wieder losgerissen, wild durch die blutige Flüssigkeit, andere, auf die Decks geschleudert, schlagen und katschen wüthend umher und verwunden manches Bein, besonders wuchtige, riesige Tunfische, die bluttriefend an den Harpunen herausgezogen wurden. Schlächter und Zuschauer ringsum werden immer rasender vor Lust und Leidenschaft, und das Blut spritzt immer massenhafter zwischen klatschenden und schlagenden Fischen und blitzenden Harpunen. Die ganze große Rundung des Schauspiels wird zu einem ununterbrochenen Gewoge von kreischenden Tönen, geschwungenen Mützen und Tüchern, blitzenden Harpunen und spritzenden Blutfontainen. Die klare Sonne Siciliens blickt rein und ruhig auf die endlich ermatteten bluttriefenden Fischer herab und beleuchtet den welten Kreis entzückter Tausende über dieses festliche entsetzliche Blutvergießen, und das Meer schwemmt wohlthätig, bald den „ganz besonderen Saft" verwischend, in seine blaue Unendlichkeit hinaus, so daß zuletzt nur das reine, weiße Fleisch und Fett des Festes übrig bleibt und den Bewohnern weit umher in der verschiedensten Zubereitung und Einmachung auf lange Zeit zur Nahrung und Labung wird.

Auch die wilden Jagden gegen die heerdenweise umherschwimmenden Grindewhals von den nordischen Inseln Schottlands her, an denen sich so gern englische Sportsmen betheiligen, gehören zu den maritimen Heldenthaten, wiewohl wir sie ebensowenig in das Bereich der Angelfischerei ziehen dürfen, wie den eigentlichen Walfischfang. Aber das Angeln auf Salzwasser ist Allen zu empfehlen, welche sich aus der Stille und Langweiligkeit des Landlebens und der Badesaison am Meere in eine muskelstärkende und wohlthätige Aufregung retten wollen.

So machen es wenigstens die Engländer, welche außer ihren Jagden gegen alles mögliche geflügelte und vierfüßige Wild auch noch leidenschaftlich den Sports auf dem Wasser huldigen. Das Paradies und reichste Erndtefeld dieser Jäger ist Schottland mit seinen Bergen, Flüssen und Seen, besonders den berühmten Lochs, von denen sich allein etwa tausend in der Grafschaft Sutherland spiegeln. Eine einzige Gemeinde dort besitzt zweihundert verschiedene Wasserflächen, in denen sich vortreffliche Forellen erlustigen. Ganz Großbritanien besitzt außerdem etwa tausend fischreiche Flüsse meist mit Bachforellen, Farlo- oder gar riesigen wilden Seelachsen, die mit ihrem zwanzig Pfund Gewicht die größte Körper- und Schwimmkraft verbinden. Man stellt ihnen mit kleinen Bachforellen, aus denen mindestens ein Halbdutzend starke Haken hervorragen und überhaupt dem stärksten Angelgeräthe nach, welches sie doch zuweilen noch nach vielstündigem Kampfe zerreißen. Besonderen Ruhm genießt die geheimnißvolle Forelle von Lochleven zu Kinroß in der Grafschaft Fife, etwa fünf Meilen von Edinburg. Sie soll dort allein heimisch sein und im Wohlgeschmack alle andern Forellen übertreffen, weshalb sie ganz besonders für Einbürgerung und zu künstlicher Zucht in Deutschland empfohlen wird. Das Pfund kostet oft schon in Edinburg einen Thaler.

Schottland ist reich an großen Helden der Angelruthe, aber die Seemänner derselben blicken auch auf diese mit einer gewissen Geringschätzung herab. Von dem Gestade aus in die wilde Unendlichkeit des Meeres hineinzusegeln und sich mächtige Weißfische verschiedener Arten von Kabliaus, mächtige Makrelen, Kohlenfische oder Seeforellen aus der Tiefe herauszuholen, während der Wind die geschwollenen Segel mit dem lustig über die Wogen springenden Schiffe dahintreibt — das ist ihnen das einzige und wahre Angelvergnügen. Der geschätzteste Seelachs, dieser Kohlenfisch, auch pollack und in Schottland lythe genannt, gewährt durch seine Wildheit und den reichen Ertrag für den Sieger auch denen, welchen die gewöhnlichen Lachse etwas Altes geworden sind, noch die gewünschte Aufregung und Befriedigung.

Da giebt es auch reizende Mannigfaltigkeit von Plattfischen, Schollen, Flundern, Solen oder „Zungen", Aeschen, Meerbutten u. f. w. Letztere gehören zu den klaſſiſchen und von Gutſchmeckern beſonders verehrten Schätzen des Meeres, da ein einziges Exemplar nicht ſelten hundert und zuweilen ſogar beinahe zweihundert Pfund des delikateſten Fleiſches liefern ſoll. Auch kleinere Ungeheuer finden ſich oft an den Angeln des Meeres ein, Seeteufel, welche an ihrem großzackigen dicken Kopfe ſelbſt eine Art von Angeln haben und deshalb auch gradezu Angler genannt werden, hammerköpfige Haie, Pfeilfiſche und ſelbſt „Hunde" oder vielmehr Wölfe, da dieſe Art von Schmutzfiſchen ſich manchmal ſo maſſenhaft und gefräßig zeigen, daß ſie einen gehakten zwölfpfündigen Stockfiſch während der Landung bis auf's Skelet verzehren.

Zum erfolgreichen Angeln im Meere reichen oft die einfachſten Geräthe hin. Die beſten und praktiſchſten beſtehen aus folgenden Theilen: einem vieredigen Holzrahmen mit zehn bis zwanzig Klaftern langer, dünner, feſter und gutgeölter Schnur umwunden, einem bleiernen Sinker am Ende derſelben und zwei Fuß davon einem Querbalken von Fiſchbein, an deſſen Enden die Schnuren mit dem gelöteten Haken etwa ſechs Zoll höher als der Sinker endigen. Der Köder kann aus allen möglichen verſchlingbaren Delikateſſen beſtehen, am beſten aus gelochten Tellermuſcheln (limpets), weichen Theilen des Krebſes oder Gewürm aus benachbarten Geſtaden. Die beſte Zeit zum Auswerfen iſt unmittelbar vor Ebbe oder Fluth. Man läßt die geköderten Angeln über das Boot hinaus vom Rahmen ablaufen, bis der Sinker den Boden berührt, zieht dann die Schnur wieder etwas zurück, um die Lockſpeiſe aus dem Bereiche der Krebſe u. ſ. w. zu ziehen, hält ſie mit der einen Hand umwickelt feſt und faßt auch mit der andern etwas weiter unten mit an, um ſofort mit den Fingerſpitzen einen Biß zu fühlen. Die Schnur wird dann vorſichtig wieder aufgewickelt und der Fang herbeigezogen. Iſt der Fiſch ſehr groß oder wild, muß man ihn noch mit einer hakigen Harpune (Gaffel) zu ſichern ſuchen.

Die beliebteſte und aufregendſte Angeljagd gegen den Seelachs (lythe) bedarf einer ſehr ſtarken Schnur mit zwei oder drei Drehringen, ebenſo ſtarker Haken und kleiner gehäuteter Aale oder auch Stückchen von rothem Tuch oder eben ſo gefärbten Federn feſt an den Haken gewickelt. Der bleierne Sinker wird am Beſten etwas über dem Haken angebracht. Die ausgeworfene Angel mit fünf bis zehn Klaftern Schnur im Waſſer wird von dem mäßig ſegelnden oder geruderten Boote langſam durch's Waſſer gezogen, während Arm und Hand das obere Ende feſthalten, um ſofort bereit zu ſein, wenn vielleicht ein Dreißigpfünder den Haken im Rachen fühlt und die furchtbarſten Anſtrengungen macht, ſeiner Beförderung an die Luft zu widerſtehen. Ohne richtigen und tüchtigen Gebrauch des Gaffels iſt er auch ſchwerlich an Bord zu bringen. Amüſanter und ſelbſt kindlich dagegen iſt die einfache Fliegenfiſcherei gegen kleinere Seelachſe und Kohlenfiſche. Die erſte beſte biegſame Ruthe, etwa acht Fuß lang mit etwa eben ſo viel Schnur und einem mit einer Feder geköderten Haken ſind hinreichend. Man läßt die künſtliche Feder oder Fliege von dem langſam geruderten Boote aus auf der Oberfläche ſpielen und kann immer bald auf einen erfolgreichen Biß rechnen. An manchen ſtillen Abenden ziehen Fiſcher, jeder in Aufſicht von etwa ein Halbdutzend von der Hinterſeite des Bootes hinausragenden Ruthen meerwärts hinaus und kommen oft mit einer guten Ernte zurück. Auch befeſtigt man ähnliche Ruthen an ſteile Felſenufer und überläßt ſie während der Nacht dem glücklichen Zufalle; doch findet man die Gefangenen am Morgen häufig ſchon abgefreſſen.

Flundern, Schollen und andere Grundfiſche werden häufig geſpießt. Manche begnügen ſich dabei mit einer gewöhnlichen Miſtgabel, während Andere ſich koſtbare Inſtrumente mit zehn, zwölf widerhakigen Lanzen machen laſſen, um erfolgreicher in die Bewohner des Bodens unten hineinzuwühlen. Plattfiſche werden ſogar von „Barfüßlern" ohne jegliches Geräth geangelt; ſie waren einfach im Waſſer umher, bis ſie auf einen ſolchen Schlammfiſch treten und holen ihn dann mit den Händen unter dem Fuße hervor. An Flußmündungen und in ſchlammigen Buchten arbeiten dieſe Helden des Speeres und Spießes oft mit großem Erfolg. Außerdem geben die Meeresufer, namentlich nach zurückgetretener Fluth, auch gewöhnlichen Kinderſpaten und ſelbſt tüchtigen Händen vielfach Gelegenheit, zuzugreifen und die Ernten aus dem Waſſer durch Krabben und Hummern, Muſcheln und Schnecken, Garneelen und ſeltſame thierpflanzliche polypiſche Gebilde zu bereichern. Was man davon nicht eſſen kann, bietet nicht ſelten der Wiſſenſchaft und für die Bereicherung von Marine-Aquarien gute Schätze. Aber auch wenn der materielle oder wiſſenſchaftliche Gewinn unbedeutend ſein ſollte, der Aufenthalt am Meere und größere oder kleinere Spazierfahrten in erquickende Seebriſen hinaus, die Zurückgezogenheit aus dem ſtaubigen Lärm der Städte und das kräftige Ein- und Ausathmen an den Urquellen alles Lebens, in welchen die Natur ihre befruchteten Keime zu neuen Weſen gleichſam mit vollen Händen immer millionenweiſe laicht — alle dieſe Schätze und Schönheiten werden ſchon nach einem monatelangen Aufenthalte meiſt zu einem hinreichenden Kapitale, um während des ganzen Jahres die Verluſte an Geſundheit zwiſchen den Mauern der Civiliſation damit zu decken.

Auſtern.

Die Engländer rühmen ſprüchwörtlich die Kühnheit des Mannes, der einſt in uralten Zeiten die erſte Auſter öffnete und aß. Vielleicht war er auch ſehr hungrig oder geiſtreich und genial; denn dieſes ſonderbare Weichthier in harter Schale liefert nicht nur eine leicht verdauliche und wohlthätig ſanft umſtimmende, ſchmackhafte, ſtickſtoffreiche Nahrung für den Körper, ſondern mit ſeinem Phosphor- und Schwefelgehalt auch für den Geiſt. „Kein Gedanke ohne Phosphor". Auch iſt es bekannt, daß geiſtreiche große Männer beſonders gern Auſtern aßen und wir uns vielleicht auch deshalb während der letzten zwei Jahre keiner beſonderen Großthaten des Geiſtes rühmen können, weil die Auſtern um zwei-, dreihundert Procent im Preiſe ſtiegen.

Allerdings wird Niemand durch dieſe neptuniſchen Sahnentorten geiſtreich, aber wer ſchon etwas von dieſem Capital beſitzt, bringt es dadurch jedenfalls beſſer in Fluß und zur Verwerthung. Kalliſthenes, der griechiſche Philoſoph, liebte ſie leidenſchaftlich. Der weiſe Seneca war blos ſo lange weiſe, als er täglich einige Dutzend Auſtern genoß. Auch der große Cicero nährte ſeine Beredtſamkeit mit dieſem Feuermaterial für den Geiſt aus dem Reiche Neptuns. Römiſche Dichter ſangen das Lob der Auſter, während ſie ſie dutzendweiſe verzehrten und Wein dazu tranken. Der unſterbliche Vater Don Quijote's und Sancho Panſa's, Cervantes, verdankt jedenfalls einen guten Theil ſeiner komiſchen Genialität dem häufigen Genuſſe dieſer delikaten Molluske. Ludwig der Elfte, obgleich ſelbſt kein wohlthätiger Geiſt, ſuchte doch Wiſſenſchaft und Gelehrſamkeit dadurch zu fördern, daß er ſeine gelehrten Doctoren öfter in Auſtern frei hielt; und ein anderer Ludwig erhob ſeinen Koch in den Adelsſtand, blos weil er ſo vortrefflich verſtand, Auſterngerichte zuzubereiten. Auch Napoleon liebte ſie und ging ſelten in die Schlacht, ohne ſeinen Geiſt vorher damit zu ſtärken. Vielleicht verdankt auch Rouſſeau einen Theil ſeiner literariſchen Größe dieſer fleißig genoſſenen Nahrung. Marſchall Turgot wetzte nicht ſelten ſeinen Appetit zum Frühſtück durch zwei- oder dreihundert vorausgeſchickte Auſtern. Zu Ende des vorigen Jahrhunderts bewegt und erſchütterte Paris die ganze gebildete Welt durch vulkaniſche Ausbrüche furcht- und fruchtbarer Gedanken und Leidenſchaften; und grade während dieſer Zeit waren Auſterngerichte in literariſchen und gelehrten Kreiſen ganz beſonders Mode. Die Encyklopädiſten, dieſe geiſtigen Schöpfer der großen Revolution, Helvetius, Diderot, Abbé Raynal, Voltaire und deren Geiſt- und Zeitgenoſſen waren leidenſchaftliche Auſterneſſer. Die flammenden Politiker vor und während der Revolution ſchürten ihr Feuer faſt alle

Tage frisch in den Austernläden von Paris. Danton, Robespierre u. s. w. scheinen wenigstens den Grund zu ihrer zerstörenden und Köpfe abschlagenden Größe ebenfalls in Austernkellern gelegt zu haben, denn man sah sie während der Periode ihrer Unschuld fast alle Tage darin. Paris ist seitdem fast immer eine Hauptwerkstatt von Geist und Gedanken geblieben, und wenn es neuerdings gar zu phrasenhaft still oder albern geworden ist, mag Napoleon nicht allein daran schuld sein, sondern auch die kaum noch bezahlbare Auster, von denen früher im Durchschnitt täglich eine ganze Million Stück verzehrt worden sein soll.

Von geistigen Größen Englands sind Alexander Pope und Swift nicht nur wegen ihres unsterblichen Witzes, sondern auch als leidenschaftliche Austernesser berühmt geblieben. Auch der Dichter der Jahreszeiten, Thomson, wußte aus jahrelanger Erfahrung die beste Jahreszeit für den Genuß seines Lieblingsgerichts, während der Monate mit R. Das größte philologische Genie damaliger Zeit, Richard Bentley, konnte nie vor einem Austernladen vorbeigehen, ohne wenigstens stehend einige frisch weg von der Schale mit Wonne hinunter zu schlürfen. Vielleicht unterstützt dieses delikateste Product Neptuns auch die Philosophen; wenigstens erholten sich die schottischen Denker des vorigen Jahrhunderts, Hume, Dugald Stewart, Cullen u. s. w. von ihren geistigen Anstrengungen durch den Genuß dieser „backenbärtigen Pandoren". Ueberhaupt verdankt die zweite Hauptstadt der großbritanischen Intelligenz, Edinburg, nach der Behauptung des Verfassers der „Eruten aus dem Wasser", Bertram, ungemein viel Geist jenen Oyster-ploys oder Austernbanquets, wie sie namentlich zu Ende des vorigen Jahrhunderts von glänzenden Damen- und Herrengesellschaften in düstern Kellern gefeiert wurden.

Die Amerikaner haben es während der achtzig Jahre ihrer Selbstständigkeit vielfach weiter gebracht, als wir während eben so vieler Jahrhunderte. Sie essen vielleicht mehr Austern als wir Kartoffeln. Wir wollen zwar nicht behaupten, daß sie diese feurige Schärfe und Thatkraft allein dieser geistreichen Nahrung verdanken; aber jedenfalls stammt viel Licht und Feuer aus dieser phosphorigen und entsprechend geschwefelten allgemeinen Volksnahrung. Unsere deutschen Gelehrten und Dichter müssen wohl ihren Geist aus anderen und vielleicht besseren Quellen geschöpft haben; aber wir sind überzeugt, daß himmlische Feuergeister wie Schiller sich nur deshalb so schnell verzehrten, weil die Flammen ihrer Herzen und Köpfe nicht hinreichend durch entsprechende Nahrung unterhalten wurden. Schiller wäre vielleicht als Austernesser noch auf lange Jahre zu retten gewesen, um wenigstens sein größtes Meisterwerk, den falschen Demetrius, zu vollenden.

„Wenn zwei Esel einander unterrichten, wird keiner ein Professor", sagt Sancho Pansa. Deshalb wird sich auch ein geistloser Mensch durch

Austerngenuß nicht zum Genie heranmäſten können. Vitellius, der größte Freſſer, ſchlürfte faſt den ganzen Tag ſolche neptuniſche Delikateſſen, man ſagt, manchmal bis tauſend bei einem einzigen Mahle, aber er war und blieb ein Schwein in Menſchengeſtalt. Auch Lucullus, der König aller Gutſchmecker, deſſen lebendige maritime Kellervorräthe nach ſeinem Tode für 240,000 Thaler verkauft wurden, darunter hauptſächlich künſtlich gezüchtete Auſtern, war während ſeines ganzen Lebens nie geiſtreich geweſen, und der leidenſchaftliche Auſterneſſer Caligula fütterte damit nur ſeine Thrannei. Aber geiſtige Anlagen müſſen eben ſo genährt werden, wie die Beſtandtheile des Körpers; und daß verſchiedene Speiſen und Getränke auch verſchieden auf den Geiſt wirken, iſt bekannt genug. Man erzählt von einem Profeſſor der Philoſophie, daß er ſeine Vorträge ſehr oft mit dem Ausrufe begonnen habe: „Meine Herren, wenn Sie Kartoffeln eſſen, können Sie mich nicht verſtehen!" Als Auſternkenner würde er wahrſcheinlich hinzugeſetzt haben, daß ſich „die Palme und Glorie des Tiſches", wie ſchon Plinius die Auſtern nannte, vor allen anderen Speiſen als beſte Nahrung auch für den Geiſt empfehle. Sie gehört, wie Milch und Eier, zu den leicht verdaulichſten, nahrhafteſten und reichſten Speiſen und enthält, wie geſagt, in beſonders gut aſſimilationsfähiger Form phosphorige, ſchwefelige und vielleicht auch jodhaltige Nahrungsbeſtandtheile für die geheimnißvollen Lichter und Flammen des Geiſtes, die aus dem Gehirn als Gedanken und Gefühle, bei geiſtiger Thätigkeit und Erregung aus den Augen und Geſichtszügen, von der Zunge, oder durch die Feder, oder durch die Werkzeuge des Künſtlers und der Geſchicklichkeit hervorblitzen und zur Erwärmung, Erleuchtung und Schönheit der Welt beitragen.

Die früher einmal aufgeworfene Frage Karl Vogts: „Können wir die Zeit herbeiführen, wo dieſes köſtliche Meergewächs Nahrungsmittel des Armen ſein wird? Kann man Auſtern züchten, wie Hühner, und Meeresbänke in der Tiefe bevölkern, wie Wälder und Forſten?" iſt in England und Frankreich bereits mit glänzendem Erfolge bejaht worden. Nur wir Deutſche ſind auch in dieſer großen Culturarbeit jämmerlich zurückgeblieben und die einladenden Küſten, Watten und Gründe der deutſchen Nordſee harren noch vergebens der Ausſaaten, welche anderswo ſchon tauſendfältige Früchte tragen.

Jeder halbwegs gebildete Menſch hat auch bei uns wohl ſchon dann und wann Auſtern gegeſſen und glaubt zu wiſſen, wie ſie ausſehen. Bei näherer Prüfung würden freilich die Meiſten durchfallen, da nur ſehr Wenige vollſtändige lebendige Exemplare zu Geſicht bekommen und dieſe näher unterſucht haben werden. Die eßbare Auſter (Ostrea edulis) iſt ein gar ſonderbares Geſchöpf und wohnt in einer ſo meiſterhaft gebauten Zelle, wie ſie der beſte Ingenieur nicht beſſer erfunden haben könnte, um die zarte, schutzlose Gestalt vor den unzähligen Feinden des Elements zu schützen und zu nähren. Sie ist kopf-, also auch mund- und zahnlos und hat statt des Mundes nur einen Bart, in dessen Mitte sich eine Oeffnung befindet, in welche die Barthaare aufgefischte Nahrung hineinschaufeln. Die Maulöffnung ist eine Art von Rüssel mit vier Lippen und durch einen „Mantel," d. h. eine darüber gezogene elastische Haut mit Franzen am Rande geschützt. Blätterartige, feine Kiemen über den Körper verbreitet, dienen als Lungen, welche Luft aus dem Wasser anziehen und diese für Erhaltung des Lebens verwenden. Diese Lunge hat zwei Hauptflügel mit sein behaarten Rändern. Vier Blättchen darauf, an den äußersten Enden offen, enthalten feine Röhrchen mit Capillarflüssigkeitsanziehung. Unterhalb der

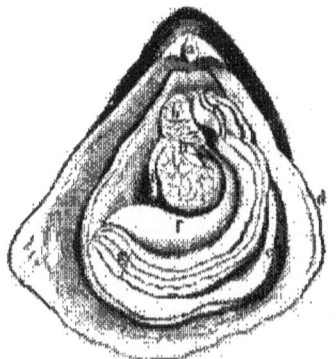

Die Auster (linke Schale).

a) Schließmuskel b) Leber c) Mundklappen d) Schale e) Mantel f) Eingeweidesack g) Kiemenblätter h) Herz i) After.

Kiemen liegt die weißliche, fette Masse, welche Magen, Herz, Lunge, Leber und Eingeweide einschließt. Das Herz besteht aus Umlaufsgefäßen. Den Magen finden wir nahe dem Munde, dessen feine Barthaare wie eine Art von Harke allerhand infusorische Nahrung auffangen. Da die Auster eine durchaus sitzende oder liegende Lebensart führt, braucht sie keine Füße, kann sich aber doch zur Noth durch Auf- und Zuklappen der Schalen etwas bewegen. Ganz gelehrte Männer haben sich Jahre lang in dicken Büchern und Abhandlungen über Geheimnisse des Austernlebens gestritten. Dabei weiß man immer noch nicht, ob sie mit Augen versehen sei. Nach einigen Behauptungen hat sie vierundzwanzig, nach anderen gar keine Augen, sondern nur eine geheimnißvolle Fühlgkeit, Licht und Dunkel zu unterscheiden. Für unsere praktischen Zwecke genügt es zu wissen und weiter zu erforschen, unter welchen Bedingungen die Auster am Besten gedeihe und „am Wohlfeilsten schmecke". Es ist bekannt, daß sie, wie die Krebse während der Monate mit, innerhalb der ohne „r", b. h. während ihrer Laichzeit, als Nahrung untauglich, unschmackhaft und schädlich sei, man also im Mai, Juni, Juli und August statt der Austern Krebse essen müsse. Die Austern laichen während der ganzen warmen Monate hindurch und sollten eben so lange nicht nur nicht beunruhigt, sondern auch möglichst geschützt und für Ansiedelung der millionenfach ausströmenden Jungen mit möglichst viel Anhaltepunkten versehen werden. Sie gehören zu den natürlichen Zwittern und entwickeln ihre Nachkommenschaft geheimnißvoll ohne die gewöhnlichen befruchtenden Akte aus ihrer eigenen doppelten Geschlechtlichkeit. Der Laich oder „Spat" wird von den Mutteraustern innerhalb ihrer Lungenflügel und eingehüllt in eine schleimige Masse erst ausgebrütet und dann in verschiedenen Entladungen Monate lang nach und nach in das unbarmherzige Element entlassen. Die so für das Leben reif gewordenen jungen Austern quellen aus dem mütterlichen Schutze wie eine Art Nebel hervor und werden von dem Wasser nach allen Seiten hin verschwemmt, so daß die Millionen, ja Myriaden von einzeln unsichtbaren Thierchen alle verloren gehen, wenn sie nicht Halteplätze finden. Unter einem guten Mikroskope verwandelt sich jeder Tropfen dieses Laichnebels in eine ganze Welt voll vollkommner, mit Schalen und Ansaugewerkzeugen versehener junger Austern. Die Mutteraufter „braut" diese Flüssigkeit lange Zeit hindurch immer frisch wieder und läßt sie, so wie die einzelnen Abtheilungen reif werden, in das Meer entweichen. Hier schwimmen sie als zusammenhängender, millionenfach belebter Nebel umher, bis sie sich etwas entwickelt haben, schwerer werden und dann sinken. Während dieser Zeit kommen geradezu unzählige Arten von Geschöpfen des Meeres dem Menschen zuvor, welche auch wissen, daß Austern gut schmecken, und verschlingen sie mit unersättlicher Gier, so daß vielleicht von je einer Million nur eine einzige das vierte Jahr und den Mund des Menschen erreicht. Wir werden nun begreifen, welch' ein Gewinn sich durch künstliche Austernzucht erzielen lasse. Und geradezu frevelhaft wird es uns erscheinen, daß die blinde Gier des Menschen vielfach noch immer mitten in diese Laichzeit hineinharkt und mit jeder kranken, schädlichen Auster oft ganze Millionen von Jungen, reifen Lebenskeimen mit herausgerissen und umgebracht werden. Nichts ist daher unerläßlicher, als zunächst eine streng überall durchgeführte Schonungszeit während der Monate ohne „r". Wir bemerken dabei noch, daß auch kalte Sommer für die Entwickelung sehr nachtheilig sind und sich vielleicht mit Nutzen Einrichtungen für künstliche Wärme in Austernlaichbetten anbringen lassen.

Die junge Auster erreicht in etwa drei Monaten die Größe einer Erbse und während eines Jahres den Umfang des obersten Daumengliedes. Sie bringt ihr Alter auf etwa zehn Jahre und gilt im vierten, vielleicht noch besser im fünften, als am geeignetsten für unseren Gaumen. Die Zeit der Fortpflanzungsfähigkeit entwickelt sich nach verschiedenen Orten und Wärmegraden im dritten oder vierten Jahre. Nirgends sollte man vorher aus schlecht berechneter Gewinnsucht für den Verkauf fischen. Ueber die Zahl der Jungen, die eine Auster hervorzubringen vermag, schwankt man noch vielfach zwischen Tausenden und Millionen. Der Engländer Bertram nimmt auf Grund vielfacher genauer Untersuchungen eine halbe Million als Durchschnittszahl an, die eine Mutteraufter innerhalb der Laichmonate zu brauten und reif zu entlassen vermag. Allerdings fanden sich unter einem mächtigen Mikroskope in einem einzigen, frisch aus der Mutteraufter genommenen Laichtropfen gegen tausend wie kleine Haarspitzchen lebhaft umherschwimmende Austerlinge, und da diese Tropfen oft Wochen lang aus einer einzigen Auster hervorquellen und als grünliche, kleine, nebelhafte Klatsche auf dem Wasser umherschwimmen, jeder belebt von mindestens tausend vollständig entwickelten Thierchen, läßt sich die halbe Million als bescheidene Durchschnittszahl rechtfertigen.

Mit dieser Kenntniß haben wir Anregung genug, künstlich für Erhaltung und Erziehung dieser schutzlosen, kostbaren Tropfen zu sorgen; aber erst die Erschöpfung natürlicher Austernbänke und unerhörte Steigerung der Preise gehörten dazu, daß man ernstlich daran ging, durch menschliche Einsicht und entsprechende Einrichtung die verschwenderische Natur zu unterstützen. Als man nun endlich den Anfang gemacht hatte und Früchte dieser künstlichen Bewirthschaftung zu ernten anfing, bemächtigte man sich hauptsächlich zunächst in Frankreich, dieser neuen Erwerbs- und Nahrungsquellen mit vielem Eifer, und die Franzosen können mit gerechterem Stolze auf ihre siebentausend künstliche Austernfarms hinweisen, als auf ihre Soldaten und Casernen, um zu beweisen, daß sie an der Spitze der Civilisation stehen. Vor etwa zwanzig Jahren waren die natürlichen Vorräthe Frankreichs so erschöpft, daß es kaum eine natürlich gewachsene Auster zu essen gab. Durch rücksichtslose Ausraubung der natürlichen Bänke waren einmal die vierzehnhundert Mann und zweihundert Boote, welche jährlich mit 400,000 Francs Gewinn Austern gefischt hatten, auf hundert Mann und zwanzig Boote gesunken. Da trat endlich Herr Coste mit seinem Plane für künstliche Austernzucht auf, wobei er sich besonders auf die aus allen Zeiten vererbte Zucht der Römer im See Fusaro berief, um günstigen Erfolg in Aussicht zu stellen und für die Sache zu begeistern.

Dieser Fusaro-See, derselbe, welchen Virgil als Avernus und Cocytus, als Hölle für die Verdammten der Unterwelt besang, und der hernach als

Querinus des unsterblichen Gastronomen, Fisch- und Austernzüchters Sergius Orata so heiteren Ruhm gewann, daß er bis heutigen Tag lachend hervorleuchtet, breitet sich jetzt etwa eine League im Umfange zwischen den Ruinen der alten Stadt Cumä und dem Meere aus, und die Welt der Verdammten und ihrer unheimlichen Götter der Unterwelt, welche hier ihren Hauptsitz haben sollten, liefern den fleißigen Menschen oben noch heute einen jährlichen Gewinn von etwa 8000 Thalern in Form von schmackhaften, wohlerzogenen Austern.

Das dunkle Laubwerk, welches einst seine Ufer beschattete und worin die Gottheiten der Unterwelt hausten, ist ziemlich verschwunden, und die einst schwarze Wasserfläche mit ihren verschiedenen künstlichen Einrichtungen lacht heiter in den blauen italienischen Himmel hinauf. Die hervorragenden Pfähle und die im Wasser sichtbaren Hügel, die künstlichen Labyrinthe an der einen Seite und der etwa drei Metres breite, einundeinhalb tiefe Canal, der ihn mit dem Meere verbindet und mit einem kleinen See, dem Cocytus der Alten, in Verbindung steht, so wie die Gebäude und Pavillons, welche mitten aus dem See hervorragen, verrathen schon auf den ersten Anblick eine eigenthümliche und erfolgreiche Kunstindustrie. Die Austernzucht beruht hier zunächst hauptsächlich auf Mitteln und Werkzeugen für Auffangung und Sicherung des Laichs, der fast immer verloren ist, wenn sich die jungen, schutzlosen Austerlinge innerhalb achtundvierzig Stunden nicht ordentlich ansaugen und ansiedeln können. Daher wird der Laich theils durch Reihen von Pfählen, um künstliche Steinhügel herum, die gleichsam als Wochenbetten für die Mutteraustern dienen, theils durch an- und darüber gebundene Faschinen aufgefangen und nach einigem Wachsthum, je nach Dichtigkeit desselben, losgelöst und anderweitig untergebracht. Die Pfähle sind nur leicht eingerammt und können ohne besondere Mühe herausgezogen werden. Coste sah sie zuweilen mit Austern aller möglichen Größen und Altersstufen dicht bedeckt und erkannte darin sofort die praktischste Weise für Nachahmung. Die ersten Versuche wurden 1859 in der Bucht St. Brieuc, den erschöpften natürlichen Austernbetten im biscayschen Meerbusen, gemacht und zwar trotz der großen Tiefe und des unruhigen Meeres sofort mit großem Erfolg. Im Frühlinge jenes Jahres ließ er etwa 3,000,000 Mutteraustern auf eine Fläche von 3000 Morgen verstreuen, Faschinen darüber befestigen und nach sechs Monaten mehrere davon wieder herausnehmen. Manche Zweige derselben waren so dick mit Tausenden von jungen Austern bedeckt, daß sie als Meerwunder in Paris öffentlich ausgestellt wurden. Später fand sich, daß im Durchschnitt jede Faschine mit mindestens 20,000 jungen Austern bedeckt war. Hiermit floß für die Franzosen eine neue Quelle der Begeisterung und des Wohlstandes. Nach einem Berichte über die Erfahrungen in St. Brieuc koftet die Anlegung einer künstlichen Austernbank von 40—50 Ellen im Geviert 221 Francs. Da nun die dreihundert Faschinen darin jede 20,000 junge Austern auffangen, gewinnt man damit 6,000,000, welche, zu zwanzig Francs per Tausend verkauft, einen Gewinn von 120,000 Francs ergeben. Also liefern zweihunderteinundzwanzig in's Wasser gesäete Francs nach vier Jahren 120,000! Dies geht freilich über die kühnsten Erwartungen hinaus und mag als Rechnung ohne den Wirth, d. h. hier ohne die Natur, gelten, aber

Austern-Parks.

auch schon die Hälfte des Gewinnes, d. h. 60,000 Francs von zweihunderteinundzwanzig und selbst schon ein Viertel davon würde ein Erfolg sein, wie ihn kaum die lohnendste Industrie auf dem Lande zu gewähren vermag. Schon ein Jahr vor den ersten Versuchen Coste's in St. Brieuc hatten die selbstständigen Entdeckungen des Steinsetzers Boeuf auf der Insel de Ré vor der Mündung der unteren Charente, unweit la Rochelle im biscayischen Meerbusen, den Grund zu einer noch großartigeren künstlichen Austernzucht gelegt, welche sich während der seitdem verflossenen zehn Jahre in etwa 4500 Parks um die kleine Insel herum zu einer in der ganzen Culturgeschichte vielleicht beispiellosen Blüthe entwickelt hat. Diese

unscheinbare Insel, früher eine verachtete Einöde mit großen Schlamm-
bänken, ist jetzt ringsum wie durch Zauberei zu dem herrlichsten Labyrinthe
ergiebigster Gefilde geworden, und die einst spärlich verstreuten, elenden
Fischer derselben wohnen dicht, statt in ehemaligen Schmutzhütten, in
weißen, lachenden kleinen Villa's, durch deren reinliche Fenster weiße
Gardinen heraus und lachende Blumen und Weinreben aus den Vor-
gärten hineinblicken. Freilich guckt auch, wie in Frankreich überall, die
Regierung, in der Absicht zu begünstigen, aber mehr hemmend hinein. Die
Austernfarmers sind bloß Pächter oder Miether ihrer Culturstücke und
können jederzeit willkürlich exmittirt werden. Dessenungeachtet hat sich die
neue Kunstindustrie an den Gestaden der Insel und anderswo zauberhaft
rasch entwickelt, da die Unternehmer ihr sorgfältig abgegrenztes und auf
einer Karte verzeichnetes Wasserstück umsonst erhalten und die Früchte
ihres Fleißes als ihr volles Privateigenthum verwerthen können. Während
der ersten sechs Jahre erreichte der künstlich gesäete Austernvorrath an
dieser Insel allein den Werth von etwa 700,000 Thalern, den man jetzt
vielleicht auf das Doppelte veranschlagen kann. Die sich für unsere Nord-
seeinseln ganz besonders empfehlende Austernzucht mag sich an den Arbeiten
um die Insel Ré herum ein Muster nehmen und sich durch ungünstige
Naturverhältnisse, schlammige Anschoppungen u. s. w. nicht abschrecken
lassen. Als in Frankreich die Boruß'schen Entdeckungen und Erfahrungen
zur weiteren Ausführung in Angriff genommen wurden, drang eine kleine
Armee von mehr als tausend Arbeitern auf die Insel ein und arbeitete
zunächst mit wahrer heldenmüthiger Ausdauer an Beseitigung ungeheurer
Massen von Schlamm. Dann galt es, Felsenstücke abzusprengen, um
Steine für den Bau der Parkwände zu gewinnen, den gesäuberten Grund
und Boden gleichsam neu zu pflastern, Fuß- und Fahrwege auf und
zwischen den Parkwänden zu festigen und zu ebnen, Teiche für Aufnahme
sich immer neu ansetzenden Schlammes zu graben, dann endlich Mutteraustern auf dem gereinigten und mit künstlichem Steinwerk oder dachförmig
aufgelegten Ziegelplatten versehenen Boden zu säen, dafür zu sorgen, daß
Ebbe und Fluth belebend hindurchfließen und die große Zahl von Feinden
der Auster nicht überhand nehmen und sonstige Pflichten jeden Tag sorgfältig zu erfüllen. Aber alle diese Hindernisse wurden überwunden und
die Mühen lohnen sich durch immer wachsenden, zum Theil fabelhaften
Ertrag. Es ist schon vorgekommen, daß die junge Austernbrut einer
einzigen kleinen Farm von zwölf Stein- oder Ziegelreihen, deren Legung
etwa fünfzig Thaler gekostet hatte, für sechshundert Thaler und sogar mehr
verkauft ward, so daß nicht selten das ausgelegte Geld und die Arbeit
tausend Procent Zinsen trug. Jetzt nach zehn Jahren ist der materielle
Gewinn zu einer fabelhaften Höhe gestiegen, noch größer aber der moralische

und gesellschaftliche. Die Tausende von Austernfarmers sind nicht bloß wohlhabende und gebildete Menschen geworden, sondern auch zu freien Gemeinden mit herrlicher Selbstregierung verschmolzen. Ihre gemeinschaftlichen Interessen führten zu Vereinbarungen, die nun als Gesetze unter ihnen von Allen anerkannt und streng gehalten werden. Die vier Gemeinden der Insel treten zuweilen durch gewählte Abgeordnete zu einem Parlamente zusammen, worin sie sich gegenseitig über gemachte Erfahrungen und daraus sich ergebende Verbesserungen verständigen und die zwölf Ausschußmitglieder (drei aus jeder Gemeinde) ermächtigt und bezahlt werden, die Geschäfte des Austernstaates zu führen und mit dem Marine-Departement zu verhandeln. Außerdem besteuert sich noch jede einzelne Gemeinde freiwillig zur Bezahlung von Wächtern oder Wasserförstern, die außerdem darüber wachen, daß sich kein Privatinteresse auf Kosten des Gemeinwohles geltend mache. Und es gehört zu den angenehmsten Erfahrungen in dieser neuen Culturwelt, daß Vergehen und Strafen nur höchst selten vorkommen. Die allerdings schwere, aber immer reichlicher lohnende Arbeit läßt böse Gedanken und tückischen Neid nicht aufkommen, sondern ruft wohlthätige Mächte der Bildung und des Gemeindelebens hervor, die sich nun bei einem immer wachsenden Wohlstande auch herrlich und heiter weiter entwickeln. Jedenfalls sind die hier und anderswo gemachten Erfahrungen für unsere künstliche Austernzucht von ungeheurem Werthe: wenn wir sie gehörig benutzen, brauchen wir nicht erst durch Schaden klug zu werden und können die Anfangs bloß durchschnittlich vierzehnfache Reproduction der Auster auf der Insel Ré jedenfalls gleich von vornherein bei Weitem übertreffen.

Die schlechteste Art der gewonnenen Austern wurde Anfangs mit fünf Thaler für den Scheffel bezahlt, die beste doppelt so hoch, so daß sie auf dem Markte beim Verlauf an Austernhändler selbst oft bis auf zwanzig Thaler stieg. Die Preise sind seitdem durchweg höher geworden, da die erschöpften natürlichen Bänke bis jetzt trotz der ungeheuer entwickelten künstlichen Zucht durchaus nicht zu ersetzen waren.

Besonders fabelhafte Preise zahlt man nicht selten für die sogenannten grünen Austern, die zunächst ganz weiß aus den Parks von Ré bezogen und erst zu Marennes an den Ufern des Seudre-Flusses künstlich gegrünt und entsprechend gewürzt werden. Man weiß noch nicht recht, woher diese grüne Farbe und das damit verbundene berühmte Aroma stammen; jedenfalls hängt es mit der Mästung in besonders dazu eingerichteten Fütterungsteichen (claires) zusammen und besteht aus grünlichen Gebilden pflanzlicher oder thierpflanzlicher Art. Diese Teiche an den Seudreflusse entlang sind ziemlich schmutzig und schlammhaltig und wasserdicht gegen das Meer geschützt, so daß die Dämme, welche jeden einzelnen, etwa hundert Quadratfuß groß, einschließen, aus sehr starken und breiten Erdwänden bestehen, welche oben zugleich hübsche Promenaden für die Wärter und Wächter bilden. Jeder Damm ist unten etwa sechs Fuß dick und nach oben abnehmend bloß drei Fuß hoch. Auch die Fluththore müssen ganz wasserdicht sein, da es gilt, die Austern in den einzelnen Teichen stets bis zu einer gewissen Höhe unter Wasser zu halten, welches nur mäßig durch die ein und ablaufende Fluth erfrischt werden darf. Durch jeden Teich läuft eine Art von Graben, um den grünen Schleim, der bei jeder Ueberfluthung zurückbleibt, aufzunehmen. Zu einem guten Vorrathe desselben gehören eine ziemliche Menge von Ueberfluthungen. Erst nach gehöriger Construction der Teiche und Ansammlung von Schleim werden zwölf bis sechszehn Monate alte Austern in diese claires gesäet und mindestens zwei Jahre lang gepflegt, ehe sie die verlangte, theuer bezahlte grüne Färbung erhalten. Zu dieser Pflege gehört auch, daß sie zuweilen aus einem Teiche in den andern versetzt werden.

Wie ausgebildet diese Fabrikation von grünen Austern ist, ergiebt sich aus dem durchschnittlichen jährlichen Ertrage, der etwa für 50,000,000 Stück bis auf 3,000,000 Francs steigt. Da wir uns in Deutschland zunächst gern mit ungegrünten Austern begnügen wollen, kommt es uns auch bloß darauf an, uns mit den Bedingungen des Wachsthums für künstliche Austernzucht bekannt zu machen, diese herbeizuschaffen und zu verwerthen. Dr. Kemmerer in St. Martin auf der Insel Ré giebt darüber folgende nützliche Winke: „Diese Cultur hat die wichtige Frage gelöst, ob die Auster nach Uebersiedelung aus der Tiefe des Meeres an den Gestaden fruchtbar bleibe: Diese Entfernung verzögert, aber hindert niemals ihre Befruchtung. Allerdings pflanzt sie sich in der Tiefe des Meeres wegen der begünstigenden Ruhe des Wassers reichlicher fort, aber auch die Austerubänke an den Gestaden liefern unter gewissen Bedingungen reichliche Ernten. Dazu gehört ein gewisser Grad von „muddichem", d. h. lebendig schmutzigen und lehmigen Grunde, weil die Bestandtheile, welche das Wasser trüben und sich mit der Zeit als Schlamm ansetzen, die Nahrung für die Auster, allerhand infusorische Geschöpfe, theils ausmachen, theils hervorbringen und ernähren. Unter Anhäufung dieses Schlammes stirbt und erstickt sie, verkommt aber eben so auf bloß felsigem oder kiesigen Grunde. Mergelige oder kalkige Erde bildet die beste Grundlage für das schnelle Gedeihen der Auster, zumal wenn Sonne von Oben und Ruhe im Wasser die Vermehrung kleiner Mollusken, Crustaceen und schwimmender Infusorien, diese Nahrung für sie, begünstigen. Künstliche Zucht derselben in solchen muddichen Teichen mit Mergelgrund veredelt sie ganz beträchtlich: Der Eiweißgehalt wird fettig oder ölig, gelblich oder grün und würzig für den Geschmack; auch der Phosphor und die Osmazome, dieselbe Substanz, welche der Bouillon den angenehmen „Suppengeruch" giebt, so wie das ganze Geschöpf nehmen bedeutend zu. Auch die grüne Farbe und der damit verbundene feinere Geschmack finden sich dabei nicht selten ein, so daß diese grüne Auster, bisher ein Luxus der Reichen, in unzähligen Austernfarms auf Mergelgrunde mit der Zeit zu Millionen gezüchtet und zur Nahrung und Gaumenfreude für große Volksmassen vermehrt werden kann."

Der Streit über die beste Art der Auffangung des Laichs ist von Dr. Kemmerer durch eine einfache Erfindung im Wesentlichen geschlichtet worden. Sie besteht in einer Art von auswärtsgewölbten Ziegelplatten, welche mit Cement überzogen auf dem Grunde am Besten dachartig gegen einander so aufgestellt werden, daß das Wasser unten dazwischen freien Lauf hat. Die Mutteraustern darunter finden dann für ihre Millionen von infusorischen Jungen leichte und angenehme Anhaltepunkte und letztere auch entsprechende Nahrung. Nach je sechs, sieben Monaten mögen die Platten mit Bequemlichkeit herausgenommen und mit dem Cement von den angesetzten Jungen befreit werden, um diese in claires für weiteres Wachsthum unterzubringen. Die Platten können dann, aufs Neue mit Cement überzogen, sofort wieder gebraucht werden. Der Vortheil, den sie bieten, ist deshalb so groß, weil die angesetzten Austern mit dem Cement abgehoben werden können, so daß sie meist unverletzt bleiben, während bei der Abreißung von sonstigen Steinen, Pfählen oder Faschinen ungeheuere Mengen verletzt und getödtet werden.

Vor der Hand läßt sich auch wohl ohne diese künstlichen Ziegel wirthschaften und zwar theils mit Pfählen, wie im See Fusaro, theils mit Reisig oder Faschinen, wie vielfach in Frankreich und England. Coste sah Pfähle, nach dreißig Monaten aus dem Fusaro gezogen, über und über mit drei Jahrgängen von Austern bedeckt, großen, reif für den Markt, kleineren, zwei Jahre alten und jüngsten im Durchschnitt von der Größe einer Linse. Man kann also an Meeres- und Inselgestaden der Nordsee ohne viel Auslagen und Umstände mit künstlicher Austernzucht den Anfang machen. Es gilt, irgend eine ruhige Bucht oder Uferstelle von Schlamm zu reinigen oder auch künstlich mit rohen, möglichst glatten Felsenstückchen aus dem Meere zu pflastern und junge Austerlinge hineinzusäen. Kann man außerdem für gute und regelmäßige Einströmung von Seewasser sorgen, wird dies die Nahrungsquellen der jungen Brut bedeutend vermehren. Für Auffangung des Laichs dieser mit der Zeit Mutter werdenden Austern mag man mehr oder weniger dichte Reihen von Pfählen zwischen den Linien von Ebbe und Fluth einschlagen, Reisig, mit galvanisirtem Eisendraht gebunden, daran befestigen und kann zunächst der Natur das Uebrige anvertrauen. Was diese unter Umständen zu leisten vermag, dafür giebt Bertram einige Beispiele. So gewann man in dem Bette von

Plessix, eine kleine Strecke von dem französischen Hafen Auray, in einer Stunde 350,000 eßbare Austern, und während der zwei ersten Monate nach Eröffnung dieser Austernbank brachten zwölfhundert Fischer mehr als 20,000,000 Stück von da auf den Markt. In der Bucht von Arrachon hatte ein Mann 500,000 Austern gesäet, welche sich nach drei Jahren bis auf 7,000,000 vermehrten. In den etwa 700,000 Gevierlmeters Wasser, welche an der Insel Re in Austernfarms verwandelt worden sind, saaten sich oft auf einem einzigen sechshundert vollständig ausgewachsene Austern, so daß der ganze Vorrath dort auf dem ehemals öden und schädlichen Sumpfe auf 400,000,000 Stück und auf den Werth von 10,000,000 Francs geschätzen sein soll. Für 10,000,000 Francs Nahrung der gesundesten und schmackhaftesten Art auf einer ehemals ganz werthlosen Wasserfläche — ich denke, das ist Anregung genug auch für deutschen Unternehmungsgeist.

Allerdings darf man nicht verschweigen, daß große Austernfarms viel Aufmerksamkeit und Arbeitskraft erfordern. An seichten Stellen von Buchten und Gestaden wird der Frost leicht gefährlich, und in sehr tiefen Stellen wachsen die Austern sehr langsam und werden weniger schmackhaft. Seichte Stellen sind deshalb vorzuziehen; doch muß dann die junge Brut während des Winters in tieferen Stellen angesiedelt werden. Dabei müssen todte oder kranke Exemplare sorgfältig entfernt und andere Arten von Muschelthieren und sonstige Feinde der Austern nach Kräften ausgerottet werden. Wegen dieser Auslagen und Arbeitskräfte ist es gut, daß die künstliche Zucht mit möglichst großen Capitalien von ganzen Compagnien in Angriff genommen und durchgeführt werde. Was die Association hier vermag, dafür liefert die alte berühmte englische Whitstable-Compagnie trotz ihres allen unvollkommnen Betriebs ein glänzendes Beispiel. Sie, die sogenannte Whitstable Free Dredgers' Company, die großartigste ihrer Art an den Küsten von Kent und Essex und den Themse-Mündungen, arbeitet mit einem Capitale, wobei jährlich etwa eine halbe Million Thaler umgesetzt werden. Sie beschränkt sich auf bloßen Ankauf und die Erziehung und Mästung junger Austernbrut zu den berühmten „Natives." Die Mitglieder bilden eine monopolisirte Cooperativ-Actiengesellschaft, für welche man geboren werden muß, um erst mit dem Tode auszuscheiden und damit zugleich der Familie eine Pension zu hinterlassen. Das Geschäft wird durch eine Jury von zwölf Directoren geleitet, und es gilt manches Jahr eine Einnahme von $1^1/_2$ Millionen Thalern zu erzielen und zu verwalten. Ihre besonderen Mastfelder im Umfange von anderthalb englischen Meilen im Geviert heißen sprüchwörtlich die „glücklichen Fischgründe." Mit allen benachbarten Austernfeldern zusammen bewirthschaftet diese Industrie siebenundzwanzig englische Quadratmeilen, auf welchen über dreitausend Arbeiter jährlich im Durchschnitt eine Million Thaler Lohn verlieren. Außerdem werden für Boote, Segel, Pflugnetze (Dredges), sonstige Werkzeuge und Vervollkommnungen große Summen ausgegeben. Der Lauf des Geschäfts ist folgender: es gilt, Austern für den Londoner und andere Märkte zu säen, zu pflanzen und zu erziehen. Dazu reicht der auf eignen Gründen gewonnene Laich, für dessen Sicherung man keine Mittel anwendet, durchaus nicht hin, so daß man viel davon auch als junge Brut kauft. Deshalb beschäftigen sich viele Leute unabhängig und ziemlich lohnend bloß damit, solche aufzusuchen und der Compagnie zu verlaufen. Dies geschieht meist scheffelweise. Ein Scheffel Laichflüssigkeit enthält im Durchschnitt 25,000 junge Austern, als junge Brut, zwei Jahre alt, 5,500, eine größere und ältere Art 2000 oder 1500 ausgewachsene vierjährige für den Markt. Die Laichfischerei ist besonders ergiebig auf der sechszehn Meilen langen und drei Meilen breiten freien Wasserfläche, die unter dem Namen „Pont" berühmt geworden ist. Hier fischen oft 150 Boote, jedes mit drei bis vier Mann, nach Austernlaich oder junger Brut, die sie neuerdings nicht selten mit fünfzehn bis zwanzig Thaler per Scheffel an die benachbarten Austernfarmers verkaufen. Die Whitstable-Compagnie bewirthschaftet ihre Gründe mit so großer traditioneller Sorgfalt, daß ihre Natives wegen ihres feineren Aromas, gedrungneren, feineren, saftigeren Fleisches überall den Commons, d. h. von anderswo bezogenen englischen Austern vorgezogen und viel höher bezahlt werden, obgleich sich viele „gemeine," namentlich für den auswärtigen Markt darunter mischen und in Deutschland nicht selten bloß aus solchen bestehen. Die Whitstabler Natives wachsen alle auf Lehm- und Thongrunde, doch verdanken sie ihre besten Vorzüge der Schule und Pflege. Alle Gründe werden jährlich einmal mit dem Pflugnetze bearbeitet und gereinigt. Jeden Tag wird ein neuer Theil durchpflügt und der Austerngehalt heraufgezogen, untersucht, von Feinden gesäubert und wieder in ein gereinigtes Bett versenkt. Am meisten verhaßt sind die oft zahlreichen Seesterne oder „Fünffinger", die ihren Magen geradezu zwischen die aufgezwängte Austernschale hineindrängen und sie so verzehren. Sie sind so zählebig, daß sie, in Stücken zerhackt, im Seewasser wieder zu eben so viel ganzen Fünffingern werden. Nur im Süßwasser sterben sie augenblicklich. Die Hundschnecke (Dog-whelk) bohrt sich sogar durch die Schalen und saugt sie so aus. Auch gewöhnliche Schnecken, vielerlei Gewürm und zoophytische Gebilde suchen dem Menschen in ihrem Austerappetit zuvorzukommen. Alle diese Feinde werden mit möglichster Sorgfalt beseitigt und beinahe jede einzelne Auster einer genauen Untersuchung unterworfen. Zu diesem Geschäft gehören etwa acht Mann per Morgen, jedesmal drei Tage in der Woche; die übrige Hälfte gehört der eigentlichen Fischerei für den Markt. Dies geschieht mit dredges oder Pflugnetzen, welche die Form einer Geldbörse mit breiten Stahlbügeln haben. Der unterste Bügel wird von dem segelnden oder rudernden Boote auf dem Grunde gleichsam hingeharrt und der obere durch ein Stück Tau möglichst weit aufwärts gehalten, so daß der Inhalt des Grundes in die Netzbörse hineingezogen und immer, nicht bloß mit Austern, sondern auch mit allen möglichen, zuweilen seltsamen Schätzen des Meeresgrundes an Bord gehoben, gesichtet und gesäubert wird. Die Austern werden immer nur bis zu einer bestimmten Menge auf den Markt gebracht, um die Preise hoch zu halten, die übrigen wieder versenkt oder je nach ihrem Alter in andere Abtheilungen verpflanzt. Die dafür bestimmten Gründe sind cultivirtes Privateigenthum für Züchtung der Natives. Die natürlichen uncultivirten Betten stehen jeder Art von Fischerei frei. Nur die Betten an der Mündung des Colne-Flusses machen eine Ausnahme, da sie uncultivirt sind und zugleich der Stadt Colchester gehören, welche die Gründe theils an eine Compagnie, theils an einzelne Personen verpachtet. Hierbei hat sich herausgestellt, daß die Compagnie mit ihren größeren Capitalien und Gründen noch mit Profit arbeiten kann, wenn sie den Dredgers im Durchschnitt zwölf und zuweilen sogar vierzig Schillinge für den Scheffel bezahlen muß, während es ein kleiner Privatfarmer schon nicht mehr lohnend fand, oder zu geben. Auch dies ist ein Beweis, daß man diese Kunstindustrie am Lohnendsten im großen Umfange auf Aktien oder durch Cooperativ-Gesellschaften betreiben wird, obgleich auch die Tausende von kleinen und wohlhabend gewordenen Farmers auf der Insel Ré u. s. w. eine wirklich rationelle Bewirthschaftung und künstliche Zucht mit glänzendem Erfolg in ganz kleinen Parts und Farms betreiben.

Von den andern Compagnien um die Themsemündung herum verdienen noch die von Favershom, Queenborough und Rochester Beachtung, erstere, als die älteste ihrer Art, seit Jahrhunderten thätig, die zweite als Züchter der besonders geschätzten Milton-Austern und letztere als glückliche Rivalin der Whitstable-Compagnie, obgleich sie nicht die Mittel und den Umfang hat, manches Jahr wie dieses allein 200,000 Thaler für Laich und junge Brut auszugeben.

Die neueste Compagnie der Art soll die Austernzucht nach den besten Erfahrungen auf das Vollkommenste betreiben, doch ist es uns nicht gelungen, zuverlässige Angaben darüber zu erhalten. Nach Parlamentsverhandlungen dieses Jahres sollen Privatunternehmungen für künstliche Austernzucht möglichst gefördert und begünstigt werden.

Die weit berühmten schottischen Austern sind durch gierige Ausbeutung besonders selten und theuer geworden. In den Betten von Newhaven, der Stadt Edinburg gehörig, fingen früher manchmal drei Menschen während einiger Stunden über dreitausend Stück, während sie jetzt zufrieden sein müssen, an einem Tage nur den fünften Theil zu fischen. Die besonders geschätzte Art der badenbürtigen „Pandoren", beschränkt sich auf die Gegend des Dorfes Prestonpans und die Nachbarschaft von Cockenzie. Sie ist eben so schmackhaft und geschätzt, wie die besten Natives und soll ihren feinen Geschmack, wie andere Austern und Fische, besonders den schmutzigen Ausläufen industriell benutzter und mit allerhand Lebensabfällen gedüngter Wasser verdanken, eine Thatsache, die wir bei künstlicher Fisch- und Austernzucht eben so wenig außer Acht lassen dürfen, als bei Entscheidung über die Frage: Canalisirung oder Abfuhr? Wenn wir das Wasser erst recht bewirthschaften gelernt haben, giebt es uns die schädlichen und tödtlichen Abflüsse der Civilisation immer mit den höchsten Procenten als neue Lebensquelle und außerdem auch noch als befruchtenden Dünger für Felder und Fluren zurück.

Auch an den ehemals austernreichen Küsten Irlands sind die Vorräthe durch blindgierige Ausbeutung mehr oder weniger erschöpft worden, so daß man erst neuerdings durch Mangel und Theurung zu Anfängen künstlicher Zucht genöthigt worden ist. Namentlich hat es sich Edward Barry angelegen sein lassen, Geld und Geist für diese neue Kunstindustrie anzulocken. Am Weitesten ist man damit um die Insel Hayling herum, östlich von Portsmouth, vorgeschritten. Durch französische Muster und Erfolge ermuthigt, unternahm es zunächst eine Gesellschaft, neunhundert Morgen in einer geschützten Bucht dieser Insel in Austernparks zu verwandeln und sie theils mit Reisig und Faschinen, theils mit convexen Ziegeln für Auffangung des Laichs zu versehen. Nach den bisherigen Mittheilungen haben sich beide Methoden glänzend bewährt und sind in Hunderten neu hinzugekommener künstlicher Parks weiter ausgedehnt worden. Ueber einen so ausgestatteten neuen Grund von achtzehn Morgen Umfang berichtete die Times im vorigen Jahre, daß die angesetzten jungen Austerlinge darin allein eine Ernte von 80,000,000 Stück in Aussicht stellten. An manchen Stellen fand man zwanzig bis dreißig junge Austern auf jedem Quadratzoll der in Form eines A eingesetzten cementirten Ziegelplatten. Die künstlichen Austernbänke vor Ostende, nach französischem Muster angelegt, mit etwa sieben ummauerten und mit Schleusen versehenen Zuchtstätten, lohnen sich bereits glänzend, obgleich die etwa jährlich 15,000,000 Setzaustern theuer von England gekauft werden müssen. Deutschland soll von dieser Quelle allein jährlich für 50—60,000 Thaler Austern und Hummern beziehen.

Die „Europa" brachte nach Moritz Busch': „Der gerechte und vollkommene Austernesser", zwei Artikel, aus denen wir als praktisch beachtenswerth für den in Deutschland von Sturz angeregten „Austernbetrieb" folgende Stellen entnehmen:

„Im Juni 1860 war in dem bekannten großen Austerngarten von Lahillon bei der Vogelinsel (Ilo des Oiseaux) nicht eine einzige Auster mehr anzutreffen; die gefräßige Bohrerschnecke hatte sie sammt und sonders gemordet, nicht einmal Laich ließ sich irgendwo in der Umgebung aufspüren. Der Grund war achtzehn Zoll hoch mit Schlamm bedeckt, und darüber zog sich ein Chaos von durcheinander gewirrten Seegräsern hin. Comte ließ diese Wildniß ausrotten und den Schlamm entfernen, bis er auf den reinen Sand des Beckens stieß. Hier wurde nun eine breite Unterlage von Kies, Lehm, Austern- und Muschelschalen ausgebreitet und, um die junge Brut nicht den Fährnissen des Meeres preiszugeben, wurden siebentausendfünfhundert poröse und glasirte, kreisbogenförmige Ziegel zu zweihundert und siebenzig verschiedenen Haufen kunstvoll zusammengebaut und so aufgestellt, daß das Seewasser dazwischen frei circuliren konnte. Den Grund selbst richtete man so sauber und zierlich her, wie ein Gartenbeet. Je hundert Äcker wurden durch einen langen acht Fuß breiten Kiesweg, der von einem Ende zum andern lief, in zwei Abtheilungen gesondert. Den Hauptweg kreuzen viele schmälere, blos zwei Fuß breite Pfade in rechten Winkeln, zwischen denen sich die einzelnen, sechs Fuß breiten Austernbeeten befinken, welche ebenso wie das Felsen- und Ziegelwerk auf das sauberste und regelmäßigste gehalten werden. Zunächst ließ man nun viermalhunderttausend ausgewachsene Austern von den Küsten Englands, Irlands und Frankreichs kommen und verpflanzte sie sorgfältig auf die neuen Bänke; dann wurde eine gleiche Anzahl von Tiefseeaustern aus dem die Insel Ré umspülenden Meere gefischt und zwischen die Ziegelgruppen vertheilt, und bald sahen die in dem Beobachtungsboot stationirten Wachposten, wie sich der Laich lustig entwickelte und in leichten spiralförmigen weißen Wolken vom Juni bis in den October hinein stieg und fiel. Die Kosten dieser ersten künstlichen Austernbank waren allerdings sehr erheblich, sie betrugen über neunmalhunderttausend Thaler, allein schon im nächsten Jahre stellte sich der Reinertrag der Anlage auf fast sechszigtausend Thaler. Gewiß ein ganz respectabler Gewinn!

Selbstverständlich blieb dieser Erfolg der Franzosen nicht unbemerkt und binnen Kurzem sahen auch die englischen Küsten eine Reihe künstlicher Austernbänke entstehen. Von ganz besonderem Interesse ist davon die auf der Insel Hayling, deren süße, höchst schmackhafte Austern (Natives) schon vor Jahrhunderten bekannt und so eifrig gefischt worden waren, daß die natürlichen Bänke seit längerer Zeit keine Ausbeute mehr lieferten. Sie liegt unweit von Southampton am Solent, der Meerenge, welche Wight vom englischen Hauptlande scheidet, an der Mündung eines großen

Areals von einſtrömendem Seewaſſer. Der Boden beſteht aus Kalk und Kieſel und kann bis zu einer Ausdehnung von zehntauſend Quadratackern für die Auſternkultur nutzbar gemacht werden, was ohne Zweifel auch binnen Kurzem und in productivſter Weiſe geſchehen ſein wird.

Vor zwei Jahren begann man zunächſt vierzig Acker zur Aufnahme von Auſternlaich vorzubereiten und eine Fläche von zwei Ackern damit zu „beſäen". Hatte man in Lahillon die nöthigen Conſtructionen aus Stein und Ziegeln hergeſtellt, ſo errichtete man hier die erforderlichen Bauten einfach aus Schindeln und Korbgeflecht, das man in einiger Entfernung vom Boden auf Stäben übereinander legte. Im Juli des nächſten Jahres fand man die unteren Flächen der Korbhürden ſo dick mit Laich beſetzt, wie man es nur wünſchen konnte, und zwar ließen ſich dabei einige auf= fallende Erſcheinungen beobachten. Ueberall da nämlich, wo die Rinde der Mieten die dunkelſte Farbe hatte, war unabänderlich die Menge der Auſtern am dichteſten, wo ſich aber eine von Rinde entblößte Stelle zeigte, hielt ſich auch nicht eine einzige Auſter auf. Es ſcheint mithin als ob der Laich, ſchleimig und unſubſtantiell wie er iſt, doch einen gewiſſen Inſtinct beſitzt und eine Oertlichkeit vor der andern bevorzugt. Merkwürdig iſt auch, daß, während die Auſter ſelbſt bei hartem Froſte zu Tauſenden zu Grunde geht, dem Laiche die Kälte nichts anhat; wenn auch hie und da buchſtäblich mit Eis überzogen, leidet er doch nicht im Geringſten dadurch. Ebenſo gedeiht er im wildeſten Waſſerſtrudel, den die Auſter ſorgſam zu vermeiden pflegt.

Das franzöſiſche Marineminiſterium gewährt Privatleuten kleine Streifen von Küſtenland zur Anlegung künſtlicher Auſternzuchtſtätten, damit ſich jeder Strandbewohner ſoweit als thunlich ſeine eigene kleine Auſternbank gründe. Auch das engliſche Gouvernement begünſtigt und fördert die künſtliche Auſternzucht nach Kräften.

„Sag, wie die Auſter ihre Schale macht", fragt der Narr im König Lear. Wir haben darauf keine genügende Antwort. Wohl aber können wir nach der Schale ſagen, wie alt das betreffende Glied der Auſtern= familie iſt. Einem Pferd ſehen wir, um ſein Alter zu erfahren, ins Maul. Die Auſter hat, gleich dem Menſchen, ihre Jahre auf dem Rücken. Jeder, der einmal eine Auſter in Händen gehabt hat, wird bemerkt haben, daß die Schale derſelben aus übereinandergeſchichteten Blättern von kalkiger Subſtanz zuſammengeſetzt wird. Jedes einzelne dieſer Blätter bezeichnet das Wachsthum eines Jahres, und ſo läßt ſich durch Zählen derſelben mit ziemlicher Genauigkeit beſtimmen, wie alt das Haus und deſſen Bauherr und Inſaſſe iſt. Bis zur Zeit der Reife des Thieres ferner ſind jene Blätter oder Schichten regelmäßig übereinandergelegt, ſpäter werden ſie unregelmäßig, ſo daß die Schale plump und unſchön ausſieht. Nach der großen Dicke mancher Schalen zu urtheilen, ist das Thier, wenn es ungestört bleibt, fähig, ein sehr hohes Alter zu erreichen, und man will fossile Austern gefunden haben, deren Gehäusewände neun Zoll stark waren, und deren Alter darnach auf mehr als hundert Jahre veranschlagt wurde.

Die junge Familie der Auster bleibt meist in der Nähe der Mutter, und daraus erklären sich die gewaltigen Austernbänke, die man in allen Meeren der gemäßigten und der heißen Zone antrifft, und die bisweilen eine solche Höhe erreichen, daß Schiffe an ihnen scheitern. Bei Reading in Berkshire findet sich eine versteinerte Austerncolonie, die etwa zwei Fuß dick ist und eine Fläche von sechs englischen Ackern bedeckt. Weit ausgedehnter und höher sind die Lager fossiler Austern, welche an der Westküste Amerika's durch vulkanische Gewalten emporgehoben worden sind, und die bei einer Höhe von sechzig bis achtzig Fuß eine Länge von durchschnittlich sieben deutschen Meilen sowie eine Breite von einer Viertel- bis zu einer ganzen Meile haben. Aehnliche Wunder zeigen die Gestade von Georgia, wo die Auster außer der Wohlthat, die sie dem Menschen durch ihr zartes und wohlschmeckendes Fleisch erweist, zugleich Tausende menschlicher Wesen vor jenem Unglück beschirmt, welches die Bewohner der schleswig-holsteinischen Westküste durch die mächtigen Haffdeiche von sich und ihren selten Marsch wehren fernhalten. Wie hier so besteht auch dort der Boden bis auf weite Strecken landeinwärts aus schwammigem Alluvialschlamm, der außerordentlich fruchtbar ist, aber dem Angriff heftiger Sturmfluthen bei seiner weichen Beschaffenheit nur geringen Widerstand entgegensetzt. In der That dieses amerikanische Marschland ist so nachgiebig, daß man an vielen Stellen noch drei bis vier Meilen von der See einen eisernen Stab ohne Schwierigkeit zehn bis zwölf Fuß tief hineintreiben kann. Dazu kommt, daß dieser Landstrich von zahlreichen vielgewundenen Bächen und Flüssen durchströmt wird, die sehr bald ihre Betten durch Abspülung der Uferränder erweitern und die ganze Gegend in einen ungeheuren Morast verwandeln würden, falls die Auster nicht solchem Schaden entgegenarbeitete. Diese nämlich hat sich nicht nur wie ein colossaler Wasserbrecher zwischen das Meer und das Land gelagert, sondern besäumt auch die Mündungen der Flüsse und Bäche meilenweit landeinwärts noch und bis zur Höhe von zwölf bis fünfzehn Fuß mit einer Mauer von Millionen ihres Geschlechts. Die untern Schichten dieser Schutzwälle sind natürlich ohne Leben, da die hier liegenden Austern ihre Schalen nicht öffnen können. Die obersten dagegen geben den in diesen Strichen arbeitenden Negern mitunter Gelegenheit zu großartigen Schwelgereien. Die Fluth spült dieselben massenhaft in das Gras und Gestrüpp des Strandes. Während der Ebbe aber eilt der schlaue Schwarze, dieses Gestrüpp in Brand zu stecken, und dann findet er das weite Aschenfeld mit Tausenden gebratner Austern bedeckt.

Die chemische Analyse der Auster zeigt, daß dieselbe sehr viel phosphorsaures Eisen, phosphorsauren Kalk, eine beträchtliche Quantität Osmazom, etwas Kleber und Leim und ziemlich viel Salz enthält. Der Saft oder das Blut besteht aus ähnlichen Substanzen, aber nur wenig Salz, die Schale aus Salz, kohlensaurem Kalk und animalischem Schleim, sowie aus kleinen Quantitäten von phosphorsaurem Kalk und Magnesia.

In dem Augenblicke, wo das Thier stirbt, beginnt die animalische Materie durch Auflösung in die Elemente, aus denen sie besteht, ihre chemischen Verwandtschaften zu zeigen, und dann ist der Genuß der Auster stets mehr oder minder giftig. So lange sie dagegen lebt — ihr Herz schlägt noch geraume Zeit nach ihrer Ablösung von der Schale — äußert sie, wie oben gesagt, den heilsamsten Einfluß auf das körperliche Befinden der Menschen. Namentlich ist ihr regelmäßiger Genuß allen denen zu empfehlen, die an Unverdaulichkeit leiden.

Schon ältere Aerzte empfahlen die Auster gegen verschiedene Krankheiten, und sie scheint wirklich in manchen Fällen gute Dienste geleistet zu haben. Sie mehrt das Blut, ohne das Systrm zu erhitzen, und so ersetzt sie bei starken Verwundungen und Blutungen nicht nur rasch den Verlust, sondern verhütet auch den Eintritt von Fiebern. Boerhave kannte einen kräftigen Mann, der die Schwindsucht bekommen und sich, nachdem andere Arznei nichts gebessert, mit Austerverspeisen des Uebels entledigt hatte. Binnen kurzem war er wieder zu Kräften gelangt, und schließlich erreichte er ein Alter von dreiundneunzig Jahren. Doctor Pasquier empfiehlt Austern als eines der vortrefflichsten Mittel gegen die Gicht. Doctor Leroy erhielt sich dadurch, daß er jeden Morgen („der Saison selbstverständlich", müssen wir bemerken) zwei Dutzend unsrer heilsamen Mollusken zu sich nahm, bis in sein höchstes Alter jugendliche Mannestraft.

Wir gelangen jetzt zu der Güte der Austern in den verschiedenen Ansiedelungen dieses nützlichen Volkes. Hier steht zunächst fest, daß die Bergaustern, d. h. die an submarinen Klippen gefischten, die besten sind; weniger gut sind die von Sandbänken, ganz geringe Waare die von Schlammboden stammenden.

Die berühmtesten englischen Austernfischereien befinden sich in den Armen und Buchten der Flüsse au den Küsten von Essex, Kent und Sussex, und die beste Waare derselben sind die kleinen Natives, welche von den Mündungen der Bäche Colne, Blackwater und Crouch in Essex, von dem Ausfluß des Swale und des Medway in Kent, von den Bänken im Flusse Ouse in Sussex und aus dem Southampton Water kommen. Bei Colchester in der Grafschaft Essex werden die Austern künstlich gezüchtet, man bringt in die dortigen Fütterungsanstalten junge Thiere von anderen Gegenden, Dorset, Hampshire u. s. w. um sie daselbst reisen und den wahren Geschmack gewinnen zu lassen. Gegen 15,000 Bushel zu je circa 300 Stück werden alljährlich von hier, meist nach London, zu Markte gebracht. Von geringerer Güte sind die Colchesters, welche mit dem Namen middlo ware bezeichnet werden und etwas größer als die ächten Natives sind. Noch weniger hält der gerechte und vollkommene Austernesser von den Common-Oysters, die aus dem Westen Englands stammen und sehr große und dicke Schalen, aber wenig Fleisch haben. Die kleinsten englischen Austern sind die Dutch-Size, die vorzüglich nach Holland verschifft werden. In Kent sind besonders die Orte Faversham, Milton und Middleton wegen ihres starken Austernfangs und der Vortrefflichkeit ihrer Waare berühmt. Endlich befinden sich in England Austernbänke an der Insel Wight, bei Guernsey, von wo jährlich 200,000 versandt werden, bei Tenby in Südwales und bei Milfordhaven an der Küste von Caernarvonshire.

Aber England ist nicht der einzige der drei Theile des vereinigten Königreichs von Großbritannien, welcher mit guten Austern gesegnet ist. Edinburgh rühmt sich mit Recht seiner Aberdours und noch mehr seiner Pandores, in denen Christopher North und der Shepherd einst schwelgten. Dublin hat seine Powldoodles of Burran und seine superben Carlinforts, welche für die edelste Austernsorte der ganzen Smaragdinsel gelten, einen dunkeln, fast schwarzen Bart haben und so zarten Fleisches sind, daß ein ächter Sohn Hibernicus sie nicht ohne einigen Schein des Rechtes über alle Austern der Welt erhebt und selbst die Natives der Sachseninsel ihnen nachstellt.

Eine sehr gefährliche Nebenbuhlerin Englands dagegen im Punkte der Austernerzeugung ist la belle France. Frankreich bezieht seine berühmtesten Austern von Marennes in der Bucht von Biscaya, von Cancale in der Bucht von Mont Saint Michel, ferner von Saint Vaast, Courseul, Etretal, Dieppe und Treport an der Küste der Normandie, endlich von Dünkirchen und Saint Malo. Die französischen Gestade des Mittelmeers aber liefern nichts der Art, was der Erwähnung werth wäre.

Die grüne Auster ist eine Eigenthümlichkeit Frankreichs, und zwar kommt sie von den Bänken der Bretagne. Indeß läßt sich die Farbe und der Wohlgeschmack dieser Gattung auch andern Sorten auf künstlichem Wege mittheilen. Man wählt sich zu diesem Zweck einen mittelgroßen Park, in dem man das Meerwasser einige Zeit stehen läßt. Wenn die Steine am Rande desselben sich grünlich zu färben beginnen, so setzt man Austern in das Becken, doch nicht so zahlreich wie gewöhnlich. Schon nach wenigen Tagen ergrünen sie, und nach drei bis vier Wochen sind ihre Bärte fast grasgrün.

Ueber den Farbestoff und den Proceß, durch den er sich dem Thiere mittheilt, sind die Gelehrten verschiedener Meinung. Nach Guillon wäre ein in die Substanz der Auster eindringendes Infusionsthierchen die Ursache. Nach Bory de St. Vincent rührte die grüne Färbung von einer Molecular-substanz' her, welche sich in allen Gewässern durch die Einwirkung des Lichts bilden soll. Valenciennes nimmt als Ursache eine thierische, aber von allen andern organischen Stoffen verschiedene Substanz an, und das scheint das Richtige. Bertholet hat diese Substanz analysirt, und man hat sich ihre Verbindung mit unsrer Molluske so zu denken, daß die grünen Moleculen durch die Bewegung beim Athmen in die Kiemen eindringen, dieselben anfüllen, verstopfen und färben. Das Thier, welches sich dadurch in seinen nothwendigen Functionen gehindert sieht, dehnt sich aus und verfällt in eine Art Wassersucht, welche sein Gewebe weit feiner und wohlschmeckender macht.

Die Hauptniederlage unseres edlen, von den Franzosen höher als von irgend einer Nation geschätzten Seethiers ist Paris und hier wieder die Rue Montorgueil, die für die Metropole an der Seine das ist, was Billingsgate dem reisenden Austernfreund in dem großen Babel an der Themse bietet. Eine Berechnung zeigt, daß hier im Jahre 1860 nicht weniger als für eine Million sechsmalhundertundneunundvierzigtausend Franken Austern verkauft wurden, und da der Marktpreis für das Groß damals durchschnittlich vierundeinhalb Franken war, so muß Paris in der genannten Zeit über zweiundfünfzig Millionen und fünfmalhunderttausend Austern verzehrt oder doch wenigstens auf dem Markte gehabt haben. Natürlich aßen die Pariser später, d. h. vor der Erschöpfung und Theuerung während der letzten Jahre, weit mehr von ihrem Lieblingsgericht als vordem. Daß sie aber schon früher in dem Fache sehr Bedeutendes leisteten, zeigt eine Stelle in dem Almanach der Feinschmecker, welchen Grimod de la Reynière herausgab. Es heißt daselbst:

„Begeben wir uns in die Rue Mandar (dieselbe mündet in die Montorgueil-Straße), so befinden wir uns vor zwei berühmten Felsen, gegen welche täglich die Geldbeutel der Liebhaber grüner und weißer Austern wogen und Schiffbruch erleben — wir meinen die Rochers de Cancale und d'Etretat. Hier ißt man zu allen Stunden die besten Austern in der Hauptstadt, und die Masse der hier verzehrten Meerthiere dieser Art ist so ungeheuer, daß in kurzer Zeit allein ihre Schalen, bis zu den Giebeln der höchsten Häuser aufgeschichtet, Felsenriffe der furchtbarsten Art bilden würden."

Der „Felsen von Cancale" ist, von dem Zahn der Zeit zernagt, leider verschwunden wie andere Berühmtheiten von Paris. Doch ist für Ersatz gesorgt. Denn bei Philippe an der gegenüberliegenden Ecke kann man

außer den schönsten Diners und Soupers Austern so fein haben, als sie
je von Cancale und Marennes geliefert wurden. Was übrigens die von
letzterem Orte betrifft, so begegnet man ihnen nicht nur in allen ordentlichen Gasthöfen und Speisehäusern von Bordeaux, sondern in jeder einigermaßen respectablen Stadt an der Garonne bis hinauf, wo der Fluß schiff-
bar zu sein aufhört. Sie werden hauptsächlich von den wandernden
Austernhändlern von La Rochelle hierher gebracht, welche man auf allen
Dampfbooten jenes Stroms zu Reisebegleitern hat, und die wir sofort an
ihren seltsam geformten Hüten und ihren schwarzen Kapuzenmänteln
erkennen — ein lustiges Völkchen, das größtentheils von La Tremblate
und andern Eilanden in der Nachbarschaft von La Rochelle kommt und im
Herbst mit Austern und Sardinen den Fluß hinaufreist, um sich in irgend
einer der volkreicheren Städte am Ufer desselben für die kalten Monate
niederzulassen, wo sie dann jede Woche zwei bis dreimal frische Sendungen
ihrer beliebten Waare erhalten. Gewöhnlich sitzen sie vor den Thüren der
Hotels, und nicht selten hört man sie da ihre heimischen Weisen mit
hübschen frischen Stimmen singen.

Eine ganz ausnehmend gute Auster ist die von Ostende. Sie ist
jedoch nichts anderes, als eine Engländerin vom Stamm der Natives und
wird nur nach jenem belgischen Seeplatz gebracht, um in dessen Parks gereinigt und gemästet zu werden. Von feiner, dünner, fast durchsichtiger
Schale, klein, aber sehr voll, fett und weiß, beinahe ohne Bart, ist sie,
gegen die gewöhnliche Auster gehalten, was ein junges wohlgepflegtes
Hühnchen gegen eine alte Henne ist. Man schätzt sie in Deutschland
vorzüglich deshalb, weil sie uns von allen Sorten am schnellsten erreicht
— Berlin mittelst der Eisenbahn in sechsunddreißig Stunden — und
folglich, am Ziel angelangt, unter nicht ganz ungünstigen Verhältnissen
noch eine volle Woche am Leben bleiben kann. Wiederholt gingen in den
letzten Jahren Austern von Ostende sogar bis nach Moskau und Odessa,
und obwohl sie bis zu ersterer Stadt siebzehn, bis zu letzterer elf Tage
unterwegs waren — ich spreche von der Zeit vor Vollendung der betreffenden Eisenbahnen — kamen sie doch vollkommen genießbar an. Schwerlich könnte man dieses Experiment mit einer andern Gattung ohne Schaden
unternehmen.

Die einzige Austersorte, welche den Zöglingen der Ostender Pensionate
auf dem Festlande den Rang streitig zu machen versucht, sind die Whilstabler.
Dieselben sind gleichfalls in den südenglischen Gewässern zu Hause und
Natives, aber von verschiedener Größe unter einander, da man sie nicht
sortirt. Ebenfalls fett und voll, haben sie doch nicht die Zartheit der
Ostenderinnen und außerdem den Mangel, daß sie sich weniger lange
halten. Doch scheint die Ursache davon lediglich darin zu liegen, daß man

sie von Whitstable erst nach London schickt, wo sie verpackt und mit Eisenbahn und Dampfschiff nach Hamburg geschafft werden. Sie kommen auf diese Weise selten vor Verlauf einer Woche (vom Tage des Fangs an gerechnet) nach unseren deutschen Binnenlandsstädten.

Sehr achtbar ist die Holsteiner Auster, d. h. die ächte, die indeß eigentlich eine Schleswigerin ist, da sie ihre Hauptniederlassung an der Westküste zwischen Husum und Hoyer einerseits und den Inseln Föhr und Sylt andrerseits hat und in den Parks der zuerst genannten schleswigschen Stadt ihre höhere Bildung und Gesittung empfängt. Daß man sie, die also nördlich von der Eider ansässig, allgemein und selbst unter Diplomaten als Holsteinerin und somit als zu Deutschland gehörig bezeichnete, war eines von den nicht genug gewürdigten Beweismitteln für das gute deutsche Recht Schleswig-Holsteins contra Dänemark. Die schleswig-holsteinische Auster, wie wir sie, jedenfalls mit ihrer Beistimmung, nennen könnten, oder die preußische Auster, wie wir sie, vielleicht gegen ihren Wunsch, als patriotische Epikuräer nennen wollen, ist den edelsten Zweigen der Familie beizuzählen und hat nur einen Tadel an sich, der darin besteht, daß sie keine so ausgebreitete Stammgenossenschaft bildet, wie ihre Verwandten an der englischen und französischen Küste, und daß sie deshalb im Innern Deutschlands häufiger angezeigt als verzehrt wird. Es ist in der That nothwendig, daß man gute Verbindungen hat, wenn man ächte Holsteinerinnen zu beziehen wünscht. Sehr oft geschieht es, daß wir statt ihrer norwegische, schottische oder Helgoländer erhalten, die den holsteinischen oder, bleiben wir dabei, preußischen Austern äußerlich fast ganz, innerlich sehr wenig gleichen, weshalb manche Uneingeweihte die letzteren geradezu verschmähen.

Die in Rede stehende Auster unterscheidet sich von den vorhin beschriebenen Schwestergattungen der Natives zuvörderst durch ihre Größe. Sie hat etwa den doppelten Umfang der Whitstabler und oft den dreifachen der Ostender Natives. Sie zeigt ferner eine ziemlich dünne, grünlich blaue untere Schale, und die obere ist stets concav, wodurch sie sich zunächst von der Helgoländerin unterscheidet, von der das Gegentheil gilt. Die Bewohnerin jenes Gehäuses ist sehr fett, weiß und zart, desgleichen leicht verdaulich. Ihr Mantel ist verhältnißmäßig klein, woran wir sie neben den Basen aus Norwegen und Schottland erkennen, die einen vergleichsweise sehr großen Mantel tragen. Die Helgoländerinnen sind die größten ihres Geschlechts, erhöhen aber durch ihre dicken und schweren Schalen die Steuer und Fracht bedeutend, auch gilt im Allgemeinen von ihnen, was von den großen Aepfeln und Kartoffeln zu sagen ist: sie eignen sich nicht für den Mann von gebildetem Geschmack und werden von ihm nur im Nothfall genossen. Noch weniger werth sind die Norwegerinnen, die hier lediglich als Dinge erwähnt werden, die der rechte und vollkommene Austernesser abzulehnen hat.

Die Bremerinnen, Rauwerkerinnen und Wangerogerinnen stehen wieder um mehrere Stufen höher auf der Staffel der Trefflichkeit und sind nahe Verwandte der Holländerinnen. Letztere zerfallen in die Seeländer, Vlleffinger, Mittelburger und Vieringer und sind ebenso gut als theuer. Hauptbaute Hollands findet man bei Petten und Zierikzee. Die Vieringer werden für die feinsten holländischen Austern gehalten, gehen aber nur selten, gleich den andern Sorten, die viel rheinaufwärts und nach Bremen versandt werden, über die Grenze.

Die Amerikanerinnen, die wir kennen, sind eine gute Mittelsorte von Austern, ziemlich groß und, wie die Yankees behaupten, besonders gekocht und geröstet außerordentlich wohlschmeckend. Der Verfasser dieser Abhandlung hat sie wiederholt sowohl in Suppen, wie als Braten gekostet, er bleibt aber bei der oft aufgestellten Regel, daß alle Kunst an der Auster schädlicher Ueberfluß ist, und spricht — man kann gute Sitten nicht zu oft predigen — in aller Artigkeit noch einmal die entschiedene Meinung aus, daß die Zunge eine irregehende sein muß, welche eine in Behandlung des Kochs gewesene Auster der frischen vorziehen kann, jenem zarten, saftigen, milden, bezaubernden Geschenk der Natur, welches nur mit seinem eignen Herzblut begossen oder, wie ein Meister es in einer poetisch angehauchten Stunde bezeichnete, „gleich der weißen Rose an einem schönen Sommermorgen bethaut" ist.

Rußland hat an den Küsten der Krim Austern, die Türkei vorzüglich im Bosporus, von wo sie besonders während der griechischen Fasten viel nach Constantinopel gehen. Die Adria erzeugt deren ebenfalls, und man rühmt die Arsenalaustern von Venedig und die Pfahlaustern von Triest, die letzteren, wie mich nach wiederholter gewissenhafter Prüfung dünkt, mit Unrecht.

Auch über die Auster des Mittelmeers kann ich mich hier kurz fassen. Möglich, daß sie, wir andere Völker dieser Gestade, einst besser war als jetzt, wahrscheinlich, daß sie es nicht war, trotz der Lobreden, die Horaz, der Unübertreffliche, Seneca, der Weise, und Plinius, der Gelehrte, ihr gehalten haben. Man kannte eben, als man die Lucriner und die von Circeji pries, noch keine andern, und da nach der Meinung von Vielen Ignoranz Segen ist, so konnte man mit jenen recht glücklich leben." Prüfet Alles und züchtet die besten Sorten mit den besten Capitalien der Erfahrung, Wissenschaft und Wirthschaft an den Gestaden des „deutschen Meeres" und seinen Inseln zu wohlfeiler Nahrung und Erquickung arbeitender Muskel- und schöpferischer Geisteskraft!

Dies ist eine kurze Uebersicht des wirthschaftlichen Austernbetriebs an unsern europäischen Küsten und der Anfänge für künstliche Züchtung.

Wir sehen, daß die beiden gebildetsten Völker zum Theil ernstliche und umfangreiche Saaten gestreut haben, schon ernten und noch goldnere Aussichten auf immer reichlichere Verzinsung ihres in's Wasser geworfenen Geldes genießen; nur wir Deutsche, die wir, wie erwiesen, mehr Gehirn haben als die Engländer und Franzosen und vielfach berechtigt sind, uns für die gebildetste aller Nationen zu halten, handeln oder faullenzen in dieser praktischen Richtung des goldenen, flüssigen Lebens nicht viel besser, als Vogt's Mikrocephalen. Anregungen einzelner erler und einsichtiger Männer, wie die des General-Consul Sturz*) blieben eben so unbeachtet, wie schon vor einem Jahrhundert die Entdeckungen Jakobi's, und erst während der letzten Jahre machen neue Fischereigesellschaften in Hamburg, Bremen, Bremerhaven, Danzig, hoffentlich auch unter Leitung des hochverdienten Lieutenant-Kapitäns Rae und des Grafen Baudissin auch in Cappeln, anerkennungswerthe Anstrengungen, für uns Ehre und Ernten aus Salzwasser zu schöpfen.

Für künstliche Austernzucht hat das neue Norddeutschland ein bis jetzt noch nicht gemessenes günstiges Gebiet an den Mündungen der Nordseeflüsse und den Gestaden einer großen Menge von Inseln. Unsere Holsteiner Austern sind zwar keine Holsteiner, aber doch wenigstens ächte Meeresfrüchte von schleswigschen und nordfriesischen Küsten. Aber mit etwas Kunst und Capital lassen sich dort viele Meilen an Inseln und Meeresküsten in die ergiebigsten Austernparks verwandeln, vielleicht um so mehr, als die natürlichen Austernbänke an den schleswigschen Küsten u. s. w. nahe und wohlfeile Saat dazu liefern können. Der Flächeninhalt derselben wird auf drei Quadratmeilen angegeben, welche bei den Inseln Sylt und Amrum die meisten Bänke aufweisen kann. Die Austernpächter-Gesellschaft von Flensburg hat für eine jährliche Abgabe von 22,000 Thalern bis 1879 das ausschließliche Recht, die meisten dieser Bänke zu befischen; doch fehlt es ihr an Mannschaften und Mitteln, alle natürlichen Vorräthe gehörig zu benutzen. Viele derselben werden ganz vernachlässigt, und selbst besichte Bänke sollen seit Jahren so überfüllt sein, daß nach einer, dem General-Consul Sturz gemachten Mittheilung eine einzige tausend Tonnen liefern könnte, ohne sie zu erschöpfen. Die Fischer von Sylt ernten manchmal auf der Nordseite innerhalb einiger Stunden bis hundert Tonnen. Auch die Südseite von Amrum soll mit einer Ueberfülle ganz vorzüglicher Austern versehen sein.

Da die ganze Reihe der friesischen Inseln mehr oder weniger aus Anschoppungen vom Festlande und den Flußmündungen her besteht und so

---

*) Auf dessen Anregung war im Juli eine Actiengesellschaft für künstliche Austernzucht zu Berlin im Werden.

gewissermaßen einen lebendigen und allerhand infusorisches Leben begünstigenden Gestadegrund besitzen, eignen sie sich alle für Fisch- und besonders Austern-kultur, so daß es nur darauf ankommt, besonders günstige Buchten aus-zusuchen, von überflüssigem Schlamm zu reinigen, den so gewonnenen Grund in Parks abzutheilen und nach bewährten Mustern auszustatten. Eine Hauptsache dabei bleibt, den eingeschlossenen Wassern möglichst viel Ruhe vor den stürmischen Launen des Meeres umher zu sichern und zugleich regelmäßige Zu- und Abflüsse zu veranlassen, um immer neues Leben und frische Nahrung aus dem großen Vorrathe des Oceans hineinzuführen. Diese Mittel liefern die beste und wohlfeilste Mast. Besonders günstig sind daher auch die Flußmündungen, welche allerhand Abfälle vom Lande her als Erzeugungs- und Nahrungsstoffe für Fisch- und Austernfutter herunterschwemmen. Daher wird man sich dort hauptsächlich und zunächst an die Mündungen der Ems und die Gestade ihrer großen Bucht zu halten haben. Eine frühere Austernbank in der Wester-Ems war ungemein erglebig; in den östlichen Fischle man noch vor drei Jahren viele Tausende von Austern. Man mag sich daher hier, so wie an aus-gesuchten Stellen der ausgedehnten Watten von Ostfriesland getrost daran machen, Austernparks anzulegen und nach den bisherigen besten Erfahrungen auszustatten und zu bewirthschaften. Am lohnendsten wird dies durch eine große Compagnie geschehen, etwa wie sie der General-Consul Sturz in seiner Denkschrift über den Austernbetrieb vorgeschlagen hat. Doch sollte man dabei durchaus nicht den kleinen Betrieb durch Privatfarms vernachlässigen, und nach dem Muster Frankreichs auf der Insel Ré u. s. w. ärmere Bewohner oder auch herbeigezogene Arbeiter durch verschiedene Begünstigungen in Form von Credit, Vorschüssen, Aussicht auf Prämien ꝛc. anregen, die jetzt hundertmeilig verödeten und vernachlässigten Gestade der Nordsee und der friesischen Inseln mit neuen Lebens- und Wohlstands-quellen zu befruchten und der überall auf dem Lande und in Städten schreienden Noth, Arbeitslosigkeit und Unzufriedenheit neue Lebensbefriedigung zuzuführen oder sie an die Quellen selbst zu versetzen, und ihnen zu zeigen, wie man selbst zu schöpfen habe. Vor mehreren Jahren machte schon ein Engländer vertrauungsvoll mit tüchtigen Mitteln Versuche, als Pächter ostfriesischer Austernbänke dort künstliche Zucht zu begründen; er ward nur durch zu große Eismassen im Frühlinge verhindert, sein Schiff voll junger Austern an der Insel Juist auszusäen und kehrte deshalb damit nach England zurück. Als erfahrner Austernzüchter war er vollkommen über-zeugt, daß dort ein günstiger Boden für diese bis tausend Procent ver-sprechende Kunstindustrie sei. Jetzt ist einer der schönsten Theile der Nordsee mit ihren Reihen von Inseln wirklich deutsches Meer geworden, und wir werden deshalb wohl nicht mehr warten, bis praktische Engländer

kommen, um uns auf ihre Rechnung und ihren Gewinn mit Fischen und
Austern aus unseren Meeren zu versorgen oder sie uns lieber vor der
Nase wegzufischen und selbst zu verzehren, wie sie dies um Helgoland
herum thun. Sie haben uns mit Gas und Wasserleitungen versorgt und
uns dadurch allerdings große Wohlthaten erwiesen, da unser Unternehmungsgeist selbst dazu zu feig oder auch staatlich und polizeilich gefesselt war;
aber es ist nun auch eine bleibende Schmach für uns, daß der Gewinn
aus diesen Unternehmungen immer in Londoner Kassen abgeführt wird.
Durch Schaden, Hungersnoth und massenhafte Arbeitslosigkeit klug geworden,
werden wir hoffentlich endlich die Bewirthschaftung des Wassers, wozu
auch Wasserleitungen, Entwässerung der Städte und Versorgung derselben
mit gesundem Trinkwasser gehören, auf eigne Rechnung unternehmen und
die Zinsen davon nicht bloß in guten Dividenden, sondern auch als erhöhten
Volkswohlstand, schönere Gesundheit und verlängerte Lebensdauer selbst
einstreichen und genießen lernen.

Wir bemerken nur noch, daß sich auch an den Mündungen der
Eider und Elbe manche günstige Stellen für Austernparks finden oder
leicht zurechtmachen lassen und hier, wie an der Ems, kleine, ordentliche
Leute, namentlich verarmende Fischer, welche fünfundsiebzig bis achtzig
Thaler zusammenbringen oder auf Credit erhalten können, sehr gut ihrm
werden, sich kleine Gärten von 40—50 Ellen im Geviert in's Wasser
hinein zu ummauern und nach den vorher erwähnten Einrichtungen an der
Insel Rö mit jungen Austern zu besäen. Mit etwas Pflege und Geduld
finden sie dann nach einigen Jahren in diesem Garten, wo vorher vielleicht
niemals der Werth eines Silbergroschens wuchs, eine stets wachsende, hohe
Verzinsung der Capitals- und Arbeitsauslage. Für großartigere und
sofortige gewinnreiche Austernfischerei bieten wohl die Verhältnisse der
Flensburger Pächterei-Gesellschaft günstige Gelegenheit. Ihr Contract für
Befischung der schleswigischen und nordfriesischen Austernbänke mit der
dänischen Regierung gilt bis zum September 1878. Dieser giebt ihnen
ein Recht auf fünfzig Austernbänke, die aber durchaus nicht alle befischt
werden und in Betrieb gesetzt worden sind, weil ihr die Mittel dazu fehlen.
Deshalb bleibt eine große Menge Nahrungscapital, welches jetzt einen
immer steigenden Werth enthält, im Meere liegen, und auch andere Bänke,
welche der Gesellschaft gar nicht gehören, verkommen vielleicht
im Schlamme und in eigner Ueberfülle. Unter diesen Verhältnissen wäre
es gut, wenn sich sofort eine neue Gesellschaft bildete, sich mit der Flensburger wegen unbenutzter Bänke abfände und den sonstigen herrenlosen
Vorrath abrentete. Nach dieser ersten, sofort gewinnreichen Thätigkeit
würde sie im eigensten Interesse die alten Bänke bewirthschaften und an
den geeignetsten Küsten und Inseln der Nordsee für ordentliche künstliche

Zucht und Cultur neue anlegen. Eine große ordentliche Gesellschaft der Art, welche sich zugleich die praktische Lösung des Güterstreites von Capital und Arbeit als Arbeitsgenossenschaft oder englische Industrial Partnership zum Muster nehmen könnte, würde gut thun, sofort mit Einbürgerung guter englischer, oder wohl noch besser amerikanischer Austernarten zu beginnen. Letztere sind bedeutend größer und eben so würzig, als die besten englischen und lassen sich nach Aussage guter Gewährsmänner auch an unseren nordischen Küsten mit Erfolg züchten. Sturz giebt darüber nähere Auskunft und erzählt auch, daß die Franzosen schon vor acht Jahren einen zwar übereilten, aber doch wesentlich glücklichen Versuch machten, die vorzüglichsten amerikanischen Austern und sonstige Schalthiere in französischen Gewässern anzusiedeln. Mit Benutzung der dabei gemachten Erfahrungen und schnelleren Verbindungen werden neue Versuche mit größerer Zuversicht auf glänzenden Erfolg gemacht werden können.

Es drängen sich also von allen Seiten praktische Anregungen, glückliche Erfahrungen und Erfolge an uns heran, um auch uns endlich mit unserer vielfach auf trockenem Lande sich vergeblich abmühenden oder gezwungen feiernden, gebildeten Geistes- und Geldkraft auf das einladende fruchtbare Wasser hinauszulocken und durch reiche Ernten und Ehren hoch zu belohnen. Bis jetzt haben wir von der Ehre, ein norddeutschverkuntenes Volk geworden zu sein und kostbare Nordseegestade deutsch zu nennen, keinen besonderen Gewinn. Ehre ohne Ernte kostet viel und giebt uns dafür kaum etwas zu kosten, geschweige zu essen. Wir müssen daher selbst versuchen und erfahren, daß das Meer uns nicht bloß eine Marine verschaffe, sondern auch frei mache und die Quellen unseres Wohlstandes vermehre.

Daß dies nicht bloß schöne Redensart sei, beweisen alle Völker, welche Süß- und Salzwasser bewirthschaften gelernt haben, obgleich auch diese noch nicht über die ersten unvollkommenen Versuche hinausgekommen sind. Um hier nur bei dem Austernbetrieb stehen zu bleiben, so betrug der Handel damit in den vereinigten Staaten voriges Jahr über 30,000,000 Dollars, wovon 10,000,000 als guter Lohn auf 20,000 Fischer und Arbeiter kamen. Ungefähr ebensoviel Menschen beschäftigen sich lohnend in Großbritanien damit. In Frankreich ist die Austernzucht während der letzten fünf Jahre von 85 auf 300,000,000 Stück jährlich gestiegen, so daß mindestens 15,000 Menschen davon leben und sich auf dem Meere zu tüchtigen Marinesoldaten vorbilden, was für unseren Militärstaat mit der neuen, stolzen Marine doch gewiß einen guten Klang haben wird.

Der Staat mit seinem Militärstolze gewinnt durch ordentliche Bewirthschaftung des Wassers tüchtige Wehrkräfte und wir neue Mittel, uns selbst und auch diese zu nähren. Wir können deshalb nicht schnell genug lernen, uns die 500,000 Tonnen Heringe, 12,000 Centner Austern, etwa 100,000 Centner gesalzene, marinirte und geräucherte Fische anderer Art und die mehr als 150,000 Centner Fischthran, die wir jährlich vom Auslande beziehen, so weit unsere müßigen oder faul und falsch angelegten Capitalien und Arbeitskräfte reichen, selbst aus dem Wasser zu fischen und die Ernten daraus mit der Zeit um jährlich viele Millionen zu schwellen.

Muräniden oder Aalfische.

Aale oder Muräniden (Muraenidia) gehören zu den bekanntesten und beliebtesten Gerichten aus allen möglichen Arten von Wassern. Ihr Fleisch und Fett ist schmackhaft und zart; sie sind sehr fruchtbar, zählebig und leicht zu vermehren, zu züchten und durch Räucherung und Einmachung für jede Zeit des Jahres aufzubewahren. Dessen ungeachtet sind sie auch bei uns vernachlässigt worden und selten billig genug für alles Volk. Mit wenig Mitteln könnten sie so zahlreich und wohlfeil werden, um sogar theure Kartoffeln mit Hunderten von Procenten mehr Nahrungswerth zu ersetzen. Auf den Nachtmärkten Londons drängen sich oft zerlumpte Gestalten um große Kessel voll duftiger Aalsuppe, wie die Schatten der Unterwelt um die Opfergrube des Odysseus, und kaufen sich neues Leben für geringste Kupfermünze. Auch in den unzähligen Pastetenläden (pie-shops) erquicken und erwärmen sich arme Londurschen und Lehrlinge gern an Aalsuppen oder Aalpasteten. In Frankreich schöpft man aus der montée der Aale, d. h. während sie mit ihren Jungen wie dicke Wolken in den Flüssen aufwärts steigen, unzählige Tausende von oft kaum zolllangen jungen Aalen und verzehrt sie in Eierkuchen. Zwei holländische Compagnien versorgen den Londoner Fischmarkt von Billingsgate fast ununterbrochen in riesigen Bung-Booten vielcentnerweise mit diesen schlüpfrigen, schlanken Lieblingsfischen des Volkes, so daß sie überall in allen möglichen Zubereitungen billig zu haben sind, obgleich jedes Boot dreizehn Pfund Sterling Eingangssteuer bezahlen muß. Selbst auf uncultivirten Inseln des großen Oceans, z. B. Otaheiti, züchtet man fleißig Aale, die nicht selten so zahm werden, daß sie den braunen und gelblichen Pflegerinnen aus der Hand fressen. Sie gedeihen, wie gesagt, in allen Arten von Gewässern von den wärmsten bis zu den kalten Zonen. Man unterscheidet gern Fluß- und Meer-Aale; aber die meisten lieben es, jährlich zweimal aus einem Wasser in das andere zu wandern und in der Mischung desselben, dem wärmeren Brackwasser, zu laichen. Dieses gemischte Wasser an Flußmündungen ist immer in dem Grade um so wärmer, als See- oder süßes

Waffer, als der Unterschied ihrer Dichtigkeit. Da dieser sich immer auszugleichen sucht und so immerwährend eine Wärme erzeugende Bewegung unterhält, läßt sich die Sache leicht erklären. Und da Aale und andere Fische theils für sich selbst, theils für ihre Eier und Jungen Wärme aufsuchen, findet man in diesen wärmeren Brackwassern fast immer eine starke Bevölkerung von alten und jungen Geschöpfen der salzigen und süßen Gewässer. Aale wandern aus den Flüssen und Teichen, so weit sie können, im Herbste meerwärts in diese wärmeren Gegenden, um zu laichen, und kommen mit eintretender Wärme und ihren Jungen in oft dichten Zügen zurück. Bloße Fluß-Aale laichen während des Sommers an sandigen und kiesigen Ufern, wo die Eier bis zum October ausgebrütet werden und die Jungen bis zum April oder Mai bleiben.

Man unterscheidet verschiedene Arten von Aalen, z. B. scharf- und stumpfnasige. Erstere empfehlen sich praktisch deshalb, weil sie oft mehr als zwanzig Pfund schwer werden; letztere sind in Fleisch und Geschmack etwas weicher. Außerdem nennen die Engländer eine kleinere Art Grign und ziehen denselben die schmackhafteren Snigs (Snigs- oder Silber-Aale) vor, welche gegen die Gewohnheit anderer Arten auch während des Tages im Wasser und auf dem Lande ihrer Nahrung nachgehen. Am meisten geschätzt und gefangen wird in England, besonders an den Küsten von Cornwall und Devonshire, der wuchtige Aal des Meeres Conger (Muraena conger), der manchmal über zehn Fuß lang und über hundert Pfund schwer wird. Ein einziges Boot zieht in einer Nacht mit drei Mann manchmal 40—50 Centner solcher gewaltigen Riesen heraus, welche auf dem Deck mit ihren gewaltigen elastischen Schlägen Arme und Beine der Leute gefährden. Der Conger-Aal unterscheidet sich von anderen Arten durch eine weißgefleckte Seitenlinie, Fühlfäden am Oberkiefer, dunklere Farbe, kürzeren Unterkiefer und seine bedeutende Größe. Man findet ihn durch den ganzen nördlichen atlantischen Ocean hindurch, besonders in dessen Buchten, ebenso im mittelländischen Meere. Er laicht im Frühjahre in Brackwassern, wo er durch seine besondere Gefräßigkeit viel Schrecken verbreitet. Die Engländer verspeisen ihn weniger selbst, sondern machen ihn gern, getrocknet und geräuchert, in Spanien und Portugal zu Gelde. Von Horn-, Sand- und anderen Aalen wollen wir hier nur sagen, daß sie sich meist nur zu Köder- oder Futterfischen eignen. Dagegen verdient die Muräne (Murry, Muraene, Muraena helena), die römische oder griechische Muräne, wenigstens etwas von der noblen Passion, womit sie einst zu und nach Cäsars Zeiten gepflegt und gegessen ward. Cajus Hirrius soll nach Plinius der erste Piscinator oder Schöpfer der Piscinen oder künstlichen Fischteiche gewesen sein, welche hernach die eigentliche noble Passion der Patricier und Ritter wurden. Dann züchtete und zähmte man mit besonderer Vorliebe die seltnen, schlüpfrigen, gelb- und purpur- und sonst vielfach gefleckten und beringten Muränen-Aale, die sich sowohl im atlantischen, wie im mittelländischen, sogar in chinesischen und australischen Salzwassern finden und ebenso in Flüssen gedeihen, so daß sie sich fast überall nicht nur wegen ihrer Schönheit, sondern auch wegen ihres Umfanges und delikaten Fleisches zu Einbürgerung und künstlicher Zucht eignen. Wenn wir die Liebhaberei auch nicht so weit treiben, wie Cäsar, der sich einmal dadurch populär machte, daß er sechstausend Stück unter das Volk vertheilen ließ, oder der Redner Hortensius, der an seiner Piscine über den Tod seiner Lieblingsmuräne Thränen vergoß, oder die Töchter des Drusus, Antonia, welche diesen ihren Lieblingen, die ihr aus der Hand fraßen, so kostbare Ringe anheften ließ, daß die Leute aus weiter Ferne herbeiströmten, um sie anzustaunen, oder sogar, wie der feine Ritter Vedius Pollio und Freund des vielbesungenen Augustus, der seine Muränen mit Sklaven füttern ließ; so können wir sie doch bei rationeller Bewirthschaftung und Verwerthung unserer verwahrlosten Sumpfgegenden, Seen, Teiche und Flüsse bestens empfehlen.

Wie weit man es in künstlicher Aalzucht bringen kann, zeigen wir hernach in den Lagunen von Comacchio.

Die Neunaugen oder Lampreten (Petromyzida, Felsensauger) gehören zwar wissenschaftlich nicht zu den Aalen, da sie sich durch ihre Kiemen, welches, knorpeliges Skelet und runden Saugmund wesentlich von ihnen unterscheiden; aber wegen ihrer sonstigen Aehnlichkeit und praktisch kann man sie hier füglich unterbringen. Ihr Name ist ein bleibendes Denkmal leichtsinniger, unwissenschaftlicher Taufe, da man die sieben Kiemenöffnungen an der Seite für Augen hielt, sich dabei um zwei verzählte und so den bleibenden Namen bildete. Bei uns haben sie wohl die meisten Leute nur sauer gegessen und sich sehr oft den Magen dabei verdorben, wie König Heinrich I. von England, der daran starb (weil er das unverdauliche knorpelige Skelet mit verschluckte), so daß sie nicht wissen werden, wie sie lebendig aussehen. Die Grundfarbe ist olivengrün und von weißlichen Wölkchen durchzogen. Uns werden meist nur Zwerge aufgetischt, so daß sich Mancher wundern wird, daß sie, gepflegt und geschont, drei Fuß lang und dadurch viel schmackhafter werden. Sie leben in Flüssen, Brackwassern und Meeren. Aus letzteren wandern sie im Frühlinge vielfach in Flüsse, besonders im Rhein bis Laufenburg, im Neckar bis Heilbronn, in der Weser bis Elsfleth und weiter hinauf, in der Elbe bis zu deren Nebenflusse Ilmenau. Große Arten aus dem Meere nennt man auch Briden, die sich besonders durch weißes, festes, fettes Fleisch auszeichnen. Alle haben die merkwürdige Gewohnheit, sich mit ihren runden, trichterförmigen Mäulern so fest an Steine anzusaugen, daß man sie oft eher zerreißen kann, ehe sie loslassen. Die sogenannten Querders oder Keimaale mit gespaltenen Lippen sind nur unausgebildete Junge der Flußbricken. Auch nur wegen äußerlicher Aehnlichkeit wollen wir hier die in Amerika sehr zahlreiche Familie der Welse, Silurida, erwähnen. Bei uns sind sie nur durch den gemeinen Wels, Schaid oder Wallerfisch (Silurus glanis), aber wuchtig und furchtbar genug vertreten. Es sind dunkelbraungrüne, auf dem Bauche weißliche, unten und oben am Rachen mit borstenartigen Fühlhörnern versehene, ganz schuppenlose, im Schlamme lauernde, bis zehn Fuß lange und über zwei Centner schwere tückische Raubthiere, welche gelegentlich sogar den Menschen nicht schonen sollen. Man findet sie in der Donau, Oder und Weichsel, in dem schweizerischen Schlammflüßchen Brohe, gelegentlich auch in deutschen Seen und in fast allen Gewässern des norddeutschen Flachlandes bis Rußland, und schätzt sie in manchen Gegenden wegen ihrer großen Fleischmassen, während sie anderswo kaum angerührt und wegen des großen Schadens, den ihre Gefräßigkeit anrichtet,

Der Wels.

gehaßt werden. Wir können sie eben so wenig bei rationeller Bewirthschaftung des Wassers empfehlen, glauben aber, daß sie hier und da bei Ueberfluß von Hechten und unschmackhaften Futterfischen sich nützlich machen können, wie es auch unter Umständen gut ist, den Teufel mit Beelzebub auszutreiben. Die Engländer, welche vor Allem den meisten Respect haben, was durch Größe, Dicke und Länge sich auszeichnet, haben sich mit ungeheuren Kosten junge Welse aus der Walachei kommen lassen und sind stolz darauf, die Ungethüme mit Erfolg eingebürgert zu haben. Wir und sie können und werden etwas Besseres thun, wenn die Bewirthschaftung des Wassers eine praktische, geübte Wissenschaft geworden sein wird.

Wie man am Besten Aalzucht treiben kann, lernen wir an den Mündungen des Po kennen.

Der Aalstaat in Italien.

Nur wenige wissen, daß an den Gestaden des adriatischen Meeres von den Mündungen des Po her, in den Lagunen von Comacchio seit undenklichen Zeiten sich eine ganz eigenthümliche Colonie von Fischern mit künstlicher Aalzucht beschäftigt. Diese Lagunen, vorher ein ganz ungesunder und von Menschen gemiedener Sumpf etwa von dreißig Meilen Umfang, liefern ein lehrreiches und nachahmungswerthes Beispiel, wie auch in

Abtheilung von Comacchio.
1) Palotta-Canal. 2) Einfahrt. 3) Weg für Boote. 4) Einreichungen. 5) Außen Bassin.
6—11) Verschiedene Behälter. 12) Geflechte für Aufbewahrung. 13) Fischerboot.
14) Wohnungen. 15) Vorraths Haus.

Deutschland eine große Menge von ungesunden, unbenutzten Sumpfgegenden und niedrigen Flußbuchten in lachende Quellen des Lebens und fruchtbare Felder für die Vermehrung unserer Nahrungsmittel und des Volkswohlstandes veredelt werden können. Diese Lagunen standen schon von Natur mit den Wogen des adriatischen Meeres in Verbindung und lieferten Aalen, Blutegeln und sonstigen Bewohnern des Wassers sehr willkommene Ansiedelungen. Es mögen sich auch schon bei guter Zeit Menschen dort eingefunden haben, um sich diese Reichthümer des Wassers zu Nutze zu machen. Da es aber ringsum an Menschen und Verbindungsmitteln fehlte,

lebten sie auf den verschiedenen Inseln unbekannt wohl kaum ein viel ge-
bildeteres Leben, als die Fische. Endlich entdeckte sie vor sechshundertvierzig
Jahren der Fürst Azzo d'Este als Gruudeigenthümer dieser Gegenden und
fand in ihnen ein naives, nach Art des Fischervolks überhaupt kräftiges,
in ihrem Gemeindewesen gut eingerichtetes, phantasiereiches und aber-
gläubisches Völkchen, außerdem ihre Aale so schmackhaft, daß er beschloß,
daraus Nutzen zu ziehen. Die überall umherliegenden Gewässer wurden
vom adriatischen Meere abgereicht und gezwungen, in ordentlichen Kanälen
und Teichen eine heiterere Physiognomie anzunehmen. Die Mündungen des
Po, Reno und Volano, die Seitengrenzen des großen Sumpfes, gaben ihre
fließenden Wellen gern dazu her, dem wunderbaren Fischlabyrinthe ein so
gesundes und malerisches Aussehen zu geben, wie es Tasso später besang.
Nach verschiedenen Vervollkommnungen nahmen diese künstlichen Brutstätten
für Aale die jetzige Gestalt an. Die beiden Mündungen des Po bilden
die Eingänge zu den verschiedenen Abtheilungen eines großen Zuchtteiches
und seiner vielen Stationen. Kleinere Ab- und Zugänge sind durch Abweichung natürlicher Ufer der Lagunen entstanden. Ueber diese führen
verschiedene Brücken, und sehr starke Fluththore, die durch einfache Mecha-
nismen geöffnet und geschlossen werden können, dienen zur Regelung der
Aus- und Einwanderungen, zu welchen die Aale von der Natur genöthigt
werden, so wie zur geeigneten Mischung der salzigen und süßen Gewässer,
für welche ungefähr zwanzig künstliche Gefälle zur Verfügung stehen.
Diese werden besonders durch den großen Plalella-Kanal, welcher durch
das ganze Gebiet hindurch geht und sich nach den Hauptstationen der
Fischerei auszweigt, ungemein praktisch und zugleich malerisch unterstützt,
so daß etwa hundert Mündungen immer bereit sind, salzigen Wasserreichthum aus dem adriatischen Meer in die Lagune hinein zu wälzen und
unzählige Ufer der malerisch zerstreuten Inseln zu beleben. Alle diese
Einrichtungen gründen sich auf eine genaue Kenntniß des Aales und der
Bedingungen seines Gedeihens. Bei uns wird er zwar auch vielfach gefangen und gegessen, aber nur wenige kennen die Geheimnisse seiner Vermehrung, seiner regelmäßigen Wanderungen und die Kunst, einen der
fruchtbarsten und besonders schnell wachsenden Fische auf die praktischste
Weise in Nahrung, Genuß und Geld zu verwandeln. Dies können wir
von den Künstlern Comacchio's ordentlich lernen. An Ermuthigung dazu
wird es uns nicht fehlen, wenn wir hören, daß sie schon vor zweihundert
Jahren jährlich achtzig- bis hunderttausend Thaler Reingewinn aus ihren
Lagunen gewonnen, und sich dieser Ertrag sehr oft vermehrt und niemals
vermindert haben soll. Die Leute wissen genau, wenn der Aal kommt, um
mit seinen im Meere gelaichten Jungen die alte Heimath aufzusuchen, und
öffnen ihm dann willig ihre Thore. Sie haben dabei so gute und

erfahrne Augen, daß sie genau sehen und abmessen können, wie viele
Tausende einziehen, was sie für einen Gewinn in Aussicht stellen und wie
viel Futter sie brauchen werden, denn sie erwarten nicht, daß ihre Zucht-
thiere von Nichts fett werden. Aber für das Futter wissen sie auf eine
gar wohlfeile Weise zu sorgen. Sie lassen's eben mit den Aalen ebenfalls
im Wasser wachsen. Dies ist das wesentliche Geheimniß aller künstlichen
Fischzucht und die Bürgschaft für hohen Gewinn daraus. Als Mast für
den Aal dient ein kleines dünnes Fischchen, von ihnen Aquarelle genannt,
welches in den Wasserlabyrinthen der Zuchtanstalt gar herrlich gedeiht und
von Wasserinsecten und Vegetabilien, die sich von selbst einfinden, zu gutem
Futter für die Aale mästet.

Neben dem Hauptartikel werden auch andere Fische, wie z. B. Schollen
oder Plattelsen, Aeschen u. s. w. theils begünstigt, theils ordentlich und
künstlich gezüchtet.

Die Aaleinwanderung beginnt hier mit ziemlicher Pünktlichkeit am
2. Februar jedes Jahres. Man bemerkt dann im Reno und Polano aufwärts eine große Menge von gleichsam lebendigen Fäden, die alle aus
jungen einwandernden Aalen bestehen. Diese sich schlängelnden Zuckungen
setzen sich dann so lange fort, bis Hunderttausende in schaarartigem Gedränge hintereinander in die Lagunen eingezogen sind, wo ihnen durch die
leitende Menschenhand ihre verschiedenen Zimmer und Ansiedelungen angewiesen werden. Nach dem Einzuge werden die verschiedenen Thore zu
Ende April geschlossen und bis zur Zeit der Ernte, welche vom August
bis in den December hineinreicht, beschäftigen sich die Leute damit, zum
Gedeihen ihrer Früchte nach Kräften beizutragen. Es gilt theils die verschiedenen Ansiedelungen von einander getrennt zu halten und alle Theile
des Wassergebietes so zu bevölkern, daß die Bewohner überall hinreichende
Nahrung finden, theils die Ufer und künstlichen Einrichtungen in Ordnung
zu halten. Dies giebt uns Gelegenheit, uns das Land und diese Leute in
ihrer Arbeit, ihren Sitten und Gebräuchen etwas näher anzusehen.

Das gesellschaftliche Leben der Comacchianer bietet, wie das aller
Fischergemeinden, manche seltsame Eigenthümlichkeiten. Doch der militärische
und dabei zugleich mönchische Geist zwischen diesen Lagunen kommt vielleicht
nicht zum zweiten Male vor. Ein großer Theil der männlichen Bevölkerung
wohnt unter strenger Disciplin in Gebäuden, die äußerlich und innerlich
Aehnlichkeit mit Kasernen und Klöstern haben. Jede der Laguneninseln
bildet eine Art von Gut oder Farm mit einem Hauptzüchter an der Spitze,
der nach oben hin eben so viel Gehorsam schuldig ist, wie gegen seine
Untergebenen erzwingen kann. Die Arbeitswerkzeuge, das Gesellschaftshaus
und die Vorräthe von Lebensmitteln gelten als gemeinschaftliches Eigenthum, ebenso ein Theil der vierhundert Felder, wie sie die Bassins für Aal-

und Fischzucht nennen. Nur die größten derselben sind Staats- und einige kleinere Privateigenthum. Die Regierung und Verwaltung des ganzen Insel- und Canalreiches ist in den Händen eines Farmer-Generals, der die ganze Fischerei vom Papste pachtet. Ob letzterer jetzt dieses Privilegium an das Königreich Italien hat abtreten müssen, wissen wir nicht. Als eigentlicher Eigenthümer beschäftigt er viele Mannschaften, welche in Brigaden eingetheilt sind. Ihre Hauptaufgabe ist, die Deiche und Dämme in Ordnung zu halten, die Fluththore zu beaufsichtigen, zu öffnen und zu schließen und während der eigentlichen Erntezeit durch alle diese Labyrinthe hin die Arbeit zu organisiren. Die Brigade für die Zucht besteht aus dreihundert, die Polizeibrigade aus hundertundzwanzig und die Verwaltungsbrigade aus hundert Mann. Die gewöhnlichen Arbeiter vertheilen sich auf den verschiedenen Farms und Feldern in Büreaux und Küchen. In letzteren wird ein großer Theil der Aale für Markt und Ausfuhr gekocht und eingemacht. Die zwölf Arbeiter für jede Farm leben immer mit gemeinschaftlichem Eigenthum zusammen in einer kleinen Kaserne und stehen in absoluter Gewalt eines unterofficierlichen Fischmeisters, der monatlich vier Scudi und fünfundsiebzig Baiozzi und täglich zweiundeinhalb Pfund Fleisch aus dem Wasser erhält. Der Arbeitslohn ist sehr gering, und die Lehrlinge erhalten nicht mehr als etwa neun Thaler jährlich. Doch da weder sie noch irgend ein Mitglied der Gemeinde im Alter oder Krankheit für Lebensunterhalt zu sorgen brauchen, sondern alle Wittwen und Waisen, Invaliden und Kranke auf Kosten der ganzen Gemeinde unterhalten werden, fühlen sie sich alle frei von Nahrungssorgen und von Furcht vor der Zukunft, wovon sich bei uns reichere und fleißigere Leute und Familien nicht immer leicht befreien können. Ein Hauptvorzug in diesem Gemeinwesen ist eine Art von Socialismus oder geregelte Betheiligung an den Gesammterträgen der Ernte, der manches Jahr für den gewöhnlichen Arbeiter auf zwölf römische Thaler steigt, so daß Jeder ein Interesse daran hat, das Seinige nach Kräften zu dem Gedeihen der Saaten und Ernten beizutragen. Manche der Arbeiter haben Familien, die sich aber nur zum Theil von der Gemeindewirthschaft in der Kaserne ausschließen. Die Fische, welche einen Theil des Lohnes bilden, werden auf dem Altare des Gemeindeeigenthums niedergelegt und von Köchen und Köchinnen, als welche sie der Reihe nach sich nützlich machen, für den gemeinsamen Tisch oder zur Verwerthung nach außen zurecht gemacht und mit dieser oder jener Delikatesse vom nächsten Stadtmarkte bereichert. Die Farmgenossenschaft setzt sich dann, vom Meister bis zum letzten Lehrling, um den gemeinschaftlichen Tisch und lassen sich's nach Gebet und Segen vortrefflich munden, obgleich Aal-Rostbraten nur gar zu oft das Hauptgericht bildet, der mit etwas Bosco-eli-esco-Wein hinunter gewaschen wird. Nach der Nachmittagsarbeit finden sie auf ihren harten Pritschen einen gesunderen Schlaf, als manche civilisirtere Leute in ihren welchsten Betten, um so mehr, da sie nicht jede Nacht schlafen dürfen und der Reihe nach, wenn nicht Wache stehen, doch in gewöhnlichen Armstühlen sitzen müssen. Keiner der Arbeiter oder Beamten darf ohne schriftliche Erlaubniß den Aalstaat verlassen.

So führen sie unter einem einzigen Gesetz, unter einer einzigen Disciplin in den verschiedenen Farms ein gar einförmiges, abgeschlossenes Gefängnißleben, in welche sich nur selten ein Reisender oder Fremder verirrt, der dann auch in der Regel als ein Wunderthier aus einer anderen Welt angestaunt und oft flehendlich gebeten wird, er möge doch etwas zur Verbesserung ihres Lebens und Looses beitragen.

Die Fisch-Saison wird jedesmal mit kirchlichen Feierlichkeiten und Gebeten eröffnet, unter denen die Segensprechung über die Gewässer sich besonders bemerklich macht. Dann beginnt die Auserntung, für welchen Zweck die Bewohner der Wasserfelder zunächst in Labyrinthe gelockt werden, welche aus Flechtwerk so zusammengesetzt sind, daß sie einen weiten Eingang bilden und sich dann zuspitzen. Um die Fische hinein zu locken, läßt man ihnen das beliebtere Salzwasser vom Meere her entgegenströmen, wodurch ihr Wandertrieb geweckt wird, dem sie dann auch sofort begierig folgen, so daß sich die Labyrinthe schnell füllen und ohne viel Mühe ausgefischt werden können. Kommt dabei in irgend einem Theile ein besonders reicher Zug zum Vorschein, so wird das freudige Ereigniß durch einen Kanonenschuß über den ganzen Insel- und Aalstaat hin verkündigt; denn am folgenden Tage wird es überall durch ein gemeinschaftliches Festessen gefeiert. Doch muß dieser Zug eine bestimmte höchste Menge übertreffen, wenn er dazu berechtigen soll.

Der Hauptsitz dieses Fischervolks ist die sonderbare Stadt Comacchio, die aus einer einzigen langen Straße von einstöckigen Häusern auf der Hauptinsel besteht. Sie kann bloß zwei Merkwürdigkeiten aufweisen, die Kirche und die Küche; erstere bietet vom Thurme oben eine gute Aussicht über die verschiedenen Inseln und Wasserlabyrinthe, kann sich aber selbst keiner Schönheit oder Würde rühmen. Dagegen ist die Küche merkwürdig genug. Hier werden die meisten Aale für Einmachung und Ausfuhr gekocht und verpackt. Sie enthält in einem großen langen Raume eine Reihe von Heerden à fünf Gevierfuß mit je sechs oder sieben Bratspießen, an welchen die schlanken, sich schmerzhaft schlängelnden Jünglinge des Wassers trotz ihres zähen Lebens nur kurze Zeit gegen das feindliche Element zappeln, da sie oft schon nach einigen Minuten geröstet, dem nächsten Mitgefangenen Platz machen müssen. Das Feuer glüht aus einem niedrigen Roste und thut sein Werk so schnell, daß das siedende Fett von den gespießten Aalen in eine Röhre darunter zusammenläuft. Man muß aber nicht glauben, daß die zählebigen Schlangenfische eigentlich lebendig gebraten werden. Vorher werden ihnen von flinken, geschickten Weibe Kopf und Schwanz abgehauen, welche den Armen umsonst zu Gute kommen, und dann die Körper je nach der Größe in mehrere Stücke gehauen, von einem nächsten Arbeiter leicht eingekerbt, von einem dritten dann gespießt und unter Aufsicht von zwei weiblichen Personen geröstet. Kleinere Aale werden freilich nur etwas eingekerbt und dann ganz und lebendig gespießt und gebraten. Neben diesen Rostfeuern giebt es auch offene Feuer unter großen runden Bratpfannen, in welchen Köche die Aale und Fische, die sich nicht für den Spieß eignen, in dem gewonnenen Aalfett und Olivenöl für den Magen zubereiten, aber immer erst nachdem sie eine Zeitlang, selbst während warmen Wetters in der Luft gehangen haben, weil sie dadurch größere conservative Kraft bekommen sollen. Nach gehöriger Abkühlung wird die Waare mit scharfem Essig und grauem Steinsalz in größere und kleinere Fässer sorgfältig verpackt, je nach dem Inhalte und dessen Güte mit verschiedenen Buchstaben gebrandstempelt und nach außen hin verwerthet. Eine andere Art von Aufbewahrung besteht in einfacher Einsalzung in einem großen, viereckigen Kasten, der nach einer Seite hin geneigt das abfließende Fett nach einem Troge führt. Hier werden die Aale sorgfältig auf grauem Steinsalze gewälzt und gequetscht, dann wieder mit Salz bestreut, durch eine neue, kreuzweis gelegte Schicht von Aalen bedeckt und durch Wiederholung dieser Operation zu einem dichten Haufen aufgethürmt, der zuletzt mit einem stark beschwerten Brette so fest gedrückt wird, daß keine Luft hineindringen und das überflüssige Fett und Salz ausgepreßt abfließen kann. Nach zwölf bis fünfzehn Tagen ist die Masse gehörig durchgepökelt und wird dann auf gewöhnliche Weise trocken in Fässer verpackt. Eine dritte Art der Aufbewahrung besteht zunächst in Eintauchung der Fische in die Lake, welche durch den vorhergehenden Proceß gewonnen ward, und dann in Lufttrocknung. Wenn wir nicht wüßten, daß Aale und Fische überhaupt nur in sehr untergeordnetem Maße das Gefühl des eigentlichen Schmerzes kennen lernen, würden wir es grausam finden, daß sie lebendig in die scharfe Lake gedrückt werden. Man thut dies, weil sonst die Eingeweide nicht genug Salz gegen innere Fäulniß aufnehmen würden. Um dagegen noch gründlicher zu schützen, wird hernach noch feingestoßenes Salz mit einem hölzernen Stocke in das Innere gestoßen. Nachher wäscht man sie in lauwarmem Wasser und hängt sie oben in der Küche oder in irgend einem rauchigen Raume nicht sowohl zum Räuchern als zum Trocknen auf. Sie bekommen bald das bekannte Ansehen geräucherter Aale, wie andere bloß getrocknete Fische, für deren Dauerhaftigkeit der Rauch nichts beitrug. Die Salzfässer mit Aalen wiegen in der Regel hundertundfunfzig Pfund und sollen im Durchschnitt etwa für achtzig Francs verkauft werden.

Dies ist zwar kein billiger Preis, da das Pfund beim Einzelverkauf wohl selten weniger als fünf Silbergroschen kosten wird, aber dafür ist die Waare auch gut und schmackhaft und wenigstens wohl immer besser, als eine eben solche Menge von miserablen Schlangen, wofür wir mitten in Deutschland sieben bis acht Groschen bezahlen müssen. Die Comacchianer haben ein Monopol für die beliebte Delikatesse auf den Märkten von Venedig, Rom und Neapel und in allen Theilen Italiens, die zahlen können. Außerdem ist der Papst durchaus kein praktischer Fischzüchter, und wenn die etwa siebentausend Bewohner dieser Aal-Lagunen auf eigne oder auf Rechnung einer wirthschaftlich gebildeten Compagnie arbeiten würden, wofür es in Hunderten von deutschen Häfen, Sümpfen, Brackwassern und Aufschoppungen an Flußmündungen, die sich für andere Fisch- oder künstliche Austernzucht nicht eignen, die prächtigsten Geld- und Wohlstandsquellen giebt, ließe sich deren Gewinn und Wohl und der Fleischmarkt der Menschen gewiß ansehnlich bereichern. Deutschland hat bis jetzt unbenutzte oder sogar schädliche Aalgegenden, welche sich durch entsprechenden Unternehmungsgeist ganz sicher zu gesunden Gold- und Lebensquellen veredeln lassen.

Crustaceen oder Krebsarten.

Mit den 9000 Arten von flossigen und beschuppten Bewohnern der süßen und salzigen Wasser leben vielleicht noch mehr Tausende von beschalten und gepanzerten Geschöpfen, von denen wir nur die Krebse, Krabben und Hummern auf unseren Märkten und Tischen willkommen heißen. Auf diese müssen wir uns hauptsächlich beschränken und den naturwissenschaftlichen Reichthum dieser Crustaceen oder „Schellfische", wie sie von den Engländern genannt werden, ihre wunderbaren Gestaltungen und Wandelungen, ihre Größenverhältnisse von der Unsichtbarkeit mit bloßen Augen bis zu achtzigpfündiger Massenhaftigkeit, die Merkmale, wodurch sie sich von Fischen und Insekten unterscheiden, der Zoologie überlassen.

Hier nur so viel, daß sie nicht nur rückwärtsgehen, sondern auch im Gegensatz zu den Fischen rückwärts athmen und deshalb ihr Räuberhandwerk auf ganz eigne Weise treiben. Auch machen wir hier keinen Unterschied zwischen den eigentlichen Krebsarten und beschalten Mollusken oder Muscheln, um in einem einzigen Kapitel herauszufischen, was wir für den Markt und den Magen brauchen können. Nur der Auster haben wir wegen der Wichtigkeit für praktische Bewirthschaftung des Wassers und für das körperliche und geistige Gedeihen der Menschen einen besonderen Abschnitt gewidmet. Hier haben wir's mit dem Hummer (Astacus marinus), dem Krebſe (Cancer pagurus), der Garneele (Crangon vulgaris), dem verwandten Seepferdchen (Palaemon serratus), der Kammmuſchel (Littorina vulgaris) und einigen anderen in England viel millionenweiſe gegeſſenen Muſcheln und Molluſten zu thun.

Hummern, die wir in Deutſchland faſt nur bei feierlichen Gelegenheiten ziemlich ſparſam im ariſtokratiſchen Salate finden, werden in England faſt täglich in der verſchiedenſten Zubereitung von allen möglichen Volksklaſſen gegeſſen. Unzählige Fiſch- und Auſternläden Londons ſtrahlen im brennenden Roth höchſt einladend von dieſen Ritterpanzern. Alle Küſten rhigsumher, und auch die Norwegens, werden geplündert, um dieſe einzige Dreimillionenſtadt immer friſch zu verſorgen. Ganze Flotten von Schiffen mit großen durchlöcherten Bungen ſind faſt immer unterwegs, um den täglichen Verzehr durch neue Zufuhr zu erſetzen und große, flüſſige Vorrathskeller immer wieder zu füllen. Letztere beſtehen aus großen durchlöcherten Kiſten im Waſſer, worin die Hummern aufbewahrt werden, bis die wöchentlich einmal ankommenden Bung-Boote die Vorräthe aufnehmen und lebendig nach London befördern. Auch iſt es Mode geworden, ſie in Schottland und auf den Orkney-Inſeln in Seegras zu packen und mit der Eiſenbahn kiſtenweiſe nach Liverpool und London zu verſchicken. Neuerdings hat man an den Fangorten künſtliche Vorrathsteiche angelegt, um ſie beſſer und länger zu verwahren, als in den alten durchlöcherten Fiſchkaſten. Als Muſter dieſer Kunſtteiche gilt der von Richard Scovel zu Hamble bei Southampton, ein Viereck von 50 Yards, ausgemauert, auf dem Boden cementirt und groß genug für 50,000 Hummern. Obgleich er über 8,000 Thaler koſtete, bezahlt ſich die Anlage doch ſehr gut, da der Eigenthümer ſeine vier großen Schiffe immerwährend beſchäftigt, Hummern von den Küſten Frankreichs und Irlands zu ſammeln und mit ſeinen Vorräthen die ſchwankenden Marktpreiſe theils zu benutzen, theils ſogar zu beeinfluſſen. Von den Küſten Irlands und Schottlands kommen Jahr aus, Jahr ein große Mengen von Hummern, nicht ſelten 30,000 in einem einzigen Schiffe. Die Hauptquelle aber ſind die Fjords Norwegens, von wo nicht ſelten 30,000 Stück in einem einzigen Tage lebendig in die Vorrathskiſten von Holchaven auf der Eſſexſeite der Themſe abgeliefert werden. Im Durchſchnitt zahlt London allein dafür jährlich 150,000 Thaler an norwegiſche Fiſcher. Daß ſich der Hummer ebenfalls ſehr gut für künſtliche Zucht eignet, ergiebt ſich aus ſeiner natürlichen Fruchtbarkeit, dem ſchnellen Wachsthume und dem hohen Werthe als Marktartikel und wohlſchmeckendes Nahrungsmittel. In Frankreich hat man wenigſtens inſofern angefangen, die Hummerfiſcherei zu ſchützen und zu pflegen, als eine geſetzliche Schonungszeit feſtgeſtellt worden iſt und Hummern unter einer beſtimmten Größe nicht verkauft werden dürfen, ſo daß dieſe, gefangen, immer wieder

in's Wasser geworfen werden. Ein ausgewachsener Hummer legt nicht
selten schnell hintereinander 20,000 schon lebensfähige Eier, die, sich selbst
überlassen, meist umkommen oder gefressen werden. Deshalb empfiehlt es
sich, diese in besonderen Vorrichtungen zu schützen und so lange zu pflegen,
bis sie nach mehrfacher Mauserung so starke Panzer bekommen, daß sie
sich selbst schützen und mästen können. Von dieser Mauserung und
sonstigen wunderbaren Wandlungen der Hummern und anderer Crustaceen
ließen sich gar interessante Schilderungen geben, aber wir müssen unserer
praktischen Zwecke wegen darauf verzichten. Hier sei nur bemerkt, daß
diese grausamen gepanzerten Raubthiere doch einer großen Liebe fähig sind.
Die Krebsritter zeigen sich gegen das weibliche Geschlecht ihrer Art wirklich
ritterlich. Wenn nämlich die Weibchen sich zurückziehen, um ihren alten,
zu eng gewordenen Panzer zu sprengen und verjüngt und weich sich daraus

Die Landkrabbe.

hervorzuarbeiten, werden sie immer von den männlichen zärtlich bewacht
und geschützt, bis ihr neues Kleid sich gehörig verhärtet hat. Bis dahin,
also grade während ihrer größten Schutzlosigkeit, sind sie am appetitlichsten
und werden von Thieren und Menschen am liebsten verzehrt. Wenigstens
schmecken die Landkrabben unmittelbar nach ihrer Entweichung aus dem
alten, harten Panzer entschieden am feinsten. Diese Landkrabben, welche
ein sehr zurückgezogenes Leben zwischen Felsen, hohlen Bäumen und Erd-
höhlen führen, machen immer im Frühlinge eine förmliche Seereise, um
zu laichen, und die Jungen werden, sobald sie sich kräftig genug dazu
fühlen, von einem geheimnißvollen Instinkte getrieben, das Land ihrer
Eltern aufzusuchen. Diese jährlichen Seereisen der Landkrabben sind eine
naturgeschichtliche Merkwürdigkeit ganz eigner Art. Sie versammeln sich,
wie Vögel, zur Ziehzeit zu ganzen Armeen und marschiren, meist während
der Nacht, in mehrere Divisionen geordnet, immer möglichst die kürzeste

Straße nach dem Meere, wie man hinterher immer ziemlich deutlich bemerken kann, da sie unterwegs Alles, was Pflanze heißt, bis zur Wurzel auffressen. Im seichten Wasser lassen sie die Wellen über sich hinspülen und die ihnen anvertrauten Eier in kleinen zusammenhängenden Klumpen nach allen Seiten hin verbreiten, wobei nur wenige in eine günstige Lage zum Ausbrüten kommen, da die meisten von allerhand Gethier verschlungen werden. Die Alten befreien sich dann aus ihren alten Schalen und werden in ihrer Verjüngung ebenfalls massenweise von Thieren und als zarteste Delikatessen von Menschen verzehrt. Andere sterben während dieser Mauserung. Zu denen, welche glücklich davon kommen, gesellt sich dann der gerettete Nachwuchs, und Alt und Jung begeben sich endlich in ihre Landwohnungen zurück.

Shrimps und Prawns, diese in ganz England beim Thee unentbehrlichen Garneelen, werden ringsherum an seichten Stellen der Meeres-

Die Garneele (Schrimp).

küste fast das ganze Jahr hindurch täglich schiffsladungsweise heraus geschaufelt und in allen Städten, in allen Straßen ausgeschrieen. Die Shrimps sind die wahren „Undinen" des Wassers und schießen darin mit solcher Behändigkeit umher, als wären sie von einem lustigen Teufel besessen. Daß es verschiedene Arten davon giebt und selbst die Prawns mit ihnen verwechselt werden, versteht sich, wie von allen Geschöpfen des Wassers, von selbst. Das Wunder ist hier nur, wie es die Natur möglich macht, die täglich millionenweise herausgeschöpften und verzehrten kleinen Krabben immer wieder zu ersetzen. Die Shrimpers selbst, welche sie fangen, zählen allein nach Tausenden, welche mit ihren Netzen, runden Holzrahmen mit einem Netzsacke dahinter, theils zu Fuß am Gestade, theils in Booten weiter draußen auf dem Sande hinrutschen und sie auf diese Weise einsacken. Jedes Boot ist mit einer Bunge versehen, in welche die herausgefischten Creaturen solange geschüttet werden, bis sie gefüllt sind. Die Shrimpers an den Gestaden schütten den Inhalt ihrer Netze in einen

Korb auf dem Rücken. Am Gestade giebt es unzählige Anstalten, die angekommene frische Waare sofort in Salzwasser zu kochen und unmittelbar darauf, meist mit der Eisenbahn landeinwärts zu schicken. In London kommen täglich viele tausend Gallonen an und werden hier im Durchschnitt à 1 bis 1½ Thaler verkauft, während die Fischer selbst selten mehr als 2½ Sgr. bekommen. Die ungeheure Preiserhöhung ist Folge des Zwischenhandels und des Transports, da die Eisenbahnen nicht selten drei Thaler für den Centner bis London berechnen. Daß sie trotz dem auch armen Familien zu ihrem täglichen Thee zugänglich sind, beweist nur, mit welcher verschwenderischen Fülle die Natur diese Delikatesse unermüdlich an die Gestade säet. Auch die Küsten unserer Nordsee, besonders der Jahrebusen, sind reich an Shrimps; doch kann man sie erst neuerdings in Berlin als theure Delikatesse bei einzelnen Hoflieferanten und auf den Theetischen reicher Leute finden. Es wird wahrscheinlich bloß darauf ankommen, arme Leute am Gestade auf diese Schätze aufmerksam zu machen, sie ihnen regelmäßig abzulaufen und eben so regelmäßig nach Berlin und zu andere große Städte zu verschicken, damit auch ärmere Leute die Wonne, zum Thee, Wein oder Bier Shrimps zu essen, kennen lernen und die veröbeten Küsten sich mit wohlhabenden Shrimp-, Krebs- und Hummerfischern bevölkern. Auch von den Flüssen her können die Crustaceen bedeutend zur Vermehrung und zur Nahrung und unseres Wohlstandes beitragen. Man findet die Bach- und Flußkrebse allerdings ziemlich zahlreich auch in den Winkeln unserer deutschen süßen Gewässer, aber doch noch immer nicht hinreichend und wohlfeil genug für die große Menge, und für die Feinschmecker außerdem viel zu mager. Auch in dieser Beziehung hat uns Frankreich ein gutes Beispiel gegeben unter Napoleon sogar hinreichende Mittel, um dreihundert Flüsse mit Mutterkrebsen aus Deutschland u. s. w. zu bevölkern. Dort werden sie hübsch gemästet und wandern sogar als geschätzte Delikatesse nach England. Da nun die Krebse die schnellsten und dankbarsten Stoffveredler sind und allerhand todtes Gethier, verdorbenes und faules Fleisch, überhaupt alle schädliche verfaulende Masse sofort wieder in schmackhaftes Fleisch verwandeln, kostet deren Fütterung und Mästung nicht nur nichts, sondern verbessert auch schon dadurch unsere vielfach verpestete Luft, daß wir ihnen diese pestilenzialen Stoffe vorwerfen. Wir gelehrte Deutsche ziehen es aber immer noch vor, wenige, schlechte und theure Krebse zu essen und ihr Futter in Form von vergifteter Luft einzuathmen. Von Hummern und Seekrebsen bekommen wir noch weniger zu sehen und zu kosten, und erstere werden uns von Engländern um Helgoland herum in großen Massen weggefischt und nur mit einigen Ausnahmen für Hamburger Plutokraten nach England gebracht. Nicht einmal von den oft zehn bis zwölf Pfund schweren und den Krebsen und Hummern im Wohlgeschmack untergeordneten Seekrebsen bekommen wir in deutschen Binnenstädten auf den Märkten und in Fischhallen erträgliche Exemplare zu sehen, während die Engländer bis zu den ärmsten Classen herab das ganze Jahr hindurch reichlich mit Muschel- und Schalthieren versehen werden.

—

Muschel-Zucht.

In Schottland brach vor einigen Jahren ein förmliches Perlen-fischerei-Fieber aus, und die davon Befallenen thaten alles Mögliche, um die kostbare Muschel, welche die Diamanten Neptuns als eine Art von Hautkrankheit ausschwitzt, zu vertilgen; doch sind neuerdings gebildete Männer aufgetreten, welche einigen Sinn in diese neue Industrie zu bringen suchen. Dies wird auch für uns beachtungswerth sein, denn die Perlenmuschel gedeiht eben so gut in manchen deutschen Gewässern. Die schottischen Perlen waren schon während des Mittelalters über ganz Europa berühmt und noch vor hundert Jahren wurden für mehr als 60,000 Thaler aus den Flüssen Tay und Isla gefischt. Später verfiel diese Industrie, bis sie 1860 der deutsche Juwelenhändler Moritz Unger in Edinburg wieder aufnahm und sie bis zu einer wirklichen Manie neu belebte. Er reiste einfach im Lande umher und versprach für gesunde Perlen sehr gute Preise. Dadurch wurden Hunderte gewerbsmäßige Perlfischer. Im Jahre 1860 kaufte er die ganze Ernte noch für 250 Thaler und bezahlte dafür 1864 schon beinahe 70,000 Thaler und manchmal für eine einzige Perle 400. So entstand das schottische Perlfieber, welches ganze Heerden von Personen beiderlei Geschlechts, Alte und Junge und selbst Greise in die Flüsse trieb, besonders den Doon, wo sie alle Arten von Muscheln mit allen möglichen Werkzeugen oder bloßen Händen heraus und aufrissen, um nach Perlen zu suchen. In den meisten fanden sie natürlich nichts und mit der Zeit entstanden ganze Haufen von verfaulenden Muscheln an den Ufern, mörderliche Denkmale einer blinden, zerstörenden Leidenschaft, welche eine Zeit lang allerdings mehreren Personen zum Wohlstande verhalf, aber auch eine Menge schwere Krankheiten und Todesfälle hervorrief, und außerdem die Flüsse verwüstete und die Perlenmuscheln beinahe ausrottete.

Unger und mehrere wissenschaftliche Männer untersuchten schottische, englische und irländische Flüsse in Bezug auf Perlenmuscheln und kamen dadurch zu der Ueberzeugung, daß ihre eigentliche Heimath in den Lochs oder Bergseen gesucht werden müsse, von wo sie sich in die dort entspringenden Flüsse verbreiteten. Doch fand man sie auch in vielen anderen Flüssen, unter denen sich besonders Tay, Isla, Doon, Don, Forth, Spey, Conan, Conway, Tyrone, Donegal u. s. w. auszeichnen. Aber, wie gesagt, die blinde Gier, womit man während der letzten Jahre diese und andere Flüsse mit allerhand harzigen und haltigen Werkzeugen durchwühlte und Millionen Muscheln der verschiedensten Arten herausriß und zerstörte, hat die ganze Ernte wohl wieder auf viele Jahre ganz und gar verdorben, und erst, wenn die Wissenschaft die Geheimnisse über die Entstehung und das Gedeihen der Perlenmuscheln vollends aufgeklärt und dadurch eine ordentliche Zucht und Bewirthschaftung ermöglicht haben wird, läßt sich auf neue, sicherere und lohnendere Ernten dieser herrlichen Diamanten des Meeres hoffen.

Bis jetzt bleiben die Hauptfelder für Perlenfischerei, die Gewässer im Golfe von Manaar an der Insel Ceylon unter ziemlich schlechter Bewirthschaftung der englischen Regierung, welche neuerdings die Felder für durchschnittlich 700,000 Thaler jährlich an Privatunternehmer verpachtet. Die dortigen Perlenmuschelgründe enthalten für unsere Wissenschaft noch manche Geheimnisse, deren Lösung die lohnendsten Ernten verspricht, weil man dann wissen wird, welche Art von Wasser, Grund und Boden und sonstige Bedingungen die ganz wesentlichen Unterschiede von Größe, Glanz und Güte der Perlen hervorrufen und wie man Anstalten für künstliche Perlmuschelnzucht anzulegen habe. Die deutsche Naturwissenschaft kann sich hier nicht nur goldene, sondern wahrhafte ächte Perlen von Verdienst erwerben. Nicht mit Unrecht nennt man das schönste und kostbarste Exemplar aller Arten von Werthsachen oder lebendigen Wesen die Perle seiner Art oder seines Geschlechts. Schon im Alterthume hatten ächte Perlen oft einen höheren Werth, als bei uns Diamanten. Manche römische Dame trug den hauptsächlichen Reichthum ihrer Familie oder des Mannes in Form von drei oder vier Perlen an den Ohrringen. Die Perle, welche Cleopatra beim Diner mit Marcus Antonius in Essig aufgelöst und getrunken haben soll, hatte einen Werth von mehr als einer halben Million Thaler. Cäsar schenkte der Mutter des Brutus etwa 300,000 Thaler in Form einer einzigen Perle. Am Hofe des Schachs von Persien ist schon seit alten Zeiten die Perle der Perlen berühmt, welche einst einem Araber für 128,000 Thaler abgekauft ward. Doch sie wurde durch den Koh-i-Nor der Perlen, die Riesin ihres Geschlechts von 450 Carat Gewicht (über sechs Loth), die auf der Londoner Weltausstellung 1862 prangte, in den Schatten gestellt. Wie weit sie die sonst berühmtesten Perlen übertrifft, beweist die verhältnißmäßige Kleinheit derselben, z. B. die, welche Kaiser Rudolph II. in seiner Krone trug (30 Carat) oder die Papst Leo's X., ebenfalls nicht viel schwerer und von ihm mit 80,000 Thaler bezahlt, oder die 28 caratige der Gebrüder Cosima in Moskau. Nur die, welche einst in der Krone Philipps II. glänzte, von ihm mit 14,000 Ducaten bezahlt, von der Größe eines Taubeneis, nach welcher die Damen ans ganz Spanien förmlich wallfahrteten, gilt für die größte, welche jemals aus dem Meere gewonnen ward. Jetzt besitzt die ostindische Compagnie in London den kostbarsten aller Perlenschätze, eine mehrere Fuß lange Schnur von möglichst gleichartigen Perlen, deren jede viel über tausend Thaler kosten soll. Durch gleiche Größe erhöht jede einzelne Perle die andern etwa in geometrischen Proportionen, so daß, wenn z. B. eine dreicaratige Perle etwa 40 Thaler kostet, eine Schnur derselben von gleicher Größe in 70 Stück nicht siebzigmal soviel, sondern 6—7,000 Thaler kostet, bloß weil es sehr schwer ist, aus den natürlichen Ernten Exemplare von gleicher Größe zusammen zu bringen. Außerdem haben Farbe, Form, Glätte und durchscheinender Glanz sehr wesentlichen Einfluß auf Preis und Werth. Im Durchschnitt bezahlt man jetzt für ein Loth, d. h. 71 Carat runde Perlen zu 2—300 Stück 100 Thaler, zu 6—700 Stück etwa die Hälfte, und nur unregelmäßige und höckerige fallen zuweilen bis auf fünfzehn Thaler für das Loth, und ganz kleine solcher „Barockperlen", 900—1000 Stück auf ein Loth, sind zu fünf bis acht Thalern zu haben. Tadelfreie Exemplare steigen nach ihrem Gewicht etwa in folgender Weise, daß eine halbcaratige anderthalb, eine ganzcaratige fünf, eine dreicaratige bis vierzig, eine viercaratige bis fünfzig Thaler steigt. Diese Verhältnisse steigen mit jedem Carate erst um zehn bis zwanzig, dann um fünfzig bis hundert und endlich bei mehr als zwanzigcaratigen oft um Tausende von Thalern. Da sie in allen Größen und selbst unregelmäßigen Formen als graciöse Schmuck willkommen sind und hohen Werth haben und die Natur diese Schätze ohne unser Zuthun immer frisch erzeugt, mag es sich wohl der Mühe lohnen, zu untersuchen, welche Gewässer das Gedeihen der Perlenmuscheln begünstigen und kann etwa auch in Deutschland geeignete Flüsse mit Perlen- und Perlmutterlieferantinnen zu besäen. Es würde bloß auf die erste Auslage ankommen, da sie ohne unser Zuthun sich vermehren. Vielleicht entdeckt man auch noch die Bedingungen, unter welchen sie die meisten und besten Perlen ausschwitzen. Bis jetzt war die Perlenfischerei nur in rohen und geldgierigen Händen, und Wissenschaft und Wirthschaftlichkeit hat auch hier noch ein weites Feld für edle Thätigkeit und viel höheren, als goldenen Lohn. Da Perlmutter, d. h. die Schale der Perlenmuschel in den inneren Schichten ebenfalls aus Perlenmasse besteht, wird sie häufig nicht nur zu Perlmutterknöpfen und dgl., sondern auch geschickt zu falschen Perlen verarbeitet, die sich aber leicht durch ihren mehrfach gebrochenen Glanz von den ächten unterscheiden, da letztere bloß einen gleichmäßigen Glanz oder ein und dieselbe Farbentinte zeigen. Perlen werden in Frankreich von Glas, mit einer ebenfalls von Fischen gewonnenen

Substanz inwendig überzogen, in ungeheuren Massen nachgemacht und zwar so täuschend, daß auch gute Augen davon geblendet werden. Ein kleines, scharfes Messer reicht hier zur Prüfung hin: auf einer Glasperle kann man nichts abschaben, während die ächte Perle, vorsichtig geritzt, sich weich und nachgiebig und leicht eine Verletzung zeigt.

Viel weniger glänzend, aber ebenfalls sehr praktisch und lohnend ist eine andere Art von Muschelzucht, wie sie namentlich in Frankreich seit mehr als siebenhundert Jahren in der Bucht von Alguillon betrieben wird. Hier strandete 1135 der Irländer Walton als einziger Ueberlebender eines untergegangenen Schiffes und wußte zwischen den armen, ihn nicht verstehenden Bewohnern und auf dem Sumpfe ringsumher lange nicht, was er anfangen und wovon er leben sollte, bis er auf den Gedanken kam, dort nistende See- und Sumpfvögel in einer Art von Netz zu fangen, welches er während der Nacht auf dem Wasser des Sumpfes ausspannte. Da entdeckte er oft am Morgen, daß sich die Theile des Netzes im Wasser mit Muschellaich besetzt hatten, die bald wuchsen und gediehen und als Köder beim Fischfang sehr gute Dienste leisteten. Nun legte er es darauf an, mit Reißig und Faschinen möglichst viel solchen Laich aufzufangen und ihn am Gestade oder in besonderen Sumpfteichen zu Muscheln heranwachsen zu lassen. Dies sahen er und die Nachbarn bald so lohnend, daß sich mit der Zeit die ganze Bucht mit solchen einfachen Vorrichtungen für Muschelcultur bedeckte. Sie heißen jetzt, etwas vervollkommnet, bouchots, bestehen aber immer noch sehr einfach aus langen, starken Pfählen, zwei Fuß von einander reihenweise so in den Sumpfboden getrieben, daß sie nach dem Meere hin sich zuspitzen. Um diese Pfähle werden allerhand Baumzweige mehrere Fuß hoch über das Wasser hinaus so dicht gewunden, daß sie ein rohes Korbgeflecht bilden und dem Wasser unten für Ebbe und Fluth etwas freien Raum lassen. Jede Seite eines solchen bouchot ist bis 250 Fuß lang und das Ganze daher ein nach dem Meere zugespitzter Zaun von etwa 450 Meters und sechs Fuß hoch. Schon vor mehreren Jahren zählte man über ein halbes Tausend derselben, die mehr als eine deutsche Meile bedecken und von St. Clements bis zu der Mündung des Morans reichen. Durch diese Labyrinthe von Sumpf und Wasser, Pfählen und Faschinen winden sich die Muschelfarmers (boucholeurs) Tag und Nacht in ihren Booten in einer originellen Mischung von Fortschritt zu Wasser und zu Lande, indem sie sich mit Füßen und Händen beinahe schildkrötenartig fortschieben, wodurch sich in dem Schlamme nicht selten Furchen bilden. Diese würden mit der Zeit oft unbequem werden, wenn nicht jedes Frühjahr unzählige Millionen von kleinen Krebsthieren (corophies) das ganze Gebiet immer wieder ebneten, indem sie Land und Wasser ununterbrochen nach Seewürmern oder Anneliden, die darin wimmeln, durchforschen und durchfurchen. Diese nützliche Arbeit setzen sie immer den ganzen Sommer hindurch fort und verschwinden jedesmal im Herbste während einer einzigen Nacht.

Die Muschelfarmer leben meist in den drei Gemeindeverbänden Esnandes, Chavron und Marsilly. Mancher besitzt mehrere bouchots, die Meisten bloß je eins und die Aermsten leben oft bloß von dem Antheil an einem einzigen. Diese sind nach der Lage in der Bucht in vier Divisionen getheilt, von denen die vom Lande weitesten nur aus Reihen von Pfählen bestehen, um dem vom Meere angespülten Laiche Anhaltepunkte zu bieten. Die daraus sich entwickelnden Jungen werden im Frühjahre, als naissains, etwa so groß wie Flachssaamen-Körner und erreichen im Juli die Größe von Bohnen, als welche sie renouvelains genannt und weiter nach innen verpflanzt werden. Hier wachsen sie ziemlich rasch und groß und verwandeln die bouchots in förmliche Wände, die wie vom Feuer geschwärzt aussehen. Jetzt erfolgt ein Verdünnungsproceß, d. h. die zu dicht und übereinander gewachsenen Muscheln werden abgenommen und wieder weiter nach innen verpflanzt, wo sie nach etwa einem Jahre reif für den Markt werden und eine reichliche und billige Nahrung für arme Leute weit ins Land hinein bilden. Auch Gutschmecker finden sie in der ersten Abtheilung, d. h. dem Lande am nächsten gezüchteten Exemplare, wenigstens während der eigentlichen Saison (vom Ende Aprils an das ganze Jahr hindurch) ziemlich schmackhaft. Etwa 150 Pferde und 100 Wagen sind fast jede Nacht beschäftigt, um die frisch geernteten Muscheln täglich frisch auf die Märkte der benachbarten Städte zu bringen.

Ein gut bewirthschaftetes bouchot liefert jährlich bis 500 Ladungen Muscheln à 150 Kilogrammes oder etwa drei Centner im Preise von durchschnittlich fünf Francs, so daß jedes bonchot für 2000 bis 2500 Francs Nahrungsstoffe für Menschen oder Köder für Fische liefert. Die ganze Ernte von diesen so cultivirten Gefilden hat also einen jährlichen Werth von mindestens 1,000,000 Francs, und da ungeheure Massen von diesen Muscheln als wohlfeiler Fischköder viel Geld- und Zeiterfparniß bewirken und den Fischern das ganze Jahr hindurch Gelegenheit geben, ihre Arbeit fortzusetzen, verzinsen sich die so gewonnenen Muscheln immer sofort auf die vortheilhafteste Weise. Da das Fischen mit Seeangeln neuerdings ungeheuer zugenommen hat, müssen in England und anderswo oft viele Tausende von Haken längere Zeit feiern, weil es ihnen an Köder fehlt. Diese Muscheln nun eignen sich dazu ganz vorzüglich, so daß künstliche Zucht derselben nach dem Muster in der Bucht von Aiguillon sich schon aus diesem Grunde als nachahmungswerth und lohnend empfehlen würde. Außerdem liefern sie, wie gesagt, ein nicht zu verachtendes Nahrungsmittel, welches immer viel besser ist, als die Gerichte, mit welchen arme Fischer an der Ostsee, Tagelöhner und selbst anständige Bürger in kleinen Städten hauptsächlich ihren Hunger stillen, immer besser als die Quetschkartoffeln mit Buttermilch oder Kartoffeln mit einem Pfund Fleisch für Familien von acht bis zehn Personen gekocht oder Kartoffeln mit Salz oder Hering. Mehrere Muschelarten bilden namentlich in England täglich in unzähligen Millionen den herrlichsten Ersatz für Kartoffeln, wässeriges Gemüse und ausgekochtes Fleisch, welche in Deutschland noch immer die verbreitetste Hausmannskost bilden. Die Kammmuscheln (Littorina vulgaris), diese periwinkles oder winkles, wie sie in allen Straßen Londons jeden Tag mehrmals ausgeschrieen und spottbillig verkauft werden, ferner die Cockles oder Herzmuscheln, die Whelks (Trompetenschnecken oder Kinkhörner), womit die Irländer ihre Taschen füllen lassen, um nach Bequemlichkeit die eingemuschelten, nussigen Delicatessen mit gekrümmten Stecknadeln herauszuangeln und Mund und Gaumen damit zu laben, liefern in England Nahrungsmittel, welche Millionen von Menschen vor Hunger und Abschwächung schützen, auch von wohlhabenderen Classen nicht verachtet werden und nahrhafter sind und besser schmecken, als unsere deutschen Kartoffelgerichte. Sie finden sich um die Küsten Englands herum ebenso wie die Shrimps jede Nacht in wahrhaft wunderbarer Unerschöpflichkeit, und die „winkles" sind so beliebt, daß selbst jede Woche ganze Schiffsladungen von den fernen Orkney-Inseln her in London einen guten Markt finden.

Die krebsartigen Thiere, die Muscheln und Mollusken gewähren in noch ungeahnter Menge von Arten und Exemplaren eine unerschöpflich immer frisch sprudelnde Lebensquelle an allen möglichen Gestaden. Von einer künstlichen Zucht sehen wir erst Anfänge für Austern; aber jedenfalls lassen sich auch nicht nur für Hummern und Krebse, sondern auch für die in England und Amerika beliebten Eßmuscheln mit ganz geringen Mitteln und mit sicherer Aussicht auf hohen Gewinn künstliche Laichungs- und Zuchtanstalten anlegen. Dafür empfehlen sich alle in England beliebten Muschelarten, und auch die amerikanischen Clams (die weichen und die runden Mya arenaria und Venus mercenaria), sowie Mytilus edulis lassen sich, wie man schon in Frankreich angefangen hat, mit Vortheil an unseren Küsten einbürgern. Wahrscheinlich kommt es hier hauptsächlich nur auf erste Anlagen und Saaten an, um der Natur Veranlassung zu geben, ihre überschwengliche Zeugungskraft im Wasser auch an unseren Küsten zu entfalten. Was wir von diesen Gebilden selbst nicht genießen wollen oder können, bildet mindestens gutes Futter für beliebte kostbare Fische.

Der Wissenschaft und Wirthschaft zugleich empfehlen wir besonders die Perlenmuschel, welche für anständige Zucht und Pflege höchst wahrscheinlich sehr bald in Form der kostbarsten Diamanten des Meeres ihre

Dankbarkeit bezeigen wird. Wie diese beschalten und gepanzerten Weichthiere, in Thürmen und Röhren wohnenden Würmer, Sterne, Rosen und Lilien des Meeres und allerhand Wunder der Tiefe, die in den mannigfaltigsten Formen, Farben und Wandlungen noch unabsehbare Grenzen zwischen Pflanzen und Thiergebilden ausfüllen, noch ehe man sie selbst entdeckt hatte oder zu würdigen verstand, mit ihren leeren Schalen als Conchylien in der Wissenschaft, für Liebhaberei und allerhand Verschönerungszwecke schon eine bedeutende Rolle spielten, werden sie als lebendige Wesen selbst in öffentlichen und Privat-Aquarien die reichsten Capitalien für eine neue Periode der Naturwissenschaft und die Verschönerung unserer Zimmer bilden. Die Aquariumskultur hat mit dem Brehm'schen Zauberpalaste in Berlin bereits eine herrliche Gegenwart und verspricht eine noch glänzendere Zukunft. Wir haben darin nicht mehr die bloßen todten Schalen vor uns, sondern die lebendigen Wunder des Oceans auf dem Tische, für welche man sich noch mehr begeistern und Geld zu opfern lernen wird, als für die Conchylien. Dieser Conchylien-Enthusiasmus erreichte eine solche Höhe, daß Museen und Privatliebhaber manchmal für eine einzige Muschelschale Hunderte von Thalern ausgaben. Dies galt besonders von den früher sehr seltenen Stachelmuscheln der Spondylen. „Königliche" Exemplare derselben findet man in der vollständigsten Sammlung von Delessert in Paris. Ein armer Professor der Botanik daselbst opferte für ein Exemplar nicht nur sein ganzes Geld, sondern verwandelte auch alles Silberzeug in zinnernes, um die dafür unerbittlich verlangten 6000 Francs zusammen zu bringen. Die Riesenmuschel (Tridacna Gigas), welche bis fünf Centner schwer wird und beim Schließen ihrer Schalen ein dickes Tau durchschneiden oder einen ganzen Mannesarm zerquetschen kann, ist noch seltener und schöner in ihren herrlichen Farbentinten, welche aus den klaren Gewässern an Gestaden des indischen Oceans manchmal wie sammtne Gewänder unterseeischer Feen herausglänzen. In der St. Sulpicekirche zu Paris dient eine solche Muschel, dem Könige Franz I. von der Republik Venedig geschenkt, als Weihkessel. Vielleicht werden wir diesen lebendigen Riesen selbst in seiner ganzen Kraft und Farbenpracht noch als Bewohner von Aquarien kennen lernen, welche überhaupt am geeignetsten erscheinen, die Ernten aus dem Wasser um unendliche Schätze für die Wissenschaft und die Verschönerung des Lebens zu bereichern.

Sturionen oder Störe.

Zu den riesigsten und werthvollsten, besonders im Alterthume hoch geschätzten Fischen unserer gemäßigten und kälteren Seewasser und Flußmündungen gehören die Sturionen oder Störe, von denen man mindestens sechs Arten unterscheidet, besonders breit- und spitznasige. Wir finden den gemeinen Stör (Accipenser sturio) in der Nord- und Ostsee und weit bis in die Elbe und Eider hinein, zuweilen auch im Rhein bis Laufenburg, im mittelländischen und kaspischen Meere, in den Gebieten der Wolga, dem Don und Dnieper, und zwar nicht selten mächtige Vier- bis Fünfhundertpfünder. Seine Gestalt, lang, schmal und fünfedig, erinnert an das Pentagramm, das alte klassische Zeichen der Gesundheit und Symmetrie; ebenso auch die fünf Reihen von großen, massiven, knöchernen und zugespitzten Tuberkeln an den Kanten des Leibes. Wegen seines festen und weißen Fleisches, welches er sich durch allerhand Crustaceen und abgestorbene Pflanzenstoffe auf dem Grunde des Meeres und der Flüsse zu verschaffen weiß, und des feinsten Leimes, zu welchem er den Rohstoff liefert, des Caviars aus seinen Eiern, verdient er mehr Beachtung, als er bei uns genießt, wenn wir die Verehrung auch nicht so weit treiben, wie die alten Griechen und Römer, die den künstlerisch zubereiteten und geschmückten Riesen von bekränzten Sklaven mit Musikbegleitung auftischen ließen und deren Dichter ihn sogar als einen Aristokraten der Wogen besangen. Wir erinnern nur an den Hexameter Ovids:

Tuque peregrinis Accipenser nobilis undis —

In Rußland bildet sein Fleisch, das während des Winters gefroren und im Sommer getrocknet und geräuchert durchs ganze Land verschickt wird, ein wesentliches Nahrungsmittel, und die Eier, gesalzen, als Caviar den bekannten aristokratischen Handelsartikel. Da gewöhnlichere Sterbliche sich auch mit Elbcaviar begnügen, würde man jedenfalls gut thun, dem Lieferanten desselben an den Mündungen unserer Nordseeflüsse mehr Aufmerksamkeit und Pflege angedeihen zu lassen. Bis jetzt beschränkt man sich hauptsächlich darauf, sie durch Löcher im Eise aus ihrem Winterschlafe hervorzuholen oder sie im Frühjahre während ihres Laichzuges stromaufwärts in Netzen oder Reusen zu fangen. Es ist wenigstens des Versuches werth, ihre Ansiedelungen an Meeresgestaden zu ermitteln und ihnen dort nachzustellen, bei welcher Gelegenheit sich wohl auch die Frage entscheiden läßt, ob er mehr See- als Flußfisch sei. Vogt rechnet ihn zu letzteren, Yarrell zu ersteren. Die Frage erledigt sich wohl schon jetzt am besten dadurch, daß wir ihm Bürgerrecht in beiden geben, wie den Lachsen.

Der Riese unter diesen Riesen ist der Hausen (Accipenser huso, russisch Bjaluga), der gelegentlich über achtzehn Fuß lang und über zehn Centner schwer wird. Obgleich die innere Haut der Schwimmblasen der Störe den bekannten feinen Fischleim, die Hausenblase, liefert und diese von letzterem den Namen hat, wird sie doch grade von ihm eben so wenig geschätzt, wie sein Fleisch und sein Caviar. Alle anderen Arten werden vorgezogen. Die Hausenblase wird aus dem inneren Häutchen der Blase gewonnen, das, in Wasser aufgeweicht, dann sorgfältig gewaschen, in reinen Tüchern ausgedrückt, zwischen den Händen weichgerieben, zu Cylindern gerollt, auf Fäden gezogen, durch brennenden Schwefel gebleicht und zuletzt an der Luft getrocknet wird.. Ihr Nutzen beim Kochen und zum Klären verschiedener Flüssigkeiten ist bekannt; doch wird es Manchem noch neu sein, daß das sogenannte englische Pflaster nur aus einer starken Lösung von Hausenblase auf Seidentaffet besteht, und der erhöhte Glanz verschiedener Seidenstoffe durch eine Mischung von Gummi mit Hausenblase gewonnen wird.

Das Fleisch der Störe wird in Deutschland vielfach verachtet, weil es thranig und sonst unappetitlich schmecken soll; aber dies mag zum Theil Vorurtheil ungebildeter Gaumen sein, wie auch der Bauer nichts ißt, was er nicht kennt, zum Theil Folge der Vernachlässigung des Fisches oder unzeitigen Fanges; die alten Griechen und Römer wußten auch, was gut schmeckt, und werden dem noblen Accipenser nicht ohne Grund so viel Ehre erwiesen haben.

In Rußland gilt eine schlankere und besonders langschnäutzige Störart, der Scherg (Accipenser stellatus, russisch Sewerjuга) mit sternenförmigen Schuppen zwischen den Schildern als eine sehr geschätzte Delikatesse; er wird nur vier Fuß lang und höchstens vierzig Pfund schwer, aber nur im Vergleich zu seinen riesigen Vettern kann er als unbedeutend gelten; Einbürgerung desselben in unseren nordischen Gewässern ist sowohl wegen seines Fleisches, als auch wegen seines Caviars empfehlenswerth. Vielleicht läßt sich sogar der feinste und beinahe mit Gold aufgewogene störartige Russe oder Ruthene, der Sterlet (Accipenser ruthenus) aus dem caspischen Meere und der Wolga um so mehr bei uns einbürgern, als er gelegentlich schon jetzt in der Ostsee gefunden wird. Obgleich er nur zwei bis drei Fuß lang und zwanzig Pfund schwer wird, sieht er doch mit seinem aufwärts gekrümmten langen Schaufelschnabel, den zackigen, gekielten, gelben Nabelschildern und sonstigen Haken und Panzerplatten sehr grimmig aus. Im Wasser ist auch mit ihm nicht zu spaßen, doch außerhalb desselben stirbt und verdirbt er sehr schnell, so daß er als ausgesuchter Leckerbissen russischer Gourmands oft lange Reisen in besonderen Wasserbehältern machen muß. Dies erhöht seinen Preis und Werth so bedeutend, daß Welt- und Liebhaber, wie Fürst Potemkin, manchmal für eine einzige

Sterletsuppe 300 Rubel bezahlt haben sollen. Bei der Wichtigkeit der Sturionen auch für uns verdient der Fang derselben in dem Hauptlande nähere Beachtung. Nach Cornelius („Zug- und Wanderthiere") und Kohl („Reise in Südrußland") wird es so gemacht:

„Der eigentliche Störfang geschieht durch die Kosaken in der Wolga und andern Flüssen des caspischen Sees und ist durch strenge Gesetze geregelt. Der Hauptfang ist unweit der Stadt Gorodod unter 51° im Flusse Jaik im Januar mit Haken unter dem Eise. Die Störe legen sich im Herbste reihenweise in den tiefern Stellen des Flusses zusammen, was sich die Fischer merken, weil sie den ganzen Winter daselbst zubringen. Im Januar versammeln sich die Kosaken und berathschlagen sich über Ort, Tag und Art des Fischfangs. Diejenigen, welche nun einen Erlaubnißschein erhalten, fahren auf das Zeichen eines Kanonenschusses in Schlitten eiligst auf die angewiesene Stelle und nehmen ihre Haken an einer 20 bis 30 Fuß langen Stange mit sich. Sind Alle an Ort und Stelle angekommen, so wird von Jedem eine Wuhre in das Eis gehauen. Die dadurch aufgestörten Fische gehen nun stromabwärts. Die Haken werden nahe an den Grund gehalten und schnell in die Höhe gezogen, sobald die Kosaken bemerken, daß sie von dem darüberziehenden Fisch niedergedrückt werden. Dadurch wird der Fisch angespießt und ist gefangen. Dieser Fang dauert mehrere Wochen lang und wird oft auf 200 Werste — etwa 30 Meilen — ausgedehnt. — Der Hausen wird im Winter auf gleiche Art, wie der Stör gefangen. Man fängt ihn aber auch beim Frühlingszug, der in ungeheuren Schaaren stromaufwärts geht und 14 Tage dauert, indem man in die Flüsse ein Zaunwerk von Pfählen macht, und darin ein Loch läßt, durch welches die Fische in eine Kammer gerathen, die durch eine Fallthüre sich von selbst schließt. Bei Astrachan fängt man sie in großen Sacknetzen."

Den Fang dieser, wie vieler anderer Fische am schwarzen Meere hat Kohl sehr anziehend geschildert.

„Die vornehmsten Fischereien des Pontus, so weit die russische Herrschaft reicht, befinden sich an den Mündungen der großen Flüsse, des Dniester, Dnieper, der Donau und in der Meerenge von Jenikale oder Kaffa. Dies ist natürlich; denn dies sind die großen Passagethore, vor denen sich alle diejenigen großen Fische sammeln, die bei ihren verschiedenen Lebensverrichtungen sowohl salziges, als auch süßes Wasser bedürfen. In der Meerenge tauscht das eine Meer mit dem andern seine Wanderer aus, und es drängen sich die Fische dort eben so, wie die Menschen auf einem schmalen Isthmus zwischen zwei großen Ländern."

„An allen jenen Punkten haben sich daher theils stehende Fischerdörfer etablirt, theils sogenannte Ruiblownije Sawodni (Fischereien), die im Frühlinge aufgestellt und im Herbste wieder weggenommen werden. Um ein solches Sawod einzurichten, miethet nun irgend ein Großrusse oder Grieche, der sich den Chosain (Wirth) des Sawod's nennt, einen Küstenstrich von den benachbarten Besitzern, erbaut eine große Schilfhütte am Strande, kauft Fischerboote, Netze und Alles, was sonst nöthig ist, ladet eine Portion anderer Russen, Griechen, Tartaren, Moldauer oder Polen, jenachdem das eine oder andere Volk sich in der Nähe befindet, zur Compagnieschaft ein, und etablirt sich mit ihnen für einen Sommer am Strande. Der Chosain, der das Kapital vorschoß, und auf den daher natürlich der größeste Theil des Gewinnes oder Verlustes fällt, ist freilich das Haupt und führt die meisten Geschäfte des Etablissements, hat dabei aber doch einen Kassirer oder Buchhalter, den die übrigen Genossen sich wählen, als Controlleur zur Seite. Dieser führt über alle Ein- und Verläufe eben so Rechnung wie der Wirth, und vertritt das Interesse der übrigen Gesellschaft. Die gefangenen Fische werden gleich theils frisch auf benachbarten Märkten verkauft, theils eingesalzen und dann an Fischhändler abgegeben, die weit aus dem Innern, aus Polen, der Walachei, Ungarn, der Ukraine u. s. w. an die Küsten des schwarzen Meeres kommen und in diesen Sawoden ihre Einkäufe machen."

„Die Hütten der Leute sind sehr geräumig und groß, obgleich nur aus Schilf gebaut. Sie stellen sie immer dicht um's niedrige Meeresufer, jedoch so weit von der gewöhnlichen Braudung entfernt, daß sie nach ihrer Erfahrung auch bei dem stärksten Sturm vor den Wellen sicher sind. Im Frühling sieht anfangs ihr Etablissement ein wenig kahl und öde aus; allmählich aber stellt sich Mancherlei darin und darum an, so daß es etwas wohnlicher wird. In der Hütte stehen die Betten der Mannschaft, die sich zuweilen auf 12—20 Köpfe beläuft. Nach der Arbeit ruhen sie hier aus, rauchen, spielen Dame mit Muscheln und Uferkieseln, schwatzen und scherzen beständig und erzählen sich Geschichten, wie die Russen dies Alles überall thun, sie mögen in den nordischen Wäldern Holz hauen, oder in Sibirien als Jäger den Zobeln nachstellen, oder in den Steppen als Fuhrleute beim nächtlichen Feuer sitzen, oder endlich als Fischer am schwarzen Meere der Ruhe pflegen. — Im Hintergrunde der Hütte stehen die Fischbottiche, große Salzfässer und eine Art von Mühlen zum Zermahlen des Salzes. Vor allen Dingen aber sorgen sie für ein Heiligenbild, das sie im Innern über der Thüre aufhängen, und dessen kleine Lampe Tag und Nacht ihre Hütte erhellt, wie das Bild selbst das Innere ihres Geistes. Sie würden sich auf dem Meere für verloren achten, wenn sie das heilige Lämpchen, ihren Stern und ihre Hoffnung, nicht daheim brennen müßten, und ein zufälliges Verlöschen desselben macht den Tag völlig untauglich zum Fischfange. Zu beiden Seiten der Thüre hängen beständig gefüllte Wassergefäße. Draußen haben sie einen Herrd in die Erde gegraben, und ein alter dienender Geist, der nicht mit auf's Wasser geht, ist beständig mit Kochen, Wasserzutragen, Salzmahlen u. s. w. beschäftigt. Gehen die Fische flott und zahlreich in's Netz, so schaffen sie sich auch noch andere Dinge an, laufen sich Hunde zur Bewachung ihrer Schätze, eine Colonie Hühner, die in die Wogenbrandung hineingackeln, zum Eierlegen, Schafe zum Sonntagsbraten u. s. w. Gewöhnlich aber ist das Meer ihre Speisekammer, aus der Alles hervorgeht, was ihre Kessel füllt. Rund um die Hütte herum hängen ihre Netze, Angelhaken und andere Geräthschaften. Dicht am Rande der Brandung errichten sie einen hohen Mastbaum, der in etwas schiefer Richtung sich über das Meer hinneigt. Er ist oben mit einer Art von Mastkorb versehen, und auf dieser Warte sitzt nun Einer von ihnen, der nach den heranziehenden Fischen blickt, und sogleich die nahenden Schaaren verkündet, damit die Fischer ihnen entgegen gehen können. Oft dient dazu ein scharf blickender Griechenknabe; doch steigt kann und wann auch ein Anderer, der sonst Nichts zu thun hat, hinauf, und schaut sich, sein Pfeifchen rauchend, erwartungsvoll die Oberfläche des Meeres an. Es ist ein reizender Sitz; denn wenn man nicht hinter sich schaut, so meint man, gerade wie ein Vogel mitten über dem Meere zu schweben. Bei ruhigem Wasser sieht man die Fische unter sich im grünen Krystalle scherzen. Es ist so täuschend, daß man zuweilen den Menschen dabei vergessen und wie eine Möve auf die hübschen Fische herabschießen könnte."

„Die Haupteintheilung der Fische, welche die Russen machen, ist die in „rothe" und „weiße" Fische. Rothe Fische nennen sie aber die großen schönen Störarten, die im schwarzen Meere und den in dasselbe mündenden Flüssen so häufig sind: Den Stör, den Hausen, den Sterlet, auch den Wels u. s. w. Weiße Fische aber mehrere kleinere eßbare Fische: Heringe, Makrelen, Barsche, Sander, Karpfen u. s. w. Dazu kommt dann noch eine Menge anderer Fische, die weder in die eine, noch in die andere Klasse gehören, z. B. der Delphin, der Hai, der Rochen u. s. w."

„Der wichtigste von diesen Fischen aber ist die Makrele, deren wir schon gedacht haben. Dieser äußerst elegante und mit Stahlblau sehr anmuthig gezeichnete Fisch steigt im Frühlinge in großen Schaaren aus dem Meere auf und verfolgt einen kleinen Fisch, „Hapsa" genannt, während er selbst von dem größern „Palamida" verfolgt wird. Was bis zum Juni gefangen wird, ist unbedeutend, und wird gleich frisch auf den Märkten verkauft. Mit dem Anfang des Juni aber melden sich die Fische in so großen Schaaren, daß die Umgegend nicht Alles auffreisen kann, und nun beginnt das Einsalzen für's Innere. Der Fisch ist nach dem Tode so empfindlich und so rasch dem Verderben ausgesetzt, besonders bei Sonnenschein, daß die Fischer den letztern in der Regel ganz zu vermeiden suchen. Sie ziehen daher, wo möglich, erst am Abend das Netz und salzen die Nacht hindurch ein. Die Fässer werden in der Hütte aufgestapelt, bis dann im Herbste die Juden aus Polen, die Steppenkrüger und Fischhändler kommen, ihre Winterbedürfnisse einzukaufen. Diese Makrelen werden bis Wolhynien, also bis in die Mitte des Continents, verfahren, und sie sind der gewöhnliche Imbiß aller Leute dieser Gegenden zum Branntwein."

„Die Makrele wird auch wohl mit dem Hering des schwarzen Meeres verwechselt; er ist im Vergleich mit den holländischen um so viel kleiner, als die schwedischen größer sind."

„Nach diesen beiden Fischen gehören die Steinbutten (Pleuronectes maxima) im schwarzen Meere zu den gemeinsten Fischen. Die delikatesten und kostbarsten aber sind der Kephal (Kopf), vielleicht die gemeine Meer-Aesche (Mugil cephalus), Patuch (Hahn) und der Lufar, vielleicht der rothe Brassen (Sparus erythrinus) der bei Venedig Luvarn heißt. Alle drei waren schon bei den alten Griechen berühmt, wie bei allen Völkern, die einmal Herren der Fischereien am schwarzen Meere waren. Man sagt wohl, der Geschmack sei verschieden, aber er bleibt sich doch auch wieder in ganzen Jahrhunderten gleich."

In dem fischreichen England genoß der Stör seit undenklichen Zeiten ungewöhnliche Verehrung und wird noch heute vorzugsweise der königliche Fisch genannt. Jeder innerhalb des City-Bezirks der Themse gefangene Sturio gehört von Rechtswegen der Königin. Alle Störe sind verhältnißmäßig harmlose Raubfische, die sich mit allerlei werthlosen Crustaceen, Futterfischen und abgestorbenen Pflanzenresten im Schlämme und auf dem Meeresboden begnügen, also auf die wohlfeilste Weise fett und frist werden und, in guter, substanzieller Sauce geschmort, mindestens fast eben so gut schmecken, wie Lachse, auch geräuchert und getrocknet nicht zu verachten und namentlich als Caviarlieferanten vielleicht eben solcher Zucht werth sind, wie Hühner wegen ihrer Eier.

Die Eisenbahn und das Eis können für frische Fischgerichte bis weit ins Land hinein Wunder thun, so daß wir in deutschen Meeren und Flußmündungen eingebürgerte Ausländer aller Art und so auch die Ruthenen wahrscheinlich mit sicherem Vortheil künstlich pflegen, züchten und auf unsere Märkte bringen werden.

Teichwirthschaft.

Fast jedes Dörfchen hat, wenn nicht einen Fluß oder Bach oder See, doch wenigstens einen erträglich großen Teich oder Tümpel in seiner Mitte oder Nähe, worin sich mit geringer Kunst und wenig Capital wohlfeile Fischgerichte ziehen und züchten lassen.

Das sippenreiche Karpfengeschlecht mit seinen bescheidenen Ansprüchen an Nahrung und Pflege ist so recht geeignet für unsere unzähligen kleinen Teiche und Seen. Man braucht nur etwas zu graben und zu strecken, um daraus fruchtbare Morgen Landes zu machen. Man hat über Teichwirthschaft gelehrte Bücher geschrieben, doch läßt sich die Sache auf eine sehr einfache Weise einrichten. Zur vollständigen Karpfenteichzucht gehört nach Penitz zunächst eine flache und tiefe Abtheilung der betreffenden Wasserfläche, zu welcher man allenfalls auch die Fläche zu einem sogenannten Zucht- oder Streckteiche graben kann, um den Teich selbst zu einem Kaufgut- und Winterungsteich einzurichten. In dem flachen Theile wird das junge Fischgeschlecht erzogen; er muß deshalb dem Hauptzuchtmeister, der lieben Sonne, möglichst frei sein Gesicht zukehren, nach den Rändern hin flach sein und nur in der Mitte, der Ausmündung zugewendet, eine kesselartige Vertiefung haben, vor zu viel Gras- und Schilfwuchs geschützt und durch immerwährenden Zufluß aus benachbarten Flüssen oder Wiesen, die auf diese Weise zugleich für besseren Ertrag entwässert werden können, immer lebendig erhalten werden. Die Ränder des Zuchtteiches brauchen außer der Sonne auch möglichst festen, reinen und flachen Boden und Schutz vor dem Vieh des Dorfes, natürlich auch vor Hechten und anderen Raubfischen, ebenso wie die Fischteiche überhaupt vor raubenden Wasser- und Sumpfvögeln, so wie schädlichen Wasserpflanzen. Will man nicht selbst Fische säen und ausbrüten lassen, sondern bloß „strecken", d. h. wachsen lassen, braucht man nur „Streckteiche", die zugleich auch Kaufguts- oder Winterungsteiche sein können, da besonderer Umsatz aus dem Streckgut in den Winterungsteich vor Eintritt des Winters mit ziemlichen Kosten verknüpft ist. Deshalb müssen sie die Vorzüge des Zucht- und Kaufgutteiches möglichst verbinden, sonnig und frei liegen, an den Ufern flach und in der Mitte tief sein, frischen Zu- und Abfluß und auch Besuch vom Vieh haben. Letzteren kann man durch Einführung von Schafpferchen in runde Behälter von Pfählen mitten im Teiche sehr vortheilhaft ersetzen. Mancher Pflanzenwuchs an den Rändern, wie z. B. Mannaschwingel (Festuca fluitans) trägt wesentlich zum Gedeihen der beschuppten Bewohner bei.

Die eigentlichen Kaufgut- oder Hauptteiche, in welchen sie sich zum Verkauf und zur Verspeisung heranmästen sollen, müssen natürlich möglichst groß, an den Rändern flach und für Winterquartiere in der Mitte möglichst tief sein. Damit aber die etwas trägen Karpfen nicht gar zu schläfrig werden, dürfen ihnen die sprüchwörtlichen Hechte im Karpfenteiche nicht fehlen; doch müssen sie immer viel jünger und kleiner sein, damit sie bloß für wohlthätige Bewegung sorgen und uns die Karpfen nicht ohne Bier- und Madeirasauce vorher verspeisen. Besondere Behälter neben dem Hauptteiche mit ebenfalls gutem Zu- und Abfluß und ohne Gras und Moder dienen dazu, die für den Tisch reifen Fische aufzunehmen, damit man sie zu jeder Zeit ohne Mühe mit einem Fangnetze fangen und ihnen den etwaigen Modergeschmack abspülen kann. Je nach Lage, Fruchtbarkeit und Nahrungsgehalt oder künstlicher Zuführung derselben dürfen die Teiche nur mit gewissen Mengen von Fischen besetzt werden, desto größeren, je nahrhafter der Zufluß im Wasser und je fleißiger das weidende Vieh hineingetrieben wird.

Wie man für Veredelung der Rindvieh- oder Schafzucht bedeutende Ausgaben zur Anschaffung musterhafter Stammeltern nicht scheut, wird es sich auch lohnen, für die Teiche nur ganz gesunde und schöne Laichkarpfen als Hauptbesatzfische anzukaufen und sie in „Strichen" so einzusetzen, daß etwa ein Strich von drei Exemplaren (je zwei rogenen und einem milchnen) auf einen Morgen Wasserfläche kommt. Dies thut man am besten mit eintretender Frühlingswärme zu Ende Aprils. Bei günstiger, warmer Witterung und gehöriger Nahrung entwickeln sich aus deren Milch und Rogen während des Sommers mindestens fünf bis sechs Hundert drei- bis fünfzöllige Karpfen, unter ganz günstigen Verhältnissen wohl auch doppelt soviel, die man während des Winters am besten mit sechzig bis hundert zweijährigen Karpfen unterbringen mag. In solchen größeren oder kleineren Winterlagern müssen die „Sätze" bis zum nächsten Frühlinge ein möglichst weiches, schlammiges Bett haben und während der Eisperiode durch eingehackte und immer offen gehaltene Löcher mit guter Luft versorgt werden. Während dieser Zeit liegen sie in ihrem Winterschlafe und bedürfen keiner Nahrung. Desto mehr Appetit haben sie mit eintretendem Frühlinge, so daß es gut ist, sie eine Zeit lang zu füttern, bis sich Leben und Nahrung im Wasser selbst entwickelt. Damit es aber für diese nicht zu viele Mäuler gebe, muß man gut darauf sehen, daß die Streckteiche nicht zu stark bevölkert werden. Bei mangelnder Nahrung verkrüppeln und verkümmern die Karpfen grade am meisten während ihrer ersten Lebensjahre. Also grade während dieser Zeit möglichst viel und möglichst regelmäßige Nahrung und nie zu viel auf einmal, weil sich dann auch die Fische, wenigstens die Karpfen, den Magen verderben. Bei nicht zu dichtem Besatz und gehöriger Nahrung werden die Karpfen schon nach drei Sommern für den Kaufgutteich groß genug. Beim Versetzen sorge man dafür, daß möglichst gleiche

Fische in je einen Teich kommen, weil sonst die größeren durch ihre Tyrannei gegen die kleineren beim Kampfe um das Futter letztere zu einer immerwährenden Hungerkur verdammen. Da die Karpfen, wie alle Fische, viele Feinde haben, muß man sich bei aller Pflege und Vorsicht auf Verluste gefaßt machen, die bei einjährigen Karpfen durchschnittlich dreißig Procent betragen, dann auf zwanzig und im dritten Sommer auf sechs, fünf und vier Procent sinken.

In Voraussicht auf diesen Abgang kann man nun beim Besetzen der Streckteiche auf einen Magdeburger Morgen sehr wasserreicher, fruchtbarer Teiche sechs Schock Brutfische oder fünf Schock einsömmerige oder 3 zweisömmerige oder 1½ dreisömmerige rechnen und diese für weniger fruchtbares Wasser auf fünf Schock Brut oder 3½ einsömmerige oder 1½, zwei- oder 1 dreisömmerige zurückführen, auf die Hälfte und vielleicht noch weniger für unfruchtbare und in ihrem Wasserbestande unsichere Teiche.

Beim Einsetzen in die Kaufgutteiche weise man alle Exemplare zurück, die nicht ganz gesund und ausgewachsen sind. Der Karpfen wird erst nach dem vierten Lebensjahre reif, und eher sollte man keinen auf den Markt bringen. Der Hecht wächst schneller und wird schon im dritten Jahre ein gutes Fisch als Kaufgut.

Bei der Frage, ob die Fische ein oder zwei Jahre im Hauptteiche stehen sollen, kommt es darauf an, daß in ersterem Falle wenige und größere Karpfen und viele, aber kleine Hechte eingesetzt werden und im zweiten eine größere Zahl von kleineren Karpfen mit noch kleineren und wenigeren Hechten; letztere laichen schon im Februar und März und stören dabei die Karpfen, die ihren Winterschlaf noch nicht überwunden haben.

Da die meisten Teiche nicht ganz abgelassen werden können, so daß sich beim Ausfischen oft andere Fische und namentlich Hechte verstecken, um hernach desto größeren Schaden zu thun, muß man besonders darauf achten, daß neben den Karpfen überhaupt möglichst wenige andere Fische sich geltend machen. Als Regel kann man annehmen, daß neben den Karpfen nur zehn Procent Beisatzfische gut thun und im Durchschnitt in einem Morgen guten Wassers nur dreißig Stück viersömmerige Karpfen gedeihen. Diese Zahl kann man in Teichen von mehr als zehn Morgen Größe um fünf bis zehn Stück pro Morgen vermehren, bei mehr als dreifach größeren auf fünfundvierzig bis fünfzig Stück, da mit wachsender Wasserfläche die Nahrungsquellen darin fast immer bedeutender zunehmen, als die Zahlen der Morgen.

Alle Zuchtteiche, mögen sie Brut-, Streck-, Haupt- oder Fehmelteiche sein, bedürfen fortwährender Aufsicht eines ordentlichen Erziehers, der sich nur in kleinen Dorfteichen, wo der Ertrag der Fischerei nicht auf Märkten zu Geld gemacht werden soll, entbehren läßt und sich ohnehin nicht bezahlt machen würde. Dieser Erzieher und Wächter muß dafür sorgen, daß die verschiedenen Feinde der Fische nicht überhand nehmen, das Wasser immer gehörigen Zu- und Abfluß habe und bei plötzlichem oder anhaltenden Regen nicht über die Dämme trete, beim Gewitter oder gar nach dem Einschlagen eines Blitzes mindestens einen Fuß tief abgelassen und durch frisches ersetzt werde. Findet man nach einem Gewitter am Rande des Teiches weiße, salpeterartige Massen, so beweist dies, daß ein Blitz eingeschlagen und das Wasser zu stark electrisirt habe. Davon sterben immer eine große Anzahl Fische, wenn nicht gleich während der nächsten Stunden für tüchtigen Abfluß dieses Wassers und Ersatz desselben durch frisches gesorgt wird.

Für Ueberwinterung der Fische müssen die Teiche schon im Herbste mit möglichst viel Wasser versehen werden, damit unter der Eisdecke Wasser genug als Schutz gegen den Einfluß der Kälte bleibe. Bei anhaltendem harten Winter müssen immer einige Stellen offen gehalten und außerdem durch Zu- und Abfluß unter dem Eise für frische Lebensluft unter dem Wasser gesorgt werden. Dieser Zufluß braucht nur sehr unbedeutend zu sein, aber ganz fehlen darf er nie, wenn die Fische nicht größtentheils ersticken sollen.

Daß Teichständer, Rechen, Dämme, Zu- und Abflußgräben immer in guter Ordnung gehalten werden müssen, versteht sich von selbst; aber häufig vernachlässigt man die Abeisung des Holzwerkes der Teiche vor eintretendem Thauwetter, so daß es durch Ausdehnung des Eises und Wasserzufluß nicht selten erheblich beschädigt oder sogar aus dem Grunde gehoben wird.

Die Ausfischung erfolgt theils im Herbst, theils im Frühjahre. Der Besatz der Streckteiche sollte immer im Herbst gefischt und versetzt werden. Man läßt für diesen Zweck immer gern das Wasser ab, was nur allmälig und vorsichtig geschehen muß, damit die Fische Zeit haben, sich aus ihren Verstecken mit dem zurücktretenden Wasser in den Hauptkessel zu flüchten. Es ist gut, wenn bis zum Ausfischen immer etwas frisches Wasser in diesen Kessel fließt, damit die Fische, hier vereinigt und unruhig, nicht zu sehr durch den aufgestörten Schlamm leiden. Penitz giebt auch noch den guten Rath, man solle beim Ablassen des Wassers keine Fische mit ablassen, den sich übrigens wohl Jeder selbst gegeben haben wird, ehe er abzuzapfen begann. Ueberhaupt muß man guten Rath und gute Lehren nicht zu weit treiben, sondern darauf rechnen, daß die Menschen für die Wahrnehmung ihrer eignen Interessen, wenn sie einmal erkannt sind, auch sehr leicht die geeignetsten Mittel finden. Der Grund aller Uebel liegt in dem Mangel an Erkenntniß des eignen Vortheils, den nur sehr rohe und schwachköpfige Menschen in Benachtheiligung ihrer Nebenmenschen suchen, während der gebildete Egoismus sich grade dadurch aushebt, daß er aus dem Gemeinwohl, dem Glück und Vortheil aller Anderen die höchsten Procente für sein eignes Capital zu ziehen weiß. Dieser gebildete Egoismus wird auch am fühlbarsten sein, ganze Gemeinden, große Gesellschaften und ganze Staaten für ordentliche Bewirthschaftung aller öffentlichen süßen und salzigen Gewässer zu vereinigen und aus dieser Zusammenwirkung die höchsten Vortheile für jedes einzelne Mitglied und dadurch für das Gemeinwohl zu ziehen.

Ein guter Karpfen-Hauptteich muß nach Hartig's Teichwirthschaft einen guten Boden aus Lehm oder Mergel mit humösem Schlamm von ungefähr ein halb Fuß Höhe, eine warme, nur auf der Nordseite durch Berg oder Wald oder am Rande kurzes Gebüsch geschützte, sonst ringsum freie Lage, Zufluß aus Flüssen oder Bächen, womöglich aus warmen Quellen, auch von Regenwasser aus guten Feldern, Wiesen und Viehangern, über dem Kessel einen Wasserstand von 7—9 und am Rande von 3—4 Fuß haben. Dabei gereicht ihm eine Lage dicht unter Ortschaften oder Höfen mit daraus fließenden Dungtheilen, darin getränktes Vieh und Auswaschung von Eingeweiden geschlachteter Thiere so sehr zum Vortheil, daß er bis funfzig Procent mehr Ernteertrag liefert, als ein im Uebrigen eben so guter und großer Teich. Wo diese günstigen Verhältnisse nicht vereinigt werden können, mag man sich mit einigen derselben begnügen, und zur Noth auch alle Erfordernisse der Laich-, Streck- und Hauptteiche so gut es gehen will, in einer einzigen Wasserfläche für den Fehmel-Betrieb zu erreichen suchen.

Ein solcher Fehmel-Teich, in welchem die Fische zugleich laichen, wachsen, gedeihen, und für den Verzehr heranreifen sollen, muß schon für gut gelten, wenn er mit einer warmen, freien Lage, Schutz im Norden, mit sanften Verflachungen am nördlichen Rande, auf welche die Sonne möglichst den ganzen Tag scheinen kann, welches Wasser, lehmigen Boden, etwas fetten Schlamm und einen beständigen Wasserstand von sieben Fuß Höhe über dem Siele verbindet. Er muß im Herbst ganz abgelassen, ausgefischt, gereinigt und wieder besetzt werden.

Eine Hauptsache ist, immer gute, neue Brut zu erziehen. Da nun der Laich vielfach von den Mutterfischen selbst, von Wasser- und Sumpfvögeln, Insecten und Würmern gierig verzehrt wird, wird es sich der Mühe lohnen, auch für Karpfen künstliche Laichung zu versuchen. Man nehme dazu zwei etwa sechs Fuß lange, vier Fuß breite und drei Fuß tiefe Holzkasten von nicht wasserdichtem Gefüge, setze diese so in den Teich, daß sie, vom Winde möglichst geschützt und der Sonne ausgesetzt, sechs Zoll über den Wasserspiegel hervorragen und an Pfähle befestigt von den Wellen bewegt werden können. In einen derselben setze man kurz vor der Laichzeit einen Strich von zwei männlichen und zwei weiblichen Laichkarpfen und sperre sie durch ein weit-

maschiges Netz oben drüber gespannt ein. Sobald sie durch Aneinander-
streichen Reiz zum Laichen verrathen, nehme man zuerst die Rogenen heraus,
halte sie mit dem Kopfe etwas aufwärts über ein handhoch mit Teichwasser
angefülltes Gefäß, streiche mit der Hand sanft am Bauche abwärts den
Rogen in das Gefäß, auf dieselbe Weise hierauf auch die Milch, vermische
diese mit dem Rogen und lasse beides drei, vier Stunden ruhig an der
Sonne stehen. Hierauf schüttet man die Mischung schnell in den zweiten
Kasten, worin einige feine Schilfrohrstengel so angebracht sein müssen, daß
sie einige Zoll über den Wasserspiegel hervorragen und dem befruchteten
Laich Gelegenheit geben, sich anzusetzen. Dieser Brutkasten darf nur sehr
feine Ritzen für Ein- und Abfluß des Wassers enthalten und muß von
Oben mit einem dicht anschließenden Fenster wie ein Mistbeet geschlossen
werden, um die vielen Feinde abzuhalten. Die abgestrichenen Karpfen
werden wieder in ihren Kasten gesperrt, und sobald sie neue Neigung
zum Laichen bekunden (etwa nach 14 Tagen) wieder eben so behandelt,
worauf der künstlich befruchtete Laich in einem anderen Brutkasten untergebracht wird. Die jungen Fischchen lasse man vier bis sechs Wochen
nach dem Ausschlüpfen in den Brutkästen, und erst dann gebe man ihnen
die Freiheit im Laich- oder Fehmelteiche. Auf diese Weise schützt man
wenigstens die Eier und die junge Brut während der größten Hilflosigkeit
vor ihren unzähligen Feinden und kann als Lohn für diese Mühe auf eine
viel reichlichere Ernte guter, gesunder und starker Fische rechnen. Diese
künstliche Laichung kann auch noch sorgfältiger, wie wir es in dem Capitel:
„künstliche Laichung" schildern, zur Noth auch viel einfacher vorgenommen
werden. Man kann sich nämlich damit begnügen, natürlichen Laich vom
Schilfe im Wasser abzustreichen und in beliebigen Gefäßen an einem
warmen, geschützten Orte so lange täglich mit frischem Teichwasser zu
begießen, bis die Jungen ausgeschlüpft sind. Wenn man während der
Zeit sich die Mühe giebt, die auf dem Boden des Gefäßes nebeneinander
liegenden Eier täglich mit einer Lupe zu untersuchen und die weiß oder
blau gewordenen unbefruchteten, verfaulenden und ansteckenden Eier zu
entfernen, wird sich diese Mühe ebenfalls sehr gut lohnen. Die ausgeschlüpften Jungen lassen sich in größeren Gefäßen auch außerhalb des
Teiches wochenlang mit bloß täglich erneuertem Wasser und einem gelegentlich hineingeschlagenen frischen Ei so lange erhalten, erziehen und stärken,
bis sie in dem großen Teiche sich selber schützen und ernähren können.
Auch wird es gut sein, für andere Fischteiche, in denen Hechte oder Lachsarten erzogen werden, die geeignetsten Futterfische, wie Gründeln, Pfrillen zc.
durch künstliche Laichung und Erziehung in größeren Behältern so massenhaft hervorzubringen, daß sie den Speisefischen eine reichliche und gesunde
Nahrung gewähren.

Teiche und sonstige Wasserflächen, Sümpfe und Tümpel, welche für Karpfen- und andere höhere Fischzucht zu schlecht oder zu klein sind, lassen sich immer noch für andere Arten von Fischen einrichten und verwerthen, theils für Futterfische, theils für Hechte, Aale und Krebse.

Von den Karpfenarten selbst verdienen noch die Karauschen und Schleie, dann die Spiegel- und Lederkarpfen, und von den Raubfischarten die Sander und Barsche, theils für selbstständigen Betrieb, theils als Beibesatzfische besondere Beachtung.

Die gemeinen und Goldschleien, die Karauschen und Goldkarpfen, so wie die niedlichen, zwerghaften Pfrillen können wegen der Aehnlichkeit ihrer friedlichen Lebensweise am besten in Zehmelteichen gemeinschaftlich gezüchtet werden, welche für die eigentlichen Karpfen nicht gut genug sind. Sogar kleine, vier bis fünf Fuß tiefe Wasserflächen eignen sich selbst mit sehr schlammigem und sumpfigem Boden dazu; doch muß man im Verhältniß zu den Karpfen immer die Hälfte bis zwei Drittel weniger Schleien oder Karauschen einsetzen, da sie sehr gefräßig und fruchtbar sind.

Die als Zierfische beliebten Goldkarpfen haben keinen wirthschaftlichen Werth und machen selbst in den gebräuchlichen Glaskugeln meist nur den Eindruck der ödesten Langeweile. Wenigstens sollte man sie in Süßwasser-Aquarien in Gesellschaft mit den niedlichen, durch Roth und andere Farben ausgezeichneten Pfrillen (Cyprinus phoxinus), deren Eier sich schon nach sechs Tagen in beliebigen Gefäßen bei täglich frischem Aufguß weichen Flußwassers in geisterhaft durchsichtige, großäugige, niedliche Wunder verwandeln, und anderm friedlichen Gethier, sowie entsprechenden Pflanzenwuchs und mehr oder weniger malerischer Landschaftlichkeit unter dem Wasser vereinigen, um im Zimmer möglichst viel Schönheit und flüssige Metamorphose genießen zu können.

Die Hechte, Barsche und Sander leben als Raubfische, die sich hauptsächlich von lebenden Wasserthieren, zur Noth auch von Aas, fast in jedem stehenden Gewässer, wenn es nur nicht besondere giftige Bestandtheile enthält, ernähren. Um zu gedeihen, brauchen sie viel Nahrung, welche durch beigesetzte Futterfische oder künstliche Fütterung zu kostspielig werden würde, so daß eine lohnende Hechtzucht nur da betrieben werden kann, wo die Natur selbst gehörig viel Futterfische hervorbringt oder herbeiführt. Der Hecht laicht an der Oberfläche des Wassers zwischen Wasserpflanzen, wo Männchen und Weibchen für diesen Zweck sehr lebhafte Bewegungen machen und selbst gelegentlich aus dem Wasser hervorspringen. Wenn die Eier gedeihen sollen, muß die Sonnenwärme gut einwirken können, damit schon während des Jahres die junge Brut stark genug für etwaige Versetzung werde. Streckteiche sind für diesen Zweck nicht nöthig. Man überläßt sie eben sich selbst, bis sie in etwaigen Vorrathsteichen mit werthlosen Futterfischen, Fröschen, Eingeweiten von Thieren u. s. w. gemästet werden können.

Laichteiche für Hechte besetzt man im Herbste mit vier- bis fünfjährigen Fischen und zwar etwa in demselben Verhältniß zu der Größe der Teiche, wie bei den Karpfen angegeben ward. Zu Futterfischen eignen sich ausrangirte Karpfenbrut, überflüssige Karauschen, Schleie, Giebel, Bleihe, Rothaugen, Plötzen, Güstern, Döbels, Grundeln und Pfrillen, außerdem Wechselfische jeder Art, d. h. alle, welche die Natur selbst aus anderen Gewässern herbeischafft und deren Zufluß man durch sogenannte Einkehlen an den Rechen des Teiches befördern kann. Auch kann man jede Art von Fleischabfällen beim Schlachten und alles Aas sehr gut verwerthen und in schmackhaftes Fleisch für uns verwandeln, wenn man es den Hechten vorwirft. Mit ihnen zugleich lassen sich auch Barsche und Sander erziehen, da sie mit ihren Stachelflossen ziemlich gut gegen die Gefräßigkeit ersterer geschützt sind; doch ist es gut, sie zum Beisetzen ein Jahr älter zu wählen. Der Sander liebt mehr tiefe Teiche, wächst ziemlich ebenso schnell, als der Hecht und ist auch wegen seines besseren Fleisches den Aalen vorzuziehen. Beim Besetzen der Vorrathsteiche mit Hechten, Barschen und Sandern darf man nicht vergessen, daß sie alle sehr gefräßig sind und einander selbst nicht schonen. Deshalb müssen sie sich durch ziemlich gleiche Größe gegenseitig Respect einflößen und dürfen nicht über ein Viertel so zahlreich sein wie Karpfen. Da sie auch im Winter guten Appetit behalten und nicht schlafen, muß man ihnen etwa jede Woche einmal eine Zahl von kleinen Futterfischen, zerschnittene Thiereingeweide und sonstige unbrauchbare Fleischabfälle, aber nur immer in mäßig starken Portionen und möglichst klein zertheilt zuwerfen.

Der in allen möglichen Richtungen auch durch Deutschland dahin brausende Eisenbahnzug zeigt uns unendlich oft in verschiedenen Entfernungen zwischen Meeren von goldenen Halmen und sonst wohlbestellten Fluren bald öde, trostlose Hügel, bald versumpfte Stellen mit unsauberen Wasserpfützen, welche die Wiesen umher versauern und vergiften. Die Bauern gehen mit schwerfälligen Schritten zeitlebens zwischen diesen Hügeln und Pfützen umher, häufen ihre harten Thaler in verborgenen Schränken an oder tragen sie nach der Stadt, um sie für fünf Procent anzulegen, ohne jemals daran zu denken, daß sie auf diesen öden Hügeln und diesen verpesteten Plätzen grünes, goldenes Leben mit diesem Gelde säen und ernten können. Auf den Hügeln würden Bäume und Gesträuche wachsen und zur Befruchtung der dürren Felder umher beitragen, und die Pfützen und Tümpel eignen sich, ordentlich ausgegraben und in Fluß gebracht, zur Entwässerung der Wiesen und damit für höheren und vollkommneren Ernteertrag an Heu und mindestens zur Aalzucht. Der Aal gedeiht beinahe in jedem Wasser mit Schlammgrund und warmer Lage, also auch in diesen, bis jetzt tausendfach unbenutzten und schädlichen Tümpeln, allenfalls auch mit Schleien, Karauschen und anderen friedlichen Fischen; und wenn ihm das Wasser nicht recht gefällt, kann er Landreisen in der Nachbarschaft umher machen und sich dabei durch Verspeisung von allerhand schädlichem Gewürm, Schnecken u. s. w. noch viel Verdienste um die benachbarten Wiesen erwerben. Auch in Wallgräben und sonstigen ummauerten, schlammigen Wasserbehältnissen kommt er gut fort und mästet sich ohne besondere Pflege. Man braucht nur die mit Aalen, Schleien, Karauschen, Giebeln, Bleißen u. s. w. besetzten Teiche und Tümpel alle Jahre einmal möglichst abzulassen, die stärksten Aale und die größten Fische herauszunehmen und den hernach wieder gefüllten Teich abermals sich selbst zu überlassen, um das nächste Jahr wieder auf eine so gut wie geschenkte Ernte rechnen zu können. Fällt die Ernte für die Gemeinde zu reichlich für unmittelbaren Verzehr oder Verkauf aus, mag man die Aale für gelegentliche Abschlachtung in Vorrathsbehältern aufbewahren, d. h. in durchlöcherten Kasten oder Körben oder in größeren abgeschlossenen, ummauerten und mit Netz- oder Flechtwerk bedeckten Räumen an oder im Teiche. Während des Winters schlafen sie im Schlamme und brauchen deshalb nur im Spätherbste und während der ersten Frühlingswochen etwas besondere Fütterung, die aus ganz kleinen, nicht über fünf Zoll langen Fischchen, zerschnittenen Thiereingeweiden, Würmern und klein zerhackten pflanzlichen Bestandtheilen, allerhand Körnern und Sämereien bestehen mag, welche auch den Beisatzfischen zu Gute kommen. Für letztere ist es nur nöthig, darauf zu sehen, daß sie nicht zu sehr überhand nehmen und die Fülle zu einer Hungersnoth für alle werde.

Manche dieser unbenutzten oder schädlichen Tümpel eignen sich vielleicht besser für Krebszucht, besonders wenn sie einen lockeren Lehm- oder Mergelgrund haben und die Böschungen des Randes mit Steinen belegt und mit Erlen- oder Weidengebüsch bepflanzt werden. Kann man den Teich mit schon krebshaltigen Bächen in Verbindung bringen, so finden sich diese Ritter ganz von selbst ein, besonders wenn man sie durch hineingeworfenes Aas dazu einladet. Abgeschlossene Teiche besetzt man am besten etwa im April mit Krebsen von höchstens fünf Zoll Länge und rechnet etwa vier Stück auf die Quadratruthe, am besten zwei weibliche auf jeden männlichen. Ein solcher Besatz giebt schon für's nächste Jahr eine hübsche Ernte von fünf bis sechs Zoll langen Rothröcken, die ohne besondere Mühe und Kosten, sogar durch Verwerthung aller Arten von schädlichen, thierischen Abfällen oder Aasen mit jedem Jahre steigt. Gut ist es, den ersten Besatz in weitläufig geflochtenen und bedeckten Körben einzusenken, bis sich die gezwungenen Ansiedler an das ihnen vielleicht neue Wasser gewöhnt haben.

In solchen Brutkörben mögen sie vom April an etwa sechs, acht Wochen, d. h. bis nach der Laichung, so gefangen gehalten werden, daß sie alle zu gleicher Zeit auf dem Boden derselben Raum haben. Um ihre Nahrung zu vermehren, setzt man ihnen zweckmäßig karpfenartige, zum Laichen reife Fische bei, etwa einen Strich (d. h. zwei rogene und einen milchnen) auf je dreißig Quadratruthen. Sie fressen deren junge Brut. Außerdem verwandeln sie sehr schnell und dankbar alles außerhalb des Wassers verwesende Fleisch in neue Nahrung für uns. Die Frösche, die sich bei ihnen einfinden, liefern ihren Laich und die junge Brut als Delikatesse für die jüngern Krebse, und die alten werden mit Appetit von den großen Krebsen verzehrt. In den Brutkörben müssen sie natürlich öfter mit kleinen Mengen zerschnittener Fleischnahrung versorgt, vor Verschlemmung des Korbes geschützt und von todten Exemplaren unter ihnen befreit werden. Mit so einfachen Mühen und Mitteln kann man auch bei mittelmäßigen Krebspreisen bald auf einen ziemlich hohen Gewinn rechnen, der sich durch Verwerthung von den Beisatzfischen nicht unbedeutend steigert. Außerdem ist der vorher schädliche Tümpel nicht nur selbst ein Erntefeld geworden, sondern trägt auch durch seine Vertiefung und, mit verschleusten Zu- und Abflußgräben versehen, zur Verbesserung der benachbarten Wiesen und des Heues bei. Fängt man während der bekannten Krebsmonate ohne R zu viel auf einmal oder will sie noch besonders mästen, bringt man sie in Gefäße, wie Kalbehälter, doch nicht dichter, daß sie nebeneinander nicht Platz haben, und füttert sie mit zerstückten Fröschen, Eingeweiden, am Vortheilhaftesten kleinzerhackten Lebern. Einige Tage lang halten sie sich auch in Gefäßen ohne Wasser, wenn sie täglich frisch mit nassen, grünen Pflanzen bedeckt werden; doch ist der Aufenthalt im Wasser immer vorzuziehen.

Wir sehen also, daß wir nicht den unscheinbarsten oder schädlichsten Sumpf unbenutzt liegen zu lassen brauchen, wenn wir nur unseren eignen Vortheil, gesunde Anlegung unseres Geldes und nützliche Beschäftigung vieler zum Müßiggange verdammter Arbeitskräfte verstehen. Bei solcher einfacher Teichwirthschaft, Aal- und Krebszucht lassen sich manche Invaliden anstellen, die für Feldarbeit zu schwach geworden sind. Geld und Brod, wonach täglich Tausende vergebens schreien, liegen nicht nur auf der Straße, sondern wachsen auch auf dürren Hügeln und aus giftigen Sümpfen hervor. Es gilt nur, das Nächste und Nöthigste zu begreifen und mit dieser gewonnenen Einsicht wirthschaftlich zuzugreifen.

Außer den kleinsten Teichen und Tümpeln mag man auch unzählige, bisher unbenutzte kleinste Bäche und Rieseln mit Vortheil besetzen und ausernten. Man nehme dazu niedliche, schmackhafte Grundeln und Pfrillen oder Elritzen, welche nicht nur gute Futterfische, sondern auch schmackhafte Gerichte für Menschen liefern.

Größere Flüsse und alle schnellfließenden Gewässer eignen sich zum Theil schon von Natur, theils mit künstlicher Nachhülfe zur schönsten und lohnendsten Fischzucht, der Forellencultur, wozu unter Umständen auch Lachse, Äschen und Jölchen gehören. Für Forellen braucht man wesentlich reines, fließendes Quellwasser von möglichst gleichmäßiger Wärme, die im Sommer für kühl und im Winter für warm gelten muß, kiesigen Grund und mehrere durch Wald oder Gebüsch schattige Stellen am Ufer. Um die künstlich befruchteten Forelleneier groß zu ziehen, müssen sie im Bache oder Flusse eine Schule mit mehreren Classen durchmachen. Diese bestehen in einer Reihenfolge von Ausweitungen oder künstlichen Teichen, die von oben nach dem Ausflusse zunehmen. In der untersten, d. h. in der Richtung des Flusses obersten Classe hält man die junge Brut ein Jahr lang etwa von Frühlingsanfang an. Hier muß man dafür sorgen, daß sie entweder auf dem kiesigen Boden und zwischen den Wasserpflanzen des Ufers, Brunnenkresse, Bunge u. s. w., natürliche Nahrung genug finden oder sie besser selbst füttern. Dazu eignet sich sehr fein gehacktes Fleisch und jede Art von kleinem Gewürm. Auch mag man Stücke verdorbenen Fleisches über dem Wasser aufhängen, von welchem im Sommer bald genug Larven und Maden als willkommene Speise herabfallen. Man halte die Fischlein durch Drahtgeflecht von der nächsten Abtheilung ab, in welcher die größeren Forellen bis Ende des zweiten Jahres bleiben und während der Zeit mit Schnecken, Würmern und eben ausgekrochenen jungen Hechten und Weißfischen gefüttert werden. In der dritten und vierten Abtheilung fangen sie sich wohl schon selbst allerhand über dem Wasser fliegende Insecten, doch muß man ihnen auch größere Weißfische hineinwerfen oder im Wasser selbst zuführen. In der dritten Abtheilung hält man sie bis zur Vollendung des dritten Jahres und in der vierten bleiben die nun ausgewachsenen Forellen zur beliebigen Verfügung für Verkauf und Verzehr. Die allgemeine Versetzung aus der einen in die andere Classe erfolgt am besten gleichzeitig mit Eintritt der Frühlingswärme, etwa im März. Die für den Verkauf reifen vierjährigen Forellen sind im Durchschnitt ein Pfund schwer und so stark und gewandt, daß sie von größeren Collegen nicht mehr angegriffen werden, ja selbst ungestört Jagd auf die ihnen zugeführten kleineren Futterfische machen können. Von sonstigen Beibesatzfischen muß man alle Abtheilungen freihalten und namentlich dafür sorgen, daß sich kleine Hechte, die einst als Futter vorgeworfen wurden, nicht retten und zu unbarmherzigen Räubern ausbilden. Als Musteranstalt für diese Forellenzucht rühmt Vogt den Wolfsbrunnen bei Heidelberg, besonders wegen seiner höheren Wasserbecken und Bäche, welche ein immer frisches und lebhaftes Gefälle in den einzelnen Abtheilungen unterhalten. Um ein bestimmtes Bild von einer solchen Anlage in Verbindung des Nützlichen mit dem Angenehmen, d. h. hübscher Park- und Gartenanlagen, zu geben, lassen wir den Grundplan zu einer vollständigen Anstalt für freie Salmonidenzucht folgen. Teichanlagen für andere Fischarten können natürlich viel einfacher sein. Die Salmoniden brauchen bekanntlich lebhaftes, fließendes Wasser, welches allerdings nur die Natur allein unter günstigen Bodenverhältnissen, am besten und billigsten aus Bächen und Flüssen, abzugeben vermag. Wo die Natur nicht selbst solche Bäche liefert, kann man sie häufig durch Kunst hervorrufen und mit allen bisher

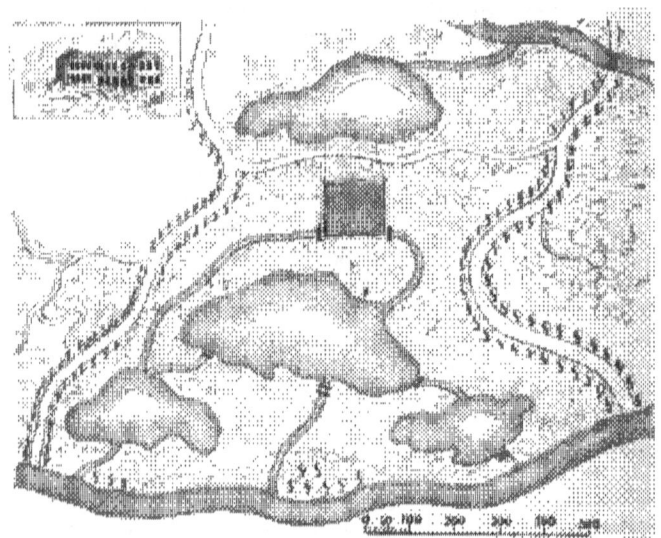

Grundplan einer Anstalt für Salmonidenzucht.

gemachten Erfahrungen zu den köstlichsten Lachsforellen-Schulen einrichten. Mit Hilfe der Geologie ist vorher schon mit ziemlicher Sicherheit zu ermitteln, wo man mit Erfolg nach Quellwasser graben oder gar artesische Brunnen anlegen kann. Die Franzosen haben durch solche Brunnen schon weit bis in die Wüste Sahara hinein Leben und Fruchtbarkeit verbreitet; so lassen sich auch in unseren, von Natur oder durch Kunst ausgetrockneten und durch frevelhafte Entwaldung versteppten Gegenden neue Lebensquellen aus der Erde stampfen und wenigstens Lachsforellenteiche hervorrufen, die in der Nähe großer Städte oder von Eisenbahnstationen bei wirtschaftlicher

Anlage und Behandlung sichere Aussicht auf Gewinne geben, wie sie wohl kaum bei andern Capitalsanlagen erzielt und verbürgt werden können. Bei Schilderung der künstlichen Fischzucht haben wir Gelegenheit darauf zurückzukommen. Hier galt es nur darauf hinzuweisen, daß die Teichwirthschaft, welche neuerdings nicht nur ganz vernachlässigt, sondern auch durch künstliche Austrocknung ungewöhnlich eingeschränkt worden ist, sich mit Vortheil bis auf die kleinsten Tümpel und Sümpfe und die winzigsten Rieseln ausdehnen lasse. Selbst ziemlich kostspielige Anlage von künstlichen Teichen, worüber Hartig sehr ausführliche und mathematisch wissenschaftliche Anleitung giebt, kann sehr oft für die Landwirthschaft sichere Quelle eines hohen Gewinnes, wenn nicht durch Fische, so doch durch Heu werden, insofern richtig angelegte Teiche auch zur Ent- und Bewässerung von Wiesen beitragen und mit Drainirung von Feldern in Verbindung zu bringen sind. In Deutschland liefern ungeheure Wiesenflächen nur spärliches, untergeordnetes, und sich mit jedem Jahre verschlechterndes Heu, weil der Graswuchs durch faules, sauer gährendes Unterwasser sich immer verschlechtert. Die edleren Gräser sterben nämlich ab und machen den überwuchernden Moosen, Sumpf- und Moorpflanzen Platz. Andere Wiesen liegen wieder zu hoch, so daß sie in trockenen Jahren nur eine dürftige Heuernte liefern. Beiden Mängeln kann durch richtige Anlage von Ent- und Bewässerungsteichen so gründlich und vortheilhaft abgeholfen werden, daß sich die Auslagen mit jedem Jahre schon durch verbesserte Heuernten immer höher verzinsen. Zieht und züchtet man nun in diesen Teichen noch auf wirthschaftliche Weise Fische, so strahlt der Gewinn gewissermaßen nach allen Seiten, wobei wir den ästhetischen einer schöneren Landschaftlichkeit und eines glänzenden Spiegels in vorher dumpfen und todten Sumpfgegenden als gebildete Menschen wohl auch zu würdigen wissen werden.

Nach einem Gebote im alten Testamente sollte kein Bettler unter den Menschen sein. Diese würden auch bei uns verschwinden, wenn wir verständen, alle verborgenen oder künstlich verschütteten Lebensquellen zu öffnen und zu benutzen. Außer den Bettlern und Verbrechern gegen die sittliche, müssen auch die gegen die physische Gesundheit, alle Sümpfe und stehenden Gewässer, verschwinden und diese Schlupfwinkel und Brutstätten epidemischer Krankheiten und tödtlicher Fieber in frisch fließende, fischreiche Nahrungsund Gesundheitsquellen veredelt werden. Viele unserer volkreichsten Städte und selbst die stolze Hauptstadt der norddeutschen Intelligenz liegen noch mitten zwischen faulen, stehenden Gewässern und auf vergifteten Grundwassern, aus welchen hervor ein Berliner Brunnen nach dem andern epidemische Flüssigkeiten für Cholera, Typhus und sonstige Würgengel, statt des ehemals gerühmten gesunden Quellwassers liefert. Was helfen uns alle Gelder und Reichthümer auf solchen vergifteten Oberflächen mit künstlich verpesteter Luft und den sich tief unter uns anhäufenden vergifteten Grundwassern?

Man lerne — es ist höchste Zeit — das Wasser in Fluß bringen und bewirthschaften.

Bewirthschaftung der Landseen.

Große landwirthschaftliche Besitzungen, namentlich in Norddeutschland, sind oft mit Wasserflächen gesegnet, die sich zu förmlichen Seen weiten und schon an das Meer erinnern, welches, wie gesagt, stellenweise bis fünfzig Procent mehr Ertrag liefert, als der am besten bestellte Acker. Eine Vereinigung von Teichwirthschaft mit den Segnungen des Meeres auf solchen Seen würde selbst wahrscheinlich mit ähnlichem Gewinn belohnt werden. Bis jetzt verpachtet man häufig diese vernachlässigten Wasserflächen ziemlich billig an Fischer, welche dabei auch nicht reich werden. Die Eigenthümer und Pächter wollen eben bloß ernten, ohne zu säen. Da überall ringsherum das feste Land ziemlich rationell bewirthschaftet wird und jeder Tagelöhner weiß, daß ohne Saat und Pflege kein Weizen blüht und reift, sollte man meinen, daß die Herren auch längst eingesehen hätten, man müsse auch diesen Gewässern Lebenskeime zuführen und deren Entwickelung fördern, um daraus höheren Nutzen zu fischen; aber diese Einsicht sucht man bis jetzt größtentheils meilenweit vergebens. Die Herren verstehen wohl meist etwas von veredelter Schaf- und Pferdezucht und erfreuen sich goldener Früchte davon. Nun sollten sie sich auch klar machen, daß just die Fische sich vorzüglich zur Veredelung durch Einsetzung besserer Racen, Kreuzung, künstliche Fischzucht u. s. w. eignen. Wir haben in diesem Buche mehrmals darauf hingewiesen, daß verschiedene werthvolle Meeresfische, namentlich solche, welche Vertreter in süßen Gewässern haben, sich in großen Landseen einbürgern und züchten lassen. Dazu gehören vor Allem die Stock- und Plattfischarten, vielleicht sogar die Heringe; wenigstens ist es praktischer Versuche werth, diese herrlichen Reichthümer des Meeres in unsere Landseen einzuführen. Für große Grundbesitzer sind die dazu nöthigen Auslagen kaum der Rede werth. Anderen Falles könnten es sich landwirthschaftliche Vereine zur schönsten Aufgabe machen, mit gemeinschaftlichen Kräften solche Versuche anzustellen und außerdem durch Musteranstalten, ordentliche Belehrung, Prämien u. s. w. der Bewirthschaftung des Wassers eben so aufzuhelfen, wie der Landwirthschaft. Vom Staate muß man so etwas nicht erwarten: er ist viel zu militärisch und büreaukratisch dazu. Der Staat beschränkt sich gern darauf, zu verbieten und durch „Fischerei-Ordnungen" Strafen auf diese und jene freie Handlung zu setzen. Landwirthschaftliche Vereine, Fischer und deren Gesellschaften sollten sich in ihrem eigensten Interesse zu praktischen Vorschlägen für den Staat vereinigen, damit er sein Recht über die öffentlichen Flüsse, Ströme und Seen, die sich bisher immer mehr und mehr unter diesem Rechte entvölkern, an große, wirthschaftliche Gesellschaften in Form von langen Pachten abtrete und etwa durch öffentliche Anerkennungen und Prämien die Bewirthschaftung dieser Gewässer fördere, statt sie, wie bisher, durch allerhand Wasserpolizei noch künstlich zu beeinträchtigen. „Verbote und Verordnungen helfen wenig", sagt Vogt. „Als mir 1840 in Neuenburg die künstliche Befruchtung der Renkeneier so gut gelungen war, daß ich die Entwicklungsgeschichte dieses Fisches bearbeiten konnte, wurde von der damaligen Regierung eine Verordnung erlassen, wonach die Fischer bei Strafe keine Fische mit reifen Eiern verkaufen sollten. Im Gegentheil ward ihnen befohlen, die Eier zu befruchten und an den Laichplätzen ins Wasser zu werfen. Kein Hahn krähete danach. Jetzt, wo die Anstalt in Hüningen zahlt, werden jährlich Millionen Eier am See befruchtet und versandt. Das Interesse ist das mächtigste Gebot."

Es gilt also vor Allem, die Einsicht in dieses Interesse zu wecken und es an den Fortschritt zu fesseln. Dazu gehören nach Beseitigung der meisten veralteten und verkehrten Fischereiordnungen verschiedene praktische Maßregeln für Förderung der Wasserwirthschaft, wozu in diesem Buche eine große Menge von Thatsachen, Erfahrungen und Anregungen gegeben sind. Vor allen Dingen müssen die Verpachtungen großer Staats- und Privatgewässer an wirthschaftlichere Bedingungen geknüpft und auf größere Zeiträume, vielleicht gar auf sechzig Jahre, wie in England, ausgedehnt werden. Auch dürfen die Bezirke nicht zu klein sein. „Der Pachter," sagt Vogt hier wieder ganz richtig, „der nur einen kleinen Bach hat, wird darin nicht Mittel genug finden, sich mit Zucht zu beschäftigen. Der Pachter mit einem Contract auf drei, vier Jahre wagt weder Geld noch Zeit und Mühe, um dem Nachfolger eine bessere Ernte zu verschaffen. Also: lange Pachtzeiten und große Bezirke mit Verpflichtungen, Fischeier zu befruchten und Brut daraus zu ziehen. Der Pachter wird bald seinen Vortheil begreifen lernen."

Vogt rechnet ihm folgendes Exempel vor: „Für 1000 gut befruchtete und bebrütete Forelleneier erhält er in Hüningen 4—5 Francs und in der königlichen Veterinärschule zu München 2—2½ Gulden, bei eigner Züchtung aber von diesen 1000 Eiern nach vier Jahren mindestens 300 Fische à ¾ Pfund, also wenigstens zwei Centner Forellen, welche 70—80, wohl auch 100 Thaler einbringen können. Auf Zeitverlust, Arbeitslohn, Bewachung, Capital-Zins u. s. w. während dieser vier Jahre mag man immer die Hälfte rechnen, so bleibt doch ein Gewinn von durchschnittlich 40 Thlr."

Da man sich bei einer einmal getroffenen Einrichtung für künstliche Befruchtung und Bebrütung, die für 50—60 Thaler schon ziemlich beträchtlich sein kann, nicht auf wenige Tausende beschränken wird, ist es leicht zu begreifen, daß solche Capitalsanlagen zu den glücklichsten und lohnendsten gehören. Was ein künstlicher Forellenteich in seinen vier, fünf Abtheilungen kostet, hängt wesentlich von der Gegend und der Leichtigkeit ab, eine bestimmte sichere Menge von Quellwasser zur Verfügung zu erhalten; aber auch unter ganz ungünstigen Verhältnissen und mit den bedeutendsten Auslagen läßt sich ein solches Forellen-Institut unter der jetzt erprobten Pflege und Bewirthschaftung zu einer immerwährend frischen Quelle des höchsten Geldgewinnes und außerdem besonderer Freuden ausbilden. Künstliche Laichung, Brütung und Erziehung anderer werthvoller Fischarten kann je nach den Gewässern, welche zur Verfügung stehen, ebenfalls mit großem Vortheil betrieben werden. Vorschriften im Einzelnen lassen sich nicht gut geben; doch findet Jeder leicht selbst die rechten Mittel und Wege, wenn er sich mit der Lebensweise und dem Werthe der verschiedenen Fischarten, der ihm zur Verfügung stehenden Gewässer und den Bedingungen künstlicher Laichung und Bebrütung bekannt gemacht haben wird; nur muß ihn die Gesellschaft, der Staat in dieser Industrie nicht nicht nur nicht hindern, sondern ihm auch durch praktische Verordnungen förderlich werden. Bei Verpachtung großer Wasserflächen und langer Flußabtheilungen auf 30, 50, vielleicht sogar 60 Jahre verpflichte der Staat den Pächter zu Befruchtungs- und Bebrütungseinrichtungen und schütze ihn beim Betriebe seines Gewerbes durch die strengsten Gesetze gegen Eingriffe Anderer. Man verbiete ihm den Verkauf von Fischeiern und von Fischen zur Laichzeit und strafe jeden Verkauf reifer Laichfische auf dem Markte. Für Lachsflüsse wäre es am Vortheilhaftesten, wenn jeder einzelne in ganzer Ausdehnung einer einzigen Capitals- und Arbeitsgenossenschaft verpachtet würde. Eisenbahn-Gesellschaften haben ja manchmal dieselbe Ausdehnung. Da sich diese Flüsse aber durch verschiedener Herren Länder ziehen können, würden verschiedene Fischerei-Gesellschaften an je einem und demselben Flusse sich im eigensten Interesse für die beste Bewirthschaftung ihres Gebietes vereinigen lernen müssen. Jetzt bekümmern sich die Besitzer von oberen Flußtheilen ebenso wenig um die unteren, wie letztere um jene; und doch werden beide Theile sehr leicht begreifen, daß sie ohne Rücksicht auf einander sich bisher nur immer selbst geschadet haben und sie zusammen wirken müssen, wenn die Quellen ihres Gewinnes nicht immer spärlicher fließen sollen. Die Pächter der oberen Theile müssen immer noch eine hinreichende Menge von Laichfischen erhalten und für den Schutz und die

Pflege derselben während ihrer natürlichen Laichung oder für künstliche Förderung derselben von den Pächtern unten hinreichend entschädigt werden. Die Einzelheiten darüber finden sich bei gehöriger Berücksichtigung der bisherigen Erfahrungen und wissenschaftlichen Ermittlungen sehr leicht von selbst und lassen sich durch Conferenzen sachverständiger Abgeordneter wohl bald feststellen.

Die Besetzung und Bewirthschaftung größerer Ströme und der Meeresküsten ist insofern allerdings Sache der betreffenden Staaten, als sie das Eigenthumsrecht auf diese Wasserflächen in Anspruch nehmen. Da diese bisher fast alle ihren ungeheuren flüssigen Grundbesitz vernachlässigt haben, und nur erst neuerdings Frankreich und England anfingen, eine gesetzliche, wirthschaftliche Grundlage für Ausbeutung des Meeres zu gewinnen, wird es wohl höchste Zeit sein, daß sich alle unsere Nordseestaaten über die vortheilhafteste Besichung und Ausbeutung des großen fruchtbaren deutschen Meeres, über Schonungszeiten, künstliche Befruchtung und Bebrütung von den Gestaden aus auf Grund wirthschaftlicher und wissenschaftlicher Kenntniß vereinigten. Für die großen Grundbesitzer von Landseen giebt es keine lockendere und lohnendere Aufgabe, als ihre vernachlässigten flüssigen und fruchtbaren Aecker durch veredelte Fischzucht mindestens zu ebenso bedeutenden Einnahmequellen zu machen, wie ihre veredelte Schafzucht. Für einen einzigen ächt aristokratischen Stammbock giebt man wohl Hunderte von Thalern. Hösere, edlere Fischarten lassen sich namentlich unter Vereinigung mehrerer Nachbarn viel billiger herbeischaffen und in die Seen verpflanzen. Man versuche es vor allen Dingen mit Stock- und Plattfischarten und betrachte und behandle dann die bisherigen weniger schmackhaften und schwerer verkaufbaren Flußfische hauptsächlich als Futter für diese edleren Seehelden.

Sonstige Teich- und Seenbenutzung ist untergeordneter Art, doch kann der Schlamm, zu Compost verarbeitet und zersetzt, für manchen Boden sehr vortheilhaft werden. Auch Büsche und Bäume an den Ufern und das sonst schädliche Schilf lassen sich in Geld umsetzen. Verschiedene Wasser-, Sumpf- und Raubvögel, wie Fisch- und Flußadler, Milane, Sumpfweihen, Fischreiher, Rohrdommeln, weiße Störche, fast alle Arten von Steißfüßen und Meven, Sägern, Seeraben und Enten sind entschiedene Feinde von Fischen und deren Brut; doch können sie auf großen Seen als Gegenstand der Jagd sehr viel Freude machen und auch Nutzen bringen. In England werden die Stock-, Kriek-, Kneck-, Helber-, Tafel-, Schnatter-, Löffel- und Spießenten nicht selten in besonders sorgfältig umhegten großen Teichen auf das Zärtlichste vor jeder Störung von Außen geschützt und durch besonders abgerichtete, unter sie entlassene zahme Enten in listig angelegte Verstecke gelockt, dort plötzlich abgeschlossen und, ohne

13*

daß es die andern merken, ganz still für den Markt Londons weggefangen. Das ist aber freilich ein sehr aristokratisches und wenigstens in den Anlagen sehr kostspieliges Vergnügen, so daß sich die großen Teich- und Seenbesitzer darauf beschränken werden, der Vermehrung dieser schädlichen Fischräuber durch das sichere Rohr die nöthigen Grenzen anzuweisen.

In allen Ländern hat sich auf Grund traurigster Erfahrung die Ueberzeugung aufgedrängt, daß die wilde, bloße Ausbeutung der Gewässer nicht mehr fortgesetzt werden darf, wenn die uns unentbehrlichen Ernten aus dem Wasser nicht ganz verkümmern, und die Nahrungsnoth auf dem festen Lande noch vermehren sollen und es eine Lebensfrage für die Völker Europas geworden ist, von dieser Ausbeutung zu ordentlicher Bewirthschaftung überzugehen. Es ist also höchstes Interesse der Staaten, der Fischereigesellschaften, Gemeinden und aller Land- und Wasserbesitzer, diesen nothwendigen Uebergang aus der Barbarei und Verwüstung in lohnende Wirthschaftlichkeit so bald und gründlich wie möglich zu bewirken und es nach allen Seiten auch Anderen zur Pflicht zu machen. Was dazu im Ganzen und Großen gehört, ist leicht zu begreifen und hier umfangreich genug angegeben worden. Mit dieser Einsicht findet sich das Beste und Praktischste für jeden einzelnen Fall ebenfalls ohne viel Nachdenken. Nur gilt es noch, sich die unerläßlichen Bedingungen für künstliche Laichung und Belebung recht klar zu machen, wozu wir im nächsten Capitel das Unsrige redlich beitragen wollen.

Künstliche Laichung und Befruchtung.

Famulus Wagner erklärte im Namen der Wissenschaft die natürliche Zeugung für eitel Possen und componirte gemächlich aus vielen hundert Theilen durch Mischung — denn auf Mischung kommt es an — den Menschenstoff, der sich in seinem Glase auch wirklich zu einem Menschlein gestaltete, einem Homunculus, der sofort nach seiner Geburt aus der Phiole ganz naseweis in Versen und Reimen zu sprechen verstand. Aber aus seinem Glase durfte er sich nicht herauswagen;

„Natürlichem genügt das Weltall kaum:
Was künstlich ist, verlangt geschloss'nen Raum."

Diese chemisch-alchemistische Spielerei ist für die Erzeugung von Fischen zu einer wirklichen praktischen Industrie geworden, die im Großen und systematisch betrieben, zu einer der größten Wohlthaten für die Menschheit zu werden verspricht. Die Jakobi'sche Erfindung ist die wahre Augenspritze des Fischlebens und heilsamer Nahrung für die Menschen, wofür ihm mehr Ehre gebührt, als allen Erfindern militärischer Mord-

Instrumente. Sie ist auch naturwissenschaftlich von ungewöhnlicher Bedeutung, weil damit auf immer erwiesen ist, daß Zeugung auch außerhalb der betreffenden Organismen bewerkstelligt werden kann. Es kommt nur darauf an, daß die beiden polarisch entgegengesetzten Zeugungsstoffe durch Vermischung mit einander ihren Gegensatz auflösen und in einander übergehen. Bei den Fischen geschieht diese Berührung und Verschmelzung außerhalb der Körper im Wasser. „Wenn ein besonderes Wesen, ein Junges, aus dem Ei entstehen soll, so muß der wirksame Theil der Milch, der aus beweglichen, mit einem fadenartigen Schweife versehenen, mit bloßen Augen unsichtbaren Körperchen (Saamenthierchen) besteht, in das Innere des Eies selbst eindringen und darin mit der Eimasse verschmelzen. Das Eindringen eines Saamenthierchens in das Innere ist demnach eine wesentliche Bedingung für die Entwickelung des Eies. Jedes Ei geht rettungslos zu Grunde, wenn es nicht auf diese Weise einen Theil des männlichen Zeugungsstoffes in sich aufgenommen hat." So leitet Vogt, der die künstliche Fischzucht neuerdings zuerst wieder gründlich wissenschaftlich und praktisch betrieb und beschrieb, seine Darstellung der künstlichen Befruchtung, Entwickelung und Zucht der Fische ein, und wir können hier nichts Besseres thun, als diesem Hauptgewährsmanne folgen; wir werden nur dann von ihm weichen, wenn es gilt, französische und englische Erfahrungen auf diesem Gebiete der Beachtung zu empfehlen.

Bau und Beschaffenheit der Fischeier oder des Rogens. Die reifen Eier unserer Süßwasserfische bestehen aus einer äußeren Schalenhaut, die bald, wie bei den Lachs- und Forellenarten, mehr fest und elastisch, bald, wie bei den Barschen und den Karpfenarten oder Weißfischen, mehr geronnenem Eiweiß ähnlich ist und auf ihrer Außenfläche durch kleine zottige Hervorragungen sammetartig und klebrig erscheint. Innerhalb dieser äußeren Hülle befindet sich der meist kugelrunde Dotter, umgeben von dem dünnen, punktirten Dotterhäutchen. Er ist immer hell und klar, bald vollkommen durchsichtig und farblos wie Wasser, bald etwas gelblich und in den Eiern der Lachs- und Forellenarten orangegelb bis hochroth. Der Dotter besteht aus zwei etwas dicken Flüssigkeiten, einer eiweißartigen, die beim Zutritt von Wasser gerinnt und milchweiß wird und einer öligen, die anfangs in einzelnen Tröpfchen erscheint, dann aber im Laufe der Entwickelung sich zu einem einzigen Fetttropfen vereinigt, der sich bei jeder Drehung des Eies wegen größerer Leichtigkeit immer noch oben drängt. Bei dem Hechte und den meisten Forellenarten bilden die einzelnen Oeltröpfchen eine Art Scheibe, auf welcher sich das Junge entwickelt, so daß dieser Theil des Eies dem Rücken des Jungen entspricht und sich nach oben dreht. Bei anderen Forellenarten, dem Huchen u. s. w., sind die Tropfen auf der ganzen Oberfläche des Dotters verstreut. Als ganz wesentlich und wichtig muß man sich merken, daß reife und lebensfähige Eier immer hell, klar und durchsichtig sind, und milchige Trübungen im Innern Verderbniß und Unmöglichkeit weiterer Entwickelung bekunden. Aeußere Eihaut und die innere des Dotters liegen, so lange die Eier im Fische bleiben, fest an einander, werden aber sofort im Wasser durch schnellen Auffaugungsproceß auseinander getrieben. Das Wasser dringt durch die äußere Haut ein, welche sich dadurch ausdehnt, so daß zwischen ihr und der punktirten Dotterhaut ein Raum entsteht, in welchem der Dotter wie eine Kugel schwimmt. Das Wasser dringt durch feine Röhrchen der äußeren Eihaut ein. Jedes solches Röhrchen liegt in einer Facette, wie man unter guten Mikroskopen oft deutlich wahrnehmen kann. Durch diese feinen Haarröhrchen in der äußeren Haut wird jedes Ei im Wasser immer sofort Mittelpunkt einer Anziehung aus dem Wasser, wodurch die äußere Haut schnell aufschwillt und der Raum zwischen ihr und der Dotterhaut mit Wasser gefüllt wird. Die Dotterhaut selbst, obwohl ebenfalls mit feinen Poren versehen, ist wegen ihrer Fettigkeit so lange für das Wasser undurchdringlich, als das Ei gesund ist. Wasser darin, das sich immer durch die erwähnte weiße, milchige Färbung verräth, ist immer ein Zeichen von Ungesundheit und muß als Aufforderung gelten, solche Eier immer sofort zu entfernen.

Außer diesen Einsaugungsröhrchen hat man an den meisten Eiern von Süßwasserfischen Oeffnungen entdeckt, durch welche die Saamenthierchen einzubringen scheinen. Unter dem Mikroskope erscheinen sie wie kurze Canäle mit trichterförmiger Oeffnung nach Außen und manchmal schon dem bloßen Auge wie punktförmige Schatten. Diese Canäle sind jedenfalls die einzigen Wege, durch welche die Saamenthierchen der Milch in das Innere des Eies bringen. Die Mikropyle in den Hüllen des Pflanzeneies, durch welche der Saamenstaub eindringt, ist ähnlicher Art. An den Fischeiern erkennt man sie häufig mit der Lupe als spiegelnde runde Flecken, in deren Mitte weißliche Punkte die Oeffnung verrathen.

Für praktische Fischzucht ist es wichtig, die Eier verschiedener Forellenarten zu unterscheiden. Vogt giebt folgende Kennzeichen: Die prachtvoll rothgelben, orangefarbigen Eier des Lachses von sechs bis sieben Millimeter Durchmesser sind überhaupt die größten aller Süßwasserfische; die der Seeforelle fast unmerklich kleiner und die der Bachforelle, wieder ein Millimeter kleiner, sind gelb, die eben so großen des Ritters fast weiß. In allen diesen Eiern bilden die Oeltropfen eine Scheibe, und nur in dem gelben Ei des Huchens sind sie zerstreut. Die Fölcheneier, etwa halb so groß wie die der Lachse, sind durchaus farblos und die Schalenhaut erscheint im Wasser durch einen weit größeren Zwischenraum von der Dotterhaut getrennt.

Die Milch oder der Saamen. Die dickliche, weiße Flüssigkeit in den männlichen Fischen, die Milch, enthält reif eine Unzahl von Saamenthierchen mit rundlichem Kopf und haarförmigem Schweif, wodurch sie sich bewegen. Unter vollkommnen Mikroskopen sehen sie wie kleine, lebendige Stecknadeln aus. Nur die Milch mit diesen Körperchen ist befruchtungsfähig und nur die Eier, in welche mindestens einer einbringt, werden befruchtet. Diese Thierchen müssen also bewegungsfähig sein, wenn sie in die Eier eindringen sollen. Mehrfache genaue Untersuchungen haben ergeben, daß die Lebensfähigkeit dieser Körperchen bei niedriger Wärme des Wassers im Körper der Fische Tage lang anhält, dagegen außerhalb desselben schon nach wenigen Minuten durch Aufquellung die Bewegungsfähigkeit aufhört und sie sterben. Nur durch eine ganz geringe Beimischung von schwefelsaurer Magnesia zu dem Wasser (ein Siebzigstel) werden Bewegung und Leben stundenlang erhalten. Daraus ergeben sich schon im Wesentlichen die Bedingungen künstlicher Befruchtung. Da die äußere Eihaut sich schnell mit Wasser vollsaugt und dann aufhört, ein Anziehungsmittelpunkt für die feinen Wasserströmchen zu werden, ferner die Saamenthierchen im bloßen Wasser schnell ihre Bewegungs- und Befruchtungsfähigkeit verlieren, müssen reife Milch und reifer Rogen so schnell als möglich mit einander in Berührung gebracht und gemischt werden, wenn die Befruchtung überhaupt glücken soll. Am Besten bringt man zuerst die Milch in das Wasser und unmittelbar darauf in dieses Gemenge die Eier. Die Saamenthierchen schwimmen zwar nach bestimmten Richtungen, werden aber jedenfalls durch die Anziehung, welche die Eier nach allen Seiten auf das Wasser ausüben, nach ihnen hin und durch den polarischen Gegensatz in deren Oeffnungen, die Mikrophylen, hineingezogen. „In Genf angestellte Versuche haben die Richtigkeit dieser Ansicht bewiesen. Je länger das Ei im Wasser lag, ehe man es mit dem Saamen in Berührung brachte, desto größer war die Zahl der unbefruchteten Eier." Deshalb ist es am besten, wenn bei künstlicher Laichung Männchen und Weibchen zugleich behandelt werden, doch so, daß man zuerst die Milch mit dem Wasser mischt, um sofort darauf in dieses Gemenge die Eier aus dem weiblichen Fische hineinzustreichen. Dies Verfahren entspricht zwar nicht der Natur, weil dort das Weibchen zuerst die Eier legt und das Männchen sie erst dann befruchtet; aber die Natur, meint Vogt sehr richtig, ist grade hier sehr unvollkommen, da sie aus je tausend gelaichten Eltern im Durchschnitt nur einen Fisch für unsere Tafeln großzieht und man grade hier durch Kunst die Unbeholfenheit derselben sehr vortheilhaft beseitigen kann.

„Meinen Beobachtungen zufolge," sagt er, „die ich besonders an Barschen und Hechten angestellt habe, wird etwa ein Drittel der gelegten

Eier bei den im freien Wasser laichenden Fischen nicht befruchtet. Freilich ist dafür auch die Fruchtbarkeit ungeheuer, wie denn z. B. ein Lachs 25,000, ein Hecht 100,000, eine Schleie 70,000, ein Barsch 200,000, eine Quappe 100,000 Eier in einem Jahre liefern können. Das Verhältniß steigt noch mit der Größe der Fische, so daß Störe, Hausen, Welse und ähnliche Arten wohl je Millionen Eier in einem Jahre laichen. Da darf freilich ein guter Theil der Eier unbefruchtet bleiben, ohne das Bestehen und die Vermehrung solcher Arten in Frage zu stellen."

Die künstliche Laichung erscheint uns als eine desto größere und praktischere Wohlthat, je genauer wir sie mit der natürlichen vergleichen.

„Der sogenannte Wandertrieb der Fische beruht nur auf dem Bedürfnisse, geeignete Orte für Niederlegung der Eier und die Züchtung der Jungen zu finden. Um sie an seichten Küstenstellen abzulaichen, wandern die Heringe und Tunfische, ziehen die Lachse aus dem Meere in Süßwasserströme, die Forellen aus den Seen in den Bächen aufwärts. Die früher vereinzelten Fische sammeln sich zur Laichzeit in Schaaren und ziehen, die Weibchen voran, Männchen hinterdrein, blind von Leidenschaft, nach den Laichplätzen und werden dabei immer am leichtesten Beute der listigen Netze. Deshalb bietet die Laichzeit die günstigsten Bedingungen für den Fischfang, und alle großen Fischereien von national-ökonomischer Wichtigkeit wie der Fang der Störarten, Lachse, Heringe, Stock- und Tunfische werden fast nur in dieser Zeit betrieben. Daher denn auch die Befürchtungen, daß wir unter solchen Bedingungen sogar den unendlichen natürlichen Reichthum der Meere erschöpfen können," wie wir, umgekehrt, die sicherste Hoffnung haben, durch künstliche Laichung und Befruchtung diese Reichthümer zum Segen für die Menschheit unberechenbar zu vermehren.

Unsere gewöhnlichen Süßwasserfische laichen auf verschiedene Weise und zu verschiedenen Zeiten, die Bachforellen in der letzten Hälfte des September bis in den October hinein. Das Weibchen sucht sich auf Kiesgrund hinter größeren Steinen, meist umgeben von mehreren Männchen, geeignete Stellen dazu, höhlt in der Nacht und gern bei Mondschein eine seichte Vertiefung aus und legt die Eier hinein, die unmittelbar darauf von Männchen befruchtet werden. Die großen Forellen, bis vierzig Pfund schwer, im Genfer See machen es auf ähnliche Weise. Doch spielen und plätschern sie oft mit einander und entledigen sich dabei der Milch und des Rogens. Die Palée oder die Palées springen dabei oft paarweise aus dem Wasser, wobei sie Laich und Milch gleichzeitig von sich geben. Dieses blitzschnelle Hervorschießen der silberglänzenden Thiere in mondhellen Nächten ist von Vogt oft als ein eigenthümliches Schauspiel beobachtet worden.

Die Gründlinge (Cyprinus gobio) laichen auf folgende Weise: sie nähern sich der Mündung des Baches, stoßen sich gleichsam auf dem

Kiefe vorwärts und reiben sich mit der Bauchfläche darauf, wobei der Oberkörper oft aus dem Wasser hervorragt. Dann schlagen sie heftig mit dem Schwanze, daß das Wasser nach allen Seiten spritzt, eilen davon und wiederholen bald darauf dasselbe Spiel. Der Restbau der Stichlinge und deren Laichung ist oft genug beschrieben worden. Die Hechte laichen und befruchten durch dichtes nebeneinander Schwimmen und überlassen die so befruchteten Eier dem Wasser.

Die Meisten unserer Süßwasserfische legen ihre Eier auf Sand und Kies, wobei sie nur mehr zufällig etwas bedeckt werden; Barsch, Zander und Gruntel kleben sie an Wasserpflanzen oder Steine, wobei die der Barschfamilie oft große Haufen bilden, wie Froschlaich, so daß man sie sich leicht durch eingesenkte Reusen oder Weidengeflechte verschaffen kann. Durch Kälte verzögert sich der Eintritt der Laichzeit, so daß man auch die Entwickelung der Jungen im Ei künstlich durch kälteres oder wärmeres Wasser beschleunigen oder verzögern kann. Die Eier kleiner Weißfische entwickeln sich im Sommer oft in eben so viel Tagen, als die der Forellen während der kalten Jahreszeit in Wochen. Zu Nutz und Frommen der Fischliebhaber stellt Vogt folgende Tabelle der Laich- und Entwickelungszeit unserer wichtigsten Süßwasserfische zusammen:

Namen.	Lateinischer Systemname.	Französisch.	Laichzeit.	Ausschlüpfen der Jungen	Bedingungen.
Lachs oder Salm	Salmo salar	Saumon	December bis Januar	6 Wochen später	Frisch, Wasser, Sand und Kies
Huch oder Huchen	Salmo hucho	Saumon du Danube	April bis Juni	6 "	" " "
Lachsforelle	Salmo trutta	Truite saumonée	November und December	6 "	" " "
Ritter	Salmo umbla	Ombre chevalier	December bis Februar	6 "	Ruhiges Ufer-Riedeln der Seen
Bachforelle	Salmo fario	Truite	September bis November	6 "	Ruhiger Bach-Grund
Blaufelchen, Wank oder Gangfisch	Coregonus lavaretus	Lavaret	September bis November	6 "	Sandiger Ufer-Riedeln der Seen
Jederweis	Coregonus fera	Féra	November und December	6 "	Tieferes Wasser der Seen
Marane	Coregonus maraena	Marène	November und December	6 "	Sandige Ufer-Riedeln der Seen
Weis	Coregonus palea	Palée	November und December	6 "	
Aesche	Thymallus vexillifer	Ombre commun	März bis Mai	6 "	Fließendes Wasser, Sand
Hecht	Esox lucius	Brochet	Februar und März	4 "	Stille Bäche, Schlamm, Schilf
Bars	Perca fluviatilis	Perche	April und Mai	2 "	An Wasserpflanzen
Sander oder Amaul	Lucioperca sandra	Sandre	April und Mai	? "	Steingrund, fließendes Wasser
Kaulbarsch	Acerina cernua	Grémille	März und April	4 "	
Tuappe oder Trüsche	Gadus lota	Lote	December und Januar	6 "	
Bels	Silurus glanis	Lote du Danube Salurh	Mai und Juni	? "	Schlamm, Moorgrund
Karpfen	Cyprinus carpio	Carpe	Mai und Juni	3 "	Eichtes Wasser, Pflanzen
Blei, Maifisch	Abma vulgaris	Alose	April und Mai	4 "	Steingrund, fließendes Wasser

Die gewöhnlichen Weißfische oder Karpfenarten, wie Pfrillen, Döbels, Nasen, Rothaugen, Plötzen, Alande, Güsters, Brachsen u. s. w. laichen alle im Sommer bis Juli und schlüpfen in acht bis vierzehn Tagen aus. Aale bilden einen interessanten Gegensatz zu den Lachsen. Letztere schießen und springen leidenschaftlich aus Salzwassern stromaufwärts, um zu laichen, während erstere aus Flüssen für denselben Zweck meerwärts eilen, um ihre ungemein kleinen und zahlreichen Eier, wenn nicht in Salz-, doch in den Brackwassern der Mündungen abzulaichen. Das geschieht oft schon zu Anfang des Jahres, so daß die Jungen schon im März und April in vielen Flußmündungen des westlichen Frankreich und des nördlichen Italien als dichtgedrängte Massen aufwärts steigen (Montée), millionenweise herausgeschaufelt, nach dem Maaße verkauft und in Eierkuchen verbacken gegessen werden. Ebenso macht man es am Genfer See u. s. w., so daß auf die gedankenloseste Weise gleichsam Millionen von Pfennigen, aus welchen die Natur Thaler machen würde, zerstört werden.

Da die Menschen außerdem meist nur Laichfische fangen, gehören sie zu den schädlichsten Raubthieren, welche den Eiern und der jungen Brut der Fische unaufhörlich und unersättlich nachstellen. Unter den Feinden der Eier sind die Quappen oder Trüschen, breitköpfige, platte, stets auf dem Boden hinschleichende Diebe, die allerunersättlichsten. Zu ihnen gesellen sich der Barsch und die Grundel, wohl auch Weißfische und Forellen, wie auch überhaupt alle Fische gelegentlich ihren eignen Laich fressen. Auch die Krebse, verschiedene Insectenlarven, kleine Flohkrebse, Karpfenläuse, Wassermäuse, so wie die verschiedensten Arten von Wasser- und Sumpfvögeln, fischen und verschlingen immer nach Kräften Laich und junge Brut. Nicht minder stellt das Pflanzenreich fürchterliche Feinde; besonders zerstört ein schmarotzender Schimmel, dessen Keimkörner sich an der äußeren Eihaut festsetzen und schnell lange Fäden treiben, ungeheure Mengen von Fischeiern. Nur durch schnelle Entfernung eines jeden, irgendwie davon angesteckten Eies kann man den noch gesunden Laich retten. Eben so schädlich wirken kleine, mit bloßem Auge kaum sichtbare Pflänzchen, welche die Steine auf dem Grunde der Gewässer mit einem bräunlichen, schlüpfrigen Schleim überziehen; doch gedeihen sie an den Fischeiern nur wenn sie dem Lichte ausgesetzt sind, so daß man diese durch künstliche Dunkelheit vor diesen Feinden bewahren kann. Aber es gehört mehr Kunst dazu, um der Grausamkeit der Natur gegen Eier und junge Brut Grenzen anzuweisen.

Der jungen Brut stellen außer den genannten Feinden noch eine Menge fleischfressende Insectenlarven, Wassersalamander, auch Bachstelzen und Wasseramseln nach. Kurz die während ihrer ersten Zeit ganz unbeweglichen und hilflosen Fischchen sind immerwährend von allen Seiten mit Tod und Verderben bedroht, so daß Vogt diese Feinde noch viel zu gering schätzt, wenn er annimmt, daß von hundert ausgetrockneten Forellen oder Lachsen nur ein einziger Fisch seinen ersten Geburtstag erlebe. Bertram nimmt wenigstens eine zehnfach größere Zerstörung an. Wir ersehen daraus schon, welch unermeßlichen Nutzen wir den Eiern und der jungen Brut durch künstliche Laichung und Bebrütung zu gewähren im Stande sind. Zur Erkenntniß und Ausübung dieser Kunst gehört zunächst gehörige Einsicht in die Bedingungen der Entwickelung. Diese sind mit drei Worten ausgesprochen: Wasser, Luft und Wärme.

„Das Ei muß beständig so feucht erhalten werden, daß die äußere Haut prall gespannt und der Raum zwischen ihr und dem Dotter mit Wasser gefüllt bleibt. Dies geschieht natürlich am besten im Wasser und durch das Wasser, aber diese Bedingung ist nicht durchaus nothwendig. Einer meiner Freunde hatte zufällig einige Forelleneier auf einem großen, wollenen Tuche liegen lassen, das durch herabtröpfelndes Wasser beständig feucht erhalten ward. Zu seinem Erstaunen entwickelten sie sich eben so gut, wie die in den Brütapparaten. Beide Bedingungen, Luft und Wasser waren auf dem feuchten Tuche eben so gut vorhanden, wie im Wasser. In feuchtes Moos eingepackte Forelleneier wurden einmal von Hüningen zu Winters Anfang nach Ostpreußen geschickt und dort nicht angenommen, so daß sie nach dreiwöchentlicher Reise zurückkamen; zwei Drittel davon waren vollkommen gesund und dem Ausschlüpfen nahe.

Eine andere wesentliche Bedingung der Entwickelung ist der Sauerstoff in der Luft des Wassers, da das Ei eben so gut athmet, wie der Fisch im Wasser; es zieht aus der Luft des Wassers den Sauerstoff an und scheidet dagegen Kohlensäure aus. Deshalb eignet sich auch Wasser aus Gruben oder Brunnen sehr schlecht zur Beförderung der Entwickelung. Am besten ist es natürlich, auf die Eier immerwährend frisches Wasser fließen zu lassen, oder wo dies nicht möglich ist, entsprechendes Wasser mindestens alle Tage zu erneuern. Letzteres reicht für die Eier von Karpfenarten hin, für Lachse und Forelleneier ist stets fließendes Quellwasser nöthig. Die dritte Bedingung: Wärme, läßt sich leicht nach dem Wasser ermessen, in welchem die Fische von Natur laichen. Alle Lachsarten legen ihre Eier während der kalten Jahreszeit, so daß sie selbst bei Frostkälte nicht sterben, während eine Wärme von mehr als 12° R. ihnen wahrscheinlich schon tödtlich wird, eine Wärme, welche für die Eier von allen Karpfenarten noch als verzögernde Kälte wirkt."

Regeln lassen sich für die verschiedenen Fischarten nicht geben. Doch genügt es auch für die Eier der Fische, welche während warmer Monate laichen, auch entsprechend warmes Wasser anzuwenden, während für sämmtliche Fische aus dem Forellengeschlecht eine kalte Temperatur oder bloßer

Schutz vor Frost am geeignetsten erscheint. Wärmeres Wasser beschleunigt zwar die Entwickelung, aber es entschlüpfen dann auch nur schwächliche Treibhäuslinge.

Wir sehen, daß die Natur zwar mit unerschöpflicher Verschwendung Saamen streut, ihn aber grade im Wasser am wenigsten zu schützen weiß. Es gehört daher zu den lohnendsten Künsten für die Menschen, diesen Schutz selbst zu gewähren und wenigstens für die werthvollsten Fische auch die von Natur ziemlich ungeschickte Befruchtung der Eier zu übernehmen.

„Die Natur verliert wenigstens über 90 Procent des entwicklungsfähigen Materials; ihr Haushalt ist auf diesen Verlust berechnet und die Bevölkerung der Gewässer würde sich dabei erhalten, wenn der Mensch nicht mit übermäßigen Zerstörungsmitteln eingriffe."

Es gilt also, die Jakobi'sche Erfindung mit besten Kräften und Erfahrungen auszuführen, also die

Künstliche Befruchtung. Das Verfahren dabei ergiebt sich von selbst. „Man mag einen Fisch außer der Laichzeit drücken wie man will, man wird weder Milch noch Rogen herauspressen. In der Laichzeit dagegen braucht man ihn nur an den Ohren oder Kiemen in die Höhe zu heben, um Milch oder Rogen hervortreten zu sehen. Streicht man den Fisch mit geringem Drucke vom Kopfe unten gegen den Schwanz hin, so schießen diese Stoffe in Strahlen hervor, sobald sie reif sind. Stärkerer Druck hilft nichts, sondern schadet nur den Fischen, so daß es nur darauf ankommt, die rechte Laichzeit abzuwarten und sie dann entsprechend zu behandeln. Manchmal tragen die Fische ihren Laich zu lange in sich, der dann beim Herausstreichen eiterig oder weißlich in den Eiern erscheint und deshalb befruchtungsunfähig ist.

Zur Ausführung künstlicher Befruchtung wähle man die schönsten Exemplare. Bachforellen z. B. müssen wenigstens ungefähr ein Pfund wiegen, und alle anderen Fische vollkommen fehlerfrei und gehörig ausgewachsen sein. Sie erreichen die Zeit ihrer Reife mehr oder weniger schnell, so daß man über die einzelnen Arten an Ort und Stelle nachlesen oder sich praktisch erkundigen mag. Die Lachsarten werden selten vor dem vierten Jahre reif. Für die künstliche Laichung betreffender Fischpaare nimmt man ein Gefäß mit flachem Boden und nur etwa so viel Wasser, daß die hineingestrichenen Eier nur davon bedeckt werden; mehr würde die Milch zu sehr verdünnen, die Saamenthierchen darin zu sehr vertheilen und so eine geringere Befruchtung zur Folge haben. Das Wasser wird am besten aus dem Flusse, Teiche oder Bache genommen, worin die Fische sich sonst aufhalten und muß für Lachsarten immer ziemlich kalt sein. Der Erfolg hängt wesentlich von der Schnelligkeit des Ausstreichens von Eiern und Milch und deren Mischung ab. Man faßt den Fisch, den man seiner

Bürde entledigen will, am Kopfe, hält ihn nicht über das Gefäß oder auch im Gefäße selbst so fest, daß er das Wasser nicht berührt und es also mit dem Schwanze nicht schlagen kann, und drückt ihm sanft den Bauch von oben nach unten zusammen. Das englische Verfahren, besonders in Stormontfield, weicht davon ab. Dort entbindet man die Fische im Wasser selbst, während eine dritte Hand den Schweif festhält. Die Abbildung S. 47 macht die Verschiedenheit ohne weitere Beschreibung deutlich. Es scheint noch zu früh zu sein, über die verschiedenen Werthe der beiden Methoden bestimmt zu urtheilen. Es müssen darüber eben noch mehrere, unter wissenschaftlicher Aufsicht geführte und gebuchte Versuche gemacht und dann aus verschiedenen Gegenden Jahre lang verglichen werden. Im Besitze der Haupterkenntniß und mit einiger Geschicklichkeit wird man auf eigne Gefahr selbstständig zu verfahren lernen, ohne fehl zu greifen. Wir wissen, daß die Laichung der betreffenden Paare sehr schnell hintereinander oder gleichzeitig vorgenommen und Eier und Milch durch Mischung in möglichst innige Berührung gebracht werden müssen. Darauf kommt zunächst Alles an. Uebrigens genügt die Milch eines einzigen Männchens, um die Eier von vier oder fünf Weibchen zu befruchten. Auch wird derselbe Milchner manchmal schon nach einigen Tagen aufs Neue reif, befruchtende Masse von sich zu geben, so wie auch die Rogener der Forellen ihren Eiervorrath manchmal in Zwischenräumen von zwei oder drei Tagen laichen. Das Wasser nimmt, mit Laich versehen, sofort eine milchige Trübung an. „Können mehrere Arbeiter gleichzeitig operiren, so ist es am besten, Eier und Milch gleichzeitig in das Wasser auszustreichen. Ist der Operateur geübt und sind die Fische nicht zu groß, so daß die Manipulationen sich mit großer Schnelligkeit abwickeln, bringe er zuerst die Milch, dann die Eier in das Wasser. Erfordert aber die Operation bei geringerer Uebung oder bei Behandlung großer und schwerer Fische einige Zeit, so ist es rathsamer, erst die Eier und dann die Milch in das Gefäß abzustreichen. Man rührt nun mit der Hand oder einem Löffel Eier und Milch im Wasser durcheinander und läßt das Ganze etwa eine Stunde in einer Temperatur stehen, die der des Wassers etwa gleichkommt, in welchem die Fische sonst leben. Die Befruchtung ist nun vollendet, vollständiger als in der Natur und damit die Wahrscheinlichkeit vorhanden, daß unter entsprechender Pflege und künstlicher Bebrütung der größte Theil der Eier sich entwickeln werde."

Die Entwicklungsperioden der Eier muß man genau kennen, um richtig zu verfahren. Hier sind besonders zwei Zeitabschnitte von der größten Wichtigkeit, die unmittelbar nach der Befruchtung, und die andere, wenn die Augen der Jungen durch die Eischale hindurch zuerst sichtbar werden. Der erste bietet die meisten Schwierigkeiten. Wir führen hier wieder Vogt's eigne Worte an. „Man mag die Befruchtung unter den günstigsten Umständen bewirken, auf Brütung die größte Sorgfalt verwenden, für immer gleiche Temperatur, stete Erneuerung des lufthaltigen Wassers sorgen; dennoch wird man in den ersten Tagen immer viel verdorbene Eier durch die weiße und milchige Trübung im Innern entdecken. Diese ersten Tage sind die Zeit der Einleitung zur ersten Entwickelung des Jungen. Nicht nur das Baumaterial bildet sich aus dem Dotter hervor, sondern auch die Anlage der hauptsächlichsten Organe, namentlich des Nervensystems und Herzens, und von da bis zum ersten Blutumlauf in dem äußerst zarten Gewebe reicht die geringste Störung hin, den Verlauf der Entwickelung zu verderben oder wenigstens zu verwirren.

Deshalb jetzt doppelte Sorgfalt und namentlich Vermeidung jeder Erschütterung, also auch der Versendung. Letztere läßt sich unmittelbar nach der Befruchtung nur dann mit Glück ausführen, wenn die Reise nicht über zwei Tage dauert und die Eier vorsichtig vor Erschütterung bewahrt werden. Die schweizerischen Fischer, welche Hüningen mit Eiern versehen, schicken diese unmittelbar nach der Befruchtung durch besondere Boten oder durch Eisenbahn-Conducteure, die sie in Acht nehmen."

Die beste Zeit für Versendung kann man den jungen Fischchen in den Eiern an den Augen ansehen. Diese erscheinen nämlich in der zweiten Hälfte der Entwickelung als zwei große Punkte durch die Eischale hindurch. Wenn man diese bemerkt, ist die günstigste Zeit für Versendung, denn jetzt können sie schon einen gehörigen Puff vertragen. Später werden sie wieder empfindlicher, weil durch innere Schwellung des jungen Lebens dann die schützende Eihaut leicht springt. Also achte man auf das Erscheinen der schwarzen Augenpunkte im Ei, wenn man sie versenden will.

Künstliche Oebrütung.

Unter allen Umständen ist es wichtig die
Bebrütung der befruchteten Eier richtig anzustellen und durchzuführen. Man hat also, wie schon gesagt, für angemessene Wärme, lufthaltiges Wasser und Schutz vor Feinden zu sorgen. Am empfindlichsten sind die Lachs- und Forelleneier: sie verlangen das reinste und lufthaltigste Wasser, welches man also möglichst oft wechseln oder besser in immerwährendem Flusse erhalten muß. Zur Noth läßt sich der Strahl eines laufenden Brunnens oder Baches, auch das reine Wasser eines Sees oder Teiches benutzen. Doch lohnt es sich der Mühe, sich dazu besondere Apparate anzuschaffen. Als Schutz vor Feinden, also gegen Raubfische, Krebse, Insekten u. s. w., wende man enge Gitter aus feinem Metalldraht,

also eine Art von Sieben an, um das Wasser durch sie in die Brutapparate fließen zu lassen. Aber die unendlich kleinen Keime des schmarotzenden Schimmels, der die Eier so leicht zerstört und sich weiter verbreitet, lassen sich nicht durch die beste Filtrirmaschine abhalten; deshalb müssen die Eier in einfacher Schicht nebeneinander gelegt, womöglich täglich zweimal mit einer Lupe genau durchmustert und jedes, das nur die geringste weiße Trübung zeigt, mit einem kleinen federnden Zängelchen oder einer Pincette sofort entfernt werden. Und da auch das reinste Wasser bei einiger Ruhe feine Theile von schädlichem Niederschlag absetzt, ist es gut, über die Eier täglich mit einem feinen weichen Dachspinsel hinzustreichen, um die geringsten Spuren des erwähnten Schimmels vor der Wurzelung zu beseitigen.

Zu Brutapparaten eignet sich jedes Gefäß, in welches man das geeignete Wasser leicht hinein und herausleiten und worin die Eier ohne Umstände immer genau betrachtet und gesichtet werden können, um jede entdeckte Spur von Verderbniß immer sofort zu entfernen. Vogt führt als Gewährsmann den Domänenpächter Knoche zu Coverten in Kurhessen an. „Als Brutkasten benutze ich einen steinernen Rumpf von sieben Fuß Länge, zwei Fuß Breite und einem Fuß Tiefe mit einem hölzernen Deckel, der genau eingefalzt und mit einem Schlosse versehen ist. Auf dem einen schmalen Ende des Deckels ist ein Rahmen aufgenagelt, dessen Länge die Breite des Deckels, zwei Fuß, einnimmt und der vier Zoll breit und vier Zoll hoch ist. Innerhalb des Rahmens sind mehrere Löcher in den Deckel des Kastens gebohrt, um das oben hineingeleitete Wasser zu vertheilen. Um Unreinlichkeit abzuhalten und das Eindringen schädlicher Insecten zu verhindern, ist über den Rahmen ein Stück grobe Leinwand genagelt, durch welche das Wasser durchseihen muß. Innerhalb des Brutkastens befindet sich noch ein durchlöchertes Kistchen, wodurch das hineinfallende Wasser noch mehr vertheilt wird. Auf der entgegengesetzten schmalen Seite des Brutkastens sind sechs Zoll über dem Boden zwei viereckige Löcher angebracht und mit einer eng durchlöcherten Blechplatte versehen, wodurch das im Kasten befindliche Wasser einen, dem Zufluß gleichen Abfluß erhält. Der Brutkasten steht etwas vertieft neben einer Quelle, deren Wasser durch einen Damm einen Fuß hoch aufgestaut ist und welches seitwärts des Brutkastens abfließt. Durch den Damm wird ein 1½ Zoll weites Rohr gesteckt und so gerichtet, daß der durchfließende Wasserstrahl grade auf die über den Rahmen genagelte Leinwand fällt und durch diese in den Rahmen und in den Brutkasten gelangt. Der Brutkasten wird drei Zoll hoch mit reingewaschenem groben Sande oder Grande angefüllt und Wasser darauf gelassen, welches vermittelst der Abflußlöcher nicht über drei Zoll hoch auf dem Grundboden steigt. Um den befruchteten Laich, nachdem er drei Stunden gestanden, in den Kasten zu bringen, wird der

Wasserzufluß eingestellt, der Laich hineingeschüttet und so vertheilt, daß sich die Eier nicht berühren. Die Vertheilung geschieht am besten mit einer Federfahne, womit man das überstehende Wasser bewegt; jedoch dürfen die Eier selbst nicht berührt werden. Der Brutkasten wird hierauf zugedeckt und bleibt zwölf Stunden ruhig stehen; hierauf wird das Wasser durch das erwähnte Zuflußrohr aufgelassen und dieser Zufluß sechs Wochen lang gleichmäßig erhalten."

An dieser Einrichtung und diesem Verfahren läßt sich jedenfalls noch Manches ändern und bessern. Namentlich ist der Sand oder Kies, den Jakobi und seine Nachfolger für unerläßlich hielten, wenigstens unnöthig, wenn nicht hinderlich. Die Natur zwingt die Fische allerdings auf sandigen Stellen zu laichen, aber nur deshalb, weil sie eben keine besseren Entbindungsanstalten für sie zu liefern vermag. Der erste beste Teller, steinerne Trog oder Blumentopfuntersetzer ist im Kleinen schon hinreichend, wenn es nur nie an stets reinem, lustkaltigem Wasser, der entsprechenden Wärme und Schutz vor Feinden fehlt.

Vogt erwähnt noch andere Brutversuche, wozu gewöhnliches Wasser aus der Rhone benutzt ward. Unter einer Bleiröhre, die einen Wasserstrahl von Fingerdicke leitete, hatte man ein kleines Gerüst, wie man sie für Blumentöpfe braucht, aufgestellt. Auf die staffelförmigen Stufen desselben setzte man reihenweise abwärts längliche, viereckige, irdene Kasten von Kacheln. Jeder Kachelkasten hatte vorn einen kleinen Einschnitt, durch welchen ein Röhrchen das Wasser auf je die nächsten Kacheln leitete, so daß in der Kachel selbst das Wasser nur einen Zoll hoch stand. In die Leitungsröhre, die über dem ganzen Gerüst der Länge nach hinlief, wurden so viel Löcher gebohrt, als Kachelkasten in der ersten Reihe aufgestellt waren. Jeder derselben von etwa einem Quadratfuß Oberfläche erhielt so einen beständigen Wasserstrom von höchstens einer Linie im Durchmesser. Die der zweiten Staffel bekamen ihren Bedarf von denen der ersten ꝛc. Die hineingestreuten befruchteten Eier kamen überall gleich gut aus, doch die in den unteren Kasten etwas später.

Man kann natürlich solche Apparate auf die mannigfaltigste Weise einrichten, und diese müssen immer für desto besser gelten, je leichtere Uebersicht der Eier und je mehr frisches Wasser sie bieten. Herr Coste hat im Collége de France einen Apparat aufgestellt, welcher dem eben beschriebenen durch größere Raumersparniß überlegen ist, aber ihm deshalb nachsteht, weil die unteren Kacheln nur solches Wasser erhalten, welches durch den Lauf innerhalb der oberen schon etwas von seiner belebenden Kraft verloren haben mag.

Boyt hält die Bruteinrichtung in Hüningen für die vollkommenste. Mehrere Quellen von 9 Grad C. Wärme speisen die im Hauptgebäude und in einem großen Nebenraume eingerichteten Apparate, in welchen Millionen von Eiern ausgebrütet werden können. Eine Turbine, vom benachbarten Canale aus getrieben, hebt das Quellwasser zu der nöthigen Höhe, um es über die Apparate ausströmen zu lassen. Diese bestehen theils aus ebenfalls staffelförmig aufgestellten Lacheln, theils aus cementirten Canälen aus weißen Ofenkacheln von zwei Fuß Breite, durch welche das vorher

Coste's Brut-Apparat.

mit grobem Kies filtrirte Wasser in starker Strömung fließt. Die Kanäle sind in bequemer Höhe über dem Boden etwa einen Fuß tief und mit reinem Kies belegt. An den Wänden befindet sich in einem Niveau von einigen Zoll unter der Wasserfläche auf jeder Seite eine Längsleiste zur Unterstützung von kleinen flachen Hürden, die so lang sind, als der Kanal breit ist und deren Breite etwa einen halben Fuß bei einer Höhe des Rahmens von drei Zoll beträgt. Der Boden dieser hölzernen Hürden oder Rahmen mit Handhaben auf beiden Seiten wird von dünnen Glasstäben gebildet, die so weit auseinander stehen, daß die Eier grade auf den Zwischenräumen ruhen und nicht durchfallen. Sie bilden also gewissermaßen ein gläsernes Sieb. Man nimmt die Weite der Löcher je nach der Größe der Eier, die man ausbrüten will. Die Glasstäbe sind in kleine untere Einschnitte des Bodens eingelassen und werden durch umgebogene Bleiriemen festgehalten. Man setzt die Rahmen auf die Leisten des Canals, die so hoch sind, daß sie nur von einem Zoll Wasser überdeckt werden, und vertheilt die Eier darauf. Diese liegen nun in Reihen, lassen sich leicht untersuchen, sind immer überall von Wasser umspült und gewähren noch den Vortheil, daß die ausgekrochenen jungen Fischchen zwischen den Glasstäben hindurchschlüpfen können und die leere Eihülle oben auf dem Rahmen zurücklassen. Dadurch spart man jede weitere Mühe und Manipulation und kann die jungen Fischchen in demselben Canale lassen, bis sie den Dottersack verloren haben und Nahrung von außen bedürfen. Dergleichen Einrichtungen brauchen aber viel Wasser und Raum und werden sich deshalb wohl nur für ein Hüningen in Nordteutschland eignen, auf welches wir mit Capitalien und Capacitäten, die ihren und unseren Vortheil verstehen, nicht lange zu warten brauchen werden.

In Frankreich thut der Staat trotz des Militär-Despotismus sehr viel für solche praktische Zwecke. Unsere Capitalisten handeln jedenfalls viel vortheilhafter für sich und das Gemeinwohl, wenn sie sich mit der unerläßlichen Concession vom Staate begnügen und die Sache sonst selbst besorgen.

Vogt erwähnt noch einen anderen Apparat, um zu zeigen, wie man sich nach den Verhältnissen richten kann. Einer seiner Freunde construirte sich einen, aus Mangel an angemessener Röhrenleitung, in dem Rhoneflusse selbst. Er nahm tiefere irdene Gefäße mit flachem Boden und bohrte einen Zoll über dem Boden ringsum Oeffnungen ein, um dem Wasser freien Durchfluß zu gewähren. Diese Gefäße wurden in kleine Flöße aus zusammengenagelten Latten gesetzt, leicht bedeckt und auf dem Flusse schwimmend erhalten. An den Seilen, die sie festhielten, konnte man sie jeder Zeit herbeiziehen und die Eier durchmustern. Auch diese Versuche fielen befriedigend aus. Doch sind Glasrahmen, Gefäße oder Kacheln mit glattem Boden so aufgestellt, daß man die Eier immer leicht herausnehmen und sehen kann, ob eins oder das andere verdorben sei, immer vorzuziehen.

Besonders wichtig ist die Reinheit des Wassers. Wo es also die Natur nicht bietet, muß man es immer durch Schichten von Kies und Sand filtriren, stets einen ziemlich starken Strom unterhalten, um etwaige schädliche Ablagerungen zu verhindern, und überall metallene Gefäße vermeiden, weil der Rost derselben immer nachtheilig wirkt. Der unsichtbare Schimmel, welcher sich so leicht im Wasser an die Ehr heranschleicht und sie tödtet, gedeiht nur im Lichte, so daß man sich durch Aufstellung der

Apparate in dunklen Räumen oder durch Bedecken der Canäle davor schützen kann. Sonst besteht die Pflege während der ganzen Brutzeit nur in ungestörter Unterhaltung des Wasserzuflusses und Anfangs täglicher Untersuchung der Eier, um die verdorbenen zu entfernen. Im Uebrigen hüte man sich vor jeder unnöthigen Beunruhigung der Eier, besonders während der ersten Zeit nach der Befruchtung. Bei zweckmäßig eingerichteten Apparaten braucht man in den ersten Zeiten täglich höchstens eine Stunde, um etwa 100,000 Eier zu untersuchen, später noch weniger. Das Geschäft kann also nicht für zeitraubend gelten.

Um Eier oder eben ausgeschlüpfte Junge von einem Orte zum andern zu bringen, bedient man sich am besten einer ziemlich großen sogenannten Pipette oder irgend eines gläsernen Rohres, weil in der Mitte und an den beiden Enden enge, so daß das oberste bequem durch den aufgerrückten Daumen verschlossen werden kann. Mit dem oben aufgerrückten Daumen senkt man nun das andere Ende bis in die Nähe der Eier oder der unbehilflich liegenden Jungen und hebt dann den Daumen auf: der Luftdruck auf das Wasser drängt es nun um so lebhafter in die Pipette, je tiefer sie gesenkt ist und reißt die Eier oder die Jungen mit hinein, welche man jetzt herausheben kann, indem man den Daumen oben wieder fest aufdrückt, ehe man anfängt, die mit Wasser gefüllte Röhre emporzuheben.

Fischbrut-Pflege.

Wie sehen die ausgeschlüpften Jungen aus und wie sorgt man für sie, ehe sie sich selbst nähren und schützen können?

Mit erlangter vollständiger Reife schlüpft das junge Fischlein aus der weicher gewordenen Eischale und tritt als langgestrecktes, ziemlich durchsichtiges Thierchen in's Leben, so klein und unscheinbar, daß man es kaum bemerken würde, wenn ihm nicht ein ziemlich materieller Futteroder Dottersack unter dem Bauche hinge. Dieser ist bei den Fölchen und dem Hucken rund, bei den Forellen und Lachsen mehr birnförmig und nach hinten etwas zugespitzt. Von dem Dotter in diesem Sacke lebt das Fischlein während seiner ersten unbeholfnen Lebenstage, d. h. etwa eben so lange, als die Entwickelung im Ei in Anspruch nahm. Sie liegen während dieser Zeit meist unbeweglich auf dem Grunde und fächeln sich nur mit den verhältnißmäßig großen Brustflossen zum Athmen immer neues Wasser herbei. Nur zuweilen schießen sie auf, drehen sich um und sinken dann wieder auf den Boden, wo sie sich furchtsam unter Stein und im Sande zu verbergen suchen. Der Dotterjack, aus welchem sie leben, mündet durch einen kurzen Stiel in den Darm, durch welchen die Nahrung aufgesogen wird. Die eben ausgeschlüpften Forellchen hängen daran, als wären sie Nebensache; aber sie wachsen, der Sack nimmt ab und verschwindet nach einem Monate und während der dann folgenden vierzehn Tage ganz und gar. Dann ist es Zeit und höchste Zeit, sie mit Nahrung von außen zu versorgen; doch kann man in jedem guten Wasser auch darauf rechnen, daß die Natur für fast unsichtbare Insectenlarven, allerhand Krebsthierchen und Würmchen, die beste Nahrung für die jungen Fischlein, ebenfalls nach Kräften gesorgt haben werde. Sie stellen sich, um diese zu erspähen und zu erjagen, mit dem Kopfe gegen den Strom und schießen nach allen Seiten hin, wo sie etwas wahrnehmen. Glückt es ihnen, immer viel Nahrung zu erwischen, so nehmen sie rasch an Größe, Stärke und Raubritterlichkeit zu. Bei mangelnder Nahrung bleiben sie natürlich schwächer und kleiner und werden auch von den stärkeren immer benachtheiligt, da letztere gern die Stellen mit stärkster Strömung und

Bachforelle, eben aus dem Ei, in viermaliger Vergrößerung.

reichlichster Beute einnehmen. Diese kleineren werden dann auch am leichtesten Beute anderer Fische, so daß es schon deshalb gerathen ist, der ganzen jungen Gesellschaft möglichst viel Nahrung von außen zuzuführen.

Da die Größe bei allen jungen Forellenarten ganz außerordentlich von dem Zuflusse der Nahrung abhängt, lassen sie sich oft lange gar nicht von einander unterscheiden. Auch ist das Maß der Wachsthumszunahme sehr verschieden; so wächst z. B. die Bachforelle während der ersten Jugend viel schneller als der Lachs. Auch die verschiedene Färbung ist trügerisch. Wenn man sagt, der Lachs sei braungelb, der Huchen grün, die Seeforelle braun, so ist dies nur bedingungsweise richtig. Vogt sah unter derselben Brut von ein und demselben Pärchen alle mögliche Farben und Schattirungen. Alle Forellen haben in der Jugend dunklere Querbinden, die bei den meisten Arten im Alter verschwinden und sich während des ersten Jahres oft ändern und verschieden schattiren. Deshalb muß man sich während des ersten Jahres zur Unterscheidung an den verschiedenen Charakter des

Bauts halten. „Der Lachs ist im Alter von vier Monaten ziemlich schlank, der Kopf etwas zugespitzt, die Schwanzflosse ausgeschnitten, der Rücken mit braunen, unregelmäßigen Flecken besetzt, die Flossen einfarbig; die Bach- und Seeforellen sind von kürzerem, gedrängterem Bau, der Kopf mehr rund, die Schwanzflosse kaum ausgeschnitten, die Rückenflosse gefleckt und durchsichtig gerändert. Der junge Huchen unterscheidet sich augenblicklich durch seine lange, gestreckte Gestalt, die tief ausgeschnittene Schwanzflosse und durch kleine, runde, schwarze Flecken auf der Rückenfläche; den Ritter endlich erkennt man an dem kurzen, gedrungenen Körperbau und den unregelmäßigen Querbinden, welche sich wie eine Doppelreihe unterbrochener Flecke darstellen.

Wie sie sich auch von einander unterscheiden, sie bedürfen alle nach künstlicher Ausbrütung einer ziemlich gleichmäßigen Sorge und Pflege. So lange sie aus ihrem Eßlober der Natur zehren, brauchen und nehmen sie keine Nahrung von außen. Dieser Vorrath ist bei den jungen Barschen, Hechten und Karpfen immer sehr bald verzehrt; die Lachse und Forellenarten kommen damit so lange aus, wie ihre Entwickelung im Ei dauerte. Der Kunstfischzüchter wird also während dieser ersten Zeit hauptsächlich für reinliche, größere, möglichst feindlose Spiel- und Tummelplätze zu sorgen haben. Forellenarten bringe man zuerst in einem längeren Troge mit durchfließendem Wasser unter; für größere Mengen, etwa in wirklichen Fischzuchtanstalten, muß man flache Canäle innerlich mit flachen Ziegeln, Backsteinen oder anderem Material, das durch Glätte und Härte das Wachsthum von Wasserpflanzen verhindert, auskleiden.

Den Raum, welchen die noch bedotterten Jungen nöthig haben, veranschlage man etwa auf das Sechsfache der Eier und behandle sie im Uebrigen eben so wie diese. In größeren Flüssen, Teichen und Seen, wo man das Wasser nicht nach Belieben leiten kann, ist die Jakobi'sche Brutkiste am besten. Sie besteht aus einem langen Kasten von beliebiger Breite und Länge und etwa einem Fuß Tiefe mit einem starken Deckel oben, Oeffnungen auf beiden entgegengesetzten Seiten, die mit feinen Metallgittern verschlossen sind. In einer Kiste von sechs Fuß Länge und zwei Fuß Breite ist zunächst Raum für 5—6000 Junge. Die bevölkerte Kiste wird mit beschwertem Boden so in das Wasser gesenkt, daß sie noch darin schwimmt und durch Seile vom Ufer her so gehalten werden kann, daß der Strom grade hindurchfließt. Für stehende oder sehr langsam fließende Gewässer setzt man weniger Bewohner ein oder nimmt verhältnißmäßig größere Kisten, die man außerdem im Wasser noch oft hin und her ziehen muß, um für die nöthige Ventilation und Aquarifation zu sorgen.

Die jungen Forellen verzehren ihren Dottersack binnen sechs und die Lachse binnen acht bis zehn Wochen und müssen sich von da an von außen nähren. Damit beginnt die schwierigste Zeit für den Fischzüchter, da er diese Nahrung in möglichst kleinen Portionen und gehöriger Fülle herbeischaffen muß: Schalenkrebse, Krebsflöhe, eben ausgekrochene kleine Insectenlarven, Schnaken, Mücken, Florfliegen, ganz kleine Regenwürmer, Gnitzen und Gnatzen. Die Natur erzeugt zwar in Bächen und Tümpeln ebenfalls große Mengen davon, aber es ist schwer und kostspielig, sie vielleicht Tausenden von kleinen Fischlein in ihren vor Feinden geschützten Behältern massenhaft genug zuzuführen. Es ist nur leicht und lohnend, wenn man über hinreichende Strecken eines fließenden Baches verfügen kann, obgleich dabei wohl funfzig Procent der Brut umkommen. Diesen Verlust kann man durch vermehrte Befruchtungen ersetzen. Bei Mangel an Raum und entsprechendem Wasser muß man sich mit künstlichen Canälen und Gefäßen behelfen und die jungen Fischlein darin ordentlich füttern.

In der Nähe von Schlachthäusern und Schindereien kann man sich auf eine sehr billige Weise helfen, wenn man sich nur die Mühe giebt, die betreffenden Abfälle so klein wie möglich zu hacken oder zu raspeln. Kleine Forellen und Lachse stürzen sich gierig auf geronnenes Blut, besonders wenn man es durch kleine Röhrchen zwingt und es in wurmartigen Stückchen in's Wasser fallen läßt. Doch wird letztere Nahrung sehr verderblich, wenn sie in kleineren Behältern mit wenig Durchfluß nicht immer ganz und frisch weg verzehrt wird. Deßhalb ziehe man möglichst klein gehackte Abfälle aus der Küche, Fleisch von Fröschen und gefallenen Thieren und werthlosen Weißfischen vor, gebe sich aber dabei die Mühe, es vorher immer möglichst stark zu trocknen und zu grobem Pulver zu zerstampfen. Auch kann man, wie in Stormoutfield, große Stücke unbrauchbar gewordenen Fleisches über dem Wasser aufhängen; die sich darin entwickelnden Maden fallen dann manchmal bald in sich immer erneuernder Menge als willkommene Leckerbissen den jungen Fischlein zu. Außerdem empfiehlt es sich für große Züchtereien, kleine Weißfischarten, wie Pfrillen oder Ellritzen, Göbels und Döbels, sogar Barsche durch künstliche Laichung zu vermehren und sie als Futter für die jungen einjährigen Lachse und Forellenarten zu verwenden. Auch kann man ihnen dann junge Kaulquappen zuführen.

Ueber Gewicht und Wachsthum der jungen Fischlein giebt es sehr widersprechende Angaben. Als zuverlässig können die Mittheilungen von Vogt gelten: „Sechzig Seeforelleneier wiegen ein halbes Loth, so daß 3840 Stück auf ein Pfund gehen und ein einziges Ei $2^1/_3$ Gran wiegt. Eine sechzehnpfündige Seeforelle enthält vier Pfund Eier, also 15,360 Stück. Eben ausgekrochen wiegt die Seeforelle $2^1/_3$ Gran, also etwas weniger als das Ei. Dieses Gewicht bleibt während der sechswöchentlichen Dotterfachverirrte unverändert. Die spätere Zunahme ergiebt sich aus folgender Tabelle.

Datum der Wägung	Zahl der Tage nach dem Ausschlüpfen	Gewicht in Grammen	Länge
28. Mai	77	8	24 Millimeter.
6. Juni	86	15	— —
18. Juni	98	18	— —
13. Aug.	154	66	— —
1. Sept.	173	67	— —
21. Sept.	193	95	8 Centimeter.
15. Oct.	217	146	— —
24. Nov.	257	151	— —
3. Dec.	268	160	12 —

Doch hängen diese und andere Angaben bei der Prüfung ihrer Richtigkeit immer mehr von den Bedingungen der Ausbildung, dem Wasser und der natürlichen oder künstlich zugeführten Nahrung ab. Auch nährt sich offenbar das eine Fischlein besser, als das andere, so daß unter der Brut gleichen Alters in demselben Wasser Exemplare von doppelter Größe der kleinsten vorkommen.

„Bei der Aufzucht in künstlichen Gräben und Becken wird man stets die größte Sorgfalt auf Reinlichkeit und Schutz vor Feinden verwenden und wohlthun, den Fischlein, nach Muster des Beckens im Collège de France in Paris, größere Kiesel, Sand und hohle, aus Thon gebrannte Deckel als Verstecke und Schlupfwinkel in's Wasser zu stellen. In natürlichen Bächen siedeln sich bald Pflanzen an, unter denen die Forellen sich gern verbergen, um daraus auf Beute hervorzuschießen; auch kann man auf hölzernen Rahmen oder Weidengeflechten auf dem Wasser leicht Bach-Bungen, Brunnenkresse und ähnliche Gewächse ansiedeln."

Nach dem ersten Jahre sind die größten Mühen und Gefahren überwunden, und für weitere Zucht und Pflege findet man die nöthige Anleitung unter: „Teichwirthschaft."

„Sobald die Fischzucht als wirkliche Industrie betrieben werden soll, darf man die Ausgaben für eine Reihe von Teichen oder Flußabtheilungen nicht scheuen, um die Zucht jedes Jahres in besonderen Abtheilungen zu halten. Das ist eine unerläßliche Bedingung; denn grade diejenigen Fische, auf die es vorzüglich ankommt, schonen ihres Gleichen nicht, wenn sie jünger und schwächer sind. Der Hecht fällt ohne Bedenken über jeden jüngeren Namensvetter her, und die stets hungrigen und gefräßigen Lachse und Forellenarten machen es nicht besser."

Welche Fische soll man züchten? Richtige Antworten hierauf hängen von den verschiedensten Umständen ab, von der Gegend, dem verfügbaren Wasser, benachbarten Märkten, dem Capitale und der Capacität des Fragenden u. s. w. und sind im Wesentlichen bereits in den verschiedenen Theilen dieses Buches gegeben worden. Um aber die Sache noch einmal kurz zusammenzufassen, rathen wir besonders: Einbürgerung werthvollerer Fische je nach den zu Gebote stehenden Gewässern zu versuchen und mit befruchteten Eiern anzufangen. Für größere Capitalien und Gewässer empfehlen wir ganz besonders Einbürgerung geeigneter, werthvoller Seefische, hauptsächlich der flatten oder platten, flunderartigen Fische und von diesen die kostbaren, beliebsten Meerbutten. Alle diese Plattfische lassen sich leicht in süßen Gewässern einheimsen und zu einer heiteren Quelle schmackhafter Nahrung und hoher Verzinsung von Capitalsanlagen machen. Dasselbe gilt von den Stockfischarten, wiewohl diese wegen ihrer Gefräßigkeit sich nur dann eignen werden, wenn die betreffenden Gewässer eine große Menge von untergeordneten, werthlosen Futterfischen liefern. Für die Flußgebiete Norddeutschlands, also besonders der Weichsel, Oder und Elbe, empfehlen sich die friedlichen Pflanzenfresser von Störarten und natürlich zumeist der Scherg und Sterlet, deren befruchtete Eier oder junge Brut sich wohl am billigsten zuerst von der Theiß her beziehen ließen. Mit ihnen würden auch Hechte und Forellen gedeihen, da diese ihnen nicht die Nahrung wegnehmen und dieselben auch wegen ihrer körperlichen Ueberlegenheit nicht fressen können.

In erster Linie für künstliche Fischzucht stehen natürlich alle Salmoniden, also Lachs, Huchen, See- und Bachforelle, Maräne, Gangfisch und etwa noch die Aesche. Von diesen sind die Bachforellen am leichtesten zu züchten, wenn man ihnen klares, kühles, schattiges Wasser mit sandigem und kiesigem Grunde und möglichst gleichmäßiger, mittlerer Wärme bieten kann. Am geeignetsten für sie sind also viele deutsche Bäche und klare Gebirgsseen ohne Schlammgrund. In Flüssen, welche industrielle Unreinlichkeiten, Salze und Farbestoffe, Abfälle aus Fabriken und Manufacturen, Pechschmiere aus Gasanstalten u. s. w. aufnehmen, gedeihen sie nicht. Der Staat oder die gebildeten Herren der Industrie selbst sollten auch darin eine Aufforderung finden, diese nicht bloß für Fische schädlichen Abfälle zu verwerthen und aus dem allgemeinen Schaden, den sie anrichten, Nutzen zu ziehen. Die gebildete Industrie kennt jetzt schon keine solchen schädlichen Abfälle mehr, da wohl durchweg Stoffe darin stecken, welche sich mit Nutzen für die betreffenden Eigenthümer und zur Erhöhung des allgemeinen Wohlstandes verebeln lassen. Abfälle und Unreinlichkeiten sind nur Beweise von Unkenntniß und mangelnder Cultur.

In größeren Bächen und Flüssen gedeiht mit besonderem Vortheil der Huchen, der bei seiner allerdings großen Gefräßigkeit schneller wächst, als jede andere Lachsart und schon im vierten, fünften Jahre siebzig und gelegentlich wohl noch mehr Pfund Fleisch liefert, welches nur dem des Ritters nachsteht, den Mangel an Feinheit aber durch Masse ersetzt. Die zwischen See- und Süßwasser wandernden Lachse und Seeforellen werden sich nur dann mit Vortheil, aber dann auch mit sehr großem, künstlich vermehren und züchten lassen, wenn die betreffenden Flußgebiete nach einheitlichen Plänen und Gesetzen bewirthschaftet und ausgeerntet werden. Da wir lange noch nicht so weit sind und durch verkehrte Gesetze sowie kurzsichtigen Egoismus der betreffenden Pächter von diesem Ziele noch künstlich zurückgehalten werden, bleibt für die meisten kleineren Verhältnisse nur die Bachforelle für künstliche Zucht übrig. Sie lohnt aber auch jede Auslage und Mühe ganz vorzüglich mit dem feinsten und am theuersten bezahlten Fleische. Sie kommt in den kleinsten Bächen und hellen Teichen mit starkem Zufluß leicht fort, und ihre künstliche Züchtung und Mästung ist daher für alle dergleichen Gewässer entschieden zu empfehlen.

„Für kleine, tiefe Gebirgsseen," sagt Vogt, „wird man vielleicht den Salmling und Ritter, für gewisse Flußstellen die Aesche, für tiefere Flüsse und Seen, deren Wasser nicht rein genug für Forellen ist, den Sander vorziehen. Für stehende Gewässer, tiefe, klare Teiche und Seen werden die Maränen wesentliche Berücksichtigung verdienen, zumal da sie sich durch Einpökeln und Räuchern sicher und weithin verwerthen lassen. Der zu ihnen gehörige Gangfisch aus dem Bodensee wird, so zubereitet, in Süddeutschland und der Schweiz massenweise versandt. Die Vervielfältigung der geschätzten Madui-Maräne aus dem See gleichen Namens bei Stettin wäre gewiß lohnend für die Besitzer von Teichen und Seen in den Niederungen und Flachgegenden Deutschlands."

„Nun aber soll kein Bettler unter Euch sein." So gebot schon vor Jahrtausenden die Bibel. Wir glauben hinreichend bewiesen zu haben, daß nicht die geringste Wasserfläche ohne Fisch und Fleischwerth sein sollte. Damit versehen und entsprechend bewirthschaftet, werden sie ganz wesentlich dazu beitragen, das alte Gebot der Bibel zu erfüllen, welches auch wir als strenge Forderung an unsere Herren der Erde und der Wasser stellen.

Handel mit Fischeiern.

Es wurde schon früher erwähnt, daß die günstigste Zeit für diese Versendung dann eintritt, wenn in den befruchteten Eiern die Augen der Jungen durch die Schale als verhältnißmäßig große schwarze Punkte sichtbar werden. Es ist nur noch nöthig, daß für entsprechende Verpackung und Schutz auf dem Wege gesorgt werde. Dazu eignen sich Schachteln von Holz, die nicht einmal besonders durchlöchert zu sein brauchen, weil durch die Fugen die nöthige Menge Luft eindringt. Nur dürfen sie auf der Reise nicht trocken werden; deshalb muß man sie ordentlich in feuchtes Moos, Wasserpflanzen, grobe Pferdeschwämme, filzige Wolltücher oder sonstige Gegenstände, welche Feuchtigkeit lange zurückhalten, ordentlich verschichten. Zu diesem Zwecke breitet man zuerst auf dem Boden der Schachtel gehörig gereinigtes und durchfeuchtetes Moos, streut darauf eine Schicht Eier so, daß sie sich gegenseitig nicht berühren, legt darauf wieder eine Schicht Moos, die wieder dünn mit Eiern bestreut wird, und fährt damit so fort, bis die Schachtel etwas gehäuft voll ist, deckt das Ganze mit einer Moosschicht, so daß der darauf gedrückte Deckel alle Schichten nur mäßig zusammenpreßt, und schließt die Schachtel ohne weitere Umhüllung. Nur wenn im Winter Frost zu befürchten ist, muß man sie in eine noch größere Schachtel so verpacken, daß die Zwischenräume mit trockenem Werg oder Moos ausgefüllt werden können. So verwahrt, können die Eier von einem Ende Europas bis zum andern, nach und von Amerika u. s. w. verschickt werden, ohne daß sie Schaden leiden, so daß sich namentlich im Winter wohl aus allen Erdtheilen befruchtete Eier zur Ansiedelung und Einbürgerung beziehen lassen. Nur während der warmen Monate und auf sehr langen Reisen läßt sich befürchten, daß die Jungen in den Eiern unterwegs auskriechen und dann verloren gehen. Also Kälte mit Schutz vor Frost. Außerdem muß man dafür sorgen, daß die Eier nach längeren Reisen nur allmälig mit dem für sie bestimmten Wasser befreundet werden. Zu diesem Zweck befeuchtet man beim Auspacken zuerst den ganzen Inhalt der Schachtel mit solchem Wasser und schüttet erst vielleicht eine Stunde später die ganze Masse in ein damit gefülltes Gefäß, wo die Eier leicht zu Boden sinken, so daß das oben schwimmende Moos bald herausgenommen werden kann.

Bis jetzt beschäftigen sich hauptsächlich die Anstalt in Hüningen und die königliche Veterinärschule zu München mit Verlauf und Versendung von befruchteten Eiern. Vogt giebt folgende Preisliste für je 1000 dieser befruchteten und bebrüteten Eier an:

		In Hüningen. Francs.	In München. Gulden. Kreuzer.	
Ombre chevalier	Ritter	7	Salmling 3	—
Saumon du Danube	Huchen	5	2	—
„ du Rhin	Rheinlachs	5	2	30
Truite des lacs	Seelachs	6	2	30
Truite	Forelle	4	2	—
Ombre	Aesche	4	1	—
Féra	Bodenrenke	2	—	—
Sandre	Sander	4	—	—
Esturgeon	Stör	6	—	—
Brochet	Hecht	—	—	30
Lavaret	Renke	—	1	—

Dieser Tarif ist zwar zehn Jahre alt, doch hat er sich wohl nicht wesentlich geändert. Auch kommt es gar nicht so sehr darauf an, ob man für so und so viel Tausend Eier, aus denen man Hundertthalerwerthe züchten kann, so und so viel Groschen mehr oder weniger zahle. Auf Versendung und Beziehung von jungen Fischen selbst lasse man sich nur auf kurze Strecken und in dem Nothfalle ein, daß befruchtete und bebrütete Eier nicht zu haben sind, und nehme dann auch nur Fische, die noch ihren Dottersack haben. Die Hälfte mag dabei freilich verloren gehen. Für ältere Fische muß unterwegs entsprechendes und gekühltes Wasser mindestens alle drei Stunden gewechselt werden. Nur Aale, Trüschen und Karpfenarten lassen sich zur Noth auch ohne Wasser, gehörig feucht und luftig verpackt, wenn sie noch nicht zu alt sind, ohne erhebliche Verluste transportiren. Forellen, Sander, Barsche u. s. w. halten dies nicht aus. Ueberhaupt sollte man an solche barbarische Versendungsart gar nicht mehr zu denken brauchen, sondern von Staats- und Associationswegen dafür sorgen, daß überall und zu jeder Zeit aus Anstalten, wie Hüningen, jede Art von befruchteten und bebrüteten Eiern leicht und billig zu haben sei.

Die Erfolge künstlicher Fischzucht sind, wie diese selbst, noch jung und mangelhaft, dabei aber ermuthigend genug. Der Domänenpächter Knoche berichtete schon nach den ersten sechs Jahren seiner künstlichen Fischzucht in Teichen, die durchaus nicht gehörig geschützt waren, daß er von je 1000 Eiern immer jährlich etwa 800 junge Fischchen erhalten habe. Nach Ablauf des Jahres fand er in dem kleinen Teiche nur selten noch mehr als die Hälfte vor; die übrigen mußten umgekommen oder aus dem Teiche entwichen sein, setzt er sehr naiv hinzu, als wenn sich durch ordentliche Schutzmaßregeln solche Unglücksfälle nicht wenigstens größtentheils vermehren ließen. Aber dessen ungeachtet war er schon nach den drei ersten Jahren mit dem Ergebniß und Gewinn zufrieden, und während der letzten drei gewann er jährlich 3—400 Stück drei- bis vierjährige Forellen von ³/₄ bis 1 Pfund Schwere. Da man nun sogar in Forellengegenden oft die kärglichste Portion, bestehend aus zwei oder drei Zwergen von zusammen noch nicht einem halben Pfund mit einem halben Thaler Preußisch Courant bezahlen muß, läßt sich leicht ermessen, welchen Gewinn man bei ordentlich künstlerischem und wirthschaftlichem Betriebe erzielen, sichern und steigern kann.

Für Züchtung der Lachse, Störe, Maifische oder Alosen und aller solcher Fische, die großen Raum verlangen und Reisen zwischen Salz- und Süßwasser machen, gehören großartigere Anstalten reicher Privatindustrie oder ganzer Fischereigesellschaften. Die Versuche und Erfolge in England und Frankreich sind schon jetzt, obgleich ebenfalls noch sehr jung und unvollkommen, ungemein ermuthigend für deutsche Capitalisten. Vogt setzt hinzu, daß der wesentlichste Vortheil von künstlicher Fischzucht für die Bevölkerung derjenigen Gewässer zu erwarten sei, wo man die Fischerei freigegeben habe oder verpachte. Er erinnert dabei wieder an Hüningen und schildert die Anstalt als Sachverständiger und aus eigenem Studium, so daß wir bei der Wichtigkeit derselben für die Entwickelung unserer deutschen künstlichen Fischzucht es für gut halten, unsere eigene frühere Schilderung durch diese zu ergänzen.

„Ich kann nicht leugnen," sagt er, „daß ich sie weit über mein Erwarten großartig fand. Sie liegt in der Rheinebene zwischen St.-Louis und Hüningen, besitzt eine bedeutende Bodenfläche, einige schöne klare Quellen, Wasserzufluß aus dem großen Kanale und ist in der That als Brütanstalt und Entrepôt eine wahre Musteranstalt. Das Hauptgebäude hat, neben den Wohnungen der Wärter, den Packräumen und Laboratorien, ein gewaltiges Erdgeschoß, halb Keller, mit künstlichen Kanälen und darüber einen zweiten Raum mit Apparaten. Zwei getrennte Nebengebäude enthalten, das eine fertige ebenfalls noch Brutkanäle, das andere, an dem eben gebaut wurde, zwei Teiche zur Erhaltung der jungen Brut, die gefüttert wird. Das für die Forellen nöthige Quellwasser wird durch die vom Kanalwasser getriebene Turbine auf alle Brutapparate gehoben. Ich glaube nicht zuviel zu sagen, wenn ich behaupte, daß Raum genug ist, um acht Millionen Eier aus der Forellenfamilie zu gleicher Zeit auszubrüten. Die Wärter sind praktisch geübte, intelligente Leute; die Sorgfalt, welche den Eiern gewidmet wird, lobenswerth; der Handel mit Eiern bedeutend; die Aufragen, wie mir der Wärter sagte, größer als das Material, das man herbeischaffen kann.

Zu diesem letztern Zwecke ist die Sache ganz vortrefflich nnd kauf=
männisch eingerichtet. Mehrere mit dem Befruchtungsverfahren vollkommen
vertraute Ingenieure haben die Schweiz, die Vogesen, den Schwarzwald,
Baiern und Oberösterreich bereist und dort überall Fischer und Fischhändler
im Verfahren unterrichtet und für die Anstalt gewonnen. Diese Leute

Brutsaal zu Hüningen.

liefern nun diejenigen Eier, die sie in der Nähe haben, meist Bachforellen,
Seeforellen, Ritter und die verschiedenen Arten von Fölchen oder Renken.
Jeder hat ein Büchlein, dessen Seitenzahl von dem dirigirenden Ingenieur
paraphirt ist, ein Journal, in welchem alle auf die Operationen bezüglichen
Daten eingezeichnet werden und das in folgende Rubriken eingetheilt ist,
welche deutsch und französisch überschrieben sind; ein klarer Beweis, daß
die größte Menge der Eier aus Deutschland und der deutschen Schweiz
bezogen wird.

Ich setze hier das Schema des Journals her:

Nummer	Herkunft.	Tag und Stunde der Befruchtung.	Tag und Stunde	Anzahl	Zustand des Rogens	Bemerkungen
	Orte, wo man den Rogen gesammelt hat, woher das Männchen und das Weibchen stammen.	Ob die Befruchtung am Orte selbst stattgefunden.	der Absendung.	der gelieferten Eier.	bei der Abreise,	Ihre etwaige Ursachen, welche die Befruchtung verhindert haben, über den Zeitverlust von der Befruchtung
		Ob sich dabei keine besonderen Umstände ereignet haben.	des Empfangs.		bei der Ankunft.	
			Durch welche Gelegenheit.	der erhaltenen Eier.	Ob die Verpackung vollständig war.	bis zur Versendung, des Verzuges der Anstalt, der Beschädigung auf der Reise.
	Wohnort und Name des Absenders.				Anzahl der verdorbenen Eier.	
			Gestalt und Größe der Schachtel.		Anzahl der in Brut gegebenen Eier.	

Die Anstalt zahlt ihren Fischern für je 1000 Eier: Seeforellen und Ritter 2 Frcs. 50 Cent., Bachforellen 2 Frcs., Lachs 1 Frc. 50 Cent., Fölchen und Renken 20 Cent. Die Menge wird in einem Normalmaße, einem siebartig durchlöcherten blechernen Becher, gemessen, das folgende Eierzahl enthält: Lachs 500, Seeforelle 600, Bachforelle 1000, Ritter 1200, Renke 3000 Eier. Außerdem vergütet die Anstalt ihren Hauptfischern noch Reisekosten, Zeitverlust, Verpackung und Versendung, sodaß, wie ich mich durch eine Durchschnittsberechnung habe überzeugen können, das Tausend Forelleneier noch etwa 30—50 Centimen kosten macht und die Anstalt demnach für Verlust, Verwaltungskosten, Bebrütung ec. etwa 1 Frc. 50 Cent. vom Tausend Eier bezieht, was gewiß nicht zuviel, sondern eher zuwenig ist.

Bei gut eingeübten und sorgfältigen Befruchtern ist der unmittelbare Verlust an den versendeten Eiern höchstens ein Procent, ja ich habe selbst Sendungen gesehen, wo unter mehreren tausenden kaum ein weißes Ei war. Bei diesen Leuten, auf die man sich verlassen kann, nimmt's dann auch die Anstalt nicht sehr genau. Man läßt die Eier in derselben Verpackung, in welcher man sie erhalten hat, klebt nur eine andere, kaiserliche

Adresse darauf und spedirt sie unmittelbar an einen Abnehmer weiter, ohne selbst die Bebrütung bis zum Erscheinen der Augenflecken vorzunehmen. Die Zahl der Eier, welche auf diese Weise aus verschiedenen Gegenden herbeigezogen wird, ist erstaunlich. Ich habe mich aus dem Büchlein selbst überzeugt, daß ein einziger Fischer aus der deutschen Schweiz, der zudem noch einen ziemlich beschränkten Wirkungskreis hat, in zwei Wintern eine und eine Viertel-Million Bachforelleneier an die Anstalt geliefert hat und daß in diesem Winter von vier Lieferanten der Schweiz im ganzen etwa fünf Millionen Eier geliefert wurden, von nur vier Fischsorten: Bachforellen, Seeforellen, Ritter und Fölchen. Wieviel der ganze Betrieb ist, kann ich nicht sagen, doch darf man ihn ungescheut jetzt auf etwa sechs bis sieben Millionen Eier per Jahr schätzen. Direct bezieht die Anstalt nur etwa eine halbe Million Lachseier jährlich aus dem benachbarten Rhein; das Uebrige fließt, wie gesagt, zum größten Theil aus Bächen und Seen der benachbarten Gebirge.

Wenn ich somit in dem Etablissement von Hüningen eine wirklich großartige Brutanstalt anerkenne, so kann ich nicht dasselbe von der Zuchtanstalt sagen. Im Winter 1852/3 wurden die ersten Bebrütungen angestellt, seit denen also sechs Jahre verflossen sind; im Januar 1859 konnte man mir keinen dort gezüchteten Fisch von einem Alter von zwei Jahren zeigen, mit Ausnahme eines einzigen Huchen, der trübselig in einer kleinen, etwa dreißig Fuß langen Abtheilung eines Baches stand. Nur an den den Quellen zunächstliegenden Bachabtheilungen zeigten Tafeln an, daß hier in der Anstalt gezüchtete Fische im Bache seien; wir sahen einzelne und ließen sie uns mit dem Schöpfer hervorziehen; die jährigen Bachforellen waren schön, groß, kräftig; die Seeforellen weniger fortgeschritten; die Lachse krüppelhaft. Diese Theile der Bäche hatten eine Temperatur von 8 und 9°; weiterhin war das Wasser überall gefroren und meines Erachtens zu wenig ungefrorenes Wasser in den Bächen, diese also nicht tief genug, um das Fortleben von Forellen zu ermöglichen. Man hätte mit dem gesammten Lachs- und Forellenvorrath wahrlich keine Gesellschaft von einem Dutzend Personen bewirthen können.

Einige gefrorene Teiche sahen wir auch; diese habe man, sagte der Wärter, mit in der Umgegend angekauften, nicht in der Anstalt gezüchteten Karpfen besetzt.

Indessen scheinen uns auch die Verhältnisse nicht zur Forellenzucht im großen geeignet. Eine baumlose Ebene, etwas torfiger Grund, nur in der Nähe der Quelle selbst Schatten — da züchte man Aale, Karpfen, Schleien und derlei Gesindel. Man wird niemals den Bächen einen größern Fall geben können. Um Schatten zu erzielen, hat man junge Tannen gepflanzt, welche die Forellen gar nicht lieben, sondern Weiden,

Erlen und Buchen als Schattengeber vorziehen. Es ist also bis jetzt nicht möglich, daß die Züchtung große Resultate ergeben könne.

Man darf sich auch nicht verhehlen, daß von allen den Versuchen, die in der jüngsten Zeit in allen Ecken der civilisirten Welt gemacht wurden, noch keine großen praktischen Resultate erhalten worden sind. Wenn man bedenkt, daß die Fische langsam wachsen und daß die Fischerei in den freien Gewässern überhaupt mancherlei Zufälligkeiten unterworfen ist, die noch nicht näher ergründet sind, so ergiebt sich klar, daß die Resultate der Bevölkerung im großen auch erst nach längern Jahren überzeugend hervortreten können. Wie vielfältigen Schwankungen die Fischerei unterworfen sein kann, lehrt folgendes Beispiel: Die große Reuse der Stadt Genf, welche an der sogenannten Maschinenbrücke angebracht und zum Fang der die Rhone hinaufsteigenden Seeforellen bestimmt ist, liefert im Durchschnitt in den drei Wintermonaten November, December und Januar 1200 Pfund Fische. Im Jahre 1853 wurden keine 100 Pfund gefangen. Natürlich allgemeines Geschrei über die Entvölkerung des Sees und der Rhone, die immer mehr zunehme; was man auch solange glaubte, bis der reichliche Fang des folgenden Jahres vom Gegentheil überzeugte. Wie ist es nun möglich, bei solchen Schwankungen, deren Ursachen noch durchaus unergründet sind, aus den Resultaten einiger Jahre bestimmte Folgerungen zu ziehen?"

Aus dieser Schilderung Hüningens sehen wir mit dem Auge der Wissenschaft nicht nur wie es gemacht wird, sondern auch wie wir es noch viel besser machen können oder vielmehr müssen, wenn wir das schon jetzt beim ersten Erwachen aus dem langen Schlafe der Vernachlässigung unserer Gewässer sich geltend machende Bedürfniß für künstlich bebrütete Fischeier befriedigen wollen.

Wir lassen hier zunächst noch eine Stelle aus Brehms „Illustrirtem Thierleben" folgen:

„Für den menschlichen Haushalt haben die Lachse eine sehr große Bedeutung. Ihr köstliches Fleisch wird von dem keines anderen Fisches überboten; es zeichnet sich aus durch schöne Färbung, ist grätenlos, schmackhaft und leicht verdaulich, so daß es selbst Kranke genießen können. In unserem fischarmen Vaterlande gehört es leider zu den selten gebotenen Leckerbissen, wenigstens in allen Gegenden, welche nicht unmittelbar an Flüssen oder Bergströmen und Gebirgsseen liegen; schon in Skandinavien und Rußland aber ist Dies anders. Hier bildet es ein wesentliches Nahrungsmittel der Bevölkerung, obgleich es selbst hier noch immer nicht die Bedeutung erlangt, wie in Sibirien und Nordwestamerika. Für die in den Küstenländern am stillen Weltmeere und am Eismeere lebenden Menschen bilden die Lachse die hauptsächlichste Nahrung; sie und mit ihnen ihre nützlichsten Hausthiere würden nicht bestehen können ohne diese Fische. Ihre wichtigste Arbeit gilt deren Fange; um die Lachse dreht sich, so zu sagen, das ganze Leben dieser Leute. Während des Sommers fängt, trocknet, räuchert, pökelt, speichert man den Reichthum des Meeres auf, welcher jetzt durch die Flüsse geboten wird, wendet man alle Mittel an, um sich den für den Winter unumgänglich nothwendigen Bedarf an Nahrung zu erwerben.

Die Klage über Verarmung unserer Gewässer bezieht sich hauptsächlich auf das von Jahr zu Jahr fühlbarer werdende Abnehmen der Mitglieder dieser Familie. Aus vergangenen Jahrhunderten liegen Berichte vor, welche übereinstimmend angeben, daß man früher den Reichthum der Gewässer nicht auszunutzen vermochte; aber diese Berichte schon gedenken weiter zurückliegender Zeiten, in denen der Reichthum noch größer gewesen sein soll. Bereits vor Jahrhunderten wurden Gesetze erlassen zum Schutze dieser wichtigen Fische, welche leichter als alle übrigen aus den Gewässern, wenigstens aus bestimmten Flüssen verbannt werden können. Die Gesetze haben sich wenig bewährt, weil man im Laufe der Zeit die Flüsse mehr und mehr einengte und die Gewässer den Gewerken nutzbar machte, damit aber das Aufsteigen der fortpflanzungsbegierigen Lachse verhinderte, weil die Abflüsse aus Fabriken Bäche und Flüsse vergifteten, und weil man verabsäumte der natürlichen Vermehrung nachzuhelfen. Solche leichtfertige Gleichgiltigkeit gegen ein so wichtiges Nahrungsmittel hat sich bitter gerächt und gegenwärtig sieht man sich überall gezwungen, Maßregeln gegen das Weitergreifen des Uebels zu treffen. Seitdem man die künstliche Fischzucht kennen und auszuüben gelernt hat, ist es wenigstens hier und da etwas besser geworden. In den lange Zeit verarmten Flüssen Schottlands macht sich der Segen des „menschlichen Eingriffes in die Gerechtsame des Schöpfers" schon jetzt in erfreulicher Weise bemerklich; in unserem Vaterlande fängt man wenigstens an, die Gefahrlosigkeit solcher Eingriffe einzusehen und der Vorsehung etwas unter die Arme zu greifen. Bemerkenswerth ist, daß man in dem strengkatholischen Baiern das Meiste für die künstliche Fischzucht gethan hat. Kuffer, städtischer Fischmeister zu München, betreibt sie im Auftrage der Regierung und zu eigenem Nutzen seit acht Jahren und befruchtet, einem neuerlich veröffentlichten Berichte des Geheimen Regierungsrathes Oppermann zu Folge, durchschnittlich jährlich von jeder in Baiern vorkommenden Lachsart gegen dreihunderttausend Eier zum Ausbrüten in den eigenen Gewässern und ebenso viel zur Versendung nach der Schweiz, Oesterreich, Frankreich, Italien, Rußland, Dänemark und Preußen. Nur in Frankreich und Italien haben die Regierungen sich der hochwichtigen Angelegenheit unmittelbar angenommen; die Abnehmer in den außerdem genannten Ländern sind große Grundbesitzer, welche ihre Gewässer wieder bevölkern wollen. Bestellungen gehen ein bis zur Höhe von drei Millionen jährlich, können aber nur zum geringsten Theile befriedigt werden. Durchschnittlich sind jährlich neunzigtausend junge Lachse erbrütet, binnen acht Jahren also siebenhundertzwanzigtausend Stück ausgesetzt worden. Man hat wenigstens einen Anfang gemacht, und dieser ist immerhin als ein Zeichen des Fortschritts und der allgemeinen Anerkennung der Naturwissenschaft mit Freuden zu begrüßen."

Wir sehen also, daß weder Hüningen noch der städtische Fischmeister Kuffer in München, noch, wie wir aus anderen Quellen wissen, die wenigen anderen kleinen Fischzüchter Deutschlands im Stande sind, der jetzt erst erwachsenden Nachfrage im Geringsten zu genügen. Allerdings haben zwei geistige und pekuniäre Capacitäten Berlins auf Brehms Anregung bereits dafür gesorgt, daß vielleicht jährlich einige Hunderttausend befruchtete Forelleneier an Kunden abgelassen werden können, da sie in Kämmerswalde bei Sayda im sächsischen Erzgebirge mehrere vorzügliche Forellenteiche angekauft und den Lehrer Herrn Maier in ersterem Orte mit der Bewirthschaftung derselben und künstlicher Laichung und Bebrütung für den Verkauf beauftragt haben; aber diese und vielleicht noch ein Dutzend andere Anstalten der Art werden durchaus nicht im Stande sein, hinreichendes lebensfähiges Material zu liefern, sobald die Bewirthschaftung des Wassers in Deutschland nur irgendwie gründlich in Angriff genommen sein wird. Es ist daher jedenfalls lohnend für die Unternehmer und verdienstlich für das ganze Volk, wenn künstliche Fischzucht in kleineren Anstalten und womöglich auch in einem deutschen Hüningen möglichst umfangreich und mit Benutzung aller bisherigen Erfahrungen wissenschaftlich, praktisch, industriell und kaufmännisch betrieben wird. Eine intelligente Capitalistengesellschaft braucht dazu keine Staatshülfe und wird vollkommen zufrieden sein können, wenn ihr hohe Behörden keine Hindernisse in den Weg legen. Das deutsche Hüningen ist ein Unternehmen für denselben verdienstvollen Mann, welchem wir die erste finanzielle Begründung des Berliner Aquariums verdanken.

Aquariums-Cultur.

Ein gedämpft beleuchteter Krystallsalon, überall ausgeschmückt mit Blumen von seltsamster Gestaltung, reichster Färbung und Wandlung im durchsichtigen Wasser hinter Glasscheiben. Liebliche, weiße, vielstielige Blüthen, unmittelbar aus Gestein wachsend, scharlachrothe und purpurne Brillanten Floras freudig die Sonne mit ausgestreckten Armen grüßend, märchenhafte Dolden und Kelche in grünen, weißen, rosigen, purpurnen Tinten — die bunteste Versammlung von Blumenfeen unter dem warmen, glänzenden, geschlossenen Krystallbache von blühenden Thieren und thierischen Blumen, nicht von Zephyren umkost und doch alle in freudiger Bewegung, jegliches nach seiner Art mit Stielen, Blättern und Blüthen graciös umherschwankend und gleichsam deklamirend, Arme, Hände, Finger und Köpfe mit wehenden Federbüschen hervorstreckend, wagehalsig aus Thürmen überlehnend, als wollten sie sich herabstürzen, dann sich blitzartig zurückziehend, wie durch Zauber verschwindend und alle Thüren, Thore und Fenster schließend, dann wieder plötzlich in neuer Wandlung und Blüthenpracht herausquellend, winkend und wehend und gestikulirend, als sprächen sie für sich oder miteinander. Kurz, diese Pflanzen und Blumen sind alle lebendig, lebendig wie die Thiere der Erde und die Fische im Wasser.

Zwischen ihnen schlingen sich seltsame Gewächse unter dem Wasser und zwischen dessen Höhlen und Grotten, und nie gesehene lebendige Gestalten huschen und haschen sich lustig dazwischen umher, unter ihnen Fische von ungewöhnlicher Zierlichkeit und mit bezauberndem Farbenspiel. Einige schlafen und recken sich, wie im Traume, andere jagen und verzehren ihre Beute, verstecken sich vor Jägern und Räubern, schießen rasch empor, schweben still und gedankenvoll in der Mitte, bekommen plötzlich Einfälle, nehmen an diesem oder jenem Spiel Theil und stellen so ein Leben dar, wie es uns weder in der Natur, noch in der Kunst jemals geboten ward. Es übertrifft unsere kühnsten Phantasiebilder aus den abenteuerlichsten Feenmärchen. Es sind Scenen, wie sie die Königin Gulnare gesehen haben mag, als sie mit ihrem grünbärtigen Bruder, dem König Saleh, in die Tiefe des Meeres stieg, um ihren unterwasserigen Unterthanen einen Besuch abzustatten, nur daß wir uns weder in einer Märchenwelt, noch im Meere, sondern ganz trocken in voller materieller Wirklichkeit befinden und bequem auf einem Stuhle des Zoophyten-Hauses im zoologischen Garten des Regentparkes zu London sitzen. Es ist die Mutterloge unserer deutschen Aquariumstempel und einer neuen naturwissenschaftlichen Cultur, welche in dem Brehm'schen „Eleusinium" zu Berlin ihre großartigste Entwickelung feiert und noch eine viel schönere Zukunft verspricht. Deshalb ist es der Mühe werth, zunächst diesen einfachen Originaltempel kennen zu lernen. Das Zoophytenhaus besteht hauptsächlich aus jenen dicken, halbdurchsichtigen Glasscheiben, welche das Sonnenlicht durchlassen und zugleich zu einer Sanftheit brechen, wie sie für diesen Zweck, die Wunder der Meerestiefe auf der Oberfläche der Erde zur Schau zu stellen, unerläßlich erschienen. Außerdem kann das Licht noch durch große Vorhänge von oben her gedämpft werden. Es ist länglich viereckig, 55 Fuß lang und 40 breit. Ringsherum und in der Mitte reihen sich Cisternen von Spiegelglas, landschaftlich geschmückt und bevölkert mit den Wundern salziger und süßer Wasser. Die größten sind 6' lang, 3' tief und 2½', breit, die kleineren haben etwa ⅔ dieser Größe. Beim Eintritt steht man dem größten gegenüber; in den vier Eden befinden sich eigenthümlich zusammengesetzte, größere, nur zum Theil mit Wasser versehene, sonst mit Steinen, trockenem Sande u. s. w. geschmückte Residenzen für Schildkröten, kleine Krokodile und sonstige Halbwasserthiere. Die Cisternen auf beiden Seiten zeigen uns bekanntere Bewohner süßer Gewässer, aber oft in einer Weise, daß sie uns zugleich wieder ganz neu erscheinen. Der Grund gleicht einem Flußbette mit Steinen, Wassergewächsen und verschiedenen Grotten an den Ufern entlang. Wir erkennen manche Flußfische darin, aber viele andere Bewohner erscheinen uns um so sonderbarer, als sie ganz zahm und furchtlos dicht vor unseren Augen sich in einem Lichte zeigen, in welchem wir sie draußen in der Natur von oben her abwärts nie zu sehen im Stande waren. Man kann sie hier in dem klaren, lichten Wasser grade vor sich, jegliches in seiner Art, seinen natürlichen Unarten, persönlichen Eigenthümlichkeiten und Gestaltungen auf das Genaueste beobachten, da sie sich offenbar gewöhnt haben, sich vor den Leuten nicht im Geringsten zu geniren. Und doch ist dieses Licht nüchtern und grau gegen das himmlische von oben im Berliner Aquarium.

Aber hier im Zoophytenhause bemerkte ich zuerst, was diese Fischlein für große, kluge, treugierige Augen haben, wie leicht und graciös sie sich bewegen, wie wohl es ihnen ist und wie gesund sie sind, so daß ich unwillkürlich an Göthes feuchtes Meeresweib dachte:

"O wüßtest Du wie's wohlig ist
Dem Fischlein auf dem Grund,
Du stiegst hernieder, wie Du bist,
Und würdest erst gesund."

Man begreift hier wirklich die lockende List der Natur im Wasser und vergißt bei diesem lustigen, leichtsinnigen Leben hier unten, daß man darin ertrinken kann.

Die großen Cisternen der Thür gegenüber sind Gefängnisse und zugleich Lustschlösser verschiedener Meeresfische und größerer Zoophyten. Die Mittelreihe ist die Statt sonderbarer Thierblumen, Pflanzen-Thiere, Mollusken und Crustaceen, deren geheimnißvolle Entstehung, Fortpflanzung, Lebensweise und Schönheit man nun erst auf das genaueste und bequemste erforschen und beobachten kann. Es geht ihnen hier in der Gefangenschaft nichts von der Natur ab, wie sie sie leben. Die einzelnen Cisternen gleichen genau den Gegenden des Meeres, wo sie sonst leben. Felsen, Schwammgewächse, Algen, Schlamm, Kies, Steine, vegetabilisches und animalisches Leben — alles umgiebt sie so, als wenn sie sich in ihrer natürlichen Heimath befänden. Dabei hat sich ihre Lage ganz wesentlich gebessert, weil menschliche Kunst und Pflege sie hier vor unzähligen Feinden schützt, von welcher die graufame Natur unter dem Wasser grade am wenigsten weiß. Die Zärtlichkeit für sie geht so weit, daß man ihnen Meerwasser nur aus solchen Gegenden kommen läßt, wo sie von Natur am liebsten leben, und dieses Element weiß man ihnen durch richtige Beimischung von pflanzlichen und thierischen Gebilden, guter Ventilation und Beseitigung aller schädlichen Unreinigkeiten immer Monate lang gesund und frisch zu erhalten, so daß es bloß alle halbe Jahre durch frisches ersetzt wird. Im Hamburger und Berliner Aquarium weiß man es für immer frisch und lebenskräftig zu erhalten.

Da dieses erste Aquarium hauptsächlich Zoophytenhaus ist, wollen wir uns bei den beschuppten Bewohnern desselben nicht aufhalten. Deshalb schenken wir den Leoparden des Meeres, schwarz und goldgefleckten Fischen, den glänzend grünen, schnabelartigen Seeschnepfen, den sonderbaren Wassertomikern oder Plattfischen und ihrer Liebe für Gründlichkeit, d. h. den Sumpf und Schlamm unten, ihrer schiefmäuligen Geschlechtsschneiderei und der lächerlichen Manie, sich einäugig zu stellen, wobei sie doch so altklug heraufblicken, als wollten sie Witze über die Leute draußen und oben machen, verschiedenen anderen Vertretern der beschuppten Meereswelt nur eine vorübergehende Aufmerksamkeit, um uns die geheimnißvollen Gebilde, welche die Grenzen zwischen Thier und Pflanze bewohnen, genauer anzusehen. Wir kommen hier vor einer Cisterne vorbei, in welcher uns krebsartige Thiere so neue Gesichter machen, daß wir wenigstens eine Minute vor ihnen stehen bleiben wollen. Wer diese bepanzerte Aristokratie von einem Gericht gekochter Krebse oder aus Hummersalat kennt, wird staunen, wie liebenswürdig und interessant diese Geschöpfe sein können. Zunächst sehen wir, daß sie durchaus nicht immer rückwärts gehen wie Buchbinderkrebse, sondern eben so viel Gracie in ihren Bewegungen, wie Schönheit in ihren Farben aufweisen können. Ich unterhielt mich wohl eine halbe Stunde mit einem stahlblau bepanzerten Crustaceenritter, dessen glänzende, geringelte Schuppen bis an's äußerste Ende des Schwanzes liefen. Der Rücken war wie von einem einzigen Stück blaupolirten Stahls gearbeitet; die Füße staken, wie der Schwanz, in beweglichen Schuppen und boten nicht einmal eine Achillesferse. Um den Mund spielten lange, starke, biegsame Schnurrbartborsten, und die Augen trug er auf langen Stangen, wie wir etwa Lichter in beiden Händen tragen und damit herumleuchten, wenn wir etwas suchen. Man kann auch sagen: er trug die Augen auf den Händen, so daß er gleichzeitig umher sah und griff. An den Schwanzschuppen hatte er sich mit seinen Franzen und Federn geputzt und war offenbar eben so eitel darauf und auf die Fühlhörnerborsten wie ein junger Fähndrich auf die Erstlingssprossen seines Schnurrbartes. Er breitete Bart- und Schweiffranzen alle Augenblicke aus, wie der Pfau seinen radschlagenden Schweif. Die Augen an den langen Stangen waren scharlachroth und um das Maulwerk herum unterhielten die bewegten Borsten eines fortwährenden Wirbel im Wasser. Dabei arbeitete er ganz geschäftsmäßig mit den langen Vorderklauen in den Steinen unten umher und thürmte damit einen Berg auf, um eine steinfreie, weiche Stelle als Lager zu gewinnen. Wenigstens kam dies als Endziel seiner langen und sehr verständigen Arbeit heraus. Dieser seltsame Ritter in blauem Stahl war nun doch bloß der gemeine Hummer, von welchem der delikate Salat, die noble Paßion der Engländer und sonstiger gut verdauender Gourmands gemacht wird.

Von sonstigen Krebsen und Krabben, obgleich zum Theil wunderschönen Gebilden in ihren himmelblauen Gewändern, starken und lustigen, klugen und übermüthigen Tyrannen der Scheererei, will ich hier weiter nicht reden. Nur noch ein Wort von den See-Garnelen oder Shrimps, obgleich ich sie schon öfter zu rühmen Gelegenheit fand. Wie elegant, blitzschnell und durchsichtig huschen und haschen sich diese kleinen Creaturen zwischen Pflanzen und Zoophyten umher. Man sieht durch ihre lichten, fleischfarbenen Panzer genau in ihre innere Organisation hinein, kann den Umlauf ihrer Säfte und die Gewinde ihrer Eingeweide verfolgen, nur daß sie selten still halten. Sie freuen sich ihres kurzen, viel- und schnellfüßigen Daseins unter beständiger Furcht, verschlungen zu werden, da es in diesen Wasserstaaten augenscheinlich an Constablern fehlt, Eigenthum und Leben zu schützen. Sie dienen hier verschiedenen Pflanzenthieren, besonders den Anemonen zur Nahrung. Ich sah, wie eine große Actinie sich mit ihrem Fangzweige eine fing, die sich aber diesmal mit einem blitzschnellen Muthsprunge noch rettete, um bald einem anderen Feinde in die Klauen zu fallen. Die merkwürdigste Crustacee ist der Eremit oder die Soldatenkrabbe, eine stets umherschnüffelnde Creatur mit krebsigen Vorderklauen, sonst aber ganz in einer großen, weißen Muschel steckend, in welche sie sich offenbar gewaltsam eingemiethet hat. Bald rasselt sie seitwärts über die Steine, bald fährt sie mit einem tückischen Stoße zurück, um zu einem Sprunge mit weit ausgestreckten, knochigen Klauen vorwärts auszuholen. Diese Klauen und der borstige Bart erregen in steter Kampflust und prahlerischer Herausforderung Furcht und Unruhe nach allen Seiten; gleichwohl kriecht sie feig in ihre Burg, sobald ein respectabler Feind naht. Diese renommistische Beweglichkeit machen sich träge Seeanemonen zu Nutze, um auf dem muscheligen Rücken solcher Helden umherzureiten und zu rauben und morden. Die Muschelschalen, worin die Eremiten stecken, sind verlassene Wohnungen ihrer früheren Baumeister und Eigenthümer. Als solche Kämmerchen zu vermiethen mögen sie oft lange im Meere umhergetrieben worden sein, ehe die Eremiten sie zu ihren Clausen wählten und einzogen. Man findet sie daher fast immer mit anderen muscheligen Substanzen umkleidet, in denen verschiedene Thierchen leben, besonders Eichelmuscheln. An den südwestlichen Küsten Englands findet man häufig meilenlange Strecken während des Spiels von Ebbe und Fluth mit ihren blendend weißen Häuschen überkrustet.

Die Balanus- oder Eichelmuschel baut sich von Kalk diese trichterförmigen runden Gehäuse von höchstens einem halben Zoll Durchmesser und einem Drittelzoll Höhe. Die Oeffnung oben ist noch einmal so weit, als der enge Fuß unten. In diese kleine, schneeweiße Festung zieht sich das niedliche Thierchen zurück, da sein eigner Muschelpanzer selbst zu schwach ist, um es hinreichend zu schützen. Sie hängt meisterhaft in Angeln, durch welche sie vollständig geschlossen wird, sobald sich der Bewohner frei in's Wasser wagt. Nimmt man eine solche Eichelmuschel aus dem Wasser und legt sie etwa nach einer Stunde wieder hinein, so kann man beobachten, wie graciös sie sich öffnet, um ihren Durst und Hunger zu stillen. Es kommen dann Köpfchen im prächtigsten Federschmuck heraus, eifrig umherfischende gefiederte Fühlhörner und Fangarme, womit sie Luft und Nahrung schöpfen.

Aus kalkigen, weißen Röhren, die sich wie Schlangen durcheinander wickeln, gestikuliren noch sonst bald da, bald dort rothe, weiße, orangene und in sanftigen Farben spielend sich wankelnde, fein gefiederte Fang- und Fühlfäden feenhafter Crustaceen: Schlangen wie von weißem Stein mit den lebendigsten, zartesten, faserigen Blumen, die im Wasser hin und her wehen, wie gewiegt von Winden. Dazwischen faulenzen häßliche, klumpige, bräunlich sammetartige Mollusken mit langen Ohren, sogenannte Seehasen, mit deren Gift einst Titus den Domitian vergiftet und welches auch sonst als geheime Polizei der römischen Kaiser eine große Rolle gespielt haben soll. Doch ist der Seehase eben so unschuldig wie der zu Lande, obgleich er nicht so gut schmeckt; wenigstens erklärten englische Philanthropen, die allerlei seltsame Dinge kosteten, um neue Nahrungsmittel für das Volk ausfindig zu machen, diese schlüpfrige Molluske für ganz ungenießbaren Hasenbraten. Sie kommt uns aber wie millionenfaches anderes Leben im Meere doch als Nahrung zu Gute, wenn sie als Futter für Fische in Stoff und Geschmack veredelt worden ist.

Von lebendig umherlaufenden oder wenigstens nach ihrem Willen beweglichen Pflanzen und Blumen oder Zoophyten fallen besonders die Seeanemonen als schön und originell auf. Der Name ist allgemein und in seinen Grenzen mir noch nicht recht klar. Er umfaßt die reiche Familie der Actinidae oder strahlenförmigen Pflanzenthiere, die in der Wissenschaft auch Zoophyta helianthoida mit griechischen Wörtern genannt werden, die sich etwa: sonnenförmige Thierpflanzen, übersetzen lassen. Ihre Tentakeln,

Fühlfäden und Fangarme strahlen meist in regelmäßigen Zirkeln aus der Körpermasse um die Mundöffnung herum in den lebhaftesten Farbenspielen aus, so daß sie in großer Gesellschaft die herrlichsten Blumengärten wohlthätiger Wasserfeen, der Doriden und sonstiger schöner Töchter des Nereus zu bilden scheinen. Diese in den schönsten Farben spielenden und wechselnden, feingefiederten und strahlenden Blumenkelche unter dem Wasser übertreffen in ihrer Beweglichkeit und Wandlung die reizendsten Töchter Floras. Der eigentliche Körper dieser Strahlenthiere gleicht oft einem abgeschnittenen Kegel oder kurzen Cylinder, auch manchem Knollen-Cactus auf einer Ebene angewachsen: am oberen Ende in der Mitte bemerkt man ein Grübchen, das während der Ruhe oder Verdauung geschlossen ist, aber sich immer bald wieder öffnet und in den mannigfaltigsten Formen und Farben von Tentakeln ausstrahlt. Letztere Fangarme und Fühlhörner erscheinen bald wie Federnelken oder Kornblumen oder eine sonstige Blüthe der Flora, bald lang und wurmartig sich herumschlängelnd, so daß sie wie gräßliche Medusenhäupter im Kleinen aussehen. Sie können beliebig eingezogen und in dem Körper geschickt verpackt werden, in welchem Falle man dann nichts sieht, als unscheinbare Grübchen oder den geschlossenen Mund, der durch einen kurzen, weiten Hals in den großen Magen führt, einen häutigen Beutel mit zahlreichen Falten. Alle mit den Fangarmen gepackte Beute wird ihm sofort zugeführt. Bei großem Hunger aber treibt der mörderliche Appetit manchmal den ganzen Magen vor den Mund heraus, so daß er wie ein Sack beinahe über den ganzen Körper hängt, um sich sofort gierig zusammenzuklappen, wenn ein Leckerbissen an seiner klebrigen Haut hängen bleibt, um sich in sich selbst und in das Innere des Körpers zurückzuziehen. Eine derb satyrische Versinnlichung der tyrannischen Macht des Hungers wie gefräßiger Menschen, denen der Bauch ihr Gott ist und der Magen über den Kopf hinauswächst, so daß er gleichsam um sie herum hängt und alle anderen Gefühle und Interessen überwuchert, jeder Zoll ein Magen. Der untere Theil dieser sonderbaren Geschöpfe ist mit großen Saugwarzen versehen, womit sie sich an jeden Körper fest anklammern können. So freiwillig angewachsen gleichen sie oft Cactusarten und Knollengewächsen und verharren meist in diesem Zustande, um von einem ruhigen Anstande aus mit den Tentakeln vorübereilende Beute zu fangen und zu verzehren. Wollen sie sich einmal Bewegung machen, so lassen sie eben los, ziehen Wasser und rudern mit den Fangarmen umher.

Die Actinien oder eigentlichen strahligen Pflanzenthiere sind in wohl eben so viel Arten da, als Gänse- und Sternblumen. Man unterscheidet sie auch danach, so daß es Mesembryanthema-, Diantha-, Nelken-, Gänseblumen- und andere Actinia giebt. Viele brauchen den allgemeinen Namen: See-Anemonen für alle Arten, ein Ausdruck, der, wie Polyppen, keine bestimmten Grenzen hat und manchmal sogar in dem Sinne von Zoophyten oder Pflanzenthieren überhaupt gebraucht wird. Wir wollen hernach mit Cuvier einige Ordnung unter diese wunderbaren Bewohner der Meerestiefe und der geheimnißvollen Grenzen zwischen Pflanzen und Thieren zu bringen suchen. Die Actinien bestehen wesentlich aus Mund und Magen. Ersterer ist oft unmittelbar von umherfischenden Fangarmen oder Tentakeln umgeben, röhrenförmigen fleischigen Strahlen, die jede in einen besonderen Mund hineinzulaufen scheinen. Durch diese Strahlen, deren Oeffnungen und Röhren saugt das Geschöpf Wasser ein, wenn es den Körper zum Schwimmen anschwellen will und fängt sich seine Nahrung ein, die meist aus kleinen, unsichtbaren Wasserthierchen bestehen mag; wenigstens gedeihen sie, wachsen und vermehren sich lustig im Seewasser, ohne besondere Fütterung. Im Zoophytenhause freilich sind sie nicht auf diese schmale Kost angewiesen: hier füttert man sie mit Fleisch. Nichts sieht seltsamer aus, als die Art, wie sie ihre kleinen Fleischbissen, die ihnen an dünnen Stäbchen vorgehalten werden, fassen und verzehren. So wie sie das Fleisch in ihrem Strahlenkreise fühlen, falten sie flink ihre Fänge darüber und fördern es blitzschnell in den Magen hinunter, um sofort wieder mit frischem Appetite nach allen Seiten zu strahlen. In seinem Hunger und seiner Freiheit ist manches Geschöpf dieser Art der wahre Schrecken des Meeres. Wenn die sogenannten Kopffüßler und Sepien auch nicht die furchtbare Größe erreichen, daß sie mit einem Dutzend, fünfzig bis hundert Fuß langen schlangenartigen Armen ganze Seeschiffe umschlingen und zerbrächen, erreichen sie doch in tropischen Meeren oft die Größe und Kraft, daß sie ganze Menschen wie Boa-Constrictors umarmen, zerquetschen und verschlingen können.

Doch wie liebenswürdig und niedlich waren diese zoophytischen Gebilde in ihrer ersten Mutterloge zu London! Ich erwähne nur die Actinia dianthus, weiß wie Schnee, glänzend wie Porzellan und zierlich bemalt mit purpurnen und bernsteinfarbigen Figuren. Sie ist ein wahrer Proteus von metamorphosischer Genialität. Jetzt schwimmt sie wie ein unförmliches, 2½ Zoll langes Stückchen Porzellan, dann verwandelt sie sich in eine schöne, weiße Untertasse, um welche die Tentakeln wie Blumenblätter strahlen; hierauf fällt ihr ein, sich in eine zarte, welke Distel umzuformen, dann in eine Art von Sanduhr mit enger Taille in der Mitte. Manchmal ist sie nur ihre eigne Hälfte, dann ihr dreifacher Umfang; kurz, sie verwandelt sich bei guter Laune fortwährend in unzählige, vorher für unmöglich gehaltene Formen und scheint sich förmlich umdrehen zu können, das Innerste nach Außen, als wäre sie ein lebendiger Handschuh.

Die Anthea cereus, vor einigen Jahren zuerst bei Torbay aufgefunden, von Gestalt wie eine große quastige Chrysanthemumblüthe, wechselt ihre Farbe viel öfter, als einst ein gewisser Stadtrath mit goldener

Kette, und zwar nicht bloß äußerlich, sondern aus der innersten Ueberzeugung heraus. Jetzt erscheint das reich betakelte Geschöpf im lebhaftesten Rothblau, wie spanischer Holunder; kurz darauf spielt die ganze Gestalt, mit Ausnahme der Spitzen, in das hellerste Grün des Frühlings hinüber, um darin die Holunderblüthen wie perlige Blumen zwischen dem Grün zu zeigen. Dann ist es wieder ganz Holunderblüthe; die Farbe verbaßt und grünt wieder in eine Farbe über, wie man sie nicht schöner durch ein von der Sonne beschienenes Blatt des Reises sehen kann. In der Provence macht man aus ihnen ein Lieblingsgericht, genannt Rostagna. Ueberhaupt giebt es unter diesen unzähligen Wundern der Tiefe wohl noch ganz andere Delikatessen, als Fische, Krebssuppe, Hummersalat, Shrimps und Austern. Jetzt, nachdem die Völker des Oceans, unterseeischer Höhlen, Berge und Thäler, zum Theil Lieblinge der feinsten Gesellschaften in englischen Drawing-rooms geworden sind, lernt man vielleicht noch einige vor Liebe aufessen.

Als Putzzimmerdecorationen gelten die Marine-Aquarien mit den lebendigen Wundern der Meerestiefe zwischen cryftallenen Wänden klar und durchsichtig auf dem Tische vor uns mit Recht als eine der schönsten, originellsten und malerischsten Ausschmückungen unserer Häuslichkeit. In Deutschland hat man sich seit undenklichen Zeiten mit unerklärlicher Geschmacklosigkeit und Unkenntniß auf nüchterne Glaskugeln mit einsamen sich langweilenden Goldfischen darin beschränkt, so daß meine vor etwa funfzehn Jahren zuerst in Deutschland durch die Gartenlaube, die Natur ꝛc. veröffentlichten Schilderungen des Londoner Zoophytenhauses und der Privat-Marine-Aquarien, wie ich aus unzähligen Briefen ersah, wahrhafte Begeisterung hervorriefen, und sich viele Enthusiasten und Naturforscher mit der Bitte an mich wandten, ihnen solche Aquarien zu verschaffen. Bei näherer Prüfung scheuete man aber die Gefahr und Kostspieligkeit und that sehr wohl daran, denn die Liebhaberei verzehrte in England fabelhafte Summen und starb dann aus, da nur sehr Wenige im Stande waren, alle die zarten Rücksichten zu nehmen und seinen Pflichten zu erfüllen, unter denen allein der „Ocean auf dem Tische" mit seinen blauen Meereswundern und vielfarbigen Formen gedeihen kann. Seitdem sich aber in Deutschland die Aquariumscultur entwickelt und in dem Brehm'schen Aquarium die prachtvollsten Blüthen treibt[*]), wird es leicht werden, den Ocean auf dem Tische bewirthschaften zu lernen und Früchte für die Wissenschaft, die Schönheit unseres häuslichen Lebens und die praktische Behandlung des Wassers, wie ihrer Bewohner daraus zu ernten, besonders

---

*) Es wird hernach nach genau vorliegenden Plänen, plastischen Modellen und sonstigen Details vor wirklicher Vollendung geschildert.

wenn wir weiter gehen und die Aquarien durch Anstalten für künstliche Fischzucht und Seewarten vervollständigen.

Der Zauberer, welcher zuerst die Wunder des Meeres aus der Tiefe heraufsischte und dem Menschen in Wort und Bild darstellte und erklärte, war Professor Gosse in Edinburg; er ist auch geistiger Schöpfer des Zoophytenhauses in London und der Marine-Aquariumcultur für die Wissenschaft und das häusliche Leben. Für Anregung und Einführung derselben in Deutschland darf sich der Verfasser dieses Buches auf Grund einer großen Menge von Thatsachen und schildernder Artikel in der Gartenlaube, Jahrgang 1855 Nr. 4, 28 und 38 u. s. w., ein wesentliches Verdienst zuschreiben. Ich will mich hier nicht weiter darauf einlassen, sondern nur erwähnen, daß es ihm zur großen Freude gereichte, zehn Jahre später „das Meer im Glashause", Gartenlaube Nr. 25 vom Jahre 1865, zu Hamburg als die vollendetste Blüthe dieser Cultur in Deutschland begrüßen und schildern zu können. Die zoologische Gesellschaft daselbst zählte damals unseren Brehm zu ihren Directoren, welcher durch den Präsidenten der Gesellschaft, Baron Ernst v. Merck und seinen Nachfolger H. A. Meyer, so wie durch den Engländer Lloyd unterstützt, neues Leben im zoologischen Garten hervorrief und das Meeresfeenschloß darin emporsteigen und sich vollenden sah. Welch ein Glück, daß bald darauf die Hamburger Kaufleute u. s. w. ihm diese Stellung so verleideten, daß er mit Freuden nach Berlin zog, um mit dem genialen Baumeister Lüer das Eleusinium der Natur zu dichten!

Das Hamburger Aquarienhaus ist ungefähr 100 Fuß lang, 40 breit und 25 hoch. Welche Fortschritte darin im Vergleich zu dem Londoner Zoophytenhause erzielt wurden, wird aus folgenden näheren Angaben ersichtlich. Um die Erhaltung möglichst gleichmäßiger Temperatur zu erleichtern, ist es mit der unteren Hälfte unter der Oberfläche gebaut worden, so daß es von außen allerdings keinen besonderen Eindruck macht. Es besteht aus einem Salon mit zwei Galerien und zehn großen Behältern von Spiegelglas, einem nördlichen mit sechs kleinen, einem südlichen mit eben so viel und einem westlichen Raume mit einem großen Behälter, Zimmern mit Heizapparaten, Eingangshalle, bedecktem Portikus und Treppen. Der nüchterne Rundbogenstil der inneren Räume eignet sich wenig, die an den Seiten entlang gruppirten Wasserbehälter mit ihrer künstlichen Unterwasserlandschaftlichkeit und den Bewohnern darin in einem günstigen Lichte zu zeigen, obwohl es von oben einfallend viel schöner beleuchtet, als das von allen Seiten herbeiströmende im Londoner Hause. Welch eine Architektur und welch ein Licht werden wir dagegen in dem Berliner Tempel kennen lernen!

Durch die Behälter des Hamburger Aquariums strömen fortwährend 3500 Kubikfuß Seewasser und zwar so, daß sich etwa ¹/₃ stets darin befindet und das übrige in einem Reservoir unter dem Laboratorium immer künstlich gereinigt und neu belebt wird, um auf's Neue gesauerstofft, das stets abfließende Wasser zu ersetzen. Durch diesen immer lebendigen Kreislauf zwischen den Behältern und dem Reservoir bleibt das nämliche Seewasser immer dienstlich und braucht nicht durch neue Zufuhren ersetzt zu werden. Es verliert durch den Gebrauch, d. h. durch den Lebensproceß der Thiere und Pflanzenthiere in den Behältern nur Sauerstoff, ein wesentliches Element alles Lebens. Daher wird es, aus den Behältern abfließend, immer durch tüchtige Luftbäder wieder verlebendigt und zugleich durch Filtration von mechanisch beigemengten Unreinigkeiten befreit. So gewinnt man das nämliche Seewasser stets wieder als frisches, allerdings mit dem Unterschiede, daß ihm viele Nahrungsstoffe des natürlichen aus dem Meere fehlen. Diese müssen also durch künstliche Fütterung, Fleisch von Crustaceen, Würmer, Insectenlarven, todte oder lebendige Fische 2c., eine ungemein interessante und durchaus nicht kostspielige Arbeit, ersetzt werden. Der fortwährende Gebrauch des nämlichen Seewassers hat sich in Hamburg so gut bewährt, daß sich darin täglich neue Organismen entwickeln und die vorhandenen gut gedeihen. Hiermit scheint für alle künftigen Anlagen der Art eine Hauptschwierigkeit glücklich gelöst worden zu sein: mit einigen Tonnen Seewasser kann man in jeder Entfernung vom Meere Marine-Aquarien gründen und unterhalten, im Nothfalle das Wasser auch wohlfeil künstlich herstellen.

Ein daneben liegendes Bedenken ist auch mit etwas Genie und Gewissenhaftigkeit zu beseitigen. Viele Muschel- und Thurmbewohner nämlich, auch die gepanzerten Krebsritter, verbrauchen auch Material aus dem Seewasser zur Befestigung und Vergrößerung ihrer kleinen Burgen und Panzer, zur Anschaffung von neuen Wohnungen und Waffen. Das Meerwasser enthält aber nur halbe und weniger Procente dieses eigentlichen Baumaterials, wovon schwefelsaurer Kalk oder Gyps nur zu 0,1622 Procent vorhanden ist. Grade letzteres wird aber wohl am meisten in Anspruch genommen, weshalb es nöthig sein mag, das Wasser öfter chemisch zu untersuchen und die darin ermittelten Deficits zu decken. Das wird aber wenig Schwierigkeit bieten, da man mit Erfolg künstliche Seewasser macht und Organismen darin erhalten kann. Die Oxygenation oder Sauerstoffung des Wassers durch Luftbäder und immerwährenden energischen Kreislauf wird noch vermittelst besonderer Vorrichtungen und künstlicher „Stürme im Glase Wasser" unterstützt, wodurch den auf engen Raum beschränkten Meeresbewohnern zugleich der Genuß und das belebende Vergnügen wirklicher Meeresstürme ohne deren Unbequemlichkeit und Lebensgefahr geboten wird. Man bläst nämlich durch das gereinigte Seewasser in den Behältern zuweilen ziemlich tüchtig Luft von außen ein, so daß eine muntere, wellenförmige Bewegung entsteht, die den kleinen Bewohnern im Kleinen Alles leistet, was sie nur von dem größten Sturme Gutes erwarten können.

Aber alle diese reichlich von außen eingeführte Lebenslust reicht nicht hin zum fröhlichen Gedeihen der darin angesiedelten Bevölkerung, so daß auch für frisch perlende Sauerstoffquellen im Wasser selbst gesorgt wird. Man hat deshalb lebendige Gärten und Grotten auf dem malerisch nachgeahmten Meeresboden und dessen Felsen und Gebirgen angelegt und gärtnert immer frisch weg in diesen Feenparks, deren Pflanzen und Moose, seltsame Bäumchen und Wäldchen nun doppelt für das Wohl der darin lebenden Wesen sorgen, indem sie die fortwährend aus dem thierischen Lebensproceß sich entwickelnde Kohlensäure zu ihrer eignen Nahrung verbrauchen und dafür unter dem Einflusse des Lichts Perlenreihen von Lebenslust von sich geben. Das kann man an hellen Tagen sehr schön sehen. Wie aus einem Glase eingegossenen Champagners dichte Reihen von Luftperlen emporeilen, so sprudeln von den lichtgetroffenen Pflanzen unter dem Wasser lustige Bläschen sich befreienden Sauerstoffs wie feinste Diamantenketten herauf. In einem Wasserglase, worin abgeschnittene Blumen dem Lichte ausgesetzt sind, setzen sich diese Sauerstoffperlen manchmal wie schönste Stickerei an, da die Entwickelung nicht stark genug ist, um sie empor zu treiben. Wirklich im Wasser wachsende Pflanzen sind in dieser Entwickelung viel kräftiger. Die wunderbaren Creaturen darin freuen sich dieses sprudelnden Lustchampagners und wehen und winken, „angesäuselt," mit ihren farbenreichen Federbüschen und gestikuliren mit ihren zahlreichen Fangfingern oder fliegen und flitzen zwischen den Grotten und Höhlen umher wie lustige Buben, die aus der Schule hervorlärmen.

Erst durch dieses pflanzliche Leben in den Aquarien ist dessen Kreislauf abgerundet und das Gedeihen der thierischen und pflanzlichen Gebilde durcheinander gesichert. Zudem trägt das Pflanzenleben auf dem künstlerisch nachgeahmten Meeresboden ungemein viel zur Schönheit dieser Zoophytenparks in ihren klar durchsichtigen Crystallpalästen bei. Wir haben die Wunder der Tiefe wirklich und im besten Lichte vor uns. Die Pflanzen brauchen in der Regel nicht aus natürlichem Wasser übergesiedelt zu werden, sondern entwickeln sich freiwillig aus hineingeworfenen Keimen oder Saamenkörnchen, so daß sie sich gleich vom Anfange an mit ihrer beschränkten Heimath befreunden. Natürlich müssen Ueberwucherung und Mangel durch besondere Gärtnerkunst im Gleichgewicht gehalten werden.

Die Süßwasser-Aquarien daneben mit etwa 130 Cubikfuß Wasser werden eben so sorgfältig behandelt; doch sind deren Bewohner im Durchschnitt nicht so empfindlich und können außerdem eher ersetzt und vermehrt werden. Die künstlerische Landschaftlichkeit in den Behältern ist durchweg malerisch und von reizender Wirkung. Die kleinen Gebirge darin sind von gut gewählten, verschiedenen Arten von Steinen und Felsenstückchen zusammengesetzt, und die Kanten, Ecken und Farben der verschiedenen mineralischen Körper so verbunden, daß sie durch Contrast oder Analogie einen bestimmten Charakter gewinnen. Im Berliner Aquarium ist diese malerische Landschaftlichkeit in viel großartigerem Maßstabe durch sorgfältig herausgesuchte und verbundene, ganze, natürliche Steine und Felsstücke in die viel größeren, reicheren und besser beleuchteten kleinen Oceane und Süßwasser-Tiefen hineingedichtet worden. Der Boden unten ist zwei bis drei Zoll hoch mit Sand oder Kies bedeckt; darüber schlingen sich kleine Gebirge mit Bänken, Abdachungen und Grotten, so daß sich die Bewohner wie zu Hause auf dem wirklichen Meeresboden fühlen und benehmen. Die schöne Wirkung dieser submarinen Landschaften und ihrer Bewohner wird noch durch die von oben hereinfallenden „Himmelslichter" um so wirksamer erhöht, als die Besucher von einem dunklen Raume hineinblicken. Nur in dem östlichen und westlichen Zimmer mit sehr flachen und seichten Behältern, wie sie sich für die darin befindlichen Gebilde am besten eignen, ist die übliche Beleuchtung von allen Seiten vorgezogen worden.

Alle Abtheilungen können für die Abende brillant erleuchtet werden, was insofern wichtig ist, als manche der Bewohner, wie Raubthiere, nur des Nachts aus ihren Schlupfwinkeln hervorkommen und sich von dem künstlichen Lichte und den verhältnißmäßig im Dunklen stehenden Zuschauern nicht abhalten lassen, zu zeigen, wie sie auf die Lauer und Jagd gehen und ihre Beute fangen und fressen. Alle unansehnliche Prosa und Werkeltagsarbeit, Wasser- und Gasröhren, Heiz- und Ventilationsapparate 2c. sind in untere und Nebenräume verwiesen worden, wie Maschinen und Coulissenschieber hinter die Bühne. Da diese Gebilde von Thier- und Thierpflanzenorganismen wenig Geist und sehr oft gar keinen Kopf haben und ihr ganzes Thun, Trachten und Treiben auf Nahrung gerichtet ist, sich also wie viele gute Unterthanen in gebildeten Menschenstaaten benehmen, so entwickelt sich ihre ganze Eigenthümlichkeit und Energie in höchster Blüthe beim Fangen und Fressen, so daß die in Gegenwart des Publikums vorgenommenen Fütterungen ganz besonders interessant sind. Ein joephytisches Geschöpf, das bloß aus einem Magen besteht, muß man fressen sehen, nur um es zu glauben, daß die Natur die satyrische Laune gehabt hat, auch solche Wesen zu schaffen.

Ohne in die Einzelnheiten der Verwaltung und Bewirthschaftung einzugehen, wollen wir hier nur auf die meisterhaft verwirklichten Bedingungen alles Lebens und Gedeihens aufmerksam machen: gutes Wasser, reichliche

Fülle und stets lebendige Frische der Luft und des Lichts und zwar graden, nicht gebrochenen oder zurückgeworfenen Lichts. Ganz bequem und vornehm eingerichtete und mit allem Luxus umgebene Menschen können sich nur selten dieser unerläßlichen Bedingungen gedeihlichen Lebens rühmen. Mängel und Fehler in gehöriger Versorgung damit sind Hauptgründe, warum so viele Menschen kranken und weshalb die Tausende von Marine-Aquarien in den Gesellschaftszimmern englischer Bildung ausgestorben sind und der ganze, einst blühende Enthusiasmus für diese Art von herrlichster Zimmerdecoration als ziemlich erloschen beklagt werden muß. Von Berlin aus wird er hoffentlich wieder aufleben, da in dem Brehm'schen Eleusinium nicht nur die Kunst der Bewirthschaftung von Privat-Marine-Aquarien erlernt werden kann, sondern diese auch selbst zu haben sein werden. Schon in Hamburg lernte man durch Trennung der eigentlichen Räuber und der friedlichen und schwachen Bewohner eine andere wesentliche Bedingung des Gedeihens kennen und würdigen. Eine solche Rücksicht auf Verträglichkeit der Nachbarn und Bewohner eines Behälters ist ungemein wichtig und wird durch Beobachtung und Erfahrung gewiß noch zu ganz sicheren Ergebnissen führen.

Viele Bewohner haben wir schon im Zoophytenhause zu London kennen gelernt, doch kann sich Hamburg mancher interessanten Neulinge aus dem Meere rühmen. Haupteld der ganzen Gesellschaft war der japanesische Riesensalamander (Sieboldia maxima) mit einem ganz besonderen Zimmer und eigner, sehr schön ausgestatteter Wohnung. Wenn er noch lebt, wird er auch noch Herr einer ganzen, malerischen Felsen- und Grotteninsel mit Farrenwäldchen und anderer Flora sein, zwischen denen sich niedliche Eidechsenzwerge, Schildkröten, Fröschlein und Fischlein erlustigen, da sie nicht ahnen, daß sie nur als lebendige Speisekammer für den Herrn dienen, der vier Fuß lang und achtzehn Pfund schwer sich immer gern so lange in seinen Felsenprivatgemächern aufhält, bis ihn der Hunger zum Raubbrüter und Jäger macht. Diese sind aber von Künstlerhand so gebaut, daß man ihn doch immer in jedem Versteck sehen kann. Zuweilen scheint er sich auf die Füße machen zu wollen (wenigstens hat er Ersatz dafür) just eines Spazierganges wegen; er thut es aber bloß, um zu speisen. Hat er einen ganz besonders fetten Bissen weg, so liegt er der Verdauung ob, neuen Appetites harrend, als wäre er ein Rentier. Die Zahl der sonstigen Bewohner ist Legion, obgleich man die meisten mit bloßen Augen gar nicht sehen kann. Unter einer guten Lupe verwandelt sich oft ein Stück gemeinen Sandsteins aus dem Meere in ein ganzes Feenland von Städten, Burgen und Thürmen, Wäldern und Feldern mit den seltsamsten Gebilden und Bewohnern. Unter ihnen zeichnen sich viele kleine Eichel- und Entenmuschelarten aus, die sich immer gern mit Ungestüm aus ihren eckigen Kalksteinburgen hervorstürzen, ihre sechs Klappen, jede mit feinsten Bärten und Bäserchen ausstrecken und damit unaufhörlich nach Beute fangen und fischen. Bei der leisesten Berührung oder Gefahr klappen sie alle ihre Herrlichkeit blitzschnell ineinander, schießen in ihren Thurm, sperren ihn mit dem „Stopfer" und sind für die Außenwelt abgeschlossen, bis die Gefahr vorüber ist. Dann strahlen sie aber auch wieder eben so blitzartig schnell heraus und nach allen Seiten. Eine andere braune Sorte drischt mit ihren Armen so regelmäßig, wie Drescher mit Flegeln und frißt Alles, was sie trifft. Da sind auch meine silberweißen Lieblinge, rosenfingerig, geisterhaft, graciös elastisch und unermüdlich lustig, wie Kinder auf dem Spielplatze. In halbcylinderischen Festungen, wie sie sich oft auf alten Seemuschel-schalen, alten Städten ähnlich mit krummen Straßen, häusen, wohnen die Serpulae (Röhrenwürmer), die aus ihren posthornartigen Thurm-öffnungen erst eine lange Trompete herausstecken und dann eine Menge feine Fäserchen regenschirmartig und in den brillantesten Farben drum herum ausspannen, um Alles in diesen Trompetenmund zu stecken, was sie damit Genießbares erwischen.

Die zahlreichen Anneliden bis zur Länge eines Zolles haben an der Stelle des Kopfes gleich ihre Mlagenöffnung und einen Hut darüber (ganz die Art mancher Menschen). Ihre federartigen Fangruthen zerfasern sich unter guter Vergrößerung jede in zwanzig bis dreißig Fusseln. Jede derselben ist ein durchsichtiger Schaft mit einem Knopfe, aus welchem je vier feine Speere hervorschießen, so oft es gilt, ein Infusionsthierchen zu spießen und zu speisen. In den Paris von Ulva latissima (Meersalat) treiben sich obdachlose Landstreicher umher, garnelenartige Krabben, flinke, flitzende Sandwürmer mit umschlängelten Medusenhäuptern und gräßlich hervorstierenden schwarzen Augen, Nereiden, dünn wie Coconsäden, aber immer gradeaus dahinschießend, wie Dampfzüge in der Ferne. Gut bewaffnete Augen wandern auch staunend durch ganze Wälder von Thier-pflanzen-Colonien mit geisterhaft weißen Farrenblättern, die aussehen, wie Bäume während reifiger Wintermorgen. Dazwischen glänzen Zoophyten, wie weißgekleidete Jungfrauen, und Thurmbewohner angeln wie zwanzig-strahlige Sterne mit ihren rosigen Blumenfasern umher; weiße, glasartige Körperchen hängen sich weit aus ihren Gehäusen hervor und fischen unauf-hörlich umher.

Von Actinien und Seesternen ist mancher Felsenabhang farbig über-zogen. Kaum haltbar erscheinende, sammet- und gallertartige Quallengebilde sind doch stark genug, der Wuth des Meeres zu trotzen, welche riesige Eisendampfschiffe wie Nußschalen zerschmettert. Lebendiges Korallengezacke erhebt und erweitert sich zuweilen vor unseren Augen, so daß wir eine

Ahnung bekommen, wie diese winzigen, schwachen Thierchen durch Zusammenwirkung und Ausdauer ganze Inseln und Erdtheile aus der Tiefe emporbauen.

Und wie wimmelt es sonst von Wundern all überall umher, von „Gestaltung und Umgestaltung, des ewigen Sinnes ewiger Unterhaltung?" Ja wer wird aus dieser erst neuerdings aufgeschlossenen und emporgezauberten, noch nirgends in wissenschaftliche Grenzen gebannten Wunderwelt der Tiefe klug? Empor gehoben in zauberischer Pracht, entfaltet und beleuchtet, winkt sie uns besonders reich und reizend aus den Gebieten Neptuns und der Nereiden, der Nymphen und Nixen durch prachtvolle Spiegelglasscheiben des Berliner Aquariums entgegen, wo wir uns also noch genauer umsehen wollen.

Es ist schwer, für dieses Aquarium in Berlin einen bezeichnenden Namen zu finden. Es stieg während des Winters und Sommers 1868 hinter der Ecke der Schadowstraße unter den Linden in ganz neuen Formen, Säulen, Sälen und Zimmern für die verschiedensten Bewohner, auch der Lüfte und des Waldes, sogar der Wüsten empor. Aquarium erinnert gar zu sehr an's Wasser, und da wir auch beschwingte Lebenslust, Sänger des Waldes, kriechende, fliegende, sich schlängelnde und winkende Bewohner trockener, heißer Wüsten und aller Klimate darin finden, könnten wir es eben so gut Terrarium oder Vivarium nennen. Aber damit fehlt wieder die ganz wesentliche Vertretung der Süß- und Salzwassergebilde. Wir schlugen deshalb vorläufig den Namen Eleusinium vor, obgleich wir dafür lieber ein gutes deutsches Wort fänden; denn schon die Jünger der eleusinischen Mysterien im alten Griechenland mußten nicht nur mit reingewaschenen Händen und Seelen in den Tempel treten, sondern auch ein reines Griechisch sprechen, was auf Deutschland und besonders Berlin angewandt, sehr schwer durchzuführen sein würde. Aber nur diese alten Mysterien sind eine Art Vorbild für diesen neuen Tempel der Naturwissenschaft, nur daß es hier nicht auf Geheimhaltung ankommt, sondern just auf herrlichste, unbeschränkte Offenbarung für alles Volk. Wir haben bis jetzt für Vervollsthümlichung naturwissenschaftlicher Geheimnisse und Kenntnisse zoologische Gärten (und zwar in Berlin den erbärmlichsten), Museen, todte Sammlungen und Anhäufungen aller Art, illustrirte Bücher u. s. w.; aber alle diese Mittel und Anstalten und auch die bisherigen Aquarien in London, Brüssel, Havre, Paris, Hannover und Hamburg sind nur Vorstufen zu dem naturwissenschaftlichen Tempel, der jetzt in Berlin ausgebaut und im Laufe des Sommers aus allen Weltgegenden und Naturreichen bevölkert ward. Freilich waren, während der Verfasser diese Zeilen schrieb, noch manche Schwierigkeiten zu überwinden.

Brehm hing noch von unzähligen Einladungen und Ageuten, so wie von den Ergebnissen eigner Reisen ab. Der Jnnres des massiven Theiles, der geniale Baumeister Lüer aus Hannover, mit seinem besonders für solche Zwecke von ihm ausgebildeten Maurermeister Saiffarth und seiner Selectaklasse von Maurern, hatte noch genial mit Stiften und Farben gedichtete Pläne mit großen, malerischen Steinblöcken u. s. w. massiv auszuführen und zu vollenden. Die Bausteine dazu wurden von ganz besonderen Künstlern zwischen Gebirgen in und an Berggewässern mühsam herausgesucht und herbeigeschafft. So kamen während des Winters vom Harz, aus dem Bereich der Prinzessin Ilse, der Bode- und Selke-Nymphen ꝛc., aus den Grotten von Thüringer Waldes-Najaden oft die sonderbarsten Ladungen an, von deren Zweck und Bestimmung sich auch die pfiffigsten Berliner keine richtige Vorstellung zu bilden vermochten.

Schon vom Anfange an hatte man bei der Auswahl und dem Anlauf eines geeigneten Baugrundes und dann bei dem Grundbau auf der erworbenen Stelle ungewöhnliche Schwierigkeiten zu überwinden, da der feste Boden auf einem alten Sumpfe lag, der erst durch eine Menge eingerammter Pfähle gehörige Tragkraft für den massiven Oberbau gewann. Dieser wurde nach ganz neuen Plänen und Modellen aufgeführt, unter Dach und Fach gebracht und im Innern auf eine Weise gegliedert, eingezimmert und mit Säulen und Gängen durchzogen, wie wohl niemals vorher ein Bauwerk. Auch die Behälter für etwa 50,000 Cubikfuß Wasser und noch mehr Luft und deren naturgetreue Höhlen und Grotten wurden mit der größten Sorgfalt erst genau gezeichnet und in ganzer Größe und Ausdehnung keramisch geknetet und gemeißelt, um an diesen Modellen die Gesammtwirkung zu prüfen und die möglichsten Vervollkommnungen anzubringen, ehe sie thatsächlich ausgeführt wurden. Was auf diese Weise erreicht ward, wird Jeder, der etwas davon versteht und Sinn und Geschmack für dergleichen landschaftliche Architektur hat, zu würdigen und zu genießen wissen. Um eine Vorstellung von der Größe dieser Behälter zu geben, bemerken wir, daß schon die Mittelbecken einen sechsmal umfangreicheren kubischen Inhalt haben, als die größten im Hamburger Aquarium und kleinen Zimmern gleichen, während in den größten sich allenfalls auch menschliche Familien häuslich einrichten könnten. Diese Becken zeichnen sich auch durch große Tiefe aus, damit der im verhältnißmäßigen Dunkel davorstehende Beschauer die von Oberlicht beleuchteten Gebilde darin in den verschiedensten Durchsichten ganz vorn im Einzelnen und nach dem Hintergrunde massenhaft verschwimmend und verschwindend, wie in der wirklichen Natur der Süß- oder Salzwasser zu beobachten Gelegenheit habe. So wird z. B. ein Seerosengarten wohl Tausende von wunderbaren thierpflanzlichen Gebilden und Fischen zwischen

Felsenwerk und deren Pflanzen und Blumen (von Professor Schulze v. Schulzenstein) theils unmittelbar hinter den riesigen Spiegelglasscheiben dem bloßen Auge darbieten, während sie sich nach dem Hintergrunde so vertheilen und gruppiren, wie sie sich im Meere selbst einzurichten pflegen. Andere Behälter wurden für die schönsten und originellsten Vertreter buntbeschwingter Lebenslust eingerichtet und möblirt, für Eisvögel, Königsfischer, Fischtiger, niedliche, nördliche Eulenarten, muntere Goldregenpfeifer und andere Stelz- und Strandvögel, unermüdliche Steinwälzer und Dolmetscher. Sie können sich darin ganz wie in der Natur selbst einrichten und mit den populären, zänkischen und titelreichen Austernfischern, Hausteufeln oder Kampfläufern, Bekasinen und anderen Schnepfenarten, Bachstelzen, Wassertretern, Sandpfeifern, Säbelschnäblern, Brachvögeln, Wasserhühnern und sonstigem Gefieder und Geflügel so herumtreiben, zanken und wieder lieben, als wären sie ganz frei in der Natur bei Muttern zu Hause. Diese wurde auch allen anderen Thieren und Pflanzen, Pflanzenthieren und amphibischen Geschöpfen so wahrheitsgetreu in ihre kleinen Crystallpaläste hineingedichtet, daß weder sie, noch die Zuschauer dieselbe vermissen, sondern lust richterisch verrichtet und geläutert genießen können. Dabei kommt letzterem immer der beneidenswerthe Vortheil zu Gute, den Moses seinen Kindern Israel nur bei einer feierlichen Gelegenheit in's rothe Meer hineinzauberte. Wir können alle Tage trockenen Fußes auf dem Meeresboden hinwandern und zwischen neptunischen Felsen und Säulen nach allen Seiten durch die dicken, durchsichtigen Mauern von Spiegelglas in die Wunder der Tiefe hinein und sogar hinaufstaunen. So schließt uns dieses Eleusinium die Natur in ihren tiefsten Geheimnissen lebendig so dicht vor den Augen auf, daß wir sie als unser Königreich begrüßen und in ihre tiefe Brust, wie in den Busen eines Freundes zu schauen vermögen. Diese Poesie der vor uns verrichteten Natur wird manche prächtige Verse und Strophen enthalten. Dazu rechnet das Publikum gewiß den weiten Blick in die Nordpolar-Eisberge und deren Nordlichter am Himmel, so wie die rustige, heiße Wasserlandschaft, aus deren Spiegel zwischen riesigen, sammetnen Blättern die üppige Knospe einer Victoria Regia den weißen Busen einer reizenden Wasserfee entfaltet, während ein Paar Jassanas oder Blatthühnchen langbeinig auf den Blättern spazieren gehen und mit ihren gelben, blauen, oliven und schwarzgefiederten Kleidern die prächtigsten Blüchen und Blumen neidisch machen.

Das Berliner Aquarium verdient wegen Raum und Einrichtung darin eine genauere Schilderung. Durch zwei in verschiedenen Ebenen übereinander liegende, hier höhere dort niederere Geschosse, durchwandert man, mit den trockenen Wüstenregionen und ihren charakteristischen Lebensgebilden beginnend, ein Naturreich nach dem anderen bis hinunter in die Meerestiefen. Vom Eingange unter den Linden führt eine Treppe in den ersten zehn Fuß breiten, von malerischem Säulenwerk getragenen Gang mit Palmenschmuck an den Seiten, unter welchem man nach Lessing nicht ungestraft, nach Brehm und Lüer nicht unbelohnt wandert. Es ist so zu sagen die Wüste, in welcher wir hier, aber zum ersten Male, das geheimnißvolle Nachtleben der Boas, Giftschlangen, großen Eidechsen und anderer Kriechthiere und Lurche in einer Reihe von glänzenden, sechs Fuß breiten, drei bis fünf Fuß tiefen und bis zehn Fuß hohen Käfigen zu bewundern Gelegenheit haben. Am Ende desselben blicken wir in die Tiefe der geologischen Grotte hinab und ebenso in die Höhe hinauf. An den Wänden finden wir die Altersrinken der Erde mit ihren Ueberresten von vorsündfluthlichen Ungeheuern plastisch aufgeschichtet.

Die bepanzerten Vertreter der Gegenwart wohnen hier lebendig und zwar in der besten Umgebung von lustigen, buntbeschwingten Vögeln und allerhand duftigen Pflanzen, zwischen welchen belebende Wasser herabrieseln. Die Grotte ist 35 Fuß breit, 31 tief und verschmälert sich bei einer Höhe von 55 Fuß auf malerische Weise zu nicht weniger als 24 Fuß. Von der Grotte steigt man rechts in eine tropische Landschaft hinab, in deren Mitte ein 28 Fuß hoher, luftiger Tempel mit grünen Laubdächern und darüber blauendem Himmel die herrlichsten Wohnungen und Vergnügungsanstalten für die buntesten Schaaren beschwingter Lebenslust enthält. Diesen lassen wir vorläufig zur Linken, um uns die auserwählten Amphibien und prachtfarbigen Fische tropischer Gegenden in fünf Süßwasserbecken anzusehen und rechts durch ein Felsenthor in die tieferen Geheimnisse und Räume des Eleusiniums zu blicken. Auf der rechten Seite entlang machen wir vielfach zum ersten Male die Bekanntschaft verschiedener Säugethiere, und auch in dem großen Crokodilteiche mit 20 Fuß Schaufläche und 10 Fuß hohen Ufern bewegt es sich zwischen den schläfrigen Rieseneidechsen zum Theil lustig und vielgestaltig. Immer rechts weiter vordringend (immer rechts und immer vorwärts sind wir auf dem rechten Wege), werden wir durch ein Halbdutzend neue Wohnzellen gefesselt, in welchen, so wie in einer benachbarten Felsennische, niedliche Eulen und kletternde Säugethiere zwischen den verschiedensten lebenden Pflanzen und Bäumen sich erlustigen. Auch der nun folgende Schildkrötenteich mit seinen großen, schwimmenden Blättern auf zwanzig Fuß Schaufläche, der Victoria Regia, Blatthühnchen u. s. w. wird uns nie ersehene Freude machen, wenn wir durch das Gedränge ringsum uns die gute Laune nicht verderben lassen. Doch mehrere Nischen mit muntern Landthieren an den Seiten locken uns weiter, wenn uns nicht die riesige Voliere mit dem bunten Gefieder und den farbigen Tönen der Lieblinge des Directors und Sängers der Ornithodyssee abermals zu lange fesselt. Das nenne ich einen Vogelbauer!

Der mittlere allein ist höher wie ein gutes Haus für Menschen. Und in welchem Himmelslichte fliegen und flitzen die lustigen Bewohner darin umher! In dem Achtel des Ganzen zählen wir noch ringsherum sechzehn besondere kleinere Käfige von 12′ Tiefe und 17′ Höhe voll der verschiedensten Sing- und Ziervögel, während in dem mittleren von 22 Fuß Durchmesser und 28 Höhe sich die verschiedensten Vertreter aller friedlichen Sänger und Unheilvertilger in schönster Eintracht und Liebe angesiedelt haben. Reizende Gärtchen auf dem Boden der Käfige helfen mit ihren Pflanzen, Blüthen und Blumen den Beschauer zurechtzuweisen, lassen ihn bald in tropische Gefilde, bald in die Gauen höherer Breiten schauen und ihm den Einklang von Thier- und Pflanzenwelt durch Betrachtung der lebenden und lebendigen Blumen begreiflich werden. Doch immer weiter nach Norden hinauf und in die malerische Höhle hinein, an deren Seiten verschiedene Becken, Käfige und Nischen die herrlichsten Gebilde der subtropischen und gemäßigten Fauna und Flora zur Anschauung bringen.

Es folgt die Polar-Grotte, welche vermöge einer architektonisch-perspectivischen List den Eindruck einer fabelhaften Länge hervorruft. Es ist eine arktische Landschaft mit dem herrlichsten Fernblick in die grimmigen Eisberge und das zuckende Nordlicht. Sobald es uns hier zu schauerlich und lau wird, steigen wir auf der zehn Fuß breiten, in Felsen gehauenen Treppe zwischen rauschenden Gebirgswässern hinab in das Bereich der Tiefebenen und Neptuns, wo wir allerhand flossige und beschuppte Gebilde salziger und süßer Gewässer in den verschiedensten Graden ihrer Entwickelung beobachten können. Ein großer Teich wird uns mit der Zeit an seinen Ufern die Wasserbaumeister der Biber und ihre Colonie, so wie Ottern, Seehunde u. dgl. zweilebige Geschöpfe in ihren Eigenthümlichkeiten zeigen und uns für das eigentliche wunderbare Reich des Meeresgottes vorbereiten. Dieser entfaltet seine Herrlichkeit vor uns bequem Sitzenden in einer dunklen, neptunischen Grotte, deren acht große Becken rechts, wie Alles von oben beleuchtet, die vorzüglichsten Bewohner der nördlichen Oceane enthalten. Durch ein gewaltiges Felsenthor treten wir nun in den großen Mittelbau, von dessen trockenem Meeresgrunde mehr als zwanzig zackige Felsensäulen emporragen und das Wasser um und über uns in einer Höhe von 18—22 Fuß durch zuverlässige Wölbungen von uns abhalten. Was wir hier rechts sehen, ist die verrichtete Ostsee in einem Raume von 340 Quadratfuß Grundfläche, welcher allein so viel Wasser enthält, wie das ganze Hamburger Aquarium. Von hier aus links blicken wir in das Becken des mittelatlantischen Meeres, welchem 22 Fuß Durchmesser in Achtecken und ein Wasserstand bis 5 Fuß eingeräumt worden ist. Hier lernen wir auch in malerischer Durchleuchtung die Seeschildkröten kennen, deren Becken eben so groß ist, wie das ihrer Collegen im süßen Wasser.

Die nun nächsten sechs bis acht Becken enthalten hauptsächlich Bewohner aus dem bislapischen Meerbusen, und eben so viele erlauben uns in den reichen Basen einer portugiesischen Meeresabtheilung und endlich sogar in einen unterirdischen Bach zu schauen. Von hier aus wandern wir trockenen Fußes durch die Meerenge von Gibraltar, wo wir die geologische Grotte von unten sehen, durch das mittelländische Meer zwischen verschiedenen Wundern derselben an die italienischen Küsten bis vor die leibhaftige Grotte von Capri, die wir in naturgetreuer Wiederholung und zwar in ihrem berühmten Lichte viel schöner sehen können, als in ihrer natürlichen Ausdehnung, weil sie fünffach verkleinert mit einem einzigen Blicke aufgefaßt und bewundert werden kann. Es ist gut, daß es nun nicht weiter geht, denn nach diesem letzten Genusse wird es uns freuen, nun am Ausgange auch an körperliche Erquickung denken zu können, welche, ehe wir die Schadowstraße betreten, für doppelte Ansprüche, billiger im Keller und etwas vornehmer zu ebener Erde, geboten wird.

Der ganze Treppenraum hat 35 zu 40 Fuß Grundfläche und 35 Fuß Höhe. Die großen Wasserreservoirs haben 30,000 Kubikfuß Inhalt, der durch sechs aus Glas und Porzellan geformte Druckpumpen und eine vier bis sechs Pferdekraft starke Dampfmaschine aus einem 53 Fuß hohen sechsfachen Reservoir von je 500 Kubikfuß Inhalt in wohlgeordnetem Kreislauf immerwährend mit frischem Wasser versehen wird. Die Heizung aller Räumlichkeiten wird durch selbstcirculirendes Heißwasser so vermittelt, daß auf jeder Stelle die Wärme nach Belieben oder Bedürfniß geregelt werden kann.

Genauer sind die Größenverhältnisse folgende: die Grundfläche des überdachten Raumes, mit Ausnahme des Einganges, beträgt 12,000 Quadratfuß, von denen die Voliere 2900, die Teiche und die Aquarien eben so viel, die Zuschauerräume oben und unten 10,500 einnehmen. Die Wassermenge in den Aquarien füllt 7,500, in den Cisternen 15,000 Kubikfuß, so daß also nicht weniger als 22,500 Kubikfuß Salz- und Süßwasser durch die ganze Anstalt hindurch in immerwährendem Kreislaufe lebendig und belebend gehalten werden. Die beiden größten Baffins haben bei 5' Wasserhöhe 370 und 280 Quadratfuß Grundfläche. Das Publikum hat auf einer Weglänge im oberen Geschoß von 380' und 450' und im unteren von 420' und 500' eine directe Schaufläche von 570' und eine indirecte von 230 Kubikfuß, auf welcher von den 10,500 Quadratfuß der Zuschauerräume immer gleichzeitig mehrere tausend Menschen die verschiedenen Wunder studiren und genießen können und zwar immer nur in einer Richtung, welche sich sehr ökonomisch und praktisch vom Eingange durch die verschiedenen Abtheilungen des oberen und unteren Geschosses nach dem Ausgange windet, wobei Rückschritte, falls sich Neigung dafür zeigt, durch gütige Ueberredung und nur im Nothfalle durch Berufung auf Gesetz und Regel abgewiesen und meist wohl durch den natürlichen Drang der Zuschauermenge unmöglich gemacht werden. Dies ist eine nüchterne Angabe der hauptsächlichsten Raumverhältnisse und Ihres Inhalts, wobei wir nur noch bemerken, daß es uns besonders schwer ward, diese Angaben nüchtern nach einander niederzuschreiben. Daß uns die Geheimnisse der Natur und besonders der Meerestiefen hier auf eine Weise aufgeschlossen und zum bequemsten Genusse geboten werden, wie bis jetzt nirgends in der Welt und über unsere kühnsten Erwartungen hinaus, wird sicherlich Jeder freudig bekennen, der sich als Künstler des Sehens nicht mehr zu talentlosen Lehrlingen rechnen muß.

Das Berliner Aquarium ist das Werk einer Actien-Commanditengesellschaft mit 200,000 Thalern Stammcapital, welches durch den Geist und das Geld des ersten finanziellen Begründers, Herrn Stahlschmid, und durch den von ihm gewonnenen Namen Brehm's selbst während der creditlosen Zeit von Krieg und Kriegsgeschrei ohne Schwierigkeit herbeigezogen, gezeichnet und gezahlt ward. Schon die kleinen Aquarien in Hamburg und Hannover ergeben eine gute Dividende, so daß das bei Weitem größere und mit Benutzung aller bisherigen Erfahrungen meisterhafte Unternehmen in der größten Stadt Deutschlands, die bald ihre Millionen Bewohner zählen wird und deren Menge sich täglich frisch von sieben Eisenbahnhöfen her vermehrt, mit Sicherheit auf einen hohen Gewinn für alle Betheiligten und des besuchenden Publikums rechnen kann. Alle ähnliche Unternehmungen, eben so finanziell in Angriff genommen und wirthschaftlich verwaltet, haben dieselben sicheren Aussichten, so daß wir mit gutem Gewissen zu Anstalten für Bewirthschaftung des Wassers, für Austern und künstliche Fischzucht, zu einem Hüningen in Norddeutschland, Forellenteichen, Erweiterung und Vermehrung von Seefischereigesellschaften rathen. Das Brehm'sche Eleusinium wird die beste Gelegenheit bieten, die Bedingungen für Bewirthschaftung des Wassers im Kleinen und dicht beisammen zu studiren. Auch lag es im Plane der beiden wissenschaftlichen Directoren, Brehm und v. Stückrath, künstliche Laichung, Bebrütung und Zucht von Fischen in ihr Bereich mit aufzunehmen und das Volk damit vertraut zu machen. Ebenso sollte die Verfertigung und Füllung von Privataquarien und deren Verkauf an das Publikum systematisch begründet und durchgeführt werden. Letztere bieten die reizendste Gelegenheit, unsere Privatwohnungen mit den seltensten Geheimnissen und Schönheiten der Naturwunder aus dem Wasser zu schmücken und den Sinn für die Naturwissenschaft in allem gebildeten Volke zu wecken und wirksam zu machen. Um das Unsrige dazu beizutragen, wollen wir uns diesen Ocean auf dem Tische gleich etwas genauer ansehen.

Der Ocean auf dem Tische.

Das Marine-Aquarium, welches uns die seltsamsten und in Gestalt, Form, Formenwechsel, Farbenspiel, Lebensweise u. s. w., wunderbarsten Geschöpfe, Pflanzenthiere, Thierpflanzen, Mollusken, Crustaceen, Feenschlösser mit unterseeischen Gärten, Parken und Wäldern in einem Oceane auf den Tisch zaubern soll, kann nach Räumlichkeit, Mitteln und dem Geschmacke des Einzelnen die verschiedensten Formen annehmen, so daß eine bestimmte Regel nicht gegeben werden kann. Um aber der Phantasie und der Lust für diese neue, wissenschaftliche, stets lebendige Zimmerdecoration gleich von vorn herein zu Hülfe zu kommen, fügen wir in Abbildung ein ästhetisches Muster-Aquarium bei.

Das Marine-Aquarium muß ein kleiner Ocean zwischen Glaswänden sein, dem Lichte der Sonne und dem Auge von allen Seiten zugänglich. An einem Fenster mit Receß kann man es so einrichten lassen, daß es die ganze Breite desselben einnimmt. Dies hat einen prächtigen Effekt auf's ganze Zimmer, wovon sich der Verfasser in englischen „drawing rooms" selbst oft genug überzeugte. In solchen Fällen müssen natürlich die Glasscheiben mit gutem, nicht schädlich wirkenden Material, am besten Gutta-Percha zusammengekittet werden. Zieht man die cylindrische Form vor, kann das Ganze aus einem einzigen Glaskörper bestehen, doch giebt es hier eine Grenze in Bezug auf Größe, da sie über zwölf Zoll im Durchmesser schwer zu blasen sind und beim Gebrauch auch noch sehr leicht zerbrechen. Auch die Höhe hängt vom Geschmacke ab, dem man hier gleich von vorn herein, wie bei Vasen u. s. w. eine bedeutende Stimme zuerkennen sollte. Vasenartige Formen selbst würden für kleinere Privat-Oceane viel für sich haben. Giebt man den Wänden eine geradlinige, z. B. achteckige Construction, vermeidet man zugleich die Entstellungen der inneren Pflanzen und Thiere, wie sie durch Lichtreflex an gebogenen Wänden und Kugelformen entstehen. Will man die Kugelform dennoch beibehalten, sorge man dafür, daß die Tiefe des Miniatur-Meeres sehr gering sei, damit man von Oben, dem einzigen richtigen Beobachtungspunkte, immer bis auf den Grund sehen könne.

Da unsere kleinen Oceane sich nicht nur mitten im Lande, sondern auch im Staube der Zimmer befinden und gedeihen sollen, müssen sie von Oben gut geschützt werden, also z. B. mit feinem Musselin, oder besser mit einer Glasplatte, doch so, daß noch Luft entweichen kann. Dabei wäre letztere jeden Tag ein paar Mal je für ein paar Secunden zu lüften, um einen vollständigen Luftwechsel darunter zu veranlassen.

Thiere, und besonders Pflanzen in dem kleinen Kunstoceane bedürfen des vollen Lichtes, weshalb das Aquarium in der sonnigsten und lichtesten

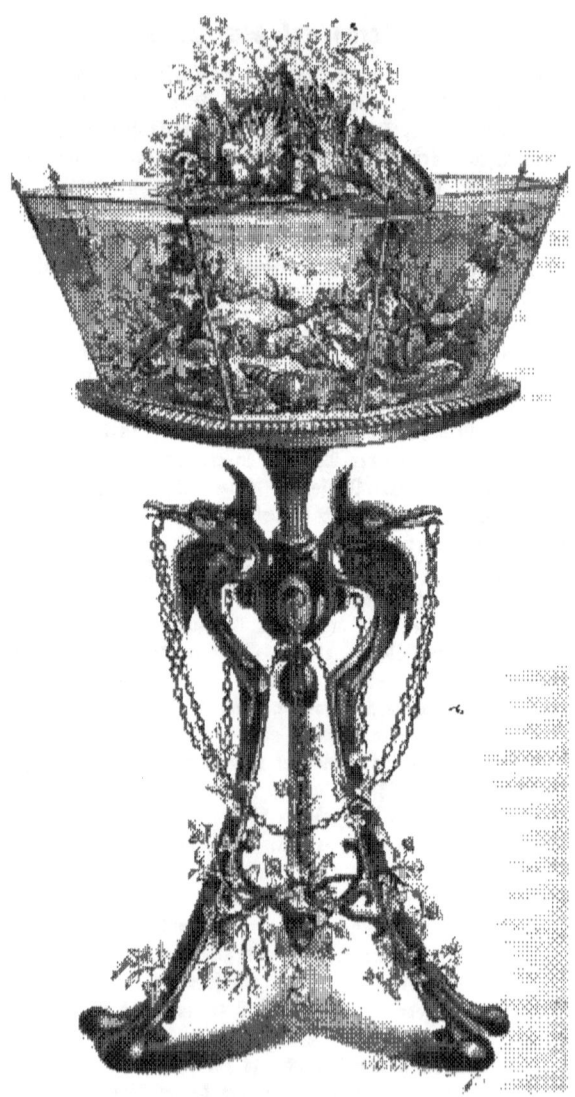

Priest-Marine-Aquarium.

Stelle des Zimmers stehen muß, so daß die Sonnenstrahlen ungeschwächt hineinwirken können. Es ist ein gar anmuthiges Schauspiel, zu beobachten, wie sich unter dem Einflusse der verklärenden Sonnenstrahlen Tausende von kleinen Luftdiamanten an den Steinen und Pflanzen bilden und wie sie in einem ununterbrochenen Perlenregen von Unten nach Oben eilen, so lange sie sich der Sonne freuen. Diese kleinen Diamanten bestehen aus reinem Oxygen (Sauerstoff). Da dieses die „Lebenslust" für Thiere bildet (und auch unsern Zimmern und Lungen zu Gute kommt), wird man die Wichtigkeit dieses Perlenregens sofort einsehen. Nur im Sommer bei großer Hitze ist namentlich das kleine Aquarium mit wenig Wasser gegen das directe Brennen der Sonne durch Musselin oder geöltes Papier oder Milchglas zu schützen. Wird das Wasser bis zur Lauheit erwärmt, sterben die Thiere.

Der wichtigste Punkt in praktischer Beziehung, namentlich für deutsche Gegenden, die durch das beste Fernrohr kein Meeresufer entdecken können, sind die Kosten der ersten Anschaffung. Was die Preise für Gefäße betrifft, so stellten sie sich in England für die größten von ornamentaler Form, 24 Zoll lang, 18 breit und 18 tief, auf 3 Pfund 10 Schillinge (24 Thaler) für's Stück, für kleinere (15, 12, 12) auf 7 Thaler. Hat man mehr wissenschaftliche als decorative Zwecke vor Augen, kann man natürlich mit Silbergroschen eben so viel ausrichten, wie für decorative mit fleckenlosem Spiegelglas mit Thalern. Aber wie bringt man nun das wirkliche Leben der Meerestiefe hinein? Zunächst hat man für Gegend, für entsprechende, unterseeische Landschaft zu sorgen und kann hier in Wirklichkeit ein malerisches Talent entwickeln als der Pinsel nur zum Schein. Man kann mit wirklichen kleinen Felsenstückchen, Korallen ꝛc. aus dem Meere componiren; wo dies aber nicht leicht geht, hat man mit Roman- oder Portland-Cement, der unter dem Wasser zu Felsen sich härtet, einen um so freieren Spielraum für keramisches Formtalent. Mit diesem Cemente kann man nach Herzenslust Klippen und Klüfte, Höhlen und Hütten für die künftigen Bewohner zurechtkneten. Stücke verzweigter Korallen, Höhlen, Steinfragmente, Klippen, überhängende Felsen sind theils nothwendig für das Gedeihen der Pflanzen und Thiere, theils wünschenswerth als Verschönerungen, zumal wenn hernach die Natur das Ihrige thut und die kleine unterseeische Kunstnatur mit ihren Seepflanzen-guirlanden und hängenden Gärten malerisch in Form und Farbe übertapezirt. Korallenzweige lassen sich auch wie Bäume in den noch weichen Cement pflanzen, so daß sie hernach auf dem erhärteten Felsen wie maritime Bäume stehen und Thieren und Pflanzen Anknüpfungspunkte gewähren.

Wohl zu beachten ist, daß der zu verwendende Cement vorher ganz gehörig ausgelaugt werden muß, um ihn unschädlich zu machen. Zu diesem Zwecke muß er mindestens einen Monat lang in häufig erneuertem Wasser gehalten werden. So lange sich das Wasser trübt und auf der Oberfläche Schaum absetzt, ist er untauglich. Durch Vernachlässigung dieser Vorsicht wurden schon oft alle hernach angesiedelten Thierchen getödtet. Da viele Seethierchen, wie Kaninchen, Ratten und Mäuse, unter dem Boden nach Schätzen zu graben lieben, muß man ihnen dazu Gelegenheit geben, und den Boden 1—3 Zoll dick mit grobem See- oder Flußsand bedecken, nachdem man ihn sorgfältig gereinigt und das Wasser ausgetrocknet hat. Man kann kleine, vorher sorgfältig gewaschene Steine hinzufügen. Manche Thiere brauchen besondern Schutz und Schlupfwinkel, deshalb muß man danach bauen und zusammensetzen. Sandstein, Granit, Kalkstein, Conglomerate, alle Arten von Baumaterialien sind gut, vorausgesetzt, daß sie keine schädlichen Substanzen an das Wasser absetzen. Um sicher zu gehen, werden deshalb Baumaterialien aus dem Meere selbst allen anderen vorzuziehen sein; wo nicht, ist Waschung und Auslaugung im Wasser, hernach in wirklichem oder künstlichem Seewasser durchaus nothwendig. Dabei muß man auf etwas Wildheit und Rauheit sehen. Jemehr Poren, Löcher, Höhlen und Winkel, desto besser. Nur hier keine geschmacklose Glätte und Politur angebracht. Städte, die mit dem Meere und Hafenstädten in naher oder wohlfeiler Verbindung stehen, können sich leicht natürliches Seewasser verschaffen. Für größere Quantitäten sind Fässer (neue, ausgelaugte oder wenigstens solche, die keine Spirituosen, Chemikalien, Säuren u. s. w. enthalten haben) am Besten, doch hüte man sich vor eichenen, welche trotz aller Auslaugung immer noch etwas Gallus-Säure entwickeln. Für kleinere Quantitäten bieten sich Steinkrüken, doch vergesse man auch hier nicht, gut ausgelaugte Pfropfen oder sonstige Schließung zu gebrauchen. Gutes Seewasser leidet nicht durch eine lange Reise auf der Eisenbahn oder sonst über Land.

Aber nun das Leben, wie bekommt man das Leben in das Marine-Aquarium hinein? Felsen, Höhlen, Hütten, Klüfte, Meeresboden, Meerwasser — alles ist da, aber die Pflanzen, aber die Thiere! An der Spitze alles guten Rathes steht auch hier: Selber ist der Mann! Man krebse sich die nöthige Zahl von Colonisten selber aus dem Meere heraus. Freilich wer in Leipzig oder gar in Böhmen wohnt und von dort aus in verschiedene Meerestiefen hinunterspazieren soll, um die seltsamsten, kleinsten, versteckesten Wunder des Oceans herauszufischen, der wird sich lange besinnen, ehe er zur Sache kommt. Man muß also andere Mittel und Wege, Leute, die dies für uns thun, ausfindig machen. Diese werden sich mit der Zeit wohl finden. Aus dem Berliner Aquarium wird man sie wohl fix und fertig beziehen können. Wie aber transportirt man die Bewohner? Viele lassen sich allerdings in blos feuchter Verpackung versenden, einige empfindliche aber können nur in ihrem Elemente reisen. Also muß man für den Ocean Eisenbahnbillets lösen und ihn mit seinen sonderbaren Bewohnern über Land reisen lassen. Für Reisen der Art kann man zunächst nur im Allgemeinen rathen, daß die Passagiere, die gar nicht an Landreisen gewöhnt sind und eben so leicht landkrank werden, wie wir auf ihrem Elemente seekrank, so schnell als möglich spedirt und bei der Ankunft sogleich in Empfang genommen werden, wie große Herren. Werden sie unterwegs lange aufgehalten, sind Bäder in frischem Seewasser und Licht nöthig. Und obgleich sie im Wasser leben, wie wir in der Luft, dürfen sie doch nicht naß werden, d. h. von solchem Wasser, wie es bei uns auf dem Lande regnet. Doch schützt man sie leicht auch in offenen Gefäßen unter dem Regen vor dem Regen, wenn man unmittelbar über der Oberfläche des Meeresspiegels der Gefäße Oeffnungen anbringt, durch welche das leichtere Regenwasser abfließt ohne in das schwerere vom Oceane einzudringen.

Lebende Seepflanzen lassen sich ohne Wasser schicken. Man verpackt sie in geeignete Botanisirkapseln, die man durch Korbgeflechte beschützt. Unten legt man gemeines Seegewächs (Fucus serratus) frisch und noch ganz naß, auf dieses Bett mit den nöthigen Stückchen Fels (der aber gegen Verschiebung und Schüttelung geschützt werden muß) die zu versendenden Exemplare, auf diese wieder frische Seegrasfüllung mit genauer Ausfütterung der Zwischenräume, bis der große Raum so gefüllt ist, daß nach Schließung Alles sicher und ziemlich fest liegt. So verpackte Seegewächse kommen stets über Hunderte von Meilen wohlbehalten an, selbst die ungemein zarten Delesseriae. Von den Thieren lassen sich die Mollusken, viele Echinodermata, einige Arten von Crustaceen und alle Actiniae auf dieselbe Weise wohlfeiler und bequemer senden als in Wasser. Eine Hand voll Seegewächs, noch ganz naß von Seewasser mit dem betreffenden Exemplar von Thier in einen Korb oder Krug gesteckt und mit einem durchlöcherten Kork oder sonst einer Schließung zugemacht (doch nicht ganz gefüllt mit Seegewächsen, damit kein Druck entsteht) ist hier die ganze Kunst.

Fische freilich, viele Crustaceen, die meisten Anneliden, alle Medusen und die zarteren Species von Zoophyten müssen in Seewasser versendet werden. Weithalsige Krüge von Steingut mit wasserdicht zugeschraubten Knöpfen, von denen mehrere in einen Flechtkorb gepackt werden können, Zinkeimer, durch Lattenkasten geschützt, mit feindurchlöchertem, angeschrobenen Deckel, Zinkkannen von Quadratform, mit durchlöcherten Deckeln, in eine offene Kiste eingefüttert — alle diese Methoden des Versendens in Seewasser wurden mit Glück angewendet. Mit ein Bischen Einsicht und Nachdenken lassen sich vielleicht noch bessere Methoden ausfindig machen, z. B. Glaskugeln, die so in einem Kasten hängen, daß sie die offene Seite stets nach oben richten, wie man den Kasten auch drehe und wende.

Austerschaalen oder Steine aus dem Meere, die sehr oft dicht von Zoophyten und Anneliden bewohnt sind, lassen sich in einem gewöhnlichen Netze, das man in der Mitte des Gefäßrandes befestigt, sehr gut befördern. Bei aller Beflügelung des jetzigen Verkehrs versteht es sich doch von selbst, daß man den allerschnellsten Weg wählen und, wo es möglich, unmittelbare Beförderung per express ausmachen muß. Sofort nach Ankunft müssen die erschöpften Ankömmlinge in offene, mit frischem Seewasser halb gefüllte Gefäße gebracht und ihnen Zeit gelassen werden, sich zu erholen und nachzudenken, was aus ihnen geworden und wo das große Meer wohl geblieben sein könne. Man untersucht dabei jeden einzelnen angekommenen Fremden, ob er krank, gesund, todt oder lebendig sei. Die Todten mag man anständig begraben, Kranke werden in der Regel wieder gesund durch ein Luftbad des Wassers, wie wir Landesbewohner ja oft auch wieder durch ein Seebad zu Kräften kommen.

Man badet das Seewasser in Luft durch eine Spritze, d. h. man macht Seesturm im Kleinen, bis derselbe Zweck, welcher dem Meere durch den Wind, der die Wogen thurmhoch und thallief durcheinander, meilenweit über die Gestade und in himmelanspritzendem Schaum hoch gegen die Felsen peitscht, erfüllt wird. Die Lüftung und Ventilation des Meerwassers im Aquarium ist eine Hauptbedingung des Gedeihens der pflanzlichen, thierpflanzlichen, pflanzenthierlichen und thierischen Bewohner. Deshalb ist es gut, dauernde Ventilation anzubringen. Die einfachste Methode ist ein Tropfglas, d. h. ein Glas mit einer Oeffnung unten, die man durch einen Schwamm so schließt, daß das Wasser stets tropfenweise hindurchsickern und so stets mit der atmosphärischen Luft in möglichst viel Berührung kommen kann. Man hängt das Glas über dem Aquarium auf und füllt es von Zeit zu Zeit immer wieder daraus. Je höher es hängt, desto besser, weil dann jeder Tropfen sich eine hübsche Bewegung in der Luft machen muß, ehe ihn sein Instinkt wieder geradenwegs in das mütterliche Element zurückführt. Noch praktischer und eine unverwüstliche, stets lebendig spielende, glänzende und zuweilen regenbogenspielende Schönheit ist der im Aquarium durch Felsen in die Höhe sprudelnde kleine Springbrunnen. Diese Schönheit scheint dem Laien für Privatzimmer vielleicht schwer oder wegen des Teppichs u. s. w. unthunlich. Doch nichts leichter und reinlicher. Man bringt irgendwo über dem Aquarium, vielleicht in dem Zimmer oben darüber, ein Reservoir an, leitet durch dieses in einem Gutta-Percha-Schlauche (dieser ist der beste und wohlfeilste, metallne rosten) das Wasser aus dem Reservoir zwischen der Wand unterm Boden hin in die durch's Aquarium laufende Röhre (die man durch Felsen u. s. w. hübsch verstecken kann), — und die Fontaine ist fertig, fein wie ein silberner Seidenfaden, mit welchem man auch durch Anschraubung anderer Oeffnungen, Spalten und Ritzchen die verschiedensten kleinen Wasserkünste abwechseln lassen kann. Auch können Springbrunnen im Aquarium selbst ohne Druck von außen gemacht werden.

„Aber, lieber Himmel, was muß das kosten?" höre ich irgend einen Gevatter oder eine Muhme, Tante oder Stiefmutter des deutschen Michel ausrufen. Vielleicht kostet's etwas, sehr wahrscheinlich, aber immer noch lange nicht so viel, als das schlechte Bier, der verkrummende Spiritus, oder der theure Wein, oder die Putzsucht, oder die Faulheit dieser Ausrufer. Wer erst den Geist dieses lebendigen Seewassers zu Hause zu genießen weiß, spar! die Kosten der ganze Geschichte in höchstens ein paar Monaten und von da lebt er reineweg von den Zinsen dieses ersparten Kapitals.

Doch weiter in unserer Vorlesung. Hat man die angekommenen Gäste gehörig erquickt und die Todten von den Lebenden geschieden, bringt man sie fein säuberlich in ihrer kleinen neuen Kolonie an. Das Wasser ist ein oder zwei Tage etwas trübe, wird aber dann klar und krystallhell; die Pflanzen fangen an, ihre Blumen, Blätter und Fächer, die Thierpflanzen ihre farbigen, befransten Sonnen- und Regenschirme und allerlei ganz erfreulich wunderbare Fangrathen, Fühlhörner und Federbüsche zu entfalten und damit in den herrlichsten prismatischen Farbenspielen zu renommiren, wie mexikanische Prinzen. Einige, die sich in selbstgebauten wunderbaren Burgen und Schlössern verriegelt hielten, kommen mit ihren „Stopfern" hervor und legen sich zum Fenster hinaus, um sich die neue Welt erst ordentlich zu besehen. Finden sie, daß keine Gefahr vorhanden ist, holen sie ihr Handwerkszeug und ihre Raubinstrumente heraus, und fangen das Geschäft der Ritter an, nämlich Raub. Andere besehen sich die Vegetabilien, kosten und essen. Noch Andere, die mehr zum Vergnügen leben, treiben allerlei Allotria. Alle überleben die neue Ansiedelung nicht. Während der ersten Wochen giebt's mehr Begräbnißfeierlichkeiten als Lebensfreuden. Unendlich viele mikroskopische Thierchen, in Seegewächsen, an Muscheln und Steinen versteckt, sterben und verderben das Wasser, was man an neuer Trübung und Milchigkeit desselben erkennt. So wie man das bemerkt, ist das Wasser vermittelst eines Hebers sorgfältig in andere Gefäße abzuziehen, in welchen man auch Thiere und Pflanzen einstweilen unterbringt, bis man das Aquariumgefäß gehörig ausgelesen und ausgespült hat. Jetzt filtrirt man das Wasser durch eine vermittelst eines Schwammes am untern Ende leicht geschlossene Glasröhre und setzt auch Thiere und Pflanzen wieder hinein. Steine, Muscheln u. s. w., die durch eine Lupe verdächtig aussehen, behalte man einstweilen in besonderen Gefäßen, bis man über deren Zustand in's Klare gekommen.

Auch wenn die erste Krisis (während der ersten 10 Tage) vorüber ist, kommen, wie im Menschenleben, gelegentliche Todesfälle vor. Deshalb muß man das ganze Aquarium etwa alle acht Tage einer Specialhaussuchung unterwerfen und Todtes und sonst Ungehöriges mit einem kleinen, rechtwinkelig gebogenen und an einen dünnen Stab befestigten Zinnlöffel entfernen (Silber und Gold ist hierbei nicht verboten). Ein paar andere dünne Stäbchen, einige am Ende spatenartig zugeschnitten, können gelegentlich dazu benutzt werden, um diesen oder jenen Bewohner zu ermitteln, auszuziehen oder blos wo anders hin spazieren zu lassen. Kleine Netzchen (Musselin, lose zwischen Ringe befestigt und diese an einem Stäbchen) sind die besten Instrumente, dies oder jenes Exemplar zu fangen, herauszufischen und speciell zu untersuchen oder zu versetzen. Regel dabei muß freilich sein: Quäle nie ein Thier zum Scherz! Anfassen sollte man nie eins.

Im Verlauf der Zeit verdunstet bloßes Wasser des Seewassers, das man daher durch gelegentliche Hinzufügung reinen, frischen Wassers (nicht Seewassers) in seiner Quantität erhalten muß. Destillirtes Wasser ist dazu natürlich das beste, doch geht auch Flußwasser. Genau genommen hat man nicht sowohl dieselbe Menge, als dieselbe Dichtigkeit des Seewassers zu erhalten, doch reicht ein Zeichen just da, wo das Wasser an der Wand des Aquariums aufhört, hin, um immer so viel Flußwasser hinzuzufügen, daß der Stand im Aquarium nicht unter dieses Zeichen sinke. „Reinlichkeit ist das Nächste nach Gottseligkeit," sagt der Engländer. Den kleinen Ocean, weil er eigentlich ein Gefängniß ist, muß man besonders sorgfältig rein halten. Als Straßenkehrer stellt man einige Schnecken und die in England täglich millionenweise gegessenen „periwinkles" an, welche mit der Zunge, in Ermangelung eines Besens, die innern Wände fleißig von dem grünen, vegetabilischen Ansatz befreien, doch nicht immer ganz regelmäßig, so daß man gut thut, etwa monatlich einmal alle inneren Wände mit einem feinen Scheuerlappen (an ein Stäbchen gebunden) gehörig abzufegen. Doch muß man dabei die Ansiedelungen der einzelnen Bewohner möglichst schonen und den etwa an die Wände angesetzten Laich ganz unberührt lassen, damit die Kolonisten nicht um ihre Vaterfreuden gebracht werden.

Bekommen die Felsen und Steine ein frühlingartiges Ansehen, darf man nicht an den Scheuerlappen denken, sondern muß ein Loblied auf den marinirten Lenz singen. Die kleinen Sprößchen der grünen Algen wuchern rasch über die Felsen und den Boden hin und kleiden sie in den zartesten Sammetrock des Frühlings, aus welchem bald Millionen Sauerstoffdiamanten steigen, allen Thieren zur Gesundheit und Freude. Sobald dieser grüne Hauch ein wolliges, dauniges Ansehen bekommt, sind wir über den Berg und können sagen: unser Ocean auf dem Tische ist eine Wahrheit, eine lebensversicherte Thatsache. Sprossen und Zweige zacken und züngeln sich empor und erreichen ihre natürlichen Dimensionen. Alles was man dann zu thun hat, beschränkt sich auf Zurückweisung zu großer Ausbreitung und Entfaltung, so daß man hier und da jäten, abbrechen und reduciren mag.

Ja, aber alle Bewohner des großen Oceans kann man doch nicht in dem kleinen ansiedeln, keine Wallfische, Haifische, Seehunde u. s. w. Nein. Für verschiedene Zwecke muß man verschiedene Thierchen wählen, und diese natürlich bloß unter den Wundern, also mit Ausschluß von Oberkrebsen, Vielen und Plätzen. Für wissenschaftliche Zwecke sieht man weniger auf die unmittelbare Schönheit, für Privatdecorationen wird diese oben an zu stellen sein. Hier glebt's noch ein unendliches Feld der Wahl und Modification. Für Männer vom Fach erwähnen wir nur hier, daß sich für unsere Oceane auf dem Tische folgende kleine Meerwunder am Besten eignen und darin am Besten gedeihen: die verschiedenen Arten des Gasterosteus und einige Klippenfische; unter den Mollusken Aplysia, periwinkles, Chitonen, die Sandgräber der Bivalven, besonders Venus, Pullastra u. s. w., von Crustaceen Eurynome, Portunus puber, Carcinus moenas, Ebalia Corystes, Pagurus, Porcellana platycheles, Crangones, Palaemones; von Anneliten: Pectinaria, Sabellae, Serpulae, Pontobdella muricata; von Zoophyten alle Actiniadae und viele Madreporae. Schwerer zu erhalten sind von den Fischen Cottus (Seescorpion), der fünfzehndornige Gasterosteus, Saug- und Pfeifenfische; von den Mollusken die nachtsiemigen, die Naticae, Cyprea, Purpura, Cynthiae und Ascidiae, von Crustaceen die l'isae, Portuni, kleine Hummern, Athanas nitescens, Hyppolytes, Pandalus, Gammarus, Idotia; von Anneliten Terebella, Aphrodite aculeata und die Planariae; von Echinodermen Cribella, Palmipes, Asterina, Asterias, Echinus und Cucumaria; schwer zu erhalten, aber alle sehr interessant und doch auch erwiesener Maßen Monate lang in dem Weltmeergefängniß lebensfähig. Wegen der barbarischen Gelehrsamkeit hier bitte ich den Leser und ganz besonders die Leserin dringend um Entschuldigung.

Nach dem alten Gebote der Bibel: „Herrschet über die Erde und machet sie euch unterthan!" und nach der von Hegel aufgestellten Forderung: „die Natur muß sich dem Menschen ergeben," hat man neuerdings denn auch ernstlich angefangen, in deren Innerstes zu dringen, nicht „glücklich, daß sie uns nur die äußere Schale weist." Statt der bloßen Schale lieber nichts. Uebrigens „hat Natur weder Kern noch Schale, Alles ist sie mit Einem Male", wie Göthe sang.

Zu den interessantesten und reichsten Eroberungen der Naturwissenschaft gehört der unterworfene, erdumgürtete Ocean. Das geheimnißvolle, wunderreiche Leben seiner Tiefen glänzt jetzt in unsern Putz- und Besuchs-zimmern. Zwischen hellen, durchsichtigen Krystallufern vor uns in Polster- und Sammetstühlen Sitzenden blühen die lebendigen, umherwandelnden Thierblumen oder Pflanzenthiere. Wir können den See-Anemonen zu den Mund sehen, wenn sie das ihnen dargereichte Stückchen Fleisch verzehren. Fleischfressende Blumen! Wir haben die graciösen Bewegungen und Formen- und Farbenmetamorphosen der Zoophyten, der Crustaceen, Mollusken und Polypen, die Jahrtausende in dunkeln, uns unzugänglichen Tiefen walteten, in all ihrer Eigenthümlichkeit naturwahr und leibhaftig vor uns. Die tyrannische, allgewaltige, unbändige Ocean fluthet auf unserm Tische als die unerschöpflichste Freudenquelle unserer Gesellschaften, unserer Einsamkeit, ohne daß wir uns nur die Füße naß zu machen oder ihm gar den üblichen Tribut auf Seereisen zu opfern brauchen.

Wir haben gelernt, das Seewasser künstlich zu fabriciren, es in gläsernen Gefäßen erst mit der nöthigen Vegetation zu bevölkern und dann die Bewohner der Tiefe darin anzusiedeln, und sie comfortabel und als unsere Stubenfreunde zu halten und zu pflegen. Wie macht man zunächst künstliches Seewasser? Wie die Natur es macht. Nur daß wir mit Hülfe der Chemie schneller und genauer fabriciren, als die Natur. Diese hat das Seewasser an verschiedenen Stellen etwas verschieden zusammengesetzt, nach Bibra's genauen Untersuchungen je hundert Theile so:

	Großer Ocean.	Atlant. Meer.	Nordsee.
Wasser	96,5292	96,4481	96,5617
Chlornatrium (Kochsalz)	2,5877	2,7558	2,5513
Bromnatrium	0,0401	0,0326	0,0373
Schwefelsaures Kali (Glaubersalz)	0,1359	0,1715	0,1529
Schwefelsaurer Kalk (Gyps)	0,1622	0,2064	0,1622
Schwefelsaure Magnesia	0,1104	0,0614	0,0706
Chlormagnesium	0,4345	0,3260	0,4641
(Jedenfalls auch Cäsium.)	100 Theile.	100 Theile.	100 Theile.

Gosse, Professor der Naturgeschichte an der Universität zu Edinburg, der eigentliche Schöpfer der Privat-Marine-Aquarien, legte die Schweizer'sche nur sehr wenig abweichende Analyse zu Grunde und machte das erste künstliche Seewasser auf folgende Weise (Alles in Troy-Gewicht). Er mischte 3½ Unzen gewöhnliches Kochsalz mit ¼ Unze Epsomsalz, 200 Grans Chlormagnesium, 40 Grans schwefelsaurem Kali und das Ganze mit 4 englischen Quart Wasser. Bromnatrium, schwefelsauren Kalk und schwefelsaure Magnesia ließ er ganz aus dem Spiele, da ersteres im mittelländischen Meere ganz fehlt und die beiden andern Bestandtheile theils nur in sehr geringen Quantitäten vorhanden sind, theils wegen

ihrer Unlöslichkeit im Waſſer nicht nothwendig zur Qualität des See⸗
waſſers gehören und für das thieriſche und vegetabiliſche Leben, aber
nicht für deſſen Gehäuſe, entbehrlich erſchienen. Die erſte Gallone dieſes
ſo componirten Seewaſſers koſtete ihm 5¹/₄ Pence, noch nicht 5 Sgr.
Am folgenden Tage filtrirte er die Hälfte davon durch einen Schwamm
in ein Glasgefäß und bedeckte deſſen Boden mit reingewaſchenen Steinen
vom Meeresufer und einigen Steinfragmenten, an denen ſich etwas maritime
Vegetation („Ulva latissima") angeſetzt hatte.

„Ich wollte," ſchreibt er, „nicht ſofort Thiere hinzufügen, da ich es
für nothwendig hielt, daß ſich das Waſſer erſt etwas mehr mit den
zerſtreuten Sproſſen der Ulva familiair mache und es für einigen Vorrath
von Pflanzenkoſt ſorge. Dies iſt ja auch die Tagesordnung der Natur:
erſt Pflanzen, dann Thiere. Bald bedeckten ſich denn auch die innern
Wände mit den Sproſſen der Ulva, und Bläschen von Sauerſtoff ent⸗
wickelten ſich bald zahlreich unter dem Einfluß von Sonnenſtrahlen. Nach
einer Woche übergab ich dem Waſſer mehrere Arten von Zoophyten,
beſtehend in Species der Actiniae, Boverbaukia, Cellularia, Dalanus,
Serpula u. ſ. w., dazu einiges rothe Seegewächs. Das Ganze gedieh
und entwickelte ſich von Tage zu Tage in freudigſter Geſundheit und
Kraft, ſo daß ich manchen neuen Bewohner der Tiefe hinzufügte. Nach
6 Wochen unterſuchte ich meinen künſtlichen Ocean auf dem Tiſche und
deſſen Bewohner auf das Genaueſte und fand Letztere alle in beſter Geſund⸗
heit. Nur einige Polyzoa, nämlich Crisea sculcata, Cellepora pumicosa
und Pedicellina belgica konnte ich nicht finden, obgleich ich glaube,
daß ſie ſich nur zwiſchen den Steinen und Gewächſen zurückgezogen hatten,
da alle andern Thiere ſich offenbar ganz wohl befanden."

So war das künſtliche Seewaſſer durch ſeine erſte Prüfung gekommen.
Seitdem haben ſich die prächtigen Geſellſchaftszimmer der gebildeten Schotten
und Engländer auf das Mannigfaltigſte mit Vivarien, Marine⸗Aquarien,
belebten Oceanen auf den Tiſchen in glänzenden, zum Theil koſtbaren
Kryſtallgefäßen gefüllt, und es gehört nun zum beſten Tone, die Pracht⸗
zimmer mit ſolchen Oceanen voller Wunder der geheimnißvollen Tiefe und
der ſeenhaften Schöpfungen zwiſchen Thier und Pflanze zu ſchmücken.

Was die Fabrikation künſtlichen Seewaſſers betrifft, kann ſie unter
Zuziehung eines Chemikers keine Schwierigkeiten haben. Man kann ſich
aber, wie mich ein Chemiker verſichert, die Sache ſehr leicht machen, wenn
man eben ſo zu Werke geht, wie die Natur. Woraus hat die Natur
Seewaſſer gemacht? Durchaus nur aus Steinſalz, und ſo meint er, daß
man z. B. aus 96¹/₂ Loth Waſſer auf 3¹/₂ Loth Steinſalz (oder Salinen⸗
flüſſigkeit aus Salzwerken) gegoſſen, jedenfalls ganz gutes Seewaſſer
bekommen werde. Wenigſtens kann man dieſen wohlfeilen Verſuch machen

und kann chemisch und praktisch durch Einführung vegetabilischen und aulmalischen Lebens probiren. Am Bequemsten wird es uns jedenfalls durch die Direction des Berliner Aquariums gemacht, wenn diese ihren Plan, alle Arten von Marine- und Süßwasser-Privat-Aquarien (auch mit innerhalb angebrachtem Springbrunnen-Mechanismus) geschäftlich fertigen, füllen und filtriren zu lassen, ausgeführt haben wird. Wir lernen dann das Wasser als ewig sprudelnd- und farbensprudige Quelle der Wissenschaft, Schönheit und Freude würdigen und es dadurch auch als unerschöpfliches, flüssiges Fruchtfeld des Nutzens und der Nahrung besser bewirthschaften.

Die Aquariums-Marine.

Die Bevölkerung der Marine Aquarien kann natürlich aus Vertretern der verschiedensten Meeresbewohner bestehen, doch empfehlen sich verhältnißmäßig nur wenige Arten dazu, weil die meisten anderen entweder zu raubsüchtig, zu groß, zu häßlich oder auch zu empfindlich sind. Vielleicht den ersten Rang unter den geeignetsten Wundern des Meeres nehmen die Anneliden oder Ringelwürmer ein. Obgleich zu ihnen Regenwurm und Blutegel gehören, so daß wir keine besondere Meinung von ihrer Schönheit haben würden, haben wir doch neuerdings aus dem Meer unzählige Arten kennen gelernt, welchen die entzückten Entdecker die reizendsten Namen aus der antiken Götterwelt verliehen, so daß wir von Nereiden, Euphrosynen und sogar Aphrodiken lesen. Außer durch wunderbare äußerliche Schönheit zeichnen sich manche auch durch geradezu fabelhaften Reichthum der inneren Organisation aus. So erzählt uns Hartwig in seinem „Leben des Meeres" von dreihundert Ringen, dreihundert Nervenknoten, zweihundertachtzig Magen, fünfhundertfünfzig Kiemen, sechshundert Herzen und dreißigtausend Muskeln in dem einzigen Ringelwurme Eunice sanguinea. Die Anneliden zerfallen hauptsächlich in freilebende ohne Gehäuse und in Röhrenwürmer, die in verschiedenen, selbstgebauten Höhlen, Trichtern, Thürmen und sonst mancherlei gestalteten, eignen, schutzenfreien Häusern wohnen. Unter ersteren giebt es einige der farbenprächtigsten und wandlungsreichsten Gebilde zu bewundern, auch schauerliche Riesen, welche in ganzer Länge selbst die größten Schlangen übertreffen. So wird der Schnurwurm bis vierzig Fuß lang, nur daß er meist in sich selbst verwickelt wie ein verwirrter Knäuel mehr oder weniger versteckt da liegt und sich nur zuweilen bequemt, sich wegen Nahrung oder Ortsveränderung in ganzer Länge auszudehnen. Den Sandwurm erwähnen wir nur noch wegen seiner Nützlichkeit als Fischköder. Die zartesten Anneliden wohnen in selbstgebauten kleinen Häusern und Schlössern, wozu sie den Schlüssel und die Thür zugleich immer bei sich tragen, um letztere als „Stopser" bei der geringsten Gefahr blitzschnell und so geschickt in den Eingang zu fügen, daß der scharfsichtigste Feind oder Einbrecher mit seinen feinsten Werkzeugen keine Stelle findet, sie irgendwo anzusetzen. Die Bewohner darin haben aber ohne die geringste Spur von Fenster oder Augen ein so feines Gefühl, daß sie, von der Außenwelt vollständig abgeschlossen, doch immer genau wittern, wenn sie sich wieder herauswagen dürfen; dann schleßen sie mit ihren reich verzierten Fang- und Fühlfäden ebenso blitzschnell wieder hervor, wie sie bei der geringsten Gefahr verschwanden und ihr Haus verschlossen. Einige derselben bauen ihre Schlösser und Thürme wie aus einem Guß und einem Stück, während andere das Baumaterial dazu aus Sandkörnchen, Bruchstücken von Steinen, Muscheln 2c. zusammenleimen und sich oft so dicht nebeneinander anbauen, daß sie ganze Straßen und Städte bilden, zwischen welchen sich ganze Feengärten von pflanzlichen Anlagen ausbreiten. Diese Wundergebilde sind oft so klein, daß sie sich dem bloßen Auge ganz entziehen. Man nehme sich aber nur die Mühe, etwa während der Ebbezeit am Gestade irgend ein Stückchen rauhen Gesteins mit möglichst klarem Seewasser in einer gut durchsichtigen Flasche aufzubewahren oder besser hineinzuhängen, sie dann zu Hause ruhig in gutes Licht zu stellen und dann durch eine scharfe Lupe ziemlich lange unverdrossen das Steinchen zu betrachten. Anfangs bemerkt man vielleicht nur eine Menge unscheinbare Höcker mit todten Zwischenräumen; aber endlich thut sich irgendwo vorsichtig ein unbedeutendes Häuschen oder Thürmchen auf und aus der Oeffnung hervor regt es sich auf geheimnißvolle Weise. Bleibt ringsherum Alles ruhig, so verkündet wahrscheinlich eine geheimnißvolle Telegraphie aus diesem ersten geöffneten Hause, daß das Vaterland nicht mehr in Gefahr sei; denn mit großer Schnelligkeit und Zuversicht verbreitet sich nun über alle Gegenden des Steines ein wahrhaft bezauberndes Leben. Unzählige Thüren und Thürme öffnen sich und im herrlichsten Farben- und Formenschmuck strecken sich Köpfe und Arme hervor und winken und wehen freudig nach allen Seiten. Auch zwischen den Wäldern und Parkanlagen scheint sich eine unabsehbare Fülle von gleichsam insusorischen Vögeln und Vierfüßlern des wieder hergestellten Friedens zu freuen. Da sich Jeder leicht ein solches einfaches Marine-Aquarium verschaffen kann, wird sich hoffentlich Mancher die Mühe nicht verdrießen lassen, aus der ersten besten Flasche ganz andere Genüsse trinken zu lernen, als solche, welche ihren Geist doch nur dem gemeinen Alcohol vertrauen.

Auch die Mollusken oder Weichthiere, welche als Muscheln und Schnecken und noch mehr durch ihre zum Theil wundervollen Schalen als Conchylien allgemein bekannt sind, haben in den Gewässern des Meeres noch unzählige Vertreter, von denen sich manche als Schätze für unsere Aquarien eignen. Cuvier theilte sie in fünf Classen: Kopf-, Bauch-, Flügel-, Arm- und Barfüßler. Letzterer Titel ist zwar nicht wissenschaftlich, mag aber hier gelten, da diese Classe gar keinen Kopf besitzt und sich zunächst nur durch die Füße vor den anderen auszuzeichnen sucht, während die Kopffüßler durch ihre chamäleontisch sich vielfach in Farben wandelnde Haut dem Auge viel Weite bieten und dadurch zugleich ein nicht unbedeutendes inneres Gefühlsleben zu verrathen scheinen. Viele Arten von ihnen wimmeln in Millionen und Myriaden im Salzwasser umher und machen sich besonders des Nachts als Tiger der Meere durch ihre unersättliche Mordlust furchtbar, werden aber eben so unbarmherzig besonders von Stockfischen gefressen, so daß sie uns auf diese Weise zu Gute kommen.

Die Calmars (Loligo) galten bei den Griechen unmittelbar als gute Nahrung und werden noch jetzt in China, Indien, Brasilien u. s. w. fleißig gegessen. Jedenfalls würden sie auch uns besser bekommen, als die sich ewig wiederholende Hausmannskost mit den vielen Kartoffeln. Manche Calmars bestehen aus mehreren Centnern nahrhaften Fleisches, welches lebendig und in der Natur allerdings sehr abschreckend aussieht, aber durch Zubereitung eben so appetitlich geboten werden kann, wie das Fleisch des Schweines, an welchem die Natur ebenfalls keinen besonders ästhetischen Geschmack kund giebt. Die Sepien oder Tintenfische schwimmen oft wie große Tonnen mit sechs Fuß langen Fangarmen im Meere umher und fassen und fressen Alles, was sie eben erwischen können. Um sich selbst bei drohender Gefahr vor weiterer Verfolgung zu schützen, bringen sie sich gewissermaßen selbst in die Tinte, indem sie durch eine schwarze, ausgespritzte Flüssigkeit, wovon die Sepiafarbe gemacht wird, das Wasser um sich her verdunkeln und dann zugleich selbst besser im Trüben fischen können. Daß einige Sepien oder Calmars in tropischen Gewässern sich mit fünfzig und mehr Fuß langen Armen 700 Pfund Fleisch anmästen, scheint nicht mehr zweifelhaft zu sein, aber die Ungeheuer, welche mit noch längeren Briareusarmen ganze Schiffe bis in die Masten hinauf umklammern und wohl gar zerdrücken, sind eine Fabel.

Die Bauchfüßler oder Schnecken im Meere können mit ihren schwarzen Augen oben auf den langen Fühlfäden oder Hörnern selbst dem Physiognomiker sehr interessant werden und auch in unseren Aquarien werden sich einige Arten auszuzeichnen wissen. Manche Nacktkiemer geben uns gewissermaßen durch ihre Durchsichtigkeit in klarem Seewasser eine symbolische Vorstellung von Geisterhaftigkeit.

Die Doriden, welche Göthe als wohlthätige Göttinnen des Meeres auf Delphinen durch den zweiten Theil des Faust reiten läßt, gewissermaßen als göttlich persönliche Rettungsboote, welche Kinder, Väter und

Müller aus der Brandung grimmen Zahn retten, sie auf Schilf und Moos betten und mit heißen Küssen wieder zum Licht und Leben erwärmen, verkriechen sich in der Wirklichkeit gern unter Steine und lassen, von hungrigen Feinden gefaßt, denselben oft nur einen Theil ihres Mantels, um sich selbst mit heiler Haut schleunigst davon zu machen. Von ihren inneren und äußeren Wandlungen wird uns das Meer im Glashause noch manches Geheimniß verrathen. Die Bauchfüßler sind in einer so ungeheuren Menge von Arten und Gestaltungen vertreten, daß selbst die Wissenschaft weder Anfang noch Ende anzugeben weiß. Wir beschränken uns hier auf einige Bewohner des Aquariums.

Die Aplysia oder der Seehaase sieht auf den ersten Anblick wie eine große, nackte Schnecke aus; aber sie trägt einen Mantel mit malerischen Falten, aus welchen zuweilen sein gefiederte Kiemen in schönem Farbenspiel hervorschielen. Beim Schwimmen und sonstigen Bewegungen entwickeln sie manchen Reiz der Farbe und Form.

Die Carinarien sind ganz besonders sonderbare Käuze: sie tragen die sie schützende Schale an einer Stange über dem Rücken, wie ein Handwerksbursche oder Fußgänger seinen Rock, wenn es ihm zu heiß wird und saugen sich mit einem runden, scheibenartigen Fuße gern an alle mögliche herumschwimmende Gegenstände an, um so gewissermaßen als blinde Passagiere mitzufahren. Die schönste und seltenste Art heißt die gläserne (vitrea), wird nur im indischen Ocean gefunden und als Conchylie mit zwei, dreihundert Thalern bezahlt. Vielleicht bekommen wir lebendige Exemplare noch in unseren Eleusinium-Tempeln zu sehen. Ueberhaupt wird das todte Sammelwesen der Conchyliologie durch die Aquariums-cultur wissenschaftlich und ästhetisch erst zu ihrem wahren Werthe und Leben ausgebildet werden, da wir nun Gelegenheit haben, die Schönheit, den Gestalten- und Metamorphosenreichthum der Natur aus dem Reiche der Mollusken nicht mehr als bloße Schale, sondern auch mit ihrem lebendigen Kern zu bewundern. Welche Mannigfaltigkeit von Formen- und Farbenpracht die Natur über die Mäntel der Mollusken verbreitet, das wissen die Conchylienenthusiasten so sehr zu schätzen, daß sie für manchen solchen Mantel allein Hunderte von Thalern bezahlen. Wie werden wir erst diese Kleider mit den lebendigen Wundergebilden darin schätzen lernen! Auch finden sich an jeder Meeresküste mehrere Arten eßbarer Seeschnecken, welche sich in Europa bis jetzt freilich meist nur die Engländer und die Franzosen in der Bretagne gutschmecken lassen. Wir Deutsche mit unseren Kartoffeln sollten zu unserem Heile auch diese Gerichte aus der Küche Neptuns essen lernen.

Die Flügelfüßler bewegen sich mit zwei lappen- oder flügelartigen Flossen am Vorderkörper und haben weder Füße zum Gehen, noch Arme und Hände zum Greifen. Einige Arten stecken mit dem Hintertheile in sehr dünnen, durchscheinenden Schalen, kriechen bei Gefahr ganz hinein und versinken in die Tiefe; andere Arten, wie die schön blauen und hellroth punktirten Glios sind ganz nackt und schutzlos. Alle sind Bewohner des offenen Meeres, wo sie besonders des Nachts oft in ungeheuren Schaaren sich oben lebhaft umhertummeln und so selbst Riesenthieren, wie den Wallfischen eine substantielle Nahrung bieten. Alle Arten sind sehr klein und eignen sich deshalb vielfach zur Bereicherung unserer kleinen Oceane auf dem Tische.

Die Barfüßler, wie ich sie nannte, sind ganz kopflose Weichthiere, durch sehr einfachen Körperbau und ihre eigenthümlichen Muschelschalen von anderen Mollusken unterschieden. Ihre Hauptvertreter sind die Austern; auch andere Arten sind eßbar, wie z. B. die gemeine Herzmuschel, die Messerscheide, besonders geröstet, sehr schmackhaft, die Venusmuschel, eine Lieblingsspeise der Provençalen, die Mießmuschel, auch ein guter Köder für Stockfische u. s. w., so wie es überhaupt unter diesen unzähligen Arten von bepanzerten und nackten Weichthieren noch sehr viele geben mag, welche der Mensch wegen ihrer Schönheit bewundern und wegen ihres schmackhaften Fleisches mit Vortheil und Freude essen lernen wird.

Mollusken ähnlich sind auch die Moos- und Mantelthiere, unter denen besonders die Salpen wegen ihres merkwürdigen Geschlechtswechsels unsere Aufmerksamkeit verdienen. Chamisso, der dies zuerst entdeckte, sagt: „Eine Salpenmutter gleicht nicht ihrer Tochter oder ihrer eignen Mutter, wohl aber ihrer Schwester, ihrer Enkelin und ihrer Großmutter." Ueber diese Behauptung lachte man Anfangs, findet aber jetzt in unseren Aquarien vielfach Gelegenheit, viel wunderbarere Metamorphosen der Natur zu beobachten, als sie Ovid dichtete, namentlich bei den Medusen, Polypen, Seeigeln und krebsartigen Thieren.

Das noch wunderbarere Reich der thierischen Sterne im Meere, der See-, Schlangen-, Sonnen-, Lilien- und sonstiger Blumensterne ist vielleicht noch reicher an Gebilden und deren Wandlungen. Wir haben sie bei unserem Besuch des Londoner Zoophytenhauses und Hamburger Aquariums zum Theil schon bewundert, können sie aber für besondere Pflege und Vermehrung nicht empfehlen, da sie zu den gefräßigsten Raubungeheuern gehören und selbst beinahe nicht todt zu machen sind. Nur einige, wie der rosenfarbige Lilien- oder Haarstern, sind vorzüglich geeignet, die Schönheit unterseeischer Landschaften in unseren maritimen Crystallpalästen bedeutend zu erhöhen. Die Schlangensterne mit langen, wurmförmigen Strahlen um ein kleines, flaches Mittelstück machen oft bei der leisesten Gefahr vielleicht das sonderbarste aller Kunststücke, um derselben zu entgehen: sie werfen augenblicklich alle Arme von sich, so daß das ganze Geschöpf gleichsam nach allen Seiten abgeht und verschwindet, freilich nur, um mit jedem Theile wieder als ein Ganzes aufzuleben. Die Sonnensterne, oft mit fünfzehn reichgeschmückten Strahlen, verdienen wegen ihrer Farben- und Formenschönheit angemessene Vertretung. Die Seeigel erinnern vielfach an manche Sternenarten, doch sind ihre Körper meist runder und ihre Strahlen kürzer. Bei den Römern galten sie als Delikatesse, besonders die von Misenum. Sie würden auch uns gut schmecken, wenn wir's versuchten, vielleicht schon deshalb, weil sie ihre Nahrung auf die vollkommenste Weise zu kauen, also auch zu verdauen verstehen. „Das Gebiß dieses Thieres ist ein Meisterstück in seiner Art," sagt Hartwig. „Man denke

Fünfzehnstrahliger Seestern.

sich einen langen, beweglichen Zahn in der Mitte eines aus fünf dreieckigen, ebenfalls beweglichen und mit scharfen Zahnspitzen versehenen Kinnladen bestehenden Trichters, und dies Alles durch Systeme von Muskeln nach oben und unten, vorn und hinten in Bewegung gesetzt. Eine trefflichere Mahlmühle hat gewiß noch kein Mechaniker erdacht."

Zu derselben Thierklasse wie der strahlige Seestern und der kugelrunde Seeigel gehören die Holothurien oder Seegurken, welche eine merkwürdige Fertigkeit besitzen, sich in alle mögliche Formen umzuneten und ihren Körperumfang dreifach zu verkleinern oder zu vergrößern. Unter dem Einflusse des Schreckens oder Ekels übergibt sie sich nicht etwa, sondern speit den ganzen Magen mit allen Eingeweiden aus, ein Kunststück, das ihr wohl nicht so leicht irgend ein anderes Wesen nachmachen kann. Bei uns werden diese Salzgurken des Meeres wenig beachtet, aber aus dem indischen Ocean fangen sie die Chinesen und wohl die meisten Bewohner großoceanischer Inseln millionenweise heraus, um sie auf Märkten als gesuchte Delikatesse zu verkaufen oder sie gleich selbst zu verzehren. Die Seegurken haben einen hummerähnlichen Geschmack und bilden unter dem wahrscheinlich malaischen Namen Trepang in Groß-Oceanien und in dessen Küstenländern einen massenhaften Verkaufs- und Nahrungsartikel.

Quallen, welche in ihrer durchsichtigen und dabei vielfarbigen Mannigfaltigkeit oft unabsehbare Theile des Meeres geisterhaft beleben

Kornblumenqualle.

und durchleuchten, nehmen mit ihrer dünnflüssigen Körperlichkeit in mehr oder weniger leichter Wandlung von mikroskopischer Winzigkeit an bis zu mehreren Fuß Durchmesser alle mögliche Formen und Farben an. Man theilt deren unabsehbare Mengen und Arten gewöhnlich in drei Hauptklassen, Scheiben-, Rippen- und Röhrenquallen. Erstere, auch Hutquallen genannt, sehen oft etwa wie kleine Regenschirme, Pilze oder Glocken aus, von deren unteren Seiten meist fadenförmige Franzen herabhängen, die als Fangarme dienen. Zu diesem Zwecke befinden sich an den Enden unzählige kleine Nadeln oder Röhrchen, welche wie Bienenstacheln verwunden und zugleich eine brennende, lähmende Flüssigkeit ausspritzen, so daß damit verwandte Thierchen alle Widerstandskraft verlieren. Sie heißen deshalb auch Meernesseln. Die an den europäischen Küsten häufigsten Quallen dieser Art nennt Cuvier Rhizostomen. Man findet sie in verschiedenen Größen milchweiß durchscheinend mit kornblumenblauen und violetten Farbenlinien bis zur Schwere von zwanzig Pfund. Diejenigen, welche sich durch ganz besondere blaue Randlappen auszeichnen und in der Ferne ein blumiges Aussehen haben, nennt man deshalb auch Kornblumenquallen. So weit es möglich war, ein so geisterhaftes, flüssiges Wesen mit festen Strichen zu zeichnen, giebt die beifolgende Abbildung eine Vorstellung davon. Die Rhizostomen schwimmen auf dem Meere sehr gern in dichten Zügen nach ein und derselben Richtung und verwunden, lähmen und verzehren unterwegs alles noch kleinere und schwächere Leben in ihrem Bereiche.

Die Rippenquallen, gewöhnlich kugelrund oder elförmig, zeichnen sich noch durch eigenthümlich gebaute Bewegungsglieder und Fangarme aus, wie Jeder während des Sommers an den Küsten der Nordsee an der häufig vorkommenden, hühnereigroßen, crystallinisch durchsichtigen, zierlichen Cydippe genauer beobachten kann. Der Körper ist durch Rippen in acht gleichgroße Felder getheilt. An diesen bemerkt man mit guten oder bewaffneten Augen zahllose Ruderplatten, welche für die Zwecke der Bewegung eben so mannigfaltig gebraucht werden, wie Ruder in der Hand des geschickten Menschen. Unter dem Einflusse des Sonnenlichtes glänzen diese Rippen im schönsten Farbenspiele und in der Dunkelheit in einem geisterhaft leuchtenden Blau. Auch die beiden Fangarme mit ihren unzähligen kleinen Saugrüsseln, die wie feinste Frangen aussehen, sind im Kleinen ein großes Wunder, da sie sich zuweilen zu unglaublicher Länge ausdehnen, wenn sie sich einmal angesogen haben. Man kann sich davon mit eignen Fingern, aber nur innerhalb des Wassers überzeugen. Außerhalb desselben verdusten sie, wie alle Quallen, bald zu nichts, und auch in der Gefangenschaft, also in Aquarien, weiß man bis jetzt sie nicht lange lebendig zu erhalten. Bei den Rippen- und Scheibenquallen lassen sich alle Theile des Körpers durch vier bildiren, wie bei den Seesternen durch fünf.

Die Röhrenquallen sind wunderbar zusammengesetzte Geschöpfe, „wahre Colonien oder socialistische Republiken, wo ein Theil der Individuen ausschließlich für die Bewegung bestimmt ist, während ein anderer größerer Theil die Aufgabe übernommen hat, die gesammte Gesellschaft mit Nahrungsmitteln zu versehen oder junge, vollkommene Scheibenquallen hervorzubringen. Sie selbst aber entstehen aus den einfachen Larven oder Eiern der Scheibenquallen, die, so wie die Pflanze ihre Knospen treibt, sich zu diesem engverbundenen Staat von Bewegungs- und Ernährungsthierchen entfalten. Die Geschlechter der Röhren- und Scheibenquallen wechseln also, ebenso wie die der Salpen, untereinander ab, so daß das Junge stets seinen Großeltern gleicht, nicht aber dem Vater oder der Mutter." (Hartwig.)

Die flüssigen seltsamen und wandelbaren Formen der Röhrenquallen, die oft bei der geringsten Störung in den verschiedensten Stücken und Theilen auseinander fließen, lassen sich durchaus nicht mit Worten beschreiben. Nur noch so viel, daß einige Arten, wie die Velellen, Physalien oder Seeblasen sich durch ganz besondere Zierlichkeit und farbige Schönheit auszeichnen. Vielleicht gelingt es noch, mehrere Arten an die Gefangenschaft in unseren Aquarien zu gewöhnen und dadurch deren Schönheit und Reiz anmuthig zu bereichern. Auf gradem Wege nützen sie den Menschen nichts, desto mehr aber auf dem Umwege der Stoffveredelung durch verschiedene andere Thiere hindurch. Sie sind gleichsam in ungeheurer Massenhaftigkeit erste Stufen und Formen ewiger Erzeugungstraft und Fleischbereitung des Meerwassers und bilden als solche ohne weitere Vermittelung eine Hauptnahrung riesiger Wallfische. Im Uebrigen verdichtet sich ihr Nahrungswerth durch die verschiedensten Fische hindurch zu den substanziellsten Fleisch- und Fettmassen für die Menschen. Manche Arten, wie die Medusen, werden zwanzig bis dreißig Pfund schwer, verschwinden aber auf dem Strande und Sande sehr bald, bis auf einen leichten Firniß, der die Stelle bezeichnet, wo sie starben. Und doch bekommen sie dem Wallfische so gut, daß er Hunderte von Tonnen Thran aus ihnen zu bereiten weiß. Hier heißt es so recht eigentlich: „Die Menge muß es bringen."

Millionen und aber Millionen von Krebs- und Weichthieren leben von ihnen, damit noch vielmehr Millionen von Heringen, würzig und fett, in die Netze fallen, mit denen ganze Nationen ihren Lebensunterhalt und sogar für jeden Deutschen jährlich zehn Stück Heringe aus dem Wasser ziehen.

Die Zoophyten, Polypen, Seeanemonen, Korallen, Actinien und wie sonst die pflanzlichen Thiere oder thierischen Pflanzen genannt werden, haben wir auf unserer Inspectionsreise durch die Aquarien zum Theil schon kennen gelernt. Wir wollen deshalb diese wunderbaren Blumenparadiese des Meeres hier nur naturwissenschaftlich anreihen und uns auf Angabe ihrer charakteristischen Eigenthümlichkeiten beschränken. Als Thiere stehen sie auf der niedrigsten Stufe der Organisation, da ihr Körper weiter nichts ist, als ein cylindrischer Magensack mit einem Munde oben. Die Glieder bestehen nur aus Fangarmen um den Mund herum; aber die Natur weiß sie mit den reizendsten Farben, Formen und Bewegungen zu schmücken und in deren einzelnen Gliederungen eine Feinheit zu entwickeln, die unter dem Mikroskope nicht selten Wunder und Staunen erregt. Man findet sie fast immer festgewachsen, wie Blumen und Pflanzen, doch können sie sich zur Noth loslösen und mit den Fangfäden wo anders hinschleppen. So sind sie darauf angewiesen, an Ort und Stelle zu warten, bis ihnen das Meer etwas zu essen in die Arme wirft. Da es aber unendlich reich an allerhand kleinen Gebilden ist, die fast in jedem Tropfen umherwimmeln und die oft unzähligen Arme dieser Thierpflanzen, zu verführerischen Strahlenkronen ausgebreitet, blitzschnell fangen, fassen und betäuben können, führen sie in der That das angenehmste und sorgloseste Leben. Sie brauchen immer nur ruhig zu strahlen und ihre Farbenpracht zu entwickeln, um sich fette Bissen und Delikatessen in die Arme werfen zu lassen. Dabei erfreuen sie sich einer Lebenszähigkeit, die bis in's Unglaubliche aushält. Man kann sie beinahe kochen oder in Eis frieren lassen, sie in Stücke zerschneiden oder sonst um's Leben zu bringen suchen, ohne daß sie deshalb ihre süße Gewohnheit des Daseins aufgeben. Oft wird aus jedem Stück ein selbstständiges, neues Wesen. Das einzelne Stück läßt zwar, wie Münchhausen's Pferd, gefangene Nahrung Anfangs am offenen Ende wieder hinaus fallen, aber doch mit der Zeit behalten und verdauen. Johnson erzählt sogar einen Fall, wo ein solcher amputirter Oberkörper, statt an der Basis zusammenzuheilen, dort einen neuen Mund mit Fangarmen bildete, so daß auf diese Weise ein wahrhaft beglückter Doppelfresser entstand, der von beiden Enden her seine Beute fing und verschlang. Nur im süßen Wasser sterben sie fast augenblicklich. Von ihrer mannichfaltigkeitsreichen Farben- und Formenschönheit haben wir schon gesprochen; sie werden wenigstens zum Theil sich auch als Nahrung dem Menschen nützlich machen, wie in Italien, wo eine scharlachrothe Actinie zu den größten Leckerbissen gerechnet wird. Manche Actinienarten wachsen pflanzenartig zu ganzen Kolonien zusammen. Jedes Individuum, sagt Hartwig, hat seinen besonderen Mund und Saugapparat und eignen Magen, aber weiter erstreckt sich seine Eigenthümlichkeit nicht, denn es hängt mit seinen Genossen durch zwischenliegende Gewebe und Canäle zusammen, so daß die Säfte des einzelnen der ganzen Gesellschaft zu Gute kommen. Diese muß also wie eine lebende Schicht von thierischer Materie angesehen werden, die durch zahlreiche Mäuler und Mägen ernährt wird. Das ihnen gemeinschaftliche Haus besteht aus einem festen, kalkigen Gerüst, aus dessen zahlreichen Oeffnungen eine reiche Flora von strahligen Blumen hervorkeimt. Eine Vorstellung davon giebt die in der Abbildung gegebene Röhrenmasse mit einigen ausgestreckten blumigen Fangsäden. Sie kommt in den verschiedensten Formen vor und wird, als ein thierisches Wesen betrachtet, gewöhnlich Röhrenwurm genannt. Auch die Korallen wachsen pflanzenähnlich in Form von Flechten und Moosen, Sträuchern und Bäumen, nicht selten bis zur Höhe von acht bis zehn und in zierlicher Vasenform bis zu einem Durchmesser von zehn bis zwanzig Fuß. Von der gigantischen und dauerhaften Baukunst der Korallenthierchen, welche aus dem Meere empor ganze Inseln und Erdtheile empormauern, kann man in allen möglichen Büchern genauere Schilderungen lesen. Obgleich diese Wunderbaumeister sich hauptsächlich auf die tropischen Meere beschränken, findet man sie doch auch in kalten und tiefen Regionen des Oceans, an der norwegischen Küste und im hohen Norden Grönlands. Die eigentliche Edelkoralle (Isis nobilis), welche die rothen, zackigen Halsketten und sonstige Schmucksachen liefert, fabricirt diese kostbaren, marmorharten Edelgesteine hauptsächlich im mittelländischen Meere, an dessen Küsten, besonders bei Stromboli und in der Straße von Messina, wo seit Jahrhunderten eine ziemlich lebhafte Korallenfischerei betrieben wird. Boote mit je sieben oder acht Mann fischen vom April bis Juni mit eigenthümlichen Netzen danach. Diese bestehen aus großen hölzernen, gleicharmigen und künstlich beschwerten Kreuzen mit Netzen an den Endpunkten. Sie werden zwei-, dreihundert Fuß tief auf den Felsengrund gesenkt und von dem langsam dahin rudernden Boote aus auf- und abgezogen, so daß auf diese Weise beträchtliche Strecken des Meeres durchfischt und durchfurcht werden. Es giebt für diese Fischerei eine ziemliche Menge von alten Zeiten her bekannte Bänke, die mit einer löblichen Oekonomie immer nur alle zehn Jahre abgeerntet werden, woran man sich für andere Arten der Seefischerei ein Beispiel nehmen sollte. In Süditalien und besonders in Neapel leben viele Künstler von Schleifung, Durchbohrung und Einfassung der Korallen und jedenfalls noch mehr Leute von deren Fischerei. Allein in der Straße von Messina und bei Stromboli soll man jährlich 3—4000 Pfund Korallengestein fischen.

Der Röhrenwurm.

Bis jetzt dienen die unzähligen Arten von Zoophyten hauptsächlich nur der Wissenschaft und der Schönheit in Marine-Aquarien; aber jedenfalls steckt in ihnen auch noch manch nützlicher und Nahrungswerth, der hoffentlich mit der Zeit entdeckt und gewürdigt werden wird.

Von kleineren infusorischen Lebensgebilden im Meere weiß die Wissenschaft noch wahre Wunder zu erzählen. Mit bloßem Auge kaum sichtbare, sogenannte Foraminiferen, welche alle in gut geformten und für sie festen Häusern wohnen, wimmeln im Seesande fast überall und bis in große Tiefen hinab in solchen Massen, daß in einem einzigen Pfunde dieses Sandes einmal beinahe 4,000,000 Stück gezählt wurden. Dr. Schulze in Greifswalde, der sie besonders studirte und beschrieb, unterscheidet mehr als 1600 Arten derselben, die sich alle durch Zierlichkeit ihrer Formen auszeichnen. Ihr lateinischer Name würde auf Deutsch etwa Lochthierchen heißen. An ihren kleinen Kalkhäuschen, kugel-, flaschen- und birnförmigen, graden und gewundenen, bemerkt man denn auch manchmal unzählige kleine Löcher, während andere freilich nur wenige einfache Höhlungen und Kämmerchen besitzen, aus denen die einfachen flüssigen Wesen oft verhältnißmäßig lange Zweige, Fäden und Fasern in allen möglichen Verästelungen herausstrecken und damit noch kleinere Wesen fischen und fangen. Noch wunderbarer, weil unbegreiflich einfach und ohne allen äußeren Schutz, sind die zahllosen kleinen, durchsichtigen, farblosen Tröpfchen belebten und gleichsam organischen Seewassers, die sogenannten Amöben, in deren unaufhörlich sich wandelnden Körperchen man noch gar keine Spuren von organischer Gliederung entdeckt hat. Und doch leben sie, und doch sind es organische Wesen, diese farblosen Tröpfchen, die sich unaufhörlich zuspitzen, verlängern, verkürzen und jedes Körpertheilchen ganz nach Laune oder Bedürfniß augenblicklich in einen Mund, in Arme oder Füße und wohl gar in einen Magen verwandeln können. Sie sind so recht, was Göthe von der Natur überhaupt sagt, weder Kern noch Schale, sondern Alles mit einem Male. Man sieht das genau, wenn sie ohne irgend ein Organ sich über einen Feind hermachen, um ihn zu verzehren: die Amöbe gießt dann ihren flüssigen, vielgestaltigen Körper oft um denselben herum, schließt ihn so ein, so daß sie vollständig zum Magen wird, um ihn so lange in sich zu behalten, bis ihm alle lösliche Nahrung entzogen ist. Proteus ist keine Fabel und auch kein Gott, sondern lebt millionen- und myriadenfach wahrhaft und wirklich im Meere. Wir bewundern mit Recht die unendliche Mannigfaltigkeit innerer und äußerer Gliederung in höheren Lebensgebilden; aber ein größeres Wunder sind jedenfalls diese lebendigen, gleichsam individualisirten Tröpfchen des Meerwassers, welche ganz gegen den Charakter des Wassers zugleich auch eine ungeheure, geniale Fruchtbarkeit in Bildung lebendiger mathematischer Formen bekunden. Die sogenannten Diatomaceen sind lebendige Zirkel, Dreiecke, Würfel, Parallelogramme u. s. w. von Kiesel mit zartem Leben darin, welches selbst in den größten Tiefen und im Eise nicht zu ersterben scheint. Man hat sie wenigstens zu Millionen in herumschwimmendem Eise gefunden.

Wegen ihres mathematischen Sinnes gehören sie auch zu den größten Baumeistern der Natur, welche ununterbrochen aus der Tiefe herauf mit ihren ausgestorbenen Häusern Berge vom Meeresgrunde aufthürmen, neue Fischbänke bilden und ganze Buchten und Meeresbusen ausfüllen. Sie und andere kaum sichtbare unzählige Wesen in unzähligen Arten gehören ebenfalls zu den Raubthieren und fangen sich deshalb lebendiges Fleisch, welches manchmal in einem Tropfen millionenweise mit seinen kleinen Flossen umherschießt, um ebenfalls räuberisch seine Beute zu erjagen, die wahrscheinlich auch wieder aus lebendigen Wesen bestehen wird. Doch bei solchen Vorstellungen wird uns leicht eben so schwindlig, wie bei dem astronomischen Blicke in unermeßliche Fernen, durch welche Millionen Weltkörper sausen, die zum Theil so groß sind, daß die ganze Erde wie ein Tropfen in einem Oxhoft Wasser darin verschwinden würde. Die Natur ist eben bis in's Kleinste, wie bis in's Größeste unendlich und unfaßlich. Hier kam es nur darauf an, den Blick auf die unendliche Mannigfaltigkeit und Fruchtbarkeit der Natur im Wasser hinzulenken und ihn für die praktische Bewirthschaftung des Wassers zur Bereicherung unserer Nahrungsquellen, unseres Wohlstandes, der Wissenschaft, der Schönheit, Freiheit und Cultur zu schärfen. So unendlich schön und erhaben, unergründlich tief und unerforschlich die Natur auch sein mag, hat sie doch selbst kein Bewußtsein. Mit seinem Geiste muß der Mensch sie erst durchforschen, mit seinem Verstande begreifen, mit seiner Vernunft leiten und leiden, bewirthschaften lernen.

„Er allein darf
Den Guten lohnen,
Den Bösen strafen,
Heilen und retten,
Das Irrende, Schweifende
Nützlich verbinden."

Feld und Wald im Wasser.

„Wer die Natur dumm ansieht, den sieht sie wieder dumm an." Eben so behandelt sie Jeden schlecht, der mit ihr nicht gut umzugehen und das „Irrende, Schweifende" in ihr nicht nützlich zu verbinden weiß. Um so dankbarer und freigebiger ist sie für vernünftige und wirthschaftliche Behandlung. Sie liefert dann zu kostbaren Schätzen schmackhaften Fleisches nicht nur eine gute Tunke, sondern auch das Fett und Feuermaterial zum Kochen und Braten und sogar Gemüse und Compot dazu. Im Wasser wachsen nämlich auch die reichsten Waldungen, Pflanzen und Blumen von höchster Schönheit und ganze Küchengärten des Nutzens. Die Süßwasserpflanzen gelten zwar in Teichen mehr als schädliche Zuthaten der Fischzucht, können aber bei ordentlicher Gärtnerei ebenfalls auf die mannigfaltigste Weise verwerthet und benutzt werden. In beschränkten Gewässern schadet ein zu üppiger Pflanzenwuchs, weil sich darin den Fischen schädliche Insecten, Wasserratten, Mäuse u. s. w. zu stark vermehren. Auch beeinträchtigen sie bei zu hohem Wuchse und dichtem Stande die wohlthuende Wirkung der Sonne und die freie Bewegung der Fische. Sie dienen als Schlupfwinkel für Raubfische, mit ihren Wurzelstöcken als zu seichte Winterschlafstellen, so daß die Schläfer oft vom Eise getödtet werden, und ziehen auch schädliche Wasservögel herbei. Dies gilt aber nur bei zu starker Ueberwucherung. Mäßiger Pflanzenwuchs ist nicht nur unschädlich, sondern bis zu einem gewissen Grade auch unentbehrlich. In Laichtelchen solcher Fische, welche ihre Eier an Pflanzenstengel oder auf der Oberfläche absetzen, sind sie immer vortheilhaft, nur dürfen sie nicht auf der Südseite gebauet werden. Der Ueberfluß perennirender Wasserpflanzen läßt sich nur vertilgen, wenn man möglichst während langer, heißer Tage die betreffende Wasserfläche ganz austrocknet, die Pflanzen mit den Wurzeln ausrottet, Alles verdorren und auch den Grund möglichst tief hinein austrocknen läßt. Ein- und zweijährige Gewächse und auch die perennirenden kann man im Zaume halten, wenn man sie immer kurz vor der Blüthezeit dicht am Boden abschneidet und aus dieser unfreiwilligen Ernte einen wirthschaftlichen Nutzen zu ziehen weiß. Auf diese Weise gewähren auch die mehr schädlichen Pflanzen, wie sie Hartig aufführt, mancherlei Nutzen.

Er rechnet dazu folgende: Das gemeine Schilfrohr, sonst nützlich als Aufenthalt für Staare, zu Feuerung und Streu, Wandung und Deckung für Flacharbeiten, Matten und Weberläden; ferner Kalmus mit seinen wohlthätigen, magenstärkenden Apothekerkräften und seiner Wanzenvertilgungskraft in Form von Bettstroh; die breitblätterigen Schilfarten (Typha) Rohrkolben, Liesche, deren Blätter massenhaft zum Verließchen oder Verstopfen der Fugen von Böttcherarbeiten gesammelt und verbraucht werden, ebenso zur Streu und zur Feuerung; das schmalblätterige Schilf, sehr gut zu Flechtwerk für Stuhlsitze, die viel gesunder sein sollen, als gepolsterte und namentlich in Frankreich fleißig geflochten werden; Teichbinsen, ebenfalls vielfach zu Flechtwerk und Fruchtbändern verwendet; endlich Wasserschwertlilien, die nicht einmal wegen ihrer Schädlichkeit als Futter oder zu Streu verwendet werden können, so daß sie nur als Dachdeckung und zur Verbrennung dienen. Auch der Tannenwedel (Anntenkraut, Schaft- oder Schachtelhalm) gilt mit den auf dem Boden umherkriechenden Wurzeln und schmutziggweißen oder grünlichgelben Zwitterblüthen und sternförmigen Blättern für schädlich; doch wird er jung gern von Pferden gefressen, und die bekannten trockenen, rauhen Schachtelhalmstengel dienen zum Poliren des Holzes und zur Reinigung von Metallen. Die dütenförmige Wasserviole mit der dunkelrosig oder purpurroth auf hohem Schafte erblühenden Schirmblume ist den Fischen schädlich, und kein pflanzenfressendes Thier rührt sie an. Ebensowenig bekommen die verschiedenen Arten von Froschkräutern irgend einem Thiere. Die Wasserlinsen, die oft ganze stehende Teiche bedecken, sind nicht nur für Enten, sondern auch für anderes Federvieh, und mit Kleie und Schrot auch den Schweinen ein angenehmes, fleischansetzendes Futter. Fische, die gern Wasserinsecten und Würmer, Polypen u. s. w. verspeisen (und welcher Fisch verachtete diese Kost?), finden besonders in den Waldungen der gedrängten oder vielwurzeligen Wasserlinse (Lemna polyrhiza) die reichsten Wildparke. Die fadenförmigen Flechten (Confervae), Wasserqueden, die in einer großen Menge von Arten als Bach- und Quellwasser-, gallertartige Wasserfäden stille oder langsam fließende Gewässer durchziehen, sind, getrocknet, zum Theil wenigstens guter Polsterstoff. Die durchsichtigen, häutig ausgebreiteten oder röhren- und blasenförmigen Arten von Wassergallerten (Ulvae) mit ihrem manchmal erbsen- oder wallnußgroßen flabbigen Kugeln kommen selten in zu großer Menge vor und können auch sonst nicht für schädlich gelten.

Auch die Halbwasserpflanzen, welche, am Ufer emporschießend, ihre Wurzeln oft weit in das Wasser verzweigen, verdienen Beachtung. Hierher gehören die schwimmende Trapa, Wasser- oder Stachelnuß mit Blättern theils über, theils unter dem Wasser. Ihre weißen Zwitterblüthen treiben dreieckig rundliche Früchte mit krummen Stacheln von süßlichem, fast mandelartigem angenehmen Geschmack, die, in heißer Asche gebraten, als süße Kastanien oder auch gemahlen und gebacken nicht unangenehm zu essen sind, während die Blätter den Pferden ein willkommenes, gesundes Futter bieten. Ferner der Wasserraunkel oder Hahnenfuß mit weißen, inwendig gelben Blüthen und wie zerschnitten erscheinenden, haarförmig auseinanderstehenden Blättern, die namentlich von Kühen gern gefressen werden. Noch mehr lieben sie den Flußwasser-Ranunkel, der ihre Milch vermehrt und fettet, besonders wenn er ausgefischt, in Haufen gelegt und etwas gelblich geworden ist. Die ganz weißen Blüthen bedecken oft im Juli und August ganze Wasserflächen mit aromatischem Schnee. Die sehr langen parallel stehenden, haarförmigen Blätter bleiben auch im Winter grün und bieten daher nach dem Aufthauen des Eises ein sehr willkommenes Grünfutter. Dagegen ist der Wasserhahnenfuß mit verschiedenförmigen, über dem Wasser stehenden, nieren- oder handartigen Blättern unter dem Wasser dem Vieh schädlich. Die gemeine Wasserfeder oder Wasser-Aloe mit dreieckigen, schwertartig geformten und gefranzten strahligen Blättern, deren weiße Blüthen, durch viele Staubfäden lederig, manchmal ganze Teiche überwuchern, soll zerhackt und frisch den Schweinen gut bekommen; ebenso der Wasserlad (schwimmendes Saamenkraut), an dessen Stengel mit schmalen, gefärbten Blättern viele Teichfische gern ihren Laich ansetzen. Außerdem gehören noch eine große Menge andere Pflanzen hierher, die sich aber im Ganzen nicht besonders durch Schaden oder Nutzen auszeichnen.

An den Ufern, mit Wurzeln mehr oder weniger im Wasser, wachsen noch verschiedene Arten von Binsen, z. B. die Knopfbinse, die bei Mangel an Stroh als Streu dient und aus deren Mark Lichtdochte gemacht werden, und die Flatterbinse, aus der man kleine Besen flicht. Das Riedgras, in sechs vielen Arten, wird wegen sehr wuchernder Wurzel und starker Fortpflanzung oft unbequem. Dagegen kann der starke, wichtige Geruch der Wasser- oder Bachmünze mit ihren Apothekerkräften in der Landwirthschaft gute Dienste leisten, weil die Pflanze, auf Fruchtvorräthe gelegt, die Mäuse abhalten und vertreiben soll. Auch wissen die Bienen aus der kropfförmigen, fleischfarbigen Blüthe im Juli und August Honig zu ziehen. Der Wasserschierling oder Wütherig kommt nicht oft und gewöhnlich nur an Teichrändern vor und tödtet mit seinem Gifte in den Wurzeln und Stengeln Menschen und Thiere. Aus der Wasserbraunwurzel mit purpurrothen, unten grünlichen, überliegenden Blüthen wissen die Apotheker Medicin zu machen, im und am Wasser aber gehört sie zu den schädlichen Pflanzen. Dagegen giebt das rohrähnliche Glanzgras mit oft sechs Fuß hohen Halmen ein gutes, und das Rohr- oder Wasserrispengras (Poa) ein taugliches Viehfutter, und der Mannaschwingel (Schwaden, Mannagras, Glyceria fluitans) macht sich mit seinen platten, blattreichen Halmen unter dem Wasser, den ährenförmigen, ästigen, sehr langen Rispen mit weißgelben Saamen in braunen Schalen von angenehmem Geschmack vielseitig nützlich, da letzteren nicht nur Wasservögel, sondern auch Fische und die ganze Pflanze Rindvieh und

Pferde als nahrhaftes Futter gern fressen, und die Saamenkörner, aus den Rispen geschlagen und aus ihren Hülsen gestampft, als „Mannagrütze" in Milch gekocht auch Menschen nahrhaft-wohlschmeckende Gerichte liefern. Hierher gehören noch eine Menge Cinerarien, Euphorbien, Geranien, Gramineen, Valerianen u. s. w., die sich aber weder durch besonderen Nutzen noch Schaden auszeichnen. Dazu kommen noch Hunderte von anderen Halbwasserpflanzen, welche Teich- und Flußrändern zur Zierde gereichen, dem Botaniker die lieblichsten Schätze in seine Kapsel liefern, dem Wasser selbst keinen Schaden thun und daher wirthschaftlich wenigstens geduldet werden können.

Welche Schönheit das Wasser unter und über dem Spiegel durch pflanzliches Leben gewinnt, wird Jeder mit einem offenen Auge für die Natur durch eigne Anschauung erfahren haben. Wir erinnern nur an die wahrhaften und wirklichen Nymphen und die in See gegangenen Schwestern, die Najaden. Die Schönheit ersterer ist uns wohl Allen aus den schwimmenden Blättern und Blüthen der weißen Seerose und der gelben Teichrose bekannt. Die ägyptische Lotuspflanze, mit Saamen und Wurzeln ein geschätztes Nahrungsmittel, war zugleich ein heiliges Kraut, und auf den Blättern und in den Blüthenkelchen der indischen Schwester kauerten und träumten mancherlei Gottheiten und göttliche Gedanken der ältesten arianischen Völker. Die prachtvollste aller dieser Nymphen, vom Schomburgk in Guyana entdeckt, breitet jetzt ihre schildförmigen Blätter bis sechs Fuß im Durchmesser als schönste Zierde botanischer Gärten und des Berliner Aquariums aus, und ihre Blüthe genießt als Victoria regia, als königliche Siegesgöttin des ganzen Blumenreiches, eine beinahe göttliche Verehrung. Die indische Nymphe ist nicht nur schön, sondern liefert auch gute Bohnen, weshalb sie vielfach cultivirt wird.

Auch sind die Pflanzen größtentheils für die Gesundheit des Wassers nd der Fische darin unentbehrlich, da sie Kohlensäure verschlucken und Lebensluft dafür geben; nur im Uebermaß wirken sie schädlich, weil sie dann das Gedeihen von Feinden zu sehr begünstigen. Aber ihre Blätter und Stengel sind auch Geburtsstätten, Wiegen und Wohnungen für allerlei Würmer und Insectenlarven, von welchen die Fische leben. Beispielsweise bringt ein einziges Mückenpaar in einem Sommer drei Generationen von Nachkommen, mindestens zehn Tausend Millionen Stück, hervor. Diese werden alle im Wasser aus Eiern geboren, welche theils als solche, theils als Larven, theils später als wirkliche Mücken Futter für allerlei Gethier und besonders auch für Fische werden. Solche Geschöpfe, die im Wasser geboren werden und hernach als neue Wesen über den Wassern und in der Luft leben, giebt es in Millionen und Myriaden. Wir können sie im Süßwasser-Aquarium, noch besser im Insecten-Vivarium gewiß nicht ohne Freude näher kennen lernen.

Die Wälder und Felder unter dem Wasser durchziehen besonders das Meer als verschiedene Zonen, von der Oberfläche an nach unten an Pracht und Mannigfaltigkeit zunächst zunehmend, um dann in größeren Tiefen allmählig ebenso zu verschwinden, wie der Pflanzenwuchs des festen Landes bergauf und polarwärts. Der reichste Pflanzengürtel schlingt sich durch die Meere an Gestaden und Bergabhängen entlang in einer Tiefe von 80—100 Fuß. Zwar fehlt es ihnen an dem Farben- und Formenschmuck und dem Dufte der Blumen, aber dafür gestalten und färben sich auch ihre Blätter um so schöner.

An flachen Felsengestaden mit ruhigen Vertiefungen siedeln sich die meisten Seepflanzen am Liebsten an; an sandigen Gestaden mit Ebbe und Fluth und Brandung können sie keinen festen Fuß fassen. Doch wissen sich auch hier und da auf diesen Wüsten unter Wasser liebliche grüne Oasen anzusiedeln und zu behaupten. Sie bestehen nicht selten aus ganzen Familien von „Najaden," die nach ihrem lustigen lachenden Leben im Reiche Neptuns sich auf unserem trockenen Lande noch nützlich und angenehm zu machen wissen. Zu diesen Najaden gehört nämlich auch das Seegras (Zostera marina), womit viele Stühle, Matratzen und Sophas wohlfeil ausgestopft werden. Lebendig in der Nordsee bildet es auf dem losen Seesande mit seinen am Boden kriechenden Stengeln und langen Wurzeln, aus denen sich lange, grasartige, grünatlasglänzende Blätter und sogar Blüthen entwickeln, die saftigsten Wiesen, auf welchen eine ungeheure Menge kleinerer Pflanzen und Thiere Nahrung und Schutz finden. Die Seegrasernten bilden an vielen Gestaden einen Haupterwerbs- und Ausfuhrartikel. Andere Meeresgewächse brauchen gar keinen festen Boden und wurzeln, leben und bewegen sich in dem lebendigen Wasser. Hierher gehören vor Allem die wunderbaren massenhaften Algen in mehr als 2000 bekannten Arten, von denen zwei Drittheile ausschließlich im Meere leben. Leben! Denn sie gehören jedenfalls noch zu den Zoophyten und bewegen sich noch unübersehbar auf den weiten Grenzgebieten zwischen Pflanzen und Thieren.

Die Wasseralgen oder Hydrophyten bestehen nach Seuberts Pflanzenkunde aus bald schleimiger, bald häutiger, bald knorpeliger oder lederartiger Masse und einzelnen oder aneinandergereihten Zellen mit Chlorophyll oder Blattgrün innerhalb, das aber aus ihnen häufig roth hervorscheint. Ihre Ausbildung ist in der Regel durch Einwirkung beweglicher Befruchtungskörper bedingt; andere vermehren sich durch keimende Sporen. Von den vielen Arten verdienen folgende genannt zu werden: Stückel-algen, mit bloßen Augen kaum sichtbare, aus einzelnen Zellen gebildete, frei schwimmende oder auf Stielen sitzende Gebilde in kieseliger Hülle von schalen-, stab- oder schildförmiger Gestalt mit gelblichem, eisenhaltigen Farbstoff. Ehrenberg hielt sie für Infusorien, deren Kieselpanzer ganze Erdschichten in sumpfigen Gewässern gebildet haben. Der Pollerschiefer von Bilin in Böhmen besteht aus solchen Hüllen, von denen 500,000,000 erst den Raum einer Kubiklinie füllen. Im Guano bilden sie eine charakteristische Beimengung. Von ihnen giebt es eine große Menge Unterabtheilungen. Sie kommen im Süß- und Salzwasser vor, selbst auf Eis, und bilden in den Polarländern und auf Alpenhöhen den sich oft weit erstreckenden rothen Schnee. Die Schleimalgen, rundliche, zu gegliederten Fäden aneinandergereihte Zellen, schwingen im Sonnenlichte oft lebhaft und pendelartig ihre Fäden. In Mineralquellen verdichten sie sich oft zu dem sogenannten Badeschleim. Die Fadenalgen bestehen aus einfachen oder ästigen Fäden, die sich als schlauchartige, aneinandergereihte Zellen bilden und sich zum Theil durch wirkliche Befruchtung fortpflanzen. Hautalgen, Körper mit astartigen Ausstülpungen, wachsen in Salz- und Süßwasser und zeichnen sich durch Derbheit und röthliche Farbe aus. Die sogenannten Tange oder Fucusarten sind Seegewächse, die durch ihre Stengel- und Blattbildung sich zum Theil schon den höheren Pflanzen nähern. Unter ihnen zeichnen sich die Lebertange durch große Massenhaftigkeit an allen Küsten kälterer Gegenden, besonders an felsigen Ufern und in Untiefen aus, wo sie mit einer wurzelartigen Ausbreitung unten festsitzen. Nur wenige Arten schwimmen frei auf der hohen See, aber dann auch oft in solcher Masse, daß sie, wie der schwimmende Fucus, ungeheure Wasserflächen gleichsam in schwimmende Wiesen verwandeln. So besteht die sogenannte Sargassosee westlich von den azorischen Inseln in einer Ausdehnung von 40,000 Quadratmeilen fast ausschließlich aus schwimmendem Fucus (Sargassum bacciferum). Die Tange sind als Nahrung und Aufenthalt vieler Seethiere, so wie wegen des Nutzens für die Menschen bei der Bewirthschaftung des Wassers nicht zu übersehen; viele bilden auch eine gute Nahrung für die Menschen, da ihre sehr dickwandigen Zellen aus gallertartigem Gelin bestehen. Wegen ihres Gehaltes an kohlensaurem Natron machte man schon seit langer Zeit Soda daraus und Tausende von Menschen lebten davon. Sie sind nun verarmt, weil man jetzt diese wohlfeiler zu gewinnen weiß; dagegen liefert ihre Asche (Kelp oder Varech) noch das kostbare, auch medicinisch wichtige Jod, welches in allen Meeresalgen als Jodnatrium vorhanden ist. Der Blasentang und der eßbare Blättertang, (Fucus vesiculosus und Laminaria digitata), wovon wir Abbildungen beifügen, kommen an den Küsten nordischer Meere oft in großen Massen vor und werden als Viehmast, zur Düngung, besonders aber zur Bereitung des Kelp reichlich und lohnend ausgesucht.

Die beiden eßbaren Arten von Blättertang findet man häufig an den Küsten der Nordsee und würden bei entsprechender Aussonderung und Zubereitung ein sehr wohlthätiges, mannichfaltiges Gemüse zu den festbaren Fleischarten aus den Wäldern und Wiesen Neptuns liefern. Die zuckerige und fingerige Laminaria, die größten Tange der Nordsee, bilden, erstere in handbreiten, lederriemenartigen, langen, wogenden Bändern, letztere in noch schmäleren, langen Streifen auf drei bis vier Fuß hohen Stengeln unten in klarer Tiefe oft förmliche Palmenhaine, durch deren Laubwerk allerhand Fische hin und her huschen, wie man an stillen Tagen vom Boote aus oft genug sehen und genießen kann. Ihre Größe und Pracht nimmt nordwärts zu, so daß oft in den Polargegenden des atlantischen Oceans, wo die Natur oben durch ewiges Eis verschlossen ist, von unten

Blasentang.

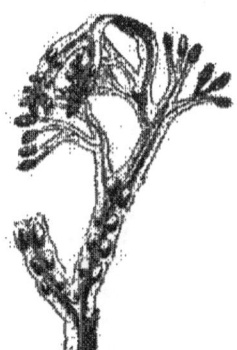
Aeste davon mit Früchten.

Eßbarer Blättertang.

herauf riesige Algen mit vierzig Fuß langen und mehrere Fuß breiten Blättern herauf winken. In den Kanälen und Buchten des Feuerlandes ist dieser Pflanzenwuchs unter dem Wasser so massenhaft und gewaltig, daß Seegewächse von 400 Fuß Länge nicht zu den Seltenheiten gehören. Alle Wälder und Felder im Bereiche Neptuns und der Nixen sind mehr oder weniger dicht von allerhand thierischen Gebilden bevölkert. Manches Blatt färbt sich durch eine dichte Rinde von Korallenthierchen ganz weiß. Auf der Oberfläche der Blätter bilden kleine Muscheln, nackte und bepanzerte Weichthierchen u. s. w. ganze Städte und Staaten, und beim Schütteln der großen, verworrenen Wurzeln fallen ganze Haufen kleiner Fische, Mollusken, Kopffüßler, Krabben, Seeigel und Seesterne, schöner Holothurien, kriechender und sich krümmender Thierchen von allen möglichen Formen und Farben heraus. Diese Wälder und Felder unter dem Wasser sind also jedenfalls eben so wesentliche Bedingung für alles thierische Leben, wie der Pflanzenwuchs auf der Erde.

Wir müssen uns hier leider versagen, die überschwängliche Fülle, Erhabenheit und Schönheit vieler dieser Seegewächse zu schildern, da es gilt, auf das Praktische, Greif- und Eßbare aufmerksam zu machen. So ist jedenfalls das irländische Perlmoos, als Carragheen schon längst ein Nahrungsmittel ärmerer Klassen und ein Schatz für Aerzte, einer viel ausgedehnteren Verwerthung fähig, da es an den Küsten Englands u. s. w. in fabelhafter Massenhaftigkeit vorkommt, sich beim Kochen fast ganz in Wasser auflöst und dasselbe in eine farblose Gallerte verwandelt, welche wohl sehr nahrhaft ist und durch Salz und sonstige Zuthaten auch einen guten Geschmack annimmt. Vielleicht könnten wir daraus Seitenstücke zu den kostbaren indischen Vogelnestern machen, wenigstens fressen die Schwalben, welche diese Nester bauen, ähnliche Arten von Seealgen, besonders die Gracillaria spinosa, welche hauptsächlich in Japan reichlich geerntet und getrocknet nach China u. s. w. in großen Kisten auf die Märkte gebracht werden. Die Japanesen selbst pulvern die getrocknete Pflanze, kochen daraus eine dicke Gallerte, machen eine Art von Nudeln und Macaroni und essen und verkaufen sie unter dem Namen Dschinschan als künstliche Vogelnester-Substanz. Auch die Holländer dort genießen sie häufig und nennen sie Agar-Agar, ein feines Gelée, in welches sich das Pulver bei einmaligem Aufkochen auflöst. Den trockenen Dschinschan kann man in kurze Stücke zerschneiden und in heiße Bouillon werfen, um sie noch im Teller vor uns schnell zu bereiten und kräftiger zu machen. In Zeit von einer Minute erhält die hineingeworfene Masse das Aussehen von durchsichtigen Nudeln, die gut schmecken, nahrhaft sind und den Magen durchaus nicht belästigen. Wie groß und allgemein der Genuß dieser eßbaren Tange in Japan sein muß, geht wohl daraus hervor, daß sie als Product des Landes in geographisch statistischen Werken über dieses uns endlich erschlossene Land aufgeführt werden. Die ächten indischen Vogelnester entstehen nur auf eine weniger appetitliche Weise. Eine gewisse Schwalbenart nämlich frißt frische Tange, läßt sie im Magen aufweichen und giebt sie als gallertartige Masse wieder von sich, um sie zu Nestern zusammenzukleben. Während darin Eier ausgebrütet und Junge großgefüttert werden, verlieren sie erklärlicher Maßen sehr viel an Appetitlichkeit, so daß sie in China von Unrath und Federn erst in besonders darauf eingerichteten Handlungen mit gewissen feinen Instrumenten gereinigt und zugerichtet werden. Man setzt dann auch eine Menge feiner Reizmittel hinzu, wodurch sie erst zu dem kostbaren Leckerbissen werden, die auf den Tischen der Chinesen den ersten Rang einnehmen sollen. Am richtigsten nisten diese Nesterbauer, eine Art von Seeschwalben, an einem vom Meere vielfach ausgehöhlten Felsen auf einer kleinen Insel in der Provinz Bagela der von den Holländern beherrschten Insel Java. Der Felsberg heißt Karang-Balong und erhebt sich nicht höher als etwa 500 Fuß aus dem Meere empor, aber in einer gar sonderbaren und grauenhaften Gestalt. Das Meer hat ihn nämlich von Unten nach Oben durch ewiges Branden und Spülen ausgehöhlt, so daß es tief in eine vom Fels rings umschlossene Höhle hineinspült. Er hängt also von allen Seiten nach vorn über und bildet eine Menge Ritzen, Löcher, Kanten und Absätze. In dieser Felsenhaube nun nisten die Seeschwalben, deren Nester die kostbare Delikatesse an der Tafel reicher Chinesen bilden. Die kleinen grauen Vögelchen wohnen in diesen Ritzen und Klüften zu Millionen, da sie hier das ganze Jahr hindurch vor störenden Menschen und Thieren sicher sind. Ihr Gedächtniß ist wahrscheinlich nicht so gut, daß sie sich an die jährlich dreimal wiederkehrenden Raubeinfälle erinnern. Diese finden auf Rechnung der reichen Holländer und auf Gefahr der schwarzbraunen, heidnischen, abergläubischen Eingeborenen Statt. Letztere werden alle Jahre dreimal zu diesem halsbrechenden Geschäfte fanatisirt, brutalisirt und opiumisirt, da Niemand so leicht mit nüchternem Verstande in die Höhlen hinunterklettern und über dem grollenden Meere schwebend und an einer Strickleiter kletternd, die Nester aufsuchen und aus ihren Verstecken herauspicken würde.

Wenn die Zeit des Nestsammelns naht, veranstalten die holländischen Kaufleute, unterstützt von der Regierung, die von diesem Vogelnesterhandel allein eine jährliche Steuereinnahme von anderthalb Millionen Thaler zieht, religiöse Festlichkeiten im Glauben der Eingeborenen, deren Berg- und sonstige Geister in solchen Höhlen wohnen sollen. Diesen Geistern werden Opfer in Form von Blumen, Früchten, Gewürzen u. s. w. auf den Bergen umher gebracht, damit sie sich erfrischen können, wenn sie umherwandeln. Hier spielt besonders die Seekönigin Njal Raloe Kivoel eine große Rolle. Am Eingange des großen Kaufhauses, wo die Nester abgeliefert werden sollen, steht ein prächtig ausgeputztes Paradebett, in welchem die Seekönigin ihre schönen müden Glieder ausruhen soll. Während der Nester-Erntezeit werden ihr alle Wochen einmal Geschenke dargebracht und des Nachts leuchtet ihr Bett in malerischer Lampen-Illumination.

Mit diesen und anderen religiösen Spiegelfechtereien im Sinne des abergläubischen Volkes wirkt man auf dessen Phantasie und bringt das lebensgefährliche Nesteraufsuchen mit den höchsten Vorstellungen der im Aberglauben umnachteten Menschen in Verbindung, just um sie industriell und kaufmännisch auszubeuten, während andere Eroberer fremder Völker es in der Regel für ihre Pflicht halten, deren Sitten und Gebräuche, deren Religion und Sprache zu unterdrücken.

Am Abend vor der Nester-Ernte geht man noch weiter und sucht die dazu bestimmten Leute durch Trunk, Tanz und Opium gegen die ihnen drohenden Lebensgefahren abzustumpfen. Unter dem Einflusse von Opium singen und springen sie umher, bis der Morgen tagt. Dann fährt man sie mit Sang und Klang, in lustigen, festlichen Processionen bis zu den bereits befestigten Strickleitern, die von den zackigen Felsenkanten herunter in den hohlen Abgrund führen, wo sie über dem brausenden und brausenden Meere hängend und kletternd, die Nehmen, oft sehr versteckten Nester aufsuchen sollen. Mancher wird dabei schwindelig und stürzt in die brausende Fluth. Manchmal reißt auch die Strickleiter, so daß bei einer solchen Ernte nicht wenig Menschen umkommen. Die Nester stehen auch in dem Rufe, eine Art von Koch'scher Manubarkeitsubstanz zu sein (das unverschämteste Marktschreierwort in unserer vielfach schamlosen und betrügerischen Anzeige-Literatur.)

Wir in Deutschland brauchen weder ächte noch unächte indische Vogelnester einzuführen, um unsere Nahrungsmittel aus dem Wasser zu vermehren, denn die allergewöhnlichsten Tange des atlantischen Meeres und der Nordsee (Fucus nodosus und vesiculosus) so wie die bereits angeführten Arten, und nicht minder die riesigen Alarien und Durvilleen des lleferen Nordens sind eßbar und geben bei einigermaßen gebildeter Zubereitung ein schmack- und nahrhaftes Gemüse von den unbegrenzten und vielfach noch unbekannten Feldern und Fluren Neptuns. Wahrscheinlich lassen sich eine große Menge von Seepflanzenarten billig zubereiten, verdichten und für weite Fernen und alle Zeiten des Jahres hindurch verschicken und aufbewahren. Es kommt wohl nur darauf an, daß sich Wissenschaft und praktischer Unternehmungsgeist auch für diese Art von Bewirthschaftung des Wassers vereinigen, um auf Gewinn für sich und die Dankbarkeit der Welt für Bereicherung unserer Nahrungs- und Genußmittel rechnen zu können.

Es wird höchst überflüssig klingen, darauf aufmerksam zu machen, daß das Wasser auch gut zum Waschen und Baden sei. Wir wissen es wohl, benutzen aber diese Wissenschaft noch ziemlich ärmlich, da es auch in den gebildetsten Städten noch an hinreichenden Wasch- und Badeanstalten fehlt und die Städte selbst wenig oder gar nicht gewaschen und entwässert werden. An Wasser dazu fehlt es nirgends, wenn wir es nur zu graben, zu leiten und zu senken verstehen. Zum Waschen und Baden liefert es nicht nur die Seife, sondern auch die Lappen oder Schwämme dazu. Diese Schwämme gehören zu den problematischen Naturen, da man von ihnen noch viel weniger, als von anderen maritimen Gebilden weiß, ob sie mehr zu den Pflanzen oder Thieren gehören. Sie vermehren sich durch Eier oder Sporen, als welche sie oft in unzähligen kleinen Pünktchen

Felsen und Canalwände bedecken, lösen sich dann los und schwimmen mit kleinen Flossenwimperchen im Meere umher, bis sie sich irgendwo pflanzlich ansiedeln. In der Nordsee und an den britischen Küsten allein sind mehr als sechzig Arten bekannt geworden, zu denen aber der gewöhnliche Badeschwamm nicht gehört. Dieser wird meist an den Inseln des Archipels und Westindiens von den Klippen her weggefischt und bildet so einen sehr bedeutenden Erwerbszweig und Handelsartikel. Die Schwämme sind jedenfalls noch nicht gehörig beachtet und gewürdigt worden, so daß in ihnen noch manche verborgene Tugenden der Entdeckung und Verwerthung harren. Die Heilkräfte in ihnen, welche im gebrannten Schwamm als Mittel gegen Kropfkrankheiten angewandt werden, stecken wahrscheinlich in dem Jodgehalt und Brom, welches die Homöopathen gegen Halsübel verschreiben. Sie enthalten aber auch außer kohlensaurem Kalk noch manche andere feine Bestandtheile, aus denen sich, wie aus unzähligen anderen neptunischen Geschöpfen und Gebilden, noch Werthe für das Wohl und Heil der Menschheit herauslocken lassen.

Im Kleinen und in verdichteter, dichterischer Auswahl versprechen uns thierische und pflanzliche Schönheiten süßer und salziger Wasser durch die hoffentlich heimisch werdende Aquariumscultur eine immer reichere und nützlichere Quelle des Naturgenusses und des Nutzens.

Das Insecten-Vivarium.

Die Süß- und Salzwasser-Aquarien geben uns mitten im Zimmer die anmuthigste Gelegenheit, das in Formen, Farben und Wandlungen reiche Leben der Pflanzen und Thiere des Wassers zu beobachten und zu genießen. Unzählige Geschöpfe bringen aber nur einen Theil ihres Lebens im Wasser zu, um früher oder später an Pflanzenstengeln emporzusteigen, ihre Hülle zu sprengen und als ganz andere Wesen und mit gleichsam angezauberten Schwingen die Lüfte zu erfüllen, nicht selten zu verschönern. Diese Kerfe oder Insecten spielen daher sowohl in Wasser als in der Luft eine nicht unwichtige Rolle. Es ist also gut, sie sowohl für praktische als für wissenschaftliche und unterhaltende Zwecke näher kennen zu lernen. Für Bewirthschaftung des Wassers und das Gedeihen der Fische darin sind viele Kerfenarten ungemein förderlich. Ihre Eier und Larven bilden in Millionen und Myriaden theils unmittelbar, theils durch andere Thiere hindurch und dann später sogar noch als geflügelte Wesen über dem Wasser eine ganz wesentliche Nahrung der Fische, und wenn wir's recht anfangen, eine sich nie erschöpfende Speisekammer unseres Naturgenusses. Wir brauchen zu diesem Zwecke die Natur im Wasser und in der Luft zugleich, ähnlich wie in den Aquarien, nur zu verrichten, um in einem sogenannten Insecten-Vivarium die Wunder und Wandlungen des Kerfenlebens mit

Insecten-Vivarium.

der größten Bequemlichkeit im Zimmer täglich frisch und neu genießen zu können. R. Humphreys, der englische Kerfengelehrte, hat ein wundervoll ausgestattetes Buch: „Das Schmetterlings-Vivarium und die Insecten-heimath" geschrieben und mit meisterhaft farbigen Abbildungen ausstatten lassen, um zu zeigen, welch' eine Quelle von Freuden sich immerwährend frisch in einem solchen kleinen Krystallpalaste mit einem Ziertheile unten und Park- und Gartenanlagen an dessen Ufern in unserem Zimmer ansiedeln und erhalten lassen. Sein Mustervivarium, eingerichtet, sowohl Wasser- wie Landinsecten zu züchten, besteht zunächst aus einem viereckigen, länglichen, wasserdichten Zinkkasten mit einer Seite von Spiegelglas, welches natürlich an allen Seiten sorgfältig eingekittet sein muß. Dieser Wasserbehälter wird in einen ähnlichen größeren mit gereinigtem Cement eingekittet, wenigstens auf eine Zinkunterlage. Im letzteren Falle muß der Rand des Behälters oben mit einer Furche versehen sein, in welche der obere Bau von Spiegelglas hineinpaßt, so daß das Ganze etwa das Aussehen wie in unserer Abbildung gewinnt. Daß man dabei nach Mitteln und Geschmack ziemlich frei verfahren kann, versteht sich von selbst, wenn nur die Mittel zum Zweck nicht vernachlässigt werden. Dieser Zweck ist, unten einen durchsichtigen Wasserbehälter mit entsprechendem Pflanzenwuchs und von der Oberfläche des Wassers aus nach dem Hintergrunde zu eine möglichst malerische Abtheilung festen Landes für entsprechende Pflanzen und Blumen und oben darüber einen geschlossenen, luftigen, durchsichtigen Raum für die beschwingt aus dem Wasser sich erhebenden Gebilde und dabei auch für allerhand Käfer und Landschmetterlinge zu gewinnen. Für die Bewirthschaftung des Wassers unten muß der obere Theil des Vivariums so angesetzt sein, daß er nach Bedürfniß ganz abgenommen werden kann. Dazu ist natürlich die geeignetste Zeit, wenn keine beschwingten Gefangenen festzuhalten sind. Um der Luft immer freien Zutritt zu gestatten, setze man das Dach auf eine ringsherum laufende Wand von durchlöchertem Zink, welches auch ganz oben in anderer Gestalt als Verschönerung und zur weiteren Unterstützung der Ventilation angebracht werden mag. Ferner mag man an irgend einer Seite eine Glasthür anbringen und diese in einen Rahmen von ebenfalls durchlöchertem Zink so befestigen, daß sie von außen noch Belieben geöffnet und geschlossen werden kann. Die Hauptsache bei solchem Bauwerk bleibt immer möglichste Durchsichtigkeit und Luftigkeit, leichte Zugänglichkeit mit der Hand oder verschiedenen Werkzeugen, Schönheit der äußeren Form und lebendige, geschmackvolle Fülle im Innern. Weil hier der Freiheit, dem wissenschaftlichen und Schönheitssinne im engsten Raume ein unbegrenztes Feld der Wirksamkeit und des Genusses geboten wird, grade deshalb sind solche Vivarien der gebildeten Häuslichkeit auf das Wärmste zu empfehlen. Wir beschränken uns hier auf nützliche Winke für Anlage, Füllung und Behandlung. Ist das Bauwerk fertig, gilt es natürlich zuerst, den Grund und Boden für die Wasserabtheilung zu ordnen. Man schmücke ihn zunächst auf einer Grundlage von reinem Sand mit allerhand kleinen, hübschen, vorher gründlich gewaschenen und gelaugten Steinen und Mineralien und einigen Gruppen von geschmackvollem Felsenwerk, worin hoffentlich kleine Grotten für Undinen und Nixen nicht fehlen werden. Etwas Samen von Wasserkresse aufgestreut giebt nach kurzer Zeit kleine Wiesen unter Wasser, die freilich auch immer bald wieder ausgerottet werden müssen, weil sie sonst in kurzer Zeit den ganzen kleinen See überwuchern würden. Dafür werden sich aber andere Wassergewächse anbringen und im Zaume halten lassen. Zu allen Pflanzen unter dem Wasser gehören einige tüchtige Gärtner, die man für unseren kleinen See sehr wohlfeil haben kann, nämlich gewöhnliche Teichschnecken, welche mit zarter Schonung für alles frische Grün den' unbarmherzigsten Appetit gegen alle absterbende Vegetation verbinden und so ganz wesentlich zur Reinheit und Gesundheit des Wassers beitragen. Als Grundlage für das feste Land benutze man kleine Stückchen von Ziegelsteinen und Blumentöpfen. Erst auf eine hohle, luftige Schicht derselben lege man leichte, durchsandete Gartenerde und schichte sie nach dem Hintergrunde mehr oder weniger wellen- oder halbzirkelförmig auf. Will man dabei noch etwas Berg und Thal und Felsenwerk anbringen, desto besser. Diesen Grund und Boden bepflanzt und besäet man hauptsächlich mit den feinsten, nicht hochschießenden Grasarten, zwischen welchen am Ufer und in traulichen Winkeln einige Arten von Zwergfarren ihre graciösen Blätter entfalten mögen. Von schöner Wirkung sind auch kleine Topfgewächse, welche man so in der Erde verbergen kann, daß es aussieht, als wüchsen sie frei darin. Ebenso darf es nicht an kleinen Gläsern, Zink- oder Zinnröhren in hübschen Verstecken unten fehlen, damit diese, mit Wasser gefüllt, allerhand Zweige zur Ernährung verschiedener Raupen aufnehmen und frisch erhalten können. Auch auf dem Grunde des Teiches sind versteckte Blumentöpfe mit Wasserpflanzen wie Valisneria spiralis oder einer kleinen Calla ethiopica u. s. w. sehr nützlich und malerisch. Ferner werden zwei Arten der Chara und mehrere Oscillatoriae mit ihren launigen und seltsamen Bewegungen und Winken, so wie endlich eine Auswahl von niedlichen Algen sich eben so nützlich machen, wie sie durch ihre Schönheit die Fülle der Reize unter dem Wasser gar ansehnlich vermehren. Ohne Pflanzenwuchs und Licht im Wasser kann das thierische Leben darin gar nicht gedeihen. Eben so nothwendig sind die schon erwähnten Wasserschnecken, unter denen sich die sogenannte Trompetenschnecke und die kleine hübsche Sumpfmuschel Paludina vivipara besonders empfehlen. Auch Fischchen, wie die Thrillen, Gold- und Silberkarpfen, und unter Umständen kampflustige Stichlinge, die Nestbaumeister, sind gut zu gebrauchen.

Den ersten Platz in einem solchen Insecten-Vivarium verdienen die Libellen, Jungfern oder Drachenfliegen, da deren Wandlungen und Wanderungen aus dem Wasser in die Lüfte zu den reizendsten Wundern der Kerfenwelt gehören. Sie bringen den ersten Theil ihres Lebens in meist häßlichen Gestalten durchaus im Wasser zu, um sich später als die leicht beschwingtesten, beinahe geisterhaften, ätherischen Wesen ihres luftigen und lustigen Daseins zu erfreuen. Auch einige Larven von Mücken, Gnitzen oder Gnatzen werden zur Schönheit unseres kleinen Sees beitragen, da ihr spielriges Auf- und Absteigen im Wasser mit gelegentlicher Entfaltung ihrer sternenförmigen Athmungswerkzeuge an der Oberfläche des Wassers angenehme Zwischenscenen in der täglichen Geschichte unseres Vivariums bilden. Ihre Entweichung aus der Chrysalidenhülle und herauf in die Luft ist ebenfalls sehenswerth. Obgleich schwerer als das Wasser, schwimmt sie doch oben, weil die Hülle fettig und trocken ist. Diese springt und zeigt zunächst noch das eingehäutete Insect; aber die eindringende Luft setzt sich wie kleine silberne Perlen an, dehnt die Haut aus und befreit so die schnell beschwingte Mücke, welche trocken auf ihrem Puppenmantel wie in einem kleinen Kahne umherschwimmt, bis sie sich in die Lüfte erhebt. Auf ähnliche Weise wandeln und wandern unzählige andere Chrysaliden aus ihren Wasserwiegen hinauf in die neue, luftige Heimath. Ferner sollte der große Wasserkäfer Hydrophilus piceus nicht fehlen, da er zu den harmlosesten seiner sonst sehr gefräßigen, zahlreichen Genossen gehört und er sowohl als Larve, wie als vollkommenes Wesen anmuthig zu schwimmen weiß.

Um die Wasserkäfer genauer zu bezeichnen und besser zu empfehlen, lassen wir den Fachgelehrten und Sachkenner Dr. Taschenberg in einigen Auszügen sprechen.

„Könnten wir durch die Berichte, die sich auf die Schwimmkäfer, Tauchkäfer (Dyticidae oder Hydrocantharı) beziehen, unsere Leser für einen nur kleinen Theil jener Wasserbewohner interessiren und sie veranlassen, selbst hinzugehen und zu sehen, so würden wir unseren Zweck erreicht haben und sie wären reichlich belohnt; denn sie würden mehr sehen, als wir ihnen hier erzählen können. Die Schwimmkäfer sind für das Wasserleben umgeschaffene Laufkäfer. Da aber dieses weniger Abwechselung bietet, wie das in der freien Luft, so finden wir auch bei weitem nicht den Wechsel der Formen von vorher. Mundtheile und Fühler der Schwimmkäfer unterscheiden sich nicht von denen der Läufer, der Körper jedoch verbreitert sich ganz allgemein und wird zum regelmäßigen Oval mit mehr oder weniger scharfen Kanten ringsum. In gleicher Weise werden die Beine, vorzugsweise die hintersten, breit und bewimpern sich zur Nachhilfe stark mit Haaren, denn sie dienen als Ruder, ihre Hüften sind meist groß, quer, reichen fast bis zum Seitenrande des Körpers und verwachsen mit dem Hinterbrustbeine vollständig. Bisweilen verkümmert das vierte Fußglied der Vorderbeine, während beim Männchen die drei ersten desselben Paares, manchmal auch des folgenden in zum Theil eigenthümlicher Weise sich erweitern. Bis auf die Verwachsung der drei vordersten der sieben Bauchringe erstreckt sich die Uebereinstimmung mit den Gliedern der beiden voraufgehenden Familien. Neben der Schwimmfähigkeit fehlt den Dyticiden keineswegs die zum Fliegen. Da sie fast ausschließlich in stehenden Wässern leben, deren manche im Sommer austrocknen, so würden sie einem sicheren Tode entgegengehen, wenn nicht die Flugfertigkeit vorgesehen wäre. Am Tage verlassen sie ihr Element nicht, sondern des Nachts von einer Wasserpflanze aus, an der in die Höhe gekrochen wurde, und daher ist es zu erklären, daß man in Regenwässern, Röhrtrögen und ähnlichen Wasserbehältern manchmal gerade die größeren Arten zu sehen bekommt, daß sie des Morgens, weit entfernt von ihrem gewöhnlichen Aufenthalte, auf dem Rücken hilflos daliegend, gefunden worden sind auf den Glasfenstern von Treibhäusern und Warmbeeten, die sie entschieden für eine glänzende Wasserfläche gehalten haben mußten. Sehr viele benutzen ihr Flugvermögen, um unter Moos in den Wäldern ihr Winterquartier zu suchen, wo ich sie schon neben Laufkäfern, Kurzflüglern und in der Erstarrung angetroffen habe. Da sie nicht durch Kiemen athmen, so bedürfen sie der Luft oberhalb des Wassers, kommen dann und wann aus der Tiefe hervor und hängen gleichsam mit ihrer Hinterleibsspitze, wo das letztere Tracheenpaar mündet, an dem Wasserspiegel, um frische Luft aufzunehmen; warmer Sonnenschein lockt sie besonders an die Oberfläche und belebt ihre Thätigkeit, während sie an trüben Tagen sich im Schlamme verkriechen, oder verborgen unter Wasserpflanzen sitzen; denn fehlen diese einem Wasserdümpfel, so fehlen auch sie. Die überwiegende Anzahl von ihnen, mit sehr großen und nach vorn erweiterten Hüften, schwimmen unter gleichzeitiger Bewegung der Hinterbeine, also nach den Regeln dieser edlen Kunst, einige kleinere Arten mit schmalen Hinterhüften, unter abwechselnder Bewegung der Hinterbeine; es sind die Wassertreter. In Bezug auf die Larven müssen wir wieder unsere große Unwissenheit bekennen; von den paar beschriebenen läßt sich nur anführen, daß sie mit sechs schlanken, bewimperten und zweiklauigen Beinen ausgerüstet sind, aus elf Leibesgliedern bestehen, welche auf dem Rücken von Hornschildern bedeckt werden; nur das letzte röhrenförmige ist ganz hornig und läuft in zwei ungegliederte, oder eingelenkte Anhängsel aus, enthält auch unmittelbar neben der Afteröffnung das neunte und letzte Stigmenpaar. Der horizontal vorgestreckte, platte Kopf zeichnet sich durch einfache, sichelförmige Kinnbaden, freie Kinnladen mit eingliederigen Tastern, ein kurzes fleischiges Kinn mit zweigliederigen Tastern und keine Spur einer Zunge, durch den Mangel der Oberlippe, viergliederige Fühler und jederseits eine Gruppe von sechs Punktaugen aus. Von den Kinnbacken muß noch bemerkt werden, daß sie sich unter der Spitze in einer Spalte öffnen, welche zum Saugen der Nahrung dient, wie bei den Laufkäfern und dieselbe nicht durch Zerbeißen aufnehmen. Die etwa sechshundert bekannten Schwimmkäfer breiten sich über die ganze Erde aus, vorwiegend jedoch in der gemäßigten Zone und stimmen wie in der Gestalt auch in der meist eintönigen Färbung überein, so zwar, daß hier in keinerlei Weise die exotischen eine Auszeichnung vor unseren heimischen aufzuweisen haben. Gegen den Herbst findet man sie am zahlreichsten und, wie es scheint, alle als Neugeborne und zur Ueberwinterung Bestimmte. Der gesäumte Fadenschwimmkäfer (Dyticus marginalis) gehört zu den größten der ganzen Familie, hängt jetzt mit der äußersten Spitze seines Hinterleibes an der Oberfläche des Wassers, fährt im nächsten Augenblicke hinab und wühlt sich in den Schlamm des Grundes, oder versteckt sich in das Gewirr der dort wurzelnden Pflanzen, kommt wieder hervor, eine kleine Larve oder einen anderen Mitbewohner des schmutzigen Dümpfels so lange verfolgend, bis er den leckeren Bissen triumphirend zwischen seinen scharfen Freßzangen festhält. Der Bau des Körpers und der gleichmäßig rudernden Hinterbeine verleihen ihm solche Gewandtheit. Die immer glänzende, niemals nasse Oberfläche des ganzen Körpers ist oben dunkel olivengrün mit Ausnahme einer gleichmäßigen, gelben Einfassung rings um das Halsschild und einer nach hinten zu aufhörenden am Außenrande der Flügeldecken. Diese letzteren bieten bei den anderen Dyticus-Arten ein noch anderes Unterscheidungsmerkmal der Geschlechter, bei der unsrigen nur theilweise. Sie sind nämlich auf ihrer größeren Vorderhälfte bei den Weibchen stark gefurcht, während gerade von unserer Art ebenso häufig Weibchen mit glatten Flügeldecken angetroffen werden. Die Unterseite des ganzen Leibes sammt den elfgliedrigen Fühlern sieht gelb aus, die Beine dunkeln ein wenig. Wie die größeren Laufkäfer einen übelriechenden grünbraunen Saft ausspeien, um denjenigen außer Fassung zu bringen und zur Freilassung ihrer Person zu nöthigen, der einen zwischen die Finger nahm, so sondert unser Schwimmkäfer und die mittelgroßen anderen Arten aus Vorder- und Hinterrande seines Halsschildes eine milchweiße Flüssigkeit aus, welche gleichfalls einen unangenehmen Geruch verbreitet. Wollen wir der Entwickelungsgeschichte dieses Schwimmkäfers weiter nachgehen und somit einen Begriff von der der übrigen erhalten, so brauchen wir nur eine Partie derselben in ein Aquarium zu setzen, welches über dem kiesigen Boden etwas Schlamm und statt des üblichen Felsens in der Mitte einige Rasenstücke enthalten müßte. Bei der großen Gefräßigkeit der Thiere verursacht ihre Sättigung einige Schwierigkeiten

doch können Ameisenpuppen, Frosch- und Fischbrut, Wasserschnecken, eine todte Maus und andere in Ermangelung von kleineren, weicheren Wasser-
insecten aus der Noth helfen. Im Frühjahre legt das Weibchen auf den Grund seines Wasserbehälters eine ziemliche Anzahl gelber, ovaler Eier, etwa von der Länge einer Linie. Diese liegen zwölf Tage, ehe sie auskriechen. Winzig kleine Würmchen wimmeln dann im Wasser umher und ihre gewaltige Gefräßigkeit, in welcher sie sich unter einander nicht ver-
schonen, zeigt, daß sie Lust haben, schnell größer zu werden. Schon nach vier bis fünf Tagen messen sie beinahe drei Linien und ziehen ihr erstes Kleid aus, nach derselben Zeit sind sie noch einmal so groß und häuten sich zum zweiten, und bei gleich beschleunigtem Wachsthum ein drittes Mal. Freilich wurde manche dieser Larven, bevor sie sich einigermaßen kräftigte, die Beute eines stärkeren Räubers, wie einer Libellenlarve und anderer. Im späteren Alter, wenn sie erst mehr Nahrung bedarf, schreitet das Wachsthum weniger rasch fort. Mit geöffneten Zangen lauert sie ruhig, bis eine unglückliche Mücken- oder Haslarve in ihre Nähe kommt, und ersieht den günstigen Augenblick, um sich unter einigen schlangenartigen Windungen ihres Körpers auf dasselbe zu stürzen und es zu ergreifen. Unter denselben Körperbewegungen und arbeitend mit den Beinen, geht sie nun auf den Boden, setzt sich an einer Wasserpflanze fest und saugt die Beute aus. Die Reihen der Larven hatten sich im Aquarium etwas gelichtet; denn obschon ich gleich nach dem Erscheinen der jungen Lärvchen zu deren Schutze die Käfer entfernt hatte, die übrigens nun sterben, da sie ihren Zweck erfüllt haben, obgleich ich mir alle Mühe gab, jenen hinreichende Nahrung zukommen zu lassen, verschonten sie sich doch nicht, sei es nun, daß die nahe Berührung, in welche sie im Aquarium kamen, ihre Mordgier reizte, sei es, daß ich ihren Appetit unterschätzt hatte. Um sie daher am Ende nicht alle zu verlieren, fing ich mir neue ein und brachte sie zu den früheren. Die kleineren mußten sich am meisten ihrer Haut wehren, denn sie wurden gleich einmal gepackt, wenn sie sich nicht vorsahen. Die erwachsenen unter ihnen fingen an, in ihrer Freßbegierde nachzulassen, sie krochen an der steinigen Unterlage der Rasenstücke in die Höhe und verschwanden allmälig unter diesen. Nach Verlauf von ungefähr vierzehn Tagen lüftete ich eins der Stücke, welches lose auf der Erdunterlage saß, und fand zu meiner Freude einige Höhlungen mit je einer Puppe, an welcher Form und Gliedmaßen des künftigen Käfers erkannt werden. Nach durchschnittlich dreiwöchentlicher Ruhe für die Sommerzeit reißt die Hülle im Nacken und der junge Käfer arbeitet sich hervor; die erst im Herbst zur Verwandelung gelangten Puppen überwintern. Ehe der Neugeborne seinen Eltern vollkommen gleicht, vergeht eine geraume Zeit. Am ersten entwickeln sich die zusammengerollten, äußerst zarten Flügel und deren

Decken, hierauf ist das Thier seiner Form nach ausgebildet, aber noch ungemein weich und von gelblichweißer Farbe. In diesem Zustande wäre es im Wasser noch nichts nütze, es bleibt daher auch ferner in seiner feuchten Wiege, wird mit jedem Tag fester und dunkler und erst am achten ist es fähig, seine düstere Geburtsstätte zu verlassen. Auch selbst dann noch, wenn sie schon lustig im Wasser umherschwimmen, kann man an der blassen Farbe des Bauches und der weicheren Chitindecke die jüngeren Individuen vor den älteren herauserkennen. Rauben und Morden ist nun ihre Aufgabe, wie sie es schon als Larven gelernt hatten. — Durch den erweiterten Seitenrand der Flügeldecken erscheint der um einige Linien längere Dyticus latissimus bedeutend breiter. Seine Oberseite ist schwarz, der Saum des Prothorax ringsum eine Einfassung der Flügeldecken, Unterseite und Beine gelb. Er findet sich nur selten und wie es scheint, hauptsächlich im Gebirge.

Während Dyticus, oder auch Dytiscus geschrieben, zwei ziemlich gleiche und bewegliche Krallen an den Hinterbeinen hat, kommen bei Acilius und Hydaticus zwei ungleiche vor, deren obere fest ist, bei Cybister Roeselii nur eine unbewegliche. Diese letzten, an Größe der Dyticus-Arten gleich, erkennt man überdies noch durch die hinter der Mitte etwas erweiterten, beim Weibchen fein nadelrissigen Flügeldecken. Den hübschen Hydaticus stagnalis von 6½ Linien Länge und sehr regelmäßig elliptischen Umrissen erkennt man an den braungelben Streifen über den dunkelbraunen Flügeldecken; Halsschild und der Kopf sammt Fühlern und Mundtheilen haben dieselbe lichte Farbe außer einem langen Wurzelflecke an ersterem und der hinteren Kopfpartie; auch die vorderen Beine erlangen nicht die dunkle Färbung der hintersten.

Die kleinsten, diese Formreise beschließenden Schwimmkäfer, welche durchschnittlich nur etwa zwei Linien lang werden, gehören der Gattung Hydroporus an, welche sich durch nur vier Tarsenglieder an den beiden vorderen Fußpaaren und sodenförmige Hintertarsen neben ihrer geringeren Größe von allen vorigen unterscheiden. Die 180 über die ganze Erde verbreiteten Arten, deren eine (nigrolineatus) in Europa und auch in Nordamerika vorkommt, lassen sich theilweise schwer von einander unterscheiden. Manche zeichnen sich durch artige, lichte Zeichnungen aus, einer besonders, der Hydroporus elegans, führt den Namen in der That. Auf bleichgelbem Untergrunde der Flügeldecken, welcher dem ganzen Thierchen eigen, stehen schwarze, saubere Schraffirungen. Dieser Käfer gehört zu den Berühmtheiten des Mannsfelder Salzsees, oder vielmehr der in seiner unmittelbaren Nähe befindlichen Wasserlöcher und kommt sonst nur wieder im Süden Europas vor (Frankreich, Schweiz, Kiew) und an den Stellen des adriatischen Meeres, welche sich für den Aufenthalt von Schwimmkäfern eignen.

Um auch der wassertretenden Schwimmkäfer mit schmalen, nicht verlängerten Hinterhüften zu gedenken, nennen wir zunächst den Cnemidotus caesus. Die größte Breite erlangt der Käfer von einer Schulterecke zur andern, das kurze, hinten in einen Mittelzahn ausgezogene Halsschild verengt sich nach vorn mit geradlinigem Seitenrande und der Kopf erscheint durch die vorquellenden Augen wieder etwas breiter; an ihm sind die nur zehngliedrigen, der Stirn eingelenkten Fühler und die bedeutendere Länge des letzten, kegelförmigen Kiefertasterglides im Vergleich zum vorletzten charakteristisch. Alle Beine sind schlank, besonders die Tarsen, welche nebst ihren Schienen nur an den vordersten außen mit Wimperhaaren bewachsen sind. Die hintersten Schenkel sieht man blos an der Spitze, weil eine mächtige, von den Hinterhüften ausgehende Platte fast den ganzen Hinterleib bedeckt, und nur für jene zwischen ihm und sich seitlich eine Spalte läßt. Die stark gewölbten Flügeldecken, an deren Grunde ein Schildchen nicht bemerkt wird, durchziehen Reihen grober Punkte, welche nach hinten allmälig verschwinden, eine gemeinschaftliche dunkle Makel und meist einige kleinere auf der Scheibe decki ihren blaßgelben Grund als einzige Abweichung von dieser Körperfärbung; eine Reihe grober Punkte drückt sich außerdem vor dem Hinterrande des Halsschildes ein. Länge zwei Linien. — Die artenreichere, noch unansehnlichere Gattung Haliplus unterscheidet sich von der eben beschriebenen nur durch das viel kleinere ahlförmige Endglied der Kiefertaster im Vergleich zum vorletzten. — Derartige Schwimmkäfer tummeln sich in Lachen, Gräben und theilweise kleineren Gewässern, sie sind aber nicht die einzigen, welche solche Orte bevölkern.

Wer den kleinen, stahlblau glänzenden, ja öfter leuchtenden Taumel-, Drehkäfern (Gyrinidae), auf dem Spiegel eines stehenden Gewässers der eben erwähnten Art schon einmal einige Minuten widmete, möchte fast auf den Gedanken kommen, daß es kein lustigeres, glücklicheres Geschöpf geben könnte. Jetzt gruppirt sich die kleine Gesellschaft auf einem Punkte, jeder fährt hin und her, der eine beschreibt einen größeren Kreis, der zweite folgt, ein dritter vollendet den Bogen in der entgegengesetzten Richtung, ein vierter zeichnet andere Kurven oder Spiralen und so kommen sie im wechselnden Spiele einander näher oder ferner. Dabei sind die Bewegungen so elegant, das Wasser unter dem einzelnen steht fast still, nur wo mehrere bei einander sind, bilden sie embryonische Wellen. Jetzt plumpt ein schwerfälliger Frosch in ihrer Nähe in das Wasser oder es wird auf andere Weise beunruhigt, da, wie die Strahlen des Blitzes, fahren die kleinen Schwimmer auseinander und es dauert eine geraume Zeit, ehe sie sich wieder zum alten Spiele vereinigen. So bei Sonnenschein oder bei warmer schwüler Luft ohne denselben; an rauhen, unfreundlichen Tagen bemerkt man keine Spur von diesen Taumelkäfern (Gyrinus), um damit anzudeuten, daß sie sich in ewigem Freudentaumel befinden; sie hatten sich verborgen am Rande zwischen den Blättern der Pflanzen. Wenn einer untertaucht, nimmt er eine am Leibesende haftende, wie eine Perle erscheinende Luftblase mit hinab. Sie können auch fliegen und sentern, wie die Dytiscen, eine milchige Flüssigkeit ab, wenn man sie anfaßt. Sehen wir uns einen der gemeinsten, z. B. den Gyrinus mergus, etwas näher an, damit die vielen Eigenthümlichkeiten zum Bewußtsein kommen, welche die Gattung auszeichnen. Dasselbe Oval, wie es die vorigen zeigen, doch am Bauche mehr platt gedrückt und rückwärts gewölbter, die Flügeldecken stutzen sich dagegen hinten ab und lassen die Leibesspitze frei. Die Vorderbeine, aus freien, kegelförmigen Hüften entspringend, haben sich armartig verlängert, die hinteren, deren Hüften fest mit dem Brustbeine verwachsen, Schienen und Tarsen je ein rhombisches Blatt darstellen, sind zu förmlichen Flossen geworden. Die Fühler, obschon zusammengesetzt aus elf Gliedern, deren letztes so lang ist, wie die sieben vorhergehenden zusammengenommen, erscheinen doch als bloße Stumpfe. Höchst merkwürdig werden die Thiere durch die Bildung ihrer Augen, deren jedes ein breiter Querstreifen in eine obere und untere Partie theilt, so daß der Käfer, wenn er umherschwimmt, gleichzeitig unten in das Wasser, oben in die Luft, wahrscheinlich aber nicht in gerader Richtung mit dem Wasserspiegel sehen kann. Das Kinn ist tief ausgeschnitten und seine Seitenlappen runden sich stark, die Taster sind kurz, die der Lippe drei-, der Kiefer viergliedrig. Diese unterscheidet sich wesentlich von der der Lauf- und Schwimmkäfer, indem die äußere Lade die Form eines dünnen Stachels annimmt, bei anderen Familiengliedern gänzlich verkümmert. Die kurzen, gekrümmten Kinnbacken laufen in zwei Zähne aus. Der Hinterleib wird vom Bauche her aus nur sechs Gliedern zusammengesetzt, deren drei vorderste auch hier verwachsen, das letzte zusammengedrückt und gerundet, in einigen anderen Fällen dagegen kegelförmig ist. Zur Charakteristik der in Rede stehenden Art sei noch hinzugefügt, daß am sehr stark stahlblau glänzenden Körper der untergeschlagene Rand der Flügeldecken und des Halsschildes, sowie die Beine rostroth und die zarten Punktstreifen jener in der Nähe der Nath noch feiner als die übrigen sind.

Der pechschwarze Kolben-Wasserkäfer (Hydrophilus piceus) und seine Gattungsgenossen, welche sich fast über die ganze Erde ausbreiten, bilden die Riesen einer Familie und in dem ovalen unten mehr oder weniger gekielten, oben ziemlich stark gewölbten Körper eine compacte, plumpe Masse, wie sie in dieser Form unter den Käfern nicht wiederkehrt. Die neungliederigen Fühler beginnen mit einem gebogenen rostrothen Grundgliede und schließen mit den vier letzten in einer braunen Blätterkeule, deren erstes Glied glänzt; von den drei folgenden matten Fühlergliedern verlängern sich das erste und zweite nach außen in einen Ast, während sich das eiförmige Endglied zuspitzt. Wie bei den Ditiscen verbreitern sich auch hier die Tarsen der vier hinteren Beine ruderartig und bewimpern ihre Innenseite mit kräftigen Haaren, das erste Glied ist nur klein und erscheint an der Außenseite wie ein bloßes Anhängsel, während das zweite alle anderen an Länge übertrifft; hierin beruht der eine Charakter der ganzen Sippe. Das Männchen kann man vom Weibchen leicht unterscheiden an dem breitgedrückten, beilförmigen letzten Gliede der Vordertarsen.

Im April sorgt das befruchtete Weibchen durch Ablegen der Eier für Nachkommenschaft, hält aber dabei ein Verfahren ein, welches wohl werth ist, etwas näher beleuchtet zu werden, weil es schwerlich bei einem anderen Käfer, der nicht zur nächsten Verwandtschaft gehört, wieder vorkommt. Es legt sich an der Oberfläche des Wassers auf den Rücken unter dem schwimmenden Blatte einer Pflanze, welches es mit den Vorderbeinen an seinen Bauch drückt. Aus vier Röhren, von denen zwei länger aus dem Hinterleibe heraustreten als die anderen, fließen weißliche Fäden, die durch Hin- und Herbewegungen zu einem Gespinnst sich vereinigen, welches mit der Zeit — es kann dreiviertel Stunde dauern — den ganzen Bauch des Thieres überzieht. Ist dieses fertig, so kehrt sich der Käfer um, dasselbe auf den Rücken nehmend, und fertigt eine zweite Platte, welche mit der ersten an den Seiten zusammengeheftet wird, und schließlich steckt er mit dem Hinterleibe in einem vorn offenen Sacke. Diesen füllt er von hinten her mit seinen Eierreihen und rückt in dem Maaße aus demselben heraus, als sich jene hinten mehren, bis endlich das Säckchen gefüllt ist und die Hinterleibsspitze herausschlüpft. Jetzt faßt er die Ränder mit den Hinterbeinen, spinnt Faden an Faden, bis die Oeffnung immer enger wird und einen etwas wulstigen Saum bekommt. Darauf zieht er Fäden querüber auf und ab und vollendet den Schluß wie mit einem Deckel. Auf diesen Deckel wird noch eine Spitze gesetzt, die Fäden fließen von unten nach oben und wieder zurück von da nach unten, und indem die folgenden immer länger werden, thürmt sich die Spitze auf und wird zu einem etwas gekrümmten Hörnchen. In vier bis fünf Stunden, nachdem hier und da noch etwas nachgebessert wurde, ist das Werk vollendet und schaukelt, ein kleiner Nachen von eigenthümlicher Gestalt, nun auf der Wasserfläche zwischen den Blättern der Pflanzen. Wird er durch unsanftere Bewegungen der Wellen umgestürzt, richtet er sich sogleich wieder auf, mit dem schlauchartigen Ende nach oben, in Folge des Gesetzes der Schwere; denn hinten liegen die Eier, im vorderen Theile befindet sich Luft. Man findet diese eiförmigen Cocons manchmal durch anhaftende Pflanzentheilchen sehr unkenntlich gemacht. Nach sechszehn bis achtzehn Tagen schlüpfen die Lärvchen aus, bleiben aber noch einige Zeit in ihrer gemeinsamen Wiege, wie man meint, bis nach der ersten Häutung. Da sich aber weder die Eischalen noch diese Häute in einem dann am Deckel geöffneten Cocon vorfinden, müssen dieselben von den Larven aufgezehrt worden sein, wie das lockere Gewebe, welches den inneren Nestraum noch ausfüllte. Im freien Wasser entwickeln sie die gleiche Raubnatur, wie die Larven der Schwimmkäfer und wachsen, ihrer Gefräßigkeit entsprechend, schnell. Zum Unterschied von jenen saugen sie aber die Beute nicht mit den Kinnbacken aus, sondern zwischen ihnen und der Stirn — eine Oberlippe fehlt — liegt die sehr feine Oeffnung der Speiseröhre. Durch einen schwarzen, stinkenden Saft, den sie aus dem After von sich geben, können sie das Wasser in ihrer nächsten Umgebung trüben und sich gewiß theilweise vor Verfolgungen schützen. Die erwachsene Larve verläßt das Wasser, bereitet in dessen Nähe, also in feuchter Erde eine Höhlung, in welcher sie zur Puppe wird, und gegen Ende des Sommers kriecht der Käfer aus, der an seiner Geburtsstätte die nöthige Erhärtung und seine Ausfärbung abwartet, ehe er das Wasser aufsucht. — In der Gesellschaft der eben beschriebenen Art, aber seltener findet sich eine zweite, (H. aterrimus), deren Fühler durchaus rostroth aussehen, Flügeldecken nicht in ein Zähnchen enden, deren Bauch nur gewölbt, nicht gekielt erscheint und deren Brustkiel vorn ohne Furche bleibt.

Der viel gemeinere sumpfkäferartige Kolben=Wasserkäfer (Hydrous caraboides) stellt die vorigen im Kleinen dar (er mißt acht Linien) und unterscheidet sich von ihnen generisch durch die ausgerandete Oberlippe und den bedeutend schmäleren, leistenartigen Brustkiel, dessen hintere Spitze nicht über die Hüften hinaussteht. Das Weibchen birgt seine Eier in ein ganz ähnliches Cocon, benutzt dazu aber ein schmales Blatt, welches es zusammenspinnt und nachher mit jenem kleinen Maste versieht.

Die Hydrobien, ovale, braune oder schwarze Wasserkäfer von drei Linien Länge, sind in jeder Hinsicht unscheinbare Gesellen, denen an der Brust jeder Kiel fehlt und die Tarsen der Hinterbeine nicht zu Rudern umgeschaffen wurden, wenngleich ihr zweites Glied die übrigen an Länge übertrifft und die Bewegungen im Wasser nicht minder gewandt, wie von jenen, ausgeführt werden." Soviel für unsern Zweck aus Dr. Taschenbergs Bande, dem 6. des „Illustrirten Thierlebens" von Brehm.

Endlich empfehlen wir den seltsamen Sackwurm und seine Wandlung in eine elegante Motte, Wasserspinnen mit ihren Taucherglocken von silberglänzenden Luftflügelchen, Rosen-, Marien- und Leuchtkäferchen, alle Arten von Tages-, Dämmerungs- und Nachtfaltern zu beliebiger Auswahl, besonders die farbenprächtigen Jo's oder Pfauenaugen, kurz alle dem Sammler und Liebhaber noch unbekannte Larven, Puppen und Raupen, damit er beobachten könne, in welche Arten von Faltern und Farben sie sich endlich verwandeln. Natürlich darf er sich dabei die Mühe nicht verdrießen lassen, die betreffenden Pflanzen und Blätter, wovon sie sich nähren, möglichst oft in die verborgenen, mit Wasser gefüllten Glasbehälter zu stecken, damit sie bis zu ihrer Wandlung und Auferstehung zu leben haben. Man wird dabei alle Tage neue Freude genießen, wissenschaftlich und praktisch viel lernen und sowohl für die Pflanzen und Thiere im Wasser, wie die auf der Erde wirthschaftliche Winke erhalten. Beispielsweise lehrt uns das allgemein beliebte Himmelskühchen, der Marien- oder Rosenkäfer, Lady-bird oder Damenvogel der Engländer, die beste und wohlfeilste Methode unsere Rosen- und sonstige Blumenköpfe von Mehlthau und Blattläusen frei zu halten. Wir brauchen ihn nur an denselben anzusiedeln; das Uebrige besorgt er selber, da er einfach von ihnen lebt, und unter die, welche er nicht verzehrt, seine Eier legt, deren Junge dann bald gründlich aufräumen. Die Libellen legen ihre Eier an den Stengel irgend einer Wasserpflanze etwas unter der Oberfläche und tauchen zu diesem Zwecke manchmal, ganz gegen ihre luftige Natur, förmlich unter, um sicher zu gehen und so den Fischen oder wenigstens den Wesen, von welchen sie leben, delikate Eierspeise zuzuführen. Ueberhaupt lernen wir in der unteren Abtheilung unseres Vivariums unzählige Larven und Würmer und deren Entstehung und Vermehrung kennen, welche unmittelbar und auf Umwegen das beste Futter für allerhand Süßwasserfische bilden. Von dieser Kenntniß bis zu praktischen Maßregeln, die Natur in Erzeugung von Fischnahrung zu unterstützen, sind nur wenige Schritte ohne Mühe und Kosten. Durch Fortsetzung und Vereinigung von Beobachtungen der Art läßt sich vielleicht eine besondere Bewirthschaftung des Wassers zur Hervorbringung von Fischnahrung wissenschaftlich begründen und anwenden. Jede Kerfenart, jede Larve und Puppe, jede Raupe und jeder Schmetterling, alle haben ihre Jahres-, Monats-, Tages- und selbst Stundenzeiten für ihre Wandlungen. Beispielsweise beobachtete zuerst der berühmte Thermometer-Reaumur eine Art von Eintagsfliegen, die immer nur zwischen dem 10. und 18. August erscheinen. Die Fischer wissen das jetzt sehr wohl und machen sich dieselben als sehr anziehenden Köder zu Nutze. Diese und ähnliche Ephemerieden kommen nicht nur an bestimmten Tagen, sondern auch nur zu gewissen Stunden zu ihrem kurzen Leben; die Reaumur'schen immer zwischen 8 und 10 Uhr Abends, die Seidenschmetterlinge während des Sonnenaufgangs, eine Geiermotte (Smerinthus tiliae, also ein Lindenschmetterling) Mittags, der Todtenkopf zwischen 4 und 7 Uhr Nachmittags. Solche bis jetzt dürftige Beobachtungen können durch gehörige Benutzung unserer Aquarien und Vivarien gewiß noch unendlich vermehrt und für Nutzen und Nahrung verwerthet werden.

Wir spinnen hier keine Seide, wollen aber doch beiläufig bemerken, daß wir neben den officiellen, bei uns oft krankenden und verderbenden Seidenraupen schon manche andere Arten kennen gelernt und eingebürgert haben, welche weniger empfindlich und leichter zu füttern sind und einen eben so guten Faden zu spinnen wissen. Es ist der Mühe werth, Beobachtungen für solche Zwecke weiter fortzusetzen. Für die Nahrungsmittel im Wasser haben die Eier und Larven unzähliger Insectenarten mit ihrer vielemillionenfachen Fruchtbarkeit einen unschätzbaren Werth. Ohne sie ist gar keine Fischzucht möglich. Lernen wir also unsere kleinen Zauberpaläste mit den wunderwollen Zierreichen für die Zwecke der Wissenschaft, der Schönheit und unserer Naturgenüsse, aber auch für praktische Zwecke gehörig würdigen und behandeln.

Das Leben der Insecten birgt noch unabsehbare Geheimnisse, obgleich Männer der Wissenschaft schon unzählige und umfangreiche Bücher darüber geschrieben haben. Ein schweres, vierzehnbändiges Werk von Schönherr beschränkt sich auf eine einzige Käferart. Auch fehlt es nicht an anderweitigen, mehr oder weniger seltenen, kostbaren und umfangreichen literarischen Curiositäten über einzelne Abtheilungen dieser vieltausendfachen Wunderwelt, in welcher nur Unverstand oder fromme Beschränktheit verdammliches Ungeziefer erblicken. Nach Guillo Cordera in seinem großen Werke über Insecten wurden diese vom lieben Gott bloß deshalb mit ihrer ungeheuren Fruchtbarkeit geschaffen, um die Menschen nach dem Sündenfalle immerwährend zur Strafe zu piesen, plsacken und peinigen, wie denn überhaupt die unglückseligen Theologen und Teleologen in der Naturwissenschaft ihren allweisen und allgütigen Gott durch Unterschiebung der widersinnigsten und geradezu gotteslästerlichen Zwecke zu einem wahren Commissionsrath von Geistesschwäche und kleinlicher, tückischer Diplomatie erniedrigen.

Allerdings ist das „Irrende, Schweifende" und sehr oft Schädliche der Natur gerade in der Insektenwelt auffällig und lästig genug, aber wir haben die Macht und die Pflicht, es für unseren Vortheil und zu unserer Freude „nützlich zu verbinden." In welcher Ausdehnung und Massenhaftigkeit die buntbeschwingten Sänger der Lebenslust in Wäldern und Feldern und die stummen, beschuppten und beflossten Vögel einer anderen Luftart, des aus Sauer- und Wasserstoff gemischten Wassers, zu unserem Nutzen, für unsere körperliche und geistige Genüsse wirken, davon geben kaum die längsten Zahlenreihen eine entsprechende Vorstellung. Für uns dürfen diese Hunderttausende von Kerfen- und Käferarten in millionenfacher Gestaltung und Umgestaltung als Würmer, Maden und Mücken, Larven und Puppen, Tages-, Dämmerungs- und Nachthalter u. s. w., wenigstens in diesem auf das Praktische gerichteten Buche hauptsächlich nur Futter für die höheren Thiere sein, welche wir essen; aber vielleicht läßt sich auch hier bei vielen Arten der Umweg und der Stoffveredlungsproceß durch andre Thiere hindurch vermeiden, obgleich wir damit nicht gespickte Maikäfer empfehlen wollen. Thatsache ist freilich, daß unzählige Menschen viele Arten von Insekten mit dem größten Appetit und Erfolg verzehren. Schon die alten Römer mästeten die Larve des Cossus mit Mehl zu ungewöhnlicher Fettigkeit und Größe für die Tafeln reicher Patrizier. Livingstone beschreibt viele Arten von Insektenlarven, welche von den Negern mit außerordentlichem Appetit verzehrt werden. Auch englische Colonisten in Demerara u. s. w. haben die Larven großer tropischer Käfer als ganz delikaten Gang bei Tische schätzen gelernt. Chinesen und andere Asiaten fallen oft über Heuschreckenschwärme viel gieriger her, als diese über Pflanzen und sammeln, trocknen, pulverisiren, verpacken und verzehren sie außerdem in mannigfaltigster Zubereitung. Die Chinesen, unstreitig die ausgebildetsten Feinschmecker mit unzähligen Delikatessen von Thieren und Pflanzen, an die wir kaum ohne Ekel zu denken wagen, wissen sich nicht nur gut in die Produkte der Seidenraupe zu kleiden, sondern sich auch innerlich damit zu schmücken. Geschmorte Seidenraupen-Chrysaliden gehören nämlich bei ihnen zu den feinsten Gängen bei Tische.

„Wir sind gewohnt, daß die Menschen verhöhnen, was sie nicht verstehen" und als Nahrung verschmähen, was sie nicht kennen oder andere Leute ihnen nicht so lange voressen, bis sie den Ekel der Unkenntniß überwunden haben. Sehen unsre Schweine in der Natur etwa appetitlich aus? Reizt der Krebs, sich an der Leiche eines Ertrunkenen labend, den menschlichen Appetit? Die Shrimps, auf fast allen englischen Theetischen eine unentbehrliche Delikatesse, sehen kaum so appetitlich aus, wie die Heuschrecken und manche Raupen. Auch Austern, seit Jahrtausenden Labsal der Feinschmecker und geistreichen Menschen, gelten noch heute bei allen uncultivirten Menschen als widerliche Schleimmasse, von welcher sich die elendesten Kartoffelesser mit Ekel abwenden. Es wird also weniger auf Hunger, als auf den Muth der Bildung ankommen, in dem unabsehbaren Reiche der wirbellosen Thiergebilde noch glänzende Eroberungen für den Gaumen und die Gastronomie zu machen. Hier ist noch ein Feld für Heroismus. Auch der erste Austernesser gilt noch heute sprüchwörtlich als ein kühner Held. Gesund und schmackhaft sind jedenfalls eine große Menge von Insektenarten, welche ja auch den Thieren, die wir mit Appetit essen, ganz vortrefflich schmecken und bekommen. Der leicht verdauliche Nahrungsgehalt in ihnen unterliegt gar keinem Zweifel. Auch mag die Heilkraft, welche früher mancher Mücke und Made zugeschrieben ward, nicht immer auf Irrthum beruhen. Es gab eine Zeit, wo Aerzte drei Gnitzen als eine vortreffliche Dosis gegen manche Krankheit verschrieben. Und drei Tropfen Himmelskuhmilch (nämlich von dem kleinen niedlichen

Rosen- und Marienkäfer) galten einst als das wahre Wundermittel gegen gewisse, sonst unheilbare Krankheiten. Ameisenspiritus behauptet noch heute sein Recht in den Apotheken, und Ameiseneier veredeln sich durch den Magen und die Kehle der Nachtigall zu den lieblichsten Tönen. Ein alter italienischer Dichter legt den häßlichen Larven und Puppen die Worte in den Mund:

„Wißt ihr nicht, daß wir Würmer sind,
Geboren um den engelgleichen Schmetterling zu bilden?"

Die gelehrtesten Entomologen gestehen noch in vielen Gebieten dieser unabsehbaren Welt von Wundern und Wandlungen ihre Unwissenheit. Forschen wir also weiter, jeder in seinem Aquarium und Insekten-Vivarium, damit durch Vereinigung vieler Kräfte, Prüfung, Forschung und Erfahrung für die Wissenschaft und Wirthschaft immer neue Ergebnisse an's Tageslicht gefördert und nützlich verbunden werden mögen.

Diese Ritter, Götter und Göttinnen der Insektenwelt mit einem Priareus, Apollo, Adonis unter ihnen, mit Pieriden, Danaiden, Stymphaliden, Cynthia's und Arinthia's, Semele's, Jo's u. s. w., mit Kaisermänteln, Ordensbändern, Dukatenfaltern, Pfauenspiegeln, Leuchtkäfern, Feuer- und Tanzfliegen, Challophoriden und Chrysochroa's, also edlen Metall- und Goldträgern, Goldhennen, Land- und Wasserjungfern, Schwimm-, Tauch-, Taumel- und Drehkäfern, Wassertretern und Vertretern aller möglichen Bereiche der Geschichte, Poesie, Kunst und Natur sind jedenfalls noch zu ganz andern Dingen geboren, als immer nur engelgleiche Schmetterlinge zu bilden. Unter allen Umständen sind sie das herrlichste Fisch- und Vogelfutter, wovon auch uns desto mehr Antheile zufließen werden, je besser wir die Natur verstehen, beherrschen und benutzen lernen.

Der Speisezettel unzähliger gastronomischer Fische lautet immer wieder: Würmer, Maden und Mücken, Larven und Lurche, Kerfen und Käfer. Durch das läuternde Fegfeuer von Karpfen- und Forellen-Magen getrieben wetteifern selbst Lurche mit Leipziger Lerchen und Mücken mit Mastochsen.

Fischereigesetzgebung und Zoll.

„Es erben sich Gesetz und Rechte
Wie eine ew'ge Krankheit fort."

Dies gilt besonders von der Fischerei-Gesetzgebung in fast allen Ländern. Das englische Parlament hat seit undenklichen Zeiten kein Jahr vorübergehen lassen, ohne dem Gotte Neptun und seinen Nereiden, Najaden und Flußnymphen neue Vorschriften zu machen. Es kam diesen weisen

Gesetzgebern hauptsächlich darauf an, die Lachsfischerei durch immer neue Krankheiten von Gesetzgebung zu schützen, wodurch sie es denn auch wirklich so weit gebracht haben, daß die sprüchwörtliche Ueberfülle von Salmoniden zum kostbarsten Mangel ward. Mit der „Fischereigesetzgebung im preußischen Staate und in den neu erworbenen Landestheilen", welche neuerdings Dr. G. M. Kletke gesammelt herausgegeben hat, steht es wohl noch schlimmer, da hier zu den Bestimmungen des allgemeinen Landrechts noch eine Menge von Provinzialrechten und örtlichen Vorschriften aus den verschiedensten Jahrhunderten treten, um die Verwirrung und die Widersprüche, die Ge - und Verbote zu verderblichsten Krankheitsstoffen zusammenzuhäufen. Das allgemeine Landrecht enthält schon viele Dutzende von Theilen, Titeln und Paragraphen über die Befischung verschiedener Gewässer. Dazu kommen specielle Fischerei-Ordnungen für die verschiedenen Provinzen und deren verschiedene Gewässer, allerhand Declarationen dazu, Dorfordnungen, specielle und lokale Polizeiverordnungen, maßgebende Entscheidungen von Gerichtshöfen vom 16. Jahrhundert an durch fast alle folgende Jahre der nächsten Jahrhunderte hindurch, so daß sich wohl selten ein ungelehrter Fischer eine Vorstellung von den Grenzen seiner Rechte und Pflichten, seiner Netze, der Gestalt, dem Maße, der Größe der Maschen u. s. w. machen kann und immer mehr oder weniger in Furcht sein muß, bei Ausübung seines Gewerbes der Polizei und den Strafgesetzen in die Hände zu fallen. Er kann sich nur damit trösten, daß die Polizei wohl selbst nicht alle diese Verordnungen kennt, auch nicht Augen genug für jede Uebertretung schaffen kann, und mit den Augen, die ihr zu Gebote stehen, selbst sehen mag, daß es besser sei, sie in den meisten Uebertretungsfällen zuzudrücken oder wenigstens durch die Finger zu sehen.

Das Gesetz weiß fast überall nur den Bösen zu strafen und noch dazu nicht selten gute Menschen, welche erst durch das Gesetz böse gemacht oder zu bösen gestempelt wurden, nicht aber den Guten zu lohnen, zu heilen und zu retten, und das Irrende, Schweifende in dem Natur - und Menschenleben nützlich zu verbinden. Es irrt und schweift vielmehr selbst in verschiedenen Jahrhunderten und Provinzen umher und verliert sich, um zu fördern, in alle mögliche Verbote und verstrickt sich in der Fischerei in die peinlichsten Maschenmaße, so daß mehr Fischer darin gefangen werden als Fische. Das allgemeine Landrecht in Preußen enthält sehr viel gesunde Gesetze zum Schutze und zur Verbesserung der Fischerei, welche zur allgemeinen Landescultur gerechnet wird. Dieser gesunde Geist weht besonders in dem Landescultur-Edikt vom 14. September 1811, also aus einer Zeit, als Preußen zu seiner Rettung und zu seinem Heile die segensreich befreienden Gesetze gab. In einem Paragraphen dieses Edikts wird besonders die bessere Benutzung der in Forsten und Feldern befindlichen kleineren Gewässer empfohlen. Wären alle anderen Gesetze in diesem Geiste gehalten und geblieben und die entgegenstehenden gründlich abgeschafft worden, statt sie später im Interesse einer unheilvollen Reaction zu vermehren, würden wir überall, zu Lande und zu Wasser, besser wirthschaften gelernt haben.

„Ursprünglich und noch weit in das Mittelalter hinein", sagt Kleile in der Einleitung, „stand das Recht der Fischerei jedem ächten Grundbesitzer auf seinem Eigenthum, jedem angrenzenden Uferbesitzer innerhalb der Grenzen seines Gebietes in dem Flusse, den Gemeindegenossen in den Gemeindegewässern zu. Erst in späteren Zeiten entstand gleichzeitig mit dem Jagd- und dem Regal auf herrenlose Sachen das Wasser- und Fischerei-Regal, welches neuerdings im Gegensatz zu den Privatgewässern auf alle öffentliche schiffbare und als Staatseigenthum erklärte Flüsse und Ströme ausgedehnt und an Privatpersonen theils verliehen, theils verpachtet ward. In Bezug auf Privatgewässer trat ein ähnliches Verhältniß ein, da sowohl auf stehenden, wie auf fließenden sich wider jedes Herkommen die Gutsbesitzer und Obrigkeiten mit Vernachlässigung der Rechte der Hinterfassen oder Bauern ausschließliche Fischereigerechtigkeiten anmaßten und zueigneten. Den Hinterfassen und den unangesessenen Einwohnern wurde häufig nur der Fischfang mit Garnen und Angeln zugestanden.

Nach gemeinem Recht werden Fischereigerechtigkeiten nicht anerkannt, wenn nicht der angeblich Berechtigte deren Erwerbung und jedes Vorrecht nachweist; es wird vielmehr die Fischerei auf Privatgewässern als Ausfluß des Grundeigenthums und zwar bei fließenden als Recht der angrenzenden Uferbesitzer angesehen, worüber durch besondere Gesetze und durch Herkommen verschiedenartige Bestimmungen getroffen worden sind. Fischereigerechtigkeiten auf fremdem Grund und Boden sind als Servituten zu betrachten, welche jedoch nach der Landescultur-Gesetzgebung der Ablösung unterliegen. Unabhängig von dem Fischerei-Regal besteht das Fischerei-Hoheitsrecht als Oberaufsichtsrecht des Landesherrn, in Gemäßheit dessen das Fischereiwesen in verschiedenen Fischereiordnungen geregelt, so wie Maßregeln getroffen werden, die Fischerei selbst nutzbarer zu machen und gegen Verwüstungen durch ungeordneten Betrieb zu schützen!"

Man sieht daraus schon, wie verschiedene entgegengesetzte Interessen und Vorrechte zusammenstießen, um das freie und befreiende Wasser zu trüben und zu hemmen, oder es in Canäle zu zwängen, worin zwar Polizeiordnungen, aber kein Recht und keine Fische gedeihen. Regale, Fischereigerechtigkeiten, Servituten, Polizeiordnungen, Hoheitsrechte und sogar Oberaufsichtsrechte des Landesherrn! Als wenn letzterer als Landes- und besonders Kriegsherr noch Zeit und Verständniß hätte, sich als Oberinspector der Bewirthschaftung der Gewässer noch Verdienste zu erwerben.

Nach dem allgemeinen preußischen Landrecht gehört der Fischfang in öffentlichen Strömen zu den Regalien, welche nach verschiedenen Paragraphen an Privatpersonen verliehen werden können. Teiche, Hälter, Seen und andere geschlossene Gewässer, welche sich nicht über die Grenze des Grundstückes erstrecken, in welchem sie liegen, sind in der Regel Eigenthum des Grundbesitzers. Im Uebrigen steht die Fischereigerechtigkeit in allen möglichen Gewässern nur demjenigen zu, welcher damit besonders beliehen ist. Ueber den Umfang solcher Rechte giebt es auch noch besondere Paragraphen. Außerdem enthält das allgemeine Landrecht über die Ausübung der Fischerei noch besondere polizeiliche Vorschriften. Dies ist schon Gesetz, Beschränkung, Verbot und Polizei genug; aber dazu kommen noch in fast allen einzelnen Provinzen und in den verschiedenen Gewässern derselben aus den verschiedensten Jahrhunderten ganz absonderliche, zum Theil sehr peinliche, verkehrte und hinderliche Bestimmungen und Vorschriften. Auch in Bezug auf den Fischereizins, den die Einsassen der Gutsherrschaft für die Ausübung der Fischereigerechtigkeit zahlen müssen und der durch Execution eingezogen werden kann, so wie die Grundsteuer, welche nach einem Gesetze vom 21. Mai 1861 auch für Teiche und sonstige Gewässer gezahlt werden muß, fehlt es nicht an Paragraphen und peinlichen Bestimmungen, die den Fischern und der Bewirthschaftung des Wassers die Lust an ihrer Thätigkeit und Ausdehnung derselben ganz wesentlich schwächen. Endlich kommt noch der Staat und fordert von den Erträgen der allseitig besteuerten und polizeilich beschränkten Ernten aus dem Wasser noch besondere Zölle und Abgaben.

Es ist hier nicht der Ort, alle diese einzelnen Gesetze, Beschränkungen und Verbote zu prüfen und die Abschaffung der darin liegenden Hindernisse für eine ordentliche Bewirthschaftung des Wassers einzuschärfen, sondern nur darauf aufmerksam zu machen, daß auf Grund der in diesem Buche zusammengestellten wissenschaftlichen und wirthschaftlichen Bedingungen einer rationellen Wassercultur dieser ganze Wirrwarr von Gesetzen gründlich umgearbeitet, von dem überwuchernden Unkraut gereinigt und für die Zwecke der Förderung und Ermuthigung neu gestaltet werden muß.

Mit Aufhebung einzelner veralteten oder verkehrten Fischereiordnungen oder gar nur der unsinnigsten Paragraphen derselben wird nichts gefördert und gewonnen. Beispielsweise führen wir an, daß durch einen Erlaß vom 1. März 1858 die Aufhebung der Fischereiordnung vom 3. März 1690 mit Ausnahme solcher Paragraphen, wie folgendes, angeordnet ward.

„Paragraph 6: Diejenigen Unterthanen, so ihre Fischereigerechtigkeit gebührlich erweisen können oder aber einig Jus deshalb nochmals erlangen werden, dieselben sollen von ihrer Fischerei dienen und dasjenige prästiren, was von andern dergleichen Unterthanen und Fischern geschiehet und erleget wird.

Paragraph 7: Es sollen sich aber des Fischens ganz und gar enthalten die Haus- und Miethsleute, Soldaten oder ledige Handwerksgesellen und Knechte, welche nicht Gesessene im Lande seien; da aber gesessene Bauer und Bürgersleute an den Wassern und Ströhmen alte Gewohnheit und rechtmäßigen Gebrauch hätten, bisweilen mit der Fuß Uhren ein Gericht Fische zu fangen, sollen sie dabei zwar gelassen werden, im übrigen sich aber aller anderen Fischerei gäntzlich enthalten."

Solche Paragraphen, wie dieser siebente, der nach wohlweislicher Ueberlegung ganz besonders vor dem Untergange gerettet ward, sind sehr bezeichnend für unsere Fischereigesetzgebung; je genauer man bestimmt und verbietet, desto mehr Paragraphen werden nöthig, um die Strenge des Gesetzes zu mildern, und dann bleibt es immer noch ein großes Wagniß, mit der express erlaubten Freiheit der „Fuß-Waden" ein Gericht Fische zu fangen, weil man dabei mit jedem Tritte von dem Pfade dieser Freiheit straucheln kann. Ohne besonderen Commentar läßt sich wenigstens bei strenger Polizei von dieser Fuß-Waden-Freiheit wohl kaum ein sicherer Gebrauch machen.

Ganz vernünftig und praktisch klingt es, wenn wir wieder und immer wieder in ministeriellen Erlassen und Gesetzen lesen, daß Saamen- und Laichfische geschont, schädliche Fischwehren abgeschafft, nur bestimmte Garne und Netze für bestimmte Fischarten gebraucht werden sollen. Aber alle diese Vorschriften und Verbote verlieren sich in einem solchen Labyrinthe von provinziellen und lokalen Erlassen und Declarationen für die verschiedenen Arten von Gewässern, selbst für je ein und denselben Fluß, ja selbst für das linke und rechte Ufer u. s. w., daß man durch ganz Preußen und Deutschland hindurch mit jedem Schritte in neue Gefahr kommt, sich beim Fischfang in Netzen des Verbotes zu verstricken, statt Fische zu fangen.

Unter dem Paragraphenreichthume von allgemeinen Gesetzen über die Fischerei wimmelt es von speciellen Fischereiordnungen für die Provinz Posen, für die preußischen Provinzen, für die Rheinprovinzen, alle anderen Provinzen, für bestimmte Bezirke und Kreise darin, für die annectirten Länder, für die verschiedenen Gewässer und Fische darin, über die Größe und Gestalt der Netze für verschiedene Provinzen, Bezirke, Kreise, Gewässer und Fische, daß ein gewissenhafter und nicht sehr gelehriger Fischer wohl die ersten vierzig Jahre seines Lebens hindurch studiren müßte, um zu lernen, wie man vorschriftsmäßig fischen und nicht fischen soll.

Wenn man sich begnügte, allgemeine Grundsätze aus der Wissenschaft und Erfahrung für das ganze Land, resp. alle Länder mit Gestaden an einem bestimmten Meere als Gesetz und Regel aufzustellen und die Einzelnheiten der Einsicht und dem Selbstinteresse zu überlassen, dabei nicht nur Uebertretung zu strafen, sondern auch das Gute, d. h. besondere Förderung und Vervollkommnung in Bewirthschaftung und Aberntung des Wassers, durch Prämien, Orden und Titel zu lohnen, würden wir vom Wasser her für Staat und Volk, Stadt und Land, bald dieselben Wohlthaten der Freiheiten genießen, wie sie durch die Stein-Hardenberg'sche Gesetzgebung einst aus dem festen Boden hervorgezaubert ward.

Man giebt Menschen, welche Ertrinkende retten, Medaillen; warum zeichnet man nicht auch besondere Fischereiverdienste, wie wirthschaftliche Gewinnung von Nahrungsstoffen, wodurch Menschen vor Hunger und Elend gerettet werden, durch entsprechende Orden aus? Sie würden sich im Knopfloche des Sonntagsrockes braver Fischer viel achtunggebietender ausnehmen, als die vielen Bilder von Raubvögeln auf den Uniformen von Offizieren und besonders den Leibröcken von commerciellen und commissarischen Civilpersonen, die durch Malzextract und Extrahirung der Kräfte ihrer Arbeiter, der Leichtgläubigkeit und Unwissenheit von Crethi und Plethi auf unerklärliche Weise zu Titeln und Orden gekommen sind. Den schlichten Fischern würden freilich in der Regel preußische Thaler in der Tasche viel lieber sein, als Bändchen im Knopfloche, weshalb man wohlthun würde, ihre besonderen Verdienste durch solche Prämien in Preußisch Courant zu ehren.

Also Vereinfachung der Gesetzgebung auf wissenschaftlicher und wirthschaftlicher Grundlage und Belohnung besonderer Verdienste in rationeller Bewirthschaftung des Wassers, künstlicher Fischzucht, Einbürgerung werthvoller Fischarten u. s. w. — Dies ist die unerläßliche Aufgabe des Staates, wenn er bei der jetzt sich neu regenden Einsicht und Arbeit für Cultivirung der Gewässer seine Pflicht thun will. Der größte Theil der aus verschiedenen Jahrhunderten aufgehäuften Fischereigesetze würde vor allen Dingen aufzuheben und nach den neuesten Forschungen und Erfahrungen der Wissenschaft und Wirthschaft zu vereinfachen sein. Paragraphen wie der zwanzigste und einundzwanzigste der Fischereiordnung für Posen müßten in klarerer Fassung für das ganze Land gelten. Dieselben lauten:

„Paragraph 20: Die Laichzeit aller Fisch-Gattungen ist zu beachten und während derselben die betreffende Gattung zu schonen. Den Regierungen bleibt es vorbehalten, die Schonzeit der verschiedenen Fisch-Gattungen in bestimmten Gewässern besonders festzusetzen und den Fischerei-Betrieb während dieser Zeit zu untersagen oder nach Maßgabe der örtlichen Verhältnisse zu beschränken.

Paragraph 21: Die Fischerei auf laichende und unausgewachsene Fische ist verboten. Werden solche Fische mit anderen Fischen gefangen, so sind sie sogleich mit gehöriger Vorsicht in's Wasser zurückzuwerfen. Ebenso ist mit dem aus dem Wasser gezogenen Fischsamen zu verfahren.

Zum Verkauf dürfen die nachfolgenden Fischarten nur gestellt werden, wenn die Fische die dabei angegebene Länge haben, nämlich:

1) Aale . . . . 18 Preußische Zoll,
2) Alande 8   "   "
3) Barben 18   "   "
4) Barse   6   "   "
5) Bleie oder Brassen .   8   "   "
6) Karpfen 12   "   "
7) Kaulbarse 4   "   "
8) Schleie 6   "   "
9) Zährte 8   "   "
10) Zander 12   "   "."

Solche Bestimmungen würden ganz praktisch sein, wenn sie nicht durch zu viele anderweitige Verbote und Einschränkungen beeinträchtigt, sondern vielmehr durch positive Ermuthigungen, Prämien und dergleichen in Beobachtung begünstigt würden. Gesetzlich zu verlangen, daß laichende und unausgewachsene Fische, wenn gefangen, mit gehöriger Vorsicht in's Wasser zurückgeworfen werden und die Polizei jeden Fisch auf dem Markte mit dem Zollstocke messe, ist und bleibt ein todter Buchstabe auf dem Papiere, da solche Gesetze nicht ausführbar sind und auch schon bei glimpflicher Erzwingung ärgerlich und für Abernung des Wassers hinderlich werden. Etwas ganz Anderes wäre es, neben dem strafenden Arme auch eine lohnende Hand auszustrecken, und etwa in der Weise zu verfahren, wie schon von Vogt angedeutet ward, d. h. das Interesse der Fischer und den Fortschritt in Einklang zu bringen. Einzelheiten darüber gehören vor eine Versammlung von sachverständigen und wirthschaftlich durchgebildeten Männern, welche eine neue Grundlage für Fischereigesetzgebung zu schaffen haben würden. Diese muß jedenfalls aus einem gründlich von den alten, verwickelten und verzwickten Verboten gereinigten Felde bestehen, um darauf ein ganz neues Gebäude zu errichten. Die meisten der bisherigen Gesetze scheinen nur deshalb erträglich zu sein, weil sich Niemand nach ihnen richtet; aber es bleibt immer ärgerlich und lähmend für Ausübung der Fischerei, auf jedem Gewässer und bei jedem Netze in jeder Jahres-, Tages- und Nachtzeit immer wieder an neue Massen von Verboten und Vorschriften denken zu müssen und jederzeit in Gefahr zu schweben, daß der Zufall oder Böswilligkeit einen strafenden Arm der Gerechtigkeit gegen den wohlthätigen Fischer ausstrecke. Das beste und geeignetste Mittel, die Fischer immer auf nützlichen und lohnenden Bahnen bei Ausübung ihres Gewerbes zu erhalten, ist deren Einsicht in ihr eigenes Interesse, also in die Bedingungen, unter welchen die verschiedenen Arten von Fischen am Besten gedeihen, die reichlichsten Erträge und ihnen den meisten Gewinn liefern

Man sorge also für die ächte, wirthschaftliche Bildung der Fischereibevölkerung und formire die Gesetze so, daß sie von Beobachtung derselben den meisten Gewinn haben. Grundzüge dafür sind hier mehrfach angegeben worden. Hauptsache dabei wird sein, die verschiedenen Wasserflächen theils in wirkliches Privateigenthum zu verwandeln und die Regalien für allseitigen Vortheil ebenso aufzuheben, wie dies einst in Bezug auf das feste Land geschah, theils öffentliche und sogenannte Staatsgewässer durch lange Pachten wenigstens auf ganze Menschenalter praktisch in Privatrigenthum zu verwandeln und die Amelioration derselben durch allerlei Ermußigungen und Prämien zu begünstigen. Außerdem sollten die lästigen und vertheuernden Zölle und Abgaben auf Producte aus dem Wasser nach Kräften beseitigt werden. Die Seeproducte sind bei vielen Völkern unentbehrlichste Lebensbedürfnisse und gehören auch bei uns größtentheils zu den unerläßlichen Bedingungen industriellen Gedeihens. Welch wichtige Rolle allein der Fischthran im Umfange des deutschen Zollvereins spielt, geht aus der Menge des Verbrauchs hervor, der im Jahre 1862 über 242,000 Centner betrug und bei immer sich steigernder Nothwendigkeit des Verbrauchs fast von Jahr zu Jahr sank, so daß im vorigen Jahre nur 174,000 Centner in das Bereich desselben kamen.

Wir mußten dafür nicht weniger als 87,000 Thaler Zoll bezahlen, erhielten also für unser Geld 174,000 mal immer für funfzehn Silbergroschen weniger, als der Marktpreis betrug, abgesehen davon, daß die Erhebung des Zolles dem Lande viel Geld kostet und ohnehin nachtheilig auf die Zufuhr wirkt.

Seit dem Juli 1865 ist der Zoll auf eingeführte Austern von vier auf zwei Thaler pro Centner herabgesetzt worden. Dies ist zwar ein Schritt auf richtigem Wege, aber wir mußten dessenungeachtet immer noch während der letzten Austernsaison 22,000 Thaler Strafe in Form von Zoll für Befriedigung unseres ohnehin schon sehr vertheuerten Austernappetits zahlen.

Am Unverantwortlichsten ist der Zoll von sieben Thalern für jeden Centner zubereiteter Fische, d. h. aller mit Zucker, Essig, Oel und Gewürz in Gläsern, Büchsen u. s. w., marinirte, eingesalzene oder sonst eingemachte Fische. Nur in Fässern oder Töpfen mit Salz eingemachte oder marinirte Fische, sowie getrocknete, geräucherte oder blos abgekochte werden gegen eine Verzollung und Vertheuerung von funfzehn Silbergroschen zugelassen. Man darf aber dabei nicht vergessen, daß diese amtliche Topfguckerei für den Fiskus des erhabenen göttlichen Staates ebenfalls viel Geld kostet und eine Menge Leute, welche ohne diese Zollpladerei durchweg etwas Nützlicheres und Lohnenderes thun würden, zu einer sehr lästigen und gehässigen Thätigkeit verdammt. Man denke sich, daß in den commerciellen Uebersichten die zubereiteten Fische unter Confitüren und Zuckerwerk mitbegriffen sind, während sie für jeden einigermaßen gebildeten Sinn durchaus zu den nothwendigen Lebensbedürfnissen gehören. Selbst die mit einer Strafe von funfzehn Silbergroschen pro Centner zugelassenen, d. h. auf die einfachste Weise gegen Verderbniß geschützten Fische mußten wegen des Zolles mit 47,500 Thalern über den Marktpreis bezahlt werden. Am meisten wird der Eingangszoll auf Heringe, ein Thaler für den Centner, vertheidigt, und zwar auf ziemlich sophistische Weise mit folgender Logik: ganz aufheben läßt sich der Zoll nun einmal nicht, denn selbst der Deutsche kann nicht ohne Heringe leben und auch kein christlich germanischer Staat ohne Vertheuerung dieses nothwendigen Nahrungsmittels. Der Zoll könnte also höchstens bei einer sehr friedlichen Politik auf die Hälfte herabgesetzt werden, ohne daß die Heringsesser für den ihnen erlassenen halben Thaler mehr Heringe erhielten. Die Tonne enthalte zwischen 700 und 800 Stück, die Herabsetzung des Zolles auf funfzehn Silbergroschen würde demnach für jeden Hering nur ½ Pfennig betragen, für den Käufer ohne allen Einfluß auf den Preis bleiben, nur dem Großhändler zu Gute kommen und die Zollkasse jährlich um etwa 200,000 Thaler verkürzen und dabei keine Vermehrung der Einfuhr zur Folge haben.

Solche Weisheit zerfällt unter dem Blicke volkswirthschaftlicher Einsicht in eine lächerliche Täuschung, und auch wir sehen ohne viel Berechnung sofort ein, daß die 200,000 Thaler nicht sowohl ein Verlust für die Zollkasse, als eine Bereicherung der Arbeits-, Nahrungs-, Productions- und Steuerkraft des Volks darstellen. Es wurden in den Jahren 1858 bis 1861 durchschnittlich jährlich etwas über 370,000 Tonnen Heringe eingeführt. Die Einfuhr fiel während der nächsten drei Jahre und stieg 1865 bis 1867 auf jährlich über 427,000 Tonnen, also etwa um 32 Procent, während sich die Bevölkerung des Zollvereins in derselben Zeit nur etwas über 10 Procent vermehrte. Der Verzehr ist also allerdings ungeachtet des bestehenden Eingangszolles nicht unbeträchtlich gestiegen: aber dagegen macht sich auch während einzelner Jahre beträchtliche Abnahme geltend. Diese erklärt man aus verminderten Ernten und nicht aus der Höhe des Eingangszolles und vertheidigt diesen damit, da er nicht Ursache der Abnahme sein könne. Dies ist wieder eine arge Täuschung, denn die vermehrten Zufuhren sind nur Folge besonders ergiebiger Ernten, so daß es leichter ward, die künstliche Theuerung durch den Zoll zu tragen und zu überwinden. Lasten, die nur in günstigen Zeiten getragen und überwunden werden können, also künstliche Verminderung der Arbeits-, Productions- und Steuerkraft des Volks, also auch ein Verlust für den Steuern verzehrenden Staat, bleiben diese Zölle auf nothwendige Nahrungs- und Stärkungsmittel immer; und so lange Staaten und Völker diese immer zunehmende Besteuerung und künstliche Vertheuerung der Volkskraft nicht in diesem wirthschaftlichen Geiste betrachten, verdammen und aufheben lernen, um überhaupt wirthschaftlicher und wohlfeiler zu regieren und sich regieren zu lassen, werden wir vielfach zu Sisyphusarbeiten verdammt bleiben, durch welche die kostbarsten Capitalien von Arbeits-, Geld- und Culturkräften verwüstet werden.

In diesem Buche ist ziemlich umfangreich nachgewiesen worden, auf welch' barbarische Weise die Bewirthschaftung des Wassers vernachläßigt worden ist und welch' unendliche Schätze von materiellen Nahrungs- und Kraftmitteln, von Cultur und Wohlstand aus einer vernünftigen Behandlung der endlosen Fluren Neptuns und seiner Vertreterinnen auf dem Lande sich hervorzaubern lassen. Für diesen Zweck müssen nicht nur die natürlich vorhandenen, sondern noch vielmehr die durch Staatskunst hervorgerufenen Hindernisse beseitigt werden. Dies ist unerläßliche Bedingung für einen vernünftigen Anfang. Dazu müssen Ermuthigungen und Belehrungen kommen, wie wir sie in Frankreich und England zu rühmen Gelegenheit fanden. Mit den dort gemachten Erfahrungen, unserer vielfach besseren und gründlicheren Einsicht sind wir im Stande, ganz Deutschland durch eine ächte Wasserkur von unzähligen Krankheiten zu befreien, gegen welche sonst kein Kraut gewachsen ist.

Im Traume bedeuten Fische Geld, im Sprüchworte Gesundheit. Sie sind, bringen und fördern in der Wirklichkeit Beides. Das Wasser liefert unerschöpfliche Massen des köstlichsten, leicht verdaulichen Fleisches ganz umsonst, sogar Suppe, Gemüse, Feuerung und Zeit dazu. Wegen sehr reichen Wassergehaltes in ihrem Fleische bilden sie einen vortrefflichen Ersatz für die Suppe, die wir in Deutschland aus dem Fleische herauszukochen lieben, um letzteres unschmackhaft und schwerer verdaulich zu machen. Die Engländer verstehen das besser: der ihr Mahl einleitende Fisch läßt dem nachfolgenden Fleische Saft und Kraft und enthält in dem Wasser vollständig in allen Theilen verdauliche und nahrhafte Stickstoffverbindungen und zwar meist zugleich mit wohlthätigen Kräften für Gehirn und Geist.

Wir haben absichtlich diese und andere Tugenden und Heilkräfte des Wassers und die Art ihrer Gewinnung in den verschiedensten Wiederholungen gepriesen, da noch nicht allgemein erkannte und benutzte Wahrheiten nicht oft genug eingeschärft und empfohlen werden können. Somit ist es wohl eindringlich genug gesagt und bewiesen, wie das unendliche Meer mit seinen unzähligen, in alle Lande hinein sich streckenden Armen von Strömen und Flüssen, Seen, Teichen und Tümpeln dem Hungrigen zur Sättigung, dem Satten zur Schleifung seines stumpfen Appetites, dem Geistesarmen zur Bereicherung seines Gehirns, erschlafften Nerven zu frischer Anspannung weiter Bogensehnen dienen, dem Armen ein Arm lohnenden Erwerbs, dem Arbeitslosen ein Erntefeld freudigen Fleißes, der Marine eine Schule der Kraft, unserer Achtung vor der Welt eine immer frisch sprudelnde Quelle, dem Nationalwohlstande ein stets zahlungsfähiges Bankhaus mit immer flüssigen Fonds, der Freiheit und dem Völkerfrieden ein nie staubiger Tummelplatz für olympische Spiele werden könne und müsse.

„Ohne Wasser ist kein Heil", heißt es im Faust. Wir müssen allerdings mit Luther hinzusetzen: „Wasser thut's freilich nicht". Der Geist, unser wirthschaftlicher Geist muß es thun. Was dann das Wasser nicht liefert und leistet, muß durch wirthschaftliche Politik auf dem Lande und der Landesherren wenigstens erlaubt und ermöglicht werden. Wenn die einsichtige Volkskraft wirkt und wirthschaftet und der Staat nicht hindert, vergrößert sich unsere Erde um Millionen Gevierkmeilen des fruchtbarsten Feldes, und selbst jeder Tümpel wird ein Tempel Neptuns und der Nereiden.

Alphabetisches Register.

A.

Aale 115. 166.
- Kampfnasige 152.
- Scharfnasige 152.

Aalbock 72.
Aalfische 151.
Aalquappen 78.
Aalraupe 78.
Aalzucht 154. 188.
Aalstaat in Italien 155.
Acclimatisation v. Fischen 58.
Acerina cernua 78.
Accipenser huso 174.
- ruthenus 174.
- stellatus 174.
- sturio 173.

Actinia dianthus 234.
Actinidae 232. 257.
Actinien 233. 234. 241. 268.
Aesche 58. 70. 71. (Abbild.) 114. 116. 217. 218.

Alant 112.
Alandblecke 113.
Albe 76.
Alerten 282.
Algen 280. 277.
Algen, Faden- 277.
Algen, Haut- 278.
Algen, Schleim- 277.
Alausa pilchardus 81.
- Finta 81.
- vulgaris 81.

Alose 80. 92.
Alpenforelle 65.
Alse 60. f. a. Alose.
Amani 72.
Amöben 271.

Anchovis 90. 91.
Angelfischerei 110.
Angelgeräth 111.
Angelkunst 118.
Angeln auf Salzwasser 119.
Anthea cereus 231.
Aphrodite aculeata 257.
Aplysia 257. 263.
Aquarium, Berliner 242. 244. 247.
- Hamburger 236.
- Marine- 235. 250.
- Süßwasser- 260.
- cultur 227. 236.

Aquariumsmarine 260. 262.
Armfüßler 262.
Astacus marinus 161.
Ascidia 257.
Asterias 257.
Asterias 257.
Athanas nitescens 257.
Auster 122. 126 (Abbild.) 306.
- chem. Analyse 141.
- Aberbours 142.
- Amerikanische 140.
- Bremer 146.
- Carlinjords 142.
- eßbare 124.
- grüne 131. 142.
- Helgolander 145.
- Holsteinische 145.
- Middelburger 146.
- des Mittelmeeres 146.
- Natives 134. 135.
- Nanwerfer 146.
- von Ostende 144.
- Pandores 142.
- Powldoodies 142.

Auster, Seeländer 140.
» schottische 138.
» Bieringer 146.
» Blekinger 148.
» Wangerooger 146.
» Whitstables 134. 135.
Austernbanquets 123.
Austernbetrieb 24. 146.
Austerncompagnie von Flensburg 147.
» » Faversham 138.
» » Queenborough 136.
» » Rochester 136.
Austerncultur in Frankreich 29.
Austernfarm 127.
Austerngärten zu Pobiller 138.
Austernzucht, künstliche in Norddeutschland 133. 147.

B.

Bachforelle 58. 65. 213 (Abbild.) 212.
Bachgrundel 113.
Bachtresse 16.
Bachmünze 275.
Balanusmuschel 232.
Balchen 55. 71. 72.
Barbe 112.
Barfüßler 262.
Barsch 76. 77 (Abbild.) 112. 113. 185.
Bartgrundel 113.
Bauchfüßler 262.
Bauchweichflosser 13.
Befrüchtung, künstliche 194. 207.
Befruchtung, künstliche 194. 196. 199. 205.
Beutel (Wilhelm) 24.
Bitterling 113.
Blaufelchen 72.
Bläuling 72.
Blei 112.
Bleier 113.
Blicke 113.
Blumensterne 264.
Bodenrenke 72.
Bonsi 129.
Boucholeur 168.
Bouchot 170.
Brassen (Brachsen) 112.
» rother 178.
Bratfisch 72.

Brehm's Thierleben I. 101.
Breitling 91.
Brillenflunder 85.
Brutapparat 208.
» von Coste 210.
Bruteier, Preisliste 220.
Brutteich 181.
Brutversuche 209.
Bunter 112.
Bütcheltiemer 13.
Butt(e) 86.

C.

Cobbiswurm 295.
Calmar 262.
Cancer pagurus 162.
Carageheen f. Perlmoos 260.
Carcinus moenas 257.
Carinaria vitrea 263.
Char 65.
Chinesische Fische 55.
Chiton 257.
Claires 133.
Clupea harengus 90.
» catulus 91.
Cnemidorus caesus 112.
Cobitis barbatula 75. 76.
Cormachio 155. 158.
Conservae 274.
Conger 152.
Coregonus 62. 71.
» fera 72.
» hiemalis 72.
» lavaretus 71.
Coste, Professor 44. 209.
Cottus 257.
Crangon(es) 257.
Crangon vulgaris 162.
Cribella 251.
Crustaceen 161.
Cucumaria 257.
Cuvier's System 12.
Cynthia 261.
Cyprea 257.
Cyprinidae 71. 113.
Cyprinus carassius 75.
» carpio 74.
» gobio 200.
» phoxinus 185.

D.

Dale 113.
Delesseria 253.
Diatomaceen 272.
Dickköpfe 112.
Döbel 113.
Donaulachs 61.
Doriden 262.
Dorsch 85.
Dollerfad 212.
Drachenfliegen 267.
Drachenflundern 88.
Drewer 72.
Dschinschau 280.
Duroillera 282.
Dyticus latissimus 291.
   » marginalis 289.

E.

Eballa corystes 257.
Echinus 257.
Ecorour 27.
Edelkoralle 270.
Egli 71.
Eier, befruchtete, Bebrütung derselben 207.
  » Entwickelungsperioden derf. 204. 206.
  » Feinde derf. 203.
  » Handel in China 41. 219.
Eichelmuschel 232. 240.
Elritze 113.
Engraulis encrasicolus 81.
Enterwurmschelarten 240.
Eperlanus 67.
Ermeli 231.
Esox belone 110.
  - lucius 109.
Eunice sanguinea 260.
Euryoome 257.

F.

Fadenschwimmer, gesäumter 289.
Fario argentatus 80.
Fehmarteiche 181. 183.
Fera 72.
Fellensänger 153.
Feld und Wald im Wasser 273.
Festuca fluitans 179.

Finte 81.
Fische sind Wirbelthiere 10.
  » Verzollung derselben 299.
  » zubereitete 308.
Fischbrutanstalt in Hüningen 45.
Fischbrutpflege 212.
Fischcultur 41.
Fischeier f. Eier.
Fischerei in Amerika 23.
  » » Belgien 31.
  » » Dänemark 30.
  » » England 20.
  » » Frankreich 28.
  » auf den friesischen Inseln 147.
  » in Holland 19.
  » » Irland 21.
  » » Island 31.
  » auf den Lofodden 30.
  » in Norwegen 29.
  » » Oesterreich 32.
  » » Preußen 32.
  » » Portugal 31.
  » » Sardinien 26.
  » » Schleswig-Holstein 31.
  » » Schottland 20.
  » » Schweden 29.
  » » Spanien 31.
  » auf Sild 19. 22.
Fischereigesellschaften 194.
  » Gesetzgebung 299.
  » Hoheitsrecht 301.
  » regal 301.
Fischerstechen 117.
Fischfang in Strömen 202.
Fischhälterig (chinesischer) 55.
Fischmarkt in London, Billingsgate 34.
Fischreuer in Paris 27.
Fischthran 308.
Fische, junge, Gewicht derselben 215.
Fische züchten, welche? 217.
Fische, ausgeschlüpfte Junge 212.
Fischzucht, künstliche 26. 41. 217. 220.
  » Anstalt der Herren Martin und Gillone 51.
  » des Herrn v. Galbert 49.
Flatterbinse 275.
Flechten, fadenförmige 274.
Flügelfühler 262. 263.
Finte 68.

Flunder 90. 97. 115. 119.
Flunderartige Fische 78.
Flußaale 151, f. a. Aale.
Flußbarsch 77, f. a. Barsch.
Fötchen 68. 71. 115.
Forzminisitern 231.
Forelle 27. 113. 114. 169.
 in Australien 55.
Forellencultur 189.
Forelleneier 198.
Forellenteiche zu Kümmersdorfe bei Gayda 227.
Frauenfisch f. Orf.
Froschkräuter 274.
Fucus 278.
 nodosus 282.
 serratus 251.
 vesiculosus 278. 282.
Flußflnger f. Siesterne.
Fusaro-See 127.
Futterfische 184. 199. 189.

G.

Gadida 79.
Gadus morrhua 52.
Gadus aeglefinus 54.
 - callarias 83.
 - merlangus 84.
Gammarus 257.
Gangfisch 71. 72. 217.
Gareisel 75.
Garettfisch 75.
Garfisch 110.
Garneele 121. 162. 164. (Abbild.) 231.
Gasterosteus 79.
 aculeatus 257.
Germen 09.
Glibel 113.
Glanzgras 275.
Glyceria fluitans 275.
Gobio fluviatilis 76.
Goldfisch 112.
Goldorsen 185.
Goldschleie 155.
Gracillaria spinosa 260.
Gralling 70.
Grötling 70. 76.
Grobembre 72.

Grilse 68.
Grindewhal 27. 119.
Grundel 75. 76.
Gründling 76. 113. 200.
Grundsehre 84.
Grundforelle 84.
Gurt 69.
Gyrinus mergus 291.

H.

Habbod 84. 85.
Haftliemer 13.
Hahnenfuß 274.
Hakenlachs 69. 115.
Haliplus 292.
Halblüch 72.
Hammer 120.
Harengula sprattus 91.
Haupteich, künstl. Fischzucht 179. 181.
Hausen 174. 175.
Hausenblase 81. 174.
Hecht 109. 113. 115. 198.
 saurischer 110.
Heerdenwhal 22.
Heilbutte 87.
Heringe 90.
 Einfuhr in d. Zollverein 97.
 Eingangszoll daselbst 307.
 des schwarzen Meeres 178.
Heringsfang 93.
 fischerei 97.
Heuchen f. Huchen.
Heuerling 72. 87.
Herzmuscheln 171.
Himmelskübchen 296.
Hippoglossus vulgaris 87.
Heilbut f. Heilbutte 87.
Holothuria 263.
Hornaal 152.
Hornfisch 110.
Huchen 115. 217. 218.
Huchensachs 63.
Hummer 121. 161. 230.
Hund 120.
Hydaticus stagnalis 291.
Hydrobien 295.
Hydrophilus aterrimus 295.

Hydrophilus piceus 252. 293.
Hydroporus elegans 291.
Hydrophycus 277.
Hydrous caraboides 285.
Hypolytes 257.

J.

Jacobi 43. 196.
Idotia 257.
Jlelei 113.
Jllaule 84.
Insecten-Bivarium 263.
 " Wandlungen derf. 295.
Iais nobilis 270.
Junglera 287.

K.

Kablian 22. 79. 81. 62. 119.
Kahlbäuche 13.
Keimut 273.
Kammmuschela 162. 171.
Kan-in 55.
Karausche 76. 112. 145.
Karpfen 73. 74. 112. 170.
 " preußischer 75.
Karpfenarten 203.
Karpfenteich 179. 153.
Kaulbarsch 78. (Abbild.) — 112.
Kanklopf 113.
Kehlflosser 13.
Kelp 278.
Kephal 178.
Kiemen 14.
Kinkhörner 171.
Kleiche 87.
Klippfisch 52.
Knochenfische 13.
Knopbluk 275.
Knorpelfische 13.
Kohlenfische 119.
Kolbenwassertäfer, lanftährartiger 295.
 " pechschwarzer 293.
Kopflüßler 262.
Korallen 268. 270.
Koretsche s. Karausche.
Kornblumenqualle (Abbild.) 268. 267.
Krabbe 121.
Krebs 161. 162.

Krebspacht 152.
Kropffölchen 72.
Kühlinge 113.
Kuffer 226.
Kutt 78.

L.

Laberdan 82.
Lachs 57. 217.
 " Bedeutung deff. 225.
 " in Anstralien 55.
 " arten 56. 113.
 " fabrik von Ashworth 55.
 " jung in Wales 67.
 " fischerei 37.
 " forellen 64. 113.
Lachston, Austerngarten 135.
Laichzug, künstl. 47. 163. 198. 200.
Laichzeit 304.
 " der Süßwasserfische 201.
 " " " Tabelle dazu 202.
Laminaria digitata 278. 279.
Lamprete 153.
Lauchkrabbe (Abbild.) 163.
Landsteen, Bewirthschaft. derf. 192.
Laschen 113.
Lauben 113.
Lavarei 71.
Leberthran 81.
Lederkarpfen 113.
Leimaale f. Oerber.
Leiter 113.
Lemna polyrhiza 274.
Libelle 267.
Lien-in-wang 55.
Lieche 273.
Li-in 58.
Lilienfterne 264.
Littorina vulgaris 112. 171.
Loach 15.
Loganteich zu Galloway 68.
Lo-in f. Fischfänig.
Loligo 262.
Lota vulgaris 79.
Lotuspflanze 276.
Lucioperca sandra 77.
Luftbad des Wassers 154.
Lythe 120.

M.

Madreporao 257.
Maifisch 80.
Mailtng f. Aesche.
Makrele 22. 93. 99. 100. 110. 177.
— punktirte 99.
Maunaschwengel 179. 275.
Mandelbiere 264.
Matjes (Heringe) 22.
Maräne 72. 115. 217.
Mauklecke 113.
Meer 1. 2.
— deutsches 1.
Meeraals 151.
Meeraesche 66. 89. 178.
Meerbutt 30. 87. 130.
Meerhühner 98.
Meerlachs 58.
Meersalat 241.
Meerweißfische 66.
Merlan 34. 89.
Milch 199.
Mollusken 162. 261.
Mosthiere 264.
Morrhua Aeglefinus 85.
Mücken 275.
Münne 112.
Mugil cephalus 178.
Muräne 152.
Muraena conger 152.
— holena 152.
Muscheln 121. 162. 171.
— Farmer 199.
— Zucht 166. 169.
Mya arenaria 171.
Mytilus edulis 171.

N.

Nagermaul 77.
Nojaben 278.
Nase 113.
Naticae 257.
Neunaugen 115. 153.
Nymphen 276.

O.

Ocean auf dem Tische 235. 249.
f. a. Aquarium.

Osiris f. Aldel.
Oestling 113.
L'ombro 70.
Orf 113.
Oyster ploys 123.

P.

Pagurus 257.
Palaemones 257.
Palaemon serratus 162.
Palée 72.
Palmipes 257.
Pandalus 257.
Parr (junger Lachs) 58.
Pectinaria 257.
Pelamiden 98.
Perch 77.
Perca fluviatilis 77.
Percida 78.
Perlen, ächte 167.
Perlenfischerei 166. 167.
Perlenflunder 88.
Perlmoos (irländ.) 240.
Perlmutter 168.
Petromyzida 153.
Pfeifenfisch 257.
Pfrillfisch 120.
Pfrillen 112. 185.
Pilchard 95.
Plötfische 90.
Plecioarthur 41.
Planaria 257.
Platteisen f. Scholle.
Platfische (Abbild.) 89. 110. 102. 195.
Pleuronectes 79.
— maxima 178.
Pleuronectida 86.
Plötze 113.
Poa 275.
Polypen 268.
Pontobdella muricata 257.
Porcellana platycheles 257.
Portunus 257.
— puber 257.
Pösch 78.
Prawns 164.
Pullastra 257.

Q.

Quallen 268. 267.
Quappe 115., f. a. Aalquappe.
Querder 154.

R.

Rachenmäuler 13.
Rapfen 112.
Rappen f. Rapfen.
Raubalete f. Rapfen.
Renke 72.
Rheinlachs 59.
Rheinlanke 64.
Rhombus f. Steinbutt.
Riesensalamander 240.
Rippenqualle f. Quallen.
Ritter 59. 65. 115. 218.
Rogen (Bau u. Beschaffenheit deff.) 197.
Röhrenwurm (Abbild.) 270.
Rohrkolben 273.
Rohrrispengras 275.
Rothange f. Rotte.
Rötheli 65.
Rothfloffe f. Rothange.
Rötzel f. Plötze.
Rotte 113.
Röhrenqualle f. Quallen.
Rohlosben f. Santkopf.
Rümpfchen 113.
Rundfisch 65.
Rundmäuler 14.
Rutte 78.

S.

Saamen 199.
- thierchen 197.
Sabella 257.
Salbling 65. 115.
Salm 59.
Salmarin 65.
Salmling 218.
Salmo 57.
- fario 65.
- hamatus 60.
- hucho 63.
- lemanus 64.
- salar 59.

Salmo salvelinus 65.
- trutta 61.
- umbla 59. 65.
Salmoniden 56. 217.
- jung (Abbild.) 190.
Salpe 264.
Sandaale 152.
Sander (Abbild.) 78. 112. 155, f. a. Zander.
Sandflufe 88.
Sandgangfisch 72.
Sandwurm 260.
Sarzassum bacciferum 275.
Sargassoler 278.
Sardellen 90. 91.
Saugfisch 257.
Scomber ponticus 99.
- punctatus 99.
- scomber 99.
- thynnus 91.
Schachtelhalm 274.
Schaidfisch f. Wels.
Schand 77.
Scheibenquallen f. Quallen.
Schellfische 81. 82. 101.
Scherg 171.
Schildkröteneultur, künstl. 51.
Schilfarten, breitblättr. 273.
Schilf, schmalblättr. 274.
Schilfrohr, gem. 274.
Schild 77.
Schlammpeißler f. Wetterfisch.
Schlangensterne 264.
Schleie 25. 113.
Schmeli 113.
Schmerle 75. 113.
Schmeden 121.
Schneiderfisch f. Nase.
Schnepel 115.
Schnurwurm 260.
Scholle 37. 118.
Schräße 70. 112.
Schroll 75.
Schwämme 252.
Schwarzreuter 65.
Schwimmkäfer 287.
- wassertretender 292.
Seeanemonen 232. 266.
Seealgen 260 f. a. Algen.

Seebeunhung 195.
Seefischereigesellschaft 11.
Seeforelle 59. 64. 217. s. a. Kohlenfische.
Seegarneele f. Garnele.
Seegewächs, gemeines 253.
Seegras 272.
Seegurke 265.
Seehaase 272. 263.
Seeigel 265.
Seelachs 59. 64. 120. f. a. Lachs.
Seepferdchen 162.
Seepflanzen, lebende, zu verschicken 253.
Seeprobulle 306.
Seerose, weiße 276.
Seerosengarten 243.
Seestern 135. 241. 264.
 - fünfzehnstrahliger (Abbild.) 265.
Seestint f. Schmelt.
Seeteufel 120.
Seewasser, künstl. 258.
Sepien 262.
Serpula 257.
Shrimps 164. 231.
Sieboldia maxima 240.
Silbersaal 152.
Silberlachs 60. 115.
Sill 92.
Silurida 154.
Silurus glanis 154.
Slipper 110.
Smolt 58.
Snigs (Aale) 152.
Soldatenkrabbe 231.
Sole 60. 87. 119.
Sonnensterne 264.
Sparus erythrinus 178.
Spell f. Aesche.
Splerling 112.
Sprengling 70.
Sprotte 90. 91.
 - Fischerei 98.
Stachelkoffer 13.
Stachelnuß 274.
Steinbutt 5. 60. 67. (Abbild.) 178.
Steinkaruusche f. Gilbel.
Sterlet 32. 174.
Stichling 78. 113.
Stinte 57.
Stickleback f. Stichling.

Stockfisch 72. 80. 81. 82. (Abbild.) 84.
192. 195.
Stockfischfang 30.
Stöpler 241.
Stör 173. 175.
Stormonifield 61.
Strahlenthiere 233.
Streber 112.
Streckteiche 179. 181.
Strich 180. 183.
Ströme, größere, Bewirthschaftung derf. 195.
Stülben 72.
Stüldrelalgen f. Algen.
Sturionen 11. 173.

T.

Tanche 76.
Tangt 276.
Tang, Blasen- 275. 276.
 - Blätter- 275. 276.
 - Leber- 276.
Tannenwedel 274.
Tauchläser 297.
Taumelbrachläser 292.
Teichbenutzung 195.
Teichbinsen 274.
Teichrose, gelbe 276.
Teichwirthschaft 179.
Tench 76.
Terebella 257.
Thymallus 69.
 - vexillifer 70.
Thynnus alalonga 22.
Tinca vulgaris 75.
Untenfische 262.
Tonaro 102. 107. 118.
Trapa 274.
Trepang 206.
Trompetenschnecke 171.
Trüsche (Abbild.) 72.
Tunfisch 22. 101.
 - langflossiger 22.
Turbot 87.
Typha 273.

V.

Venus 257.
 - mercenaria 171.

Verkehr u. Verzehr aus d. Wasser 12.
Victoria regia 276.
Vivarium 283.
Vogelnester, eßbare 240.
Vogt, Carl 4. u. a. O.
Vollhering 92.

W.

Wallerfisch s. Wels.
Wälder u. Felder unter d. Wasser 277.
Wasseralgen s. Algen.
Wasseraloe 275.
Wasserbraunwurzel 275.
Wasserfeder 275.
Wasserkäfer 267.
Wassergallerte 274.
Wasserlack 275.
Wasserlinsen 274.
Wassermünze 275.
Wassernuß 274.
Wasserquecken 274.
Wasserranunkel 274.
Wasserrispengras 275.
Wasserschierling 275.

Wasserschwertlilien 274.
Wasserviper 282.
Wasserviole 273.
Welchthiere 261.
, Kopfloße 261.
Weißfische 73. 81. 119.
Weißlöichen 72.
Weißling 84. 85.
Wels 154.
Wetterfisch 113.
Winterungsteich 178.
Wütherig 275.

Z.

Zander 77. 112. s. a. Sander.
Ziege 113.
Zingel 112.
Zoophyta bellanthoida 232.
Zoophyten 262.
Zoophytenhaut, Londoner 225.
Zostera marina 277. (Seegras.)
Zuchtteiche 179.
Zunge 87. s. a. Sole.

www.ingramcontent.com/pod-product-compliance
Lightning Source LLC
Chambersburg PA
CBHW030740230426
43667CB00007B/780